"十二五"职业教育规划教材

液压与液力传动

郑兰霞　主编

陈艳艳　马卫东　李　冰　胡修池　副主编

化学工业出版社

·北京·

本书包括液压传动与液力传动两部分内容。主要内容有：液压与液力传动基础知识，液压元件和液力元件的工作原理、结构和特性，液压基本回路及典型液压系统的分析，液压元件和液压系统的使用维护，液压系统常见故障的诊断及排除，液力机械变矩器的方案形式及其性能特点，液力机械传动的应用等。附录列出了常用液压元件的图形符号。针对高职学生的学习特点，章后安排了能力训练的内容、思考与练习题。

本书为可作为高等职业技术教育机电类、汽车类、工程机械类和机械化施工类等专业的教材，也可以作为行业培训教材，还可以作为有关技术人员学习参考用书。

图书在版编目（CIP）数据

液压与液力传动/郑兰霞主编. —北京：化学工业出版社，2015.11（2025.3重印）
“十二五”职业教育规划教材
ISBN 978-7-122-25258-6

Ⅰ.①液… Ⅱ.①郑… Ⅲ.①液压传动-高等职业教育-教材②液力传动-高等职业教育-教材 Ⅳ.①TH137

中国版本图书馆 CIP 数据核字（2015）第 229341 号

责任编辑：韩庆利　　文字编辑：张绪瑞
责任校对：宋　玮　　装帧设计：刘丽华

出版发行：化学工业出版社（北京市东城区青年湖南街 13 号　邮政编码 100011）
印　　装：北京科印技术咨询服务有限公司数码印刷分部
787mm×1092mm　1/16　印张 13　字数 337 千字　2025 年 3 月北京第 1 版第 4 次印刷

购书咨询：010-64518888　　售后服务：010-64518899
网　　址：http://www.cip.com.cn
凡购买本书，如有缺损质量问题，本社销售中心负责调换。

定　　价：39.80 元

前　言 FOREWORD

液压与液力传动是一门现代工业技术，是机械设备与自动化控制技术相结合的重要环节，广泛应用于汽车、工程机械、冶金和航空航天等各个领域。因此，液压与液力传动已经成为机电类、汽车类和工程机械类专业最重要的技术基础课程之一。

本书包括液压传动与液力传动两部分内容。第1篇液压传动共分7章：液压传动基础、液压泵、液压缸与液压马达、液压阀、液压辅助元件、液压基本回路和液压传动系统。第2篇液力传动共分3章：液力传动基础、液力元件及液力机械传动。

本书以液压和液力传动技术为主线，阐明了液压与液力传动技术的基本原理、液压元件和液力元件的工作原理、结构和特性、液力机械变矩器的方案形式及其性能特点，分析了液压基本回路及典型液压系统、液力机械传动的应用，概述了液压元件和液压系统的使用维护、液压系统常见故障的诊断及排除等。旨在培养学生液压与液力传动的基本知识和分析设计、安装调试、运用与维护等解决实际问题的能力。本书的具体特点如下：

1. 在内容的编排上，注重理论联系实际，注意引用新技术成果，以高职学生“必需、够用”为度，力求作到少而精，突出高职教育特点。

2. 针对高职教育特点，着眼于学生在应用能力方面的培养，部分章节后安排有必要的实训内容。

3. 为方便和指导学生学习，每章的开篇都列出了本章的内容提要和学习要点，章后附有思考与练习题。

4. 全面贯彻国家标准，严格执行现行最新的国家标准，液压气动图形符号（GB/T 786.1—2009)、液力传动术语（GB/T 3859—2014)、液力元件图形符号（JB/T 4237—2013）等。

5. 采用大量的图示和表格来说明问题，清晰明了，通俗易懂。

本书由黄河水利职业技术学院郑兰霞主编，陈艳艳、马卫东、李冰和胡修池副主编，连萌和牛聪参编。陈艳艳编写第1章，牛聪编写第2章，张俊海编写第3章和附录，马卫东编写第4章；李冰编写第5、10章，胡修池编写第6章；连萌编写第7章；郑兰霞编写第8、9章。全书由郑兰霞负责修改、校对和统稿。

本书不仅可作为高等职业技术教育汽车类、工程机械类和机械化施工类等专业的教材，也可以作为行业培训教材，还可以作为有关技术人员学习参考用书。

本书配套有电子课件，可赠送给用本书作为主教材的院校和老师，如果有需要，可登陆 www.cipedu.com.cn 下载。

由于编者的水平有限，书中难免存在一些疏漏和不妥之处，敬请读者批评指正。

编　者

目录 CONTENTS

第1篇 液压传动

第2篇 液力传动

第1篇 液压传动

液压传动广泛应用在汽车、工程机械、机床等设备上。它是使用压力油为传递能量的载体来实现传动与控制的，随着自动化技术的迅速发展，应用部门越来越广泛。而实现传动与控制必须要由各类泵、阀、缸及管道等元件组成一个完整的系统。本篇主要讲述组成液压传动系统的各类液压元件的结构、工作原理、应用方法，以及由这些元件组成的各种控制回路的作用和特点等。

第1章 液压传动基础

本章是学习液压传动技术的基础。讲述液压传动的工作原理、组成和特点，液压油的主要性质、使用与污染控制，液体静力学的基本特性、液体流动时的运动特性、流经管路的压力以及流经孔口和缝隙的流量等液压基础知识。重点是液压传动的工作原理、组成，液压油的性质，液体动力学的基础知识和液体流经管路的压力损失。难点是液体动力学的知识、液体流经管路的压力损失和孔缝的流量。

1.1 液压传动的工作原理及组成

液压传动是用液体作为工作介质，在密封的回路里，利用液体的压力能进行能量传递的传动方式。

1.1.1 液压传动的工作原理

先从分析最简单的液压传动实例开始，认识液压传动。

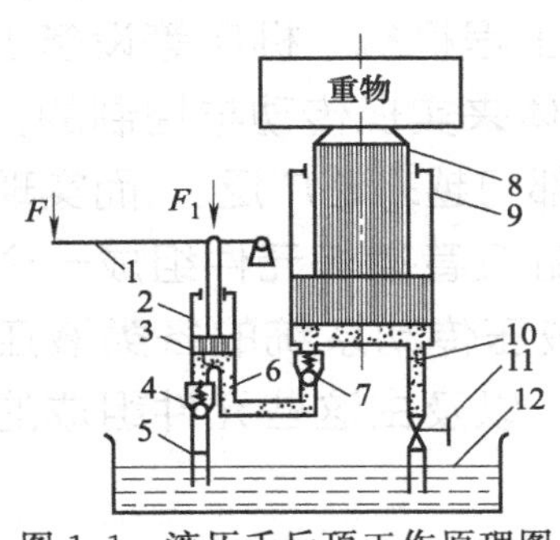

图 1.1 液压千斤顶工作原理图
1—杠杆；2—小液压缸；3—小活塞；4,7—单向阀；5—吸油管；6,10—管道；8—大活塞；9—大液压缸；11—截止阀；12—油箱

图 1.1 是常见的液压千斤顶的工作原理图。大、小两个液压缸 9 和 2 的内部分别装有活塞 3 和 8，活塞和缸体之间保持一种良好的配合关系，不仅活塞能够在缸内滑动，而且配合面之间能实现可靠的密封。当向上提起杠杆 1 时，小活塞 3 就被带动上升，于是小液压缸下腔的密封工作容积便增大。这时，由于单向阀 4 和 7 分别关闭了它们各自所在的油路，所以在小液压缸 2 下腔形成了部分真空，油箱 12 中的油液就在大气压力作用下推开单向阀 4 沿吸油孔道进入小液压缸下腔，完成一次吸油动作。接着，压下杠杆 1，小活塞 3 下移，小液压缸下腔的工作容积减少，把其中的油液挤出，推开单向阀 7（此时单向阀 4 关闭了通往油箱的油路），油液便经两个液压缸之间连接孔道进入大液压缸 9 的下腔。由于大液压缸的下腔也是一个密封的工作容积，所进入的油液因受挤压而产生作用力就推动大活塞 8 上升，并将重物向上顶起一段距离。如此反复地提、压杠杆 1，就可以使重物不断上升，达到起重的目的。

如将截止阀 11 旋转 90°则在重物自重的作用下，大液压缸的下腔的油液流回油箱 12，活塞就下降到原位。

从以上例子可以看出：液压千斤顶是一个简单的液压传动装置。分析液压千斤顶的工作过程，可知液压传动是以液体作为介质来传动的一种传动方式。它依靠容积的变化传递运动，依靠液体内部的压力（由外界负载所引起的）传递动力。液压传动装置本质上是一种能量转化装置，它先将机械能转换为便于输送的液压能，随后又将液压能转换为机械能做功。

1.1.2 液压传动系统的组成

图 1.2 是一台简化了的推土机液压传动系统。可以通过它进一步了解一般的液压传动系统应具备的基本性能和组成。

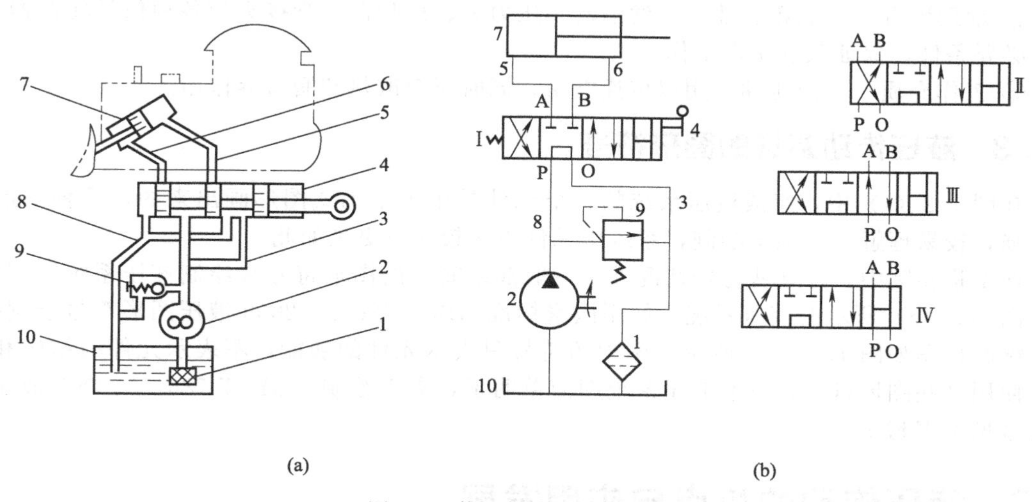

图 1.2 推土机液压传动系统

1—滤油器；2—液压泵；3,5,6,8—油管；

4—换向阀；7—液压缸；9—安全阀；10—油箱

在图 1.2（a）中，液压泵 2 由发动机驱动从油箱内吸油。液压油经过滤油器 1 过滤以后流向液压泵，经液压泵向系统供油。液压泵将发动机的机械能转换成油液的压力能，是推动铲刀升降液压缸的动力源。

液压泵 2 输出的油液经过油管 3 进入换向阀 4 内。图示位置时，油液进入换向阀 4 后，经过油管 8 流回到油箱。换向阀 4 通向液压缸 7 的两腔的油口被封闭，液压缸 7 的活塞保持在一定位置，铲刀高度不变。

将换向阀 4 的手柄向右移动一个位置，液压泵 2 输出的油液经过油管 3 进入换向阀 4 内。油液进入换向阀 4 后，经过油管 6 进入液压缸 7 的有杆腔，将活塞缩回，铲刀升起；液压缸 7 的无杆腔的油液经油管 5、换向阀 4 和油管 8 流回到油箱。

将换向阀 4 的手柄向左移至左端时，液压泵 2 输出的油液经过油管 3 进入换向阀 4 内。油液进入换向阀 4 后，经过油管 5 进入液压缸 7 的无杆腔，推动活塞外伸，铲刀下降；液压缸 7 的有杆腔的油液经油管 6、换向阀 4 和油管 8 流回到油箱。

由此可见，换向阀 4 在液压系统中的作用是控制油液的流动方向，控制液压缸 7 的运动方向，从而铲刀处于不同的工作状态。

为了限制液压系统的最高压力，防止其过载，设置了安全阀 9。当液压缸的活塞杆受到的外负载过大，超过安全阀 9 所允许的设计压力时，安全阀 9 开启，液压泵 2 输出的油液便可以经过安全阀 9 回到油箱 10，保证系统的工作压力不会超过规定值，否则油压过高会引起不良后果。

滤油器 1 能够过滤油液中的杂质，减少各种液压元件的磨损。油箱 10 能够储存油液还有散热等作用。

从上述例子可以看出，液压传动系统由以下五部分组成：

① 动力装置——液压泵。将原动机输入的机械能转换为液体的压力能，作为系统供油

装置。

② 执行装置——液压缸（或马达）。将液体压力能转换为机械能，对负载做功。

③ 控制调节装置——各种液压控制阀。用以控制液体的方向、压力和流量，以保证执行元件完成预期的工作任务。

④ 辅助装置——油箱、油管、滤油器、压力表、冷却器、管接头和各种信号转换器等，创造必要条件，保证系统正常工作。

⑤ 工作介质——液压油。用以传递能量，同时还起散热和润滑等作用。

1.1.3 液压传动系统的图形符号

在图 1.2（a）中，组成液压系统的各个元件是用半结构式图形画出来的，这种图形直观性强，较易理解，但难于绘制，系统中元件数量较多时更是如此。

在工程实际中，除某些特殊情况外，一般都用简单的图形符号来绘制液压系统原理图。对于图 1.2（a）所示的液压系统，如用国家标准 GB/T 786.1—2009 液压图形符号绘制时，其系统原理图如图 1.2（b）所示。图中的符号只表示元件的功能，不表示元件的结构和参数。使用这些图形符号，可使液压系统图简单明了，易于绘制。GB/T 786.1—2009 液压图形符号见本书附录。

1.2 液压传动的特点与应用发展

1.2.1 液压传动的特点

与机械传动、电气传动相比，液压传动具有以下优点：

① 液压传动装置运动平稳、反应快、惯性小，能高速启动、制动和换向。

② 在同等功率情况下，液压传动装置体积小、重量轻、结构紧凑。

③ 液压传动装置能在运行中方便地实现无级调速，且调速范围最大可达 1：2000。

④ 操作简便，易于实现自动化。当它与电气联合控制时，能实现复杂的自动工作循环和远距离控制。

⑤ 容易实现直线运动。

⑥ 可自动实现过载保护。一般采用矿物油为工作介质，液压元件能自行润滑，使用寿命较长。

⑦ 液压元件实现了标准化、系列化、通用化，便于设计、制造和使用。

液压传动存在效率低、不能保证严格的传动比、受油温变化影响大、制造精度要求高、和对油液污染敏感等缺点。

① 由于液压油的可压缩性和泄漏，液压传动不能保证严格的传动比。泄漏如果处理不当，不仅污染场地，而且还可能引起火灾和爆炸事故。

② 液压传动对油温变化较敏感，这会影响它的工作稳定性。因此液压传动不宜在很高或很低的温度下工作，一般工作温度在－15～60℃范围内较合适。

③ 液压元件在制造精度上要求较高，因此它的造价高，且对油液的污染比较敏感。

④ 液压传动在能量转换的过程中，压力、流量损失大，故系统效率较低。

⑤ 液压传动装置出现故障时不易查找原因，使用和维修要求有较高的技术水平。

1.2.2 液压传动的应用与发展

液压传动是实现现代化传动与控制的关键技术之一，广泛应用于现代化的工业生产中的工程机械、汽车工业、农业机械、航空航天、机床工业和冶金工业等各个领域。用来提高劳动生产率、降低劳动强度、实现生产过程的自动化。例如液压技术在汽车上的应用，主要表现在自动变速器液压控制系统、汽车液压悬架系统、汽车液压制动系统、电子液压制动系统、汽车液压减震系统、液压转向系统 、汽车 EPS 液压系统等。在汽车起重机上，其重物起升机构、回转机构、起重臂升降和伸缩、支腿伸缩机构等也都是运用了液压传动。特别是液压挖掘机，其行走机构、回转机构和铲斗挖掘各个工作机构全部都是采用液压传动技术。

我国的液压技术开始于 20 世纪 50 年代，其产品最初只用于机床和锻压设备，后来才用到拖拉机和工程机械上。自从 1964 年从国外引进一些液压元件生产技术，同时进行自行设计液压产品以来，我国的液压件生产已从低压到高压形成系列，并在各种机械设备上得到了广泛的使用。90 年代起更加速了对国外先进液压产品和技术的有计划引进、消化、吸收和国产化工作，以确保我国的液压技术能在产品质量、经济效益、研究开发等各个方面全方位地赶上世界水平。随着工业发展壮大，相继建立了科研机构和专业生产厂家，从事液压技术研究和液压产品生产。他们不但能生产液压泵、液压阀等液压元件，还设计制造了许多新型液压元件，如电液比例阀、电液伺服阀等。到目前为止，液压元件的生产，已成为了我国液压元件产品的生产系列。液压技术的发展正向着高效率、高精度、高性能方向迈进。

液压元件向着体积小、重量轻、微型化和集成化方向发展。计算机技术的发展和应用，大大地推进了液压技术的发展，像液压系统的辅助设计、计算机仿真和优化及微机控制等技术，也都取得了显著成果。当前，液压技术在实现高压、高速、大功率、高效率、低噪声、经久耐用、高度集成化等各项要求方面都取得了重大的进展，在完善比例控制、伺服控制和数字控制等技术上也有许多新成就。此外，在液压元件和液压系统的计算机辅助设计、计算机仿真和优化以及微机控制等开发性工作方面，日益显示出显著的成绩。微电子技术的进展，渗透到液压中并与之结合，创造出了很多高可靠性、低成本的微型节能元件，为液压技术在工业各部门中的应用开辟了更为广泛的前景。

1.3 液压油

液压油既是液压系统中传递功率的介质，又是液压元件的冷却、防锈和润滑剂。在工作中产生的磨粒和来自外界的污染物，也要靠工作液体带走。工作液体的黏性，对减少间隙的泄漏、保证液压元件的密封性能都起着重要作用。

1.3.1 液压油的主要性质

(1) 密度

密度是单位体积液压油的质量，即

$$\rho=\frac{m}{V}\quad (\mathrm{kg/m^3}) \tag{1.1}$$

密度随着温度或压力的变化而变化，但变化不大，通常忽略不计，一般取 $\rho=890\sim910\mathrm{kg/m^3}$。

(2) 黏性

液体在外力作用下流动时，分子间的内聚力会阻碍分子间的相对运动而产生一种内摩擦力，这一特性称为液体的黏性（见图 1.3）。黏性是液体重要的物理特性，也是选择液压油的主要依据。

内摩擦力表达式 $F=\mu A\,\mathrm{d}u/\mathrm{d}y$

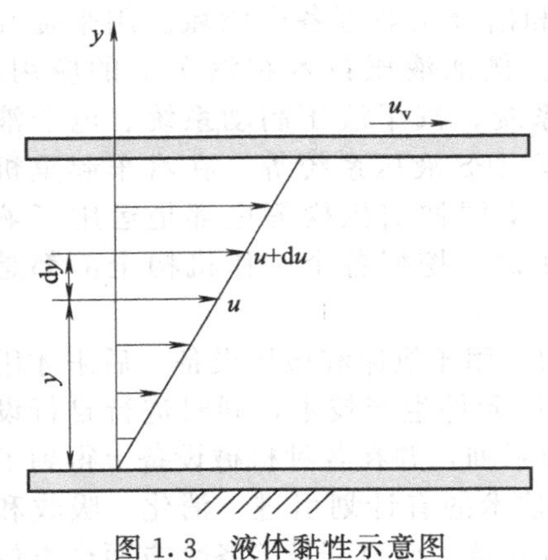

图 1.3　液体黏性示意图

牛顿液体内摩擦定律：液层间的内摩擦力 F 与液层接触面积 A 及液层之间的速度 du 成正比，而与液层间的距离 dy 成反比。μ 是比例系数，也称为液体的黏性系数或动力黏度。

因为液体静止时 $\frac{du}{dy}=0$，所以液体在静止状态时不呈现黏性。

黏性的大小用黏度表示。黏度可分为绝对黏度和相对黏度，绝对黏度包括动力黏度和运动黏度。

① 动力黏度　液体单位面积上的内摩擦力表达式

$$\tau=\frac{F}{A}=\mu\frac{du}{dy}$$

$$\mu=\tau dy/du(\mathrm{N\cdot s/m^2}) \tag{1.2}$$

动力黏度是液体在单位速度梯度下流动时，接触液层间单位面积上的内摩擦力。

动力黏度单位：国际单位（SI 制）中，帕·秒（Pa·s）或牛顿·秒/米^2（$\mathrm{N\cdot s/m^2}$）。

② 运动黏度　动力黏度 μ 与液体密度 ρ 之比值叫运动黏度，用 ν 表示。

$$\nu=\frac{\mu}{\rho}\quad(\mathrm{m^2/s}) \tag{1.3}$$

运动黏度没有明确的物理意义，其单位中有长度和时间的量纲（$\mathrm{m^2/s}$，斯），称为运动黏度。工程中常用运动黏度 ν 作为液体黏度的标志。液压油的牌号就是用液压油在 40℃时的运动黏度 ν 的平均值来表示的。

运动黏度单位（SI 制）为 $\mathrm{m^2/s}$；非法定计量单位（CGS 制）为 St（斯）（$\mathrm{cm^2/s}$）、cSt（厘斯）（$\mathrm{mm^2/s}$）。它们之间的换算关系为

$$1\mathrm{m^2/s}=10^4\mathrm{cm^2/s}\ (\mathrm{St})=10^6\mathrm{mm^2/s}\ (\mathrm{cSt})$$

例如：牌号为 L-HL32 的液压油，指这种油在 40℃时的平均运动黏度平均值为 32cSt（$\mathrm{mm^2/s}$）。

③ 相对黏度　相对黏度又称条件黏度。它是采用特定的黏度计在规定的条件下测出来的液体黏度。测量条件不同，采用的相对黏度单位也不同。例如，我国及德国、俄罗斯采用恩氏黏度（°E），美国采用国际赛氏黏度（SSU），英国采用商用雷氏黏度（″R）等。

恩氏黏度用恩氏黏度计测定。温度为 t℃的 200cm^3 被测液体由恩氏黏度计的小孔中流出所用的时间 t_1，与温度为 20℃的 200cm^3 蒸馏水由恩氏黏度计的小孔中流出所用的时间 t_2（通常 t_2=51s）之比，称为该被测液体在 t℃下的恩氏黏度，记为°E_t，即

$$^{\circ}E_t=\frac{t_1}{t_2}=\frac{t_1}{51\mathrm{s}} \tag{1.4}$$

恩氏黏度与运动黏度（$\mathrm{mm^2/s}$）的换算关系为

当 $1.3\leqslant {}^{\circ}E\leqslant 3.2$ 时
$$\nu=8^{\circ}E-\frac{8.64}{^{\circ}E} \tag{1.5}$$

当 $^{\circ}E>3.2$ 时
$$\nu=7.6^{\circ}E-\frac{4}{^{\circ}E} \tag{1.6}$$

（3）黏温特性和黏压特性

黏度随着压力的变化而变化的特性叫黏压特性。液体的压力增大时，分子间的距离缩小，内聚力增大，其黏度值也随之增大。在一般情况下，压力对黏度的影响比较小，可以不考虑。

黏度随着温度的变化而变化的特性叫黏温特性。液体的温度升高时，分子间的内聚力减

小，黏度就随之降低。液压油的黏度对温度的变化比较敏感，不同种类的液压油有不同的黏温特性。图 1.4 为典型液压油的黏温特性曲线。

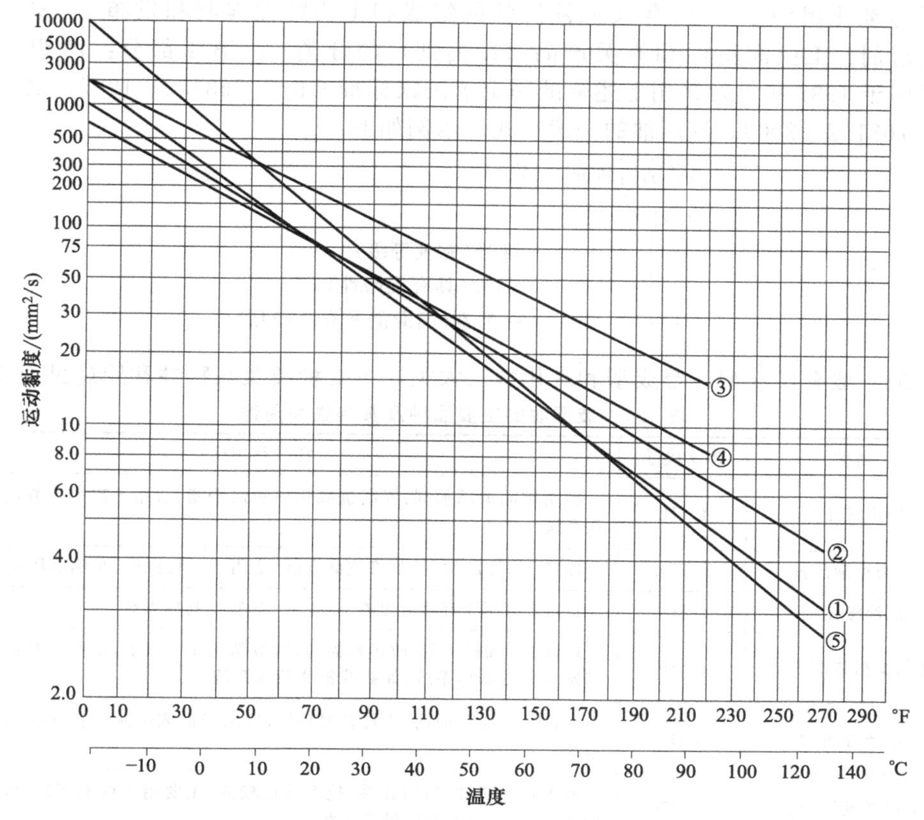

图 1.4 典型液压油的黏温特性曲线

①—矿油型通用液压油；②—矿油型高黏度指数液压油；③—水包油乳化液；④—水-乙二醇液；⑤—磷酸酯液

(4) 可压缩性

液体的可压缩性是指液体受压力作用而发生体积缩小的性质。体积为 V_0 的液体，当压力增大 Δp 时，体积减小 ΔV，则液体在单位压力变化下的体积相对变化量称为液体的压缩系数 k。

$$k=-\frac{1}{\Delta p}\times\frac{\Delta V}{V_0}$$

一般认为油液不可压缩（因压缩性很小），若分析动态特性或压力变化很大的高压系统，则必须考虑。

(5) 其他性质

物理性质：润滑性（在金属摩擦表面形成牢固油膜的能力）、抗燃性、抗凝性、抗泡沫性、抗乳化性、凝点、闪点（明火能使油面上油蒸气闪燃，但油本身不燃烧的温度）和燃点（使油液能自行燃烧的温度）等。

化学性质：热稳定性、氧化稳定性、水解稳定性、相容性（对密封材料、涂料等非金属材料的化学作用程度，如不起作用或很少起作用则相容性好）和毒性等。

1.3.2 液压油的种类

国际标准化组织于1982年按照液压油的组成和主要特性编制和发布了ISO 6743/4：1982《润滑剂、工业润滑油和有关产品（L类别）的分类——第4部分：H组（液压系统)》。我国于1987年等效采用上述标准制定了国家标准GB/T 7631.2—1987，之后又修订为GB/T 7631.2—2003。液压油的一般形式、示例如下：

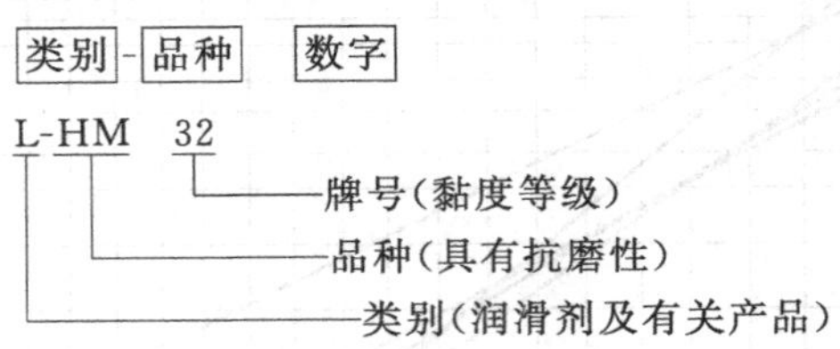

液压油一般有矿油型、合成型和乳化型三大类，主要种类及其特性和用途见表1.1。

表1.1 液压油的主要品种及其特性和用途

类型	名称	ISO代号	特性和用途
矿油型	通用液压油	L-HL	精制矿油加添加剂，提高抗氧化和防锈性能，适用于室内一般设备的中低压系统
	抗磨型液压油	L-HM	L-HL油加添加剂，改善抗磨性能，适用于工程机械、车辆液压系统
	低温液压油	L-HV	L-HV可用于环境温度在－40～－20℃的高压系统
	高黏度指数液压油	L-HR	L-HL油加添加剂，改善黏温特性，VI值达175以上，适用于对黏温特性有特殊要求的低压系统，如数控机床液压系统
	液压导轨油	L-HG	L-HM油加添加剂，改善黏温特性，适用于机床中液压和导轨润滑合用的系统
	全损耗系统用油	L-HH	浅度精制矿油，抗氧化性、抗泡沫性较差，主要用于机械润滑，可作液压代用油，用于要求不高的低压系统
	汽轮机油	L-TSA	深度精制矿油加添加剂，改善抗氧化性、抗泡沫性能，为汽轮机专用油，可作液压代用油，用于一般液压系统
乳化型	水包油乳化液	L-HFA	难燃、黏温特性好，有一定的防锈能力，润滑性差，易泄漏，适用于有抗燃要求、油液用量大且泄漏严重的系统
	油包水乳化液	L-HFB	既具有矿油型液压油的抗磨、防锈性能，又具有抗燃性，适用于有抗燃要求的中压系统
合成型	水-乙二醇液	L-HFC	难燃，黏温特性和抗蚀性好，能在－30～60℃温度下使用，适用于有抗燃要求的中低压系统
	磷酸酯液	L-HFDR	难燃，润滑抗磨性能和抗氧化性能良好，能在－54～135℃温度范围内使用，缺点是有毒。适用于有抗燃要求的高压精密系统

1.3.3 液压油的使用

液压系统对液压油的要求：

① 合适的黏度和良好的黏温特性，一般液压系统所选用的液压油，其运动黏度大多为13～68cSt（40℃下）。

② 良好的化学稳定性，使用寿命长。

③ 良好的润滑性能，以减小元件中相对运动表面的磨损。

④ 质地纯净，不含或含有极少量的杂质、水分和水溶性酸碱等。

⑤ 对金属和密封件有良好的相容性。

⑥ 抗泡沫性好，抗乳化性好，腐蚀性小，抗锈性好。

⑦ 体积膨胀系数低，比热容高。

⑧ 凝点和流动点低，闪点和燃点高。

⑨ 对人体无害、对环境污染小，成本低。

(1) 液压油的选择原则

选择液压油时，首先考虑其黏度是否满足要求，同时兼顾其他方面。选择时应考虑如下因素：

① 液压泵的类型；

② 液压系统的工作压力；

③ 运动速度；

④ 环境条件（包括温度、室内、露天、水下等）；

⑤ 防污染的要求；

⑥ 技术经济性（包括价格、使用寿命、维护保养的难易程度等）。

总之，选择液压油时一是考虑液压油的品种，二是考虑液压油的黏度。

(2) 品种和黏度的选用

首先根据工作条件（工作部件运动速度、工作压力、环境温度）和液压泵的类型选择油液品种，然后选择液压油的黏度等级。一般来说，工作部件运动速度慢、工作压力高、环境温度高，宜用黏度较高的液压油（以降低泄漏）；工作部件运动速度快、工作压力低、环境温度低，宜用黏度较低的液压油（以降低功率损失）。通常根据液压泵的要求来确定液压油的黏度。表 1.2 是各种液压泵合适的用油黏度范围及推荐用油牌号。

表 1.2 液压泵用油的黏度范围及推荐牌号

名称	运动黏度/(mm^2/s)		工作压力/MPa	工作温度/℃	推荐用油
	允许	最佳			
叶片泵	16～220	26～54	7	5～40	L-HH32,L-HH46
				40～80	L-HH46,L-HH68
			＞14	5～40	L-HL32,L-HL46
				40～80	L-HL46,L-HL68
齿轮泵	4～220	25～54	＜12.5	5～40	L-HL32,L-HL46
				40～80	L-HL46,L-HL68
			10～20	5～40	
				40～80	L-HM46,L-HM68
			16～32	5～40	L-HM32,L-HM68
				40～80	L-HM46,L-HM68
径向柱塞泵	10～65	16～48	14～35	5～40	L-HM32,L-HM46
				40～80	L-HM46,L-HM68
轴向柱塞泵	4～76	16～47	＞35	5～40	L-HM32,L-HM68
				40～80	L-HM68,L-HM100

(3) 使用

除了合理地选择液压油外，使用中还应注意以下问题：

① 对长期使用的液压油，应使其长期处于低于它开始氧化的温度下工作。

② 在储存、搬运及加注过程中，应防止油液被污染。

③ 对油液定期抽样检验，并建立定期换油制度。

④ 油箱的储油量应充分，以利于液压系统的散热。

⑤ 保持液压系统的良好密封，一旦有泄漏就应立即排除。

(4) 液压油的污染及其控制

液压油中的污染物来源包括：液压装置组装时残留下来的污染物（如切屑、毛刺、型砂、磨粒、焊渣、铁锈等）；从周围环境混入的污染物（如空气、尘埃、水滴等）；在工作过程中产生的污染物（如金属微粒、锈斑、涂料剥离片、密封材料剥离片、水分、气泡以及液压油变质后的胶状生成物等）。

固体颗粒使元件加速磨损，寿命缩短，使泵性能下降，甚至使阀芯卡死，滤油器堵塞。水的侵入不仅会产生气蚀，而且还将加速液压油的氧化，并与添加剂起作用产生黏性胶质，堵塞滤油器。空气的混入将导致泵气蚀及执行元件低速爬行。

为了减少油液的污染，可采取以下措施：

① 液压元件在加工的每道工序后都应净化，装配后严格清洗。系统在组装前，油箱和管道必须清洗。用机械方法除去残渣和表面氧化物，然后进行酸洗。系统在组装后，用系统工作时使用的液压油（加热后）进行全面清洗，并将清洗后的介质换掉。系统冲洗时应设置高效滤油器，并启动系统使元件动作，用铜锤敲打焊口和连接部位。

② 在油箱呼吸孔上装设高效空气滤清器或采用隔离式油箱，防止尘土、磨料和冷却水的侵入。液压油必须通过滤油器注入系统。

③ 系统应设置过滤器，其过滤精度应根据系统的不同情况来选定。

④ 系统工作时，一般应将液压油的温度控制在65℃以下。液压油温度过高会加速氧化，产生各种生成物。

⑤ 系统中的液压油应定期检查和更换，在注入新的液压油前，整个系统必须先清洗一次。

1.4 液压传动基本理论

1.4.1 液体静力学基础

(1) 压力及其表示

液体单位面积上所受的法向力，物理学中称压强，液压传动中习惯称压力。通常以 p 表示，即

$$p=\frac{F}{A} \tag{1.7}$$

压力的法定单位为帕斯卡，简称帕，符号为 Pa，$1\text{Pa}=1\text{N/m}^2$。工程上常用单位为兆帕(MPa)。常用单位还有巴（bar）。它们的换算关系是 $1\text{MPa}=10^6\text{Pa}=10\text{bar}$。

压力的表示法有两种：绝对压力和相对压力。绝对压力是以绝对真空作为基准所表示的压力；相对压力是以大气压力作为基准所表示的压力。

由于大多数测压仪表所测得的压力都是相对压力，故相对压力也称表压力。绝对压力与相对压力的关系为：绝对压力＝相对压力＋大气压力

如果液体中某点处的绝对压力小于大气压，这时在这个点上的绝对压力比大气压小的部分数值称为真空度。

液体的静压力具有两个重要特性：

① 液体静压力的方向总是作用在内法线方向上。液体在静止状态下不呈现黏性，内部不存在切向剪应力而只有法向应力，垂直并指向于承压表面。

② 静止液体内任一点的液体静压力在各个方向上都相等。如果有一方向压力不等，液体就会流动。

(2) 液体静压力基本方程

在重力作用下静止液体的受力情况可用图1.5表示。如要求液体离液面深度为 h 处的压力 p，可以假想从液面往下切取一个高为 h、底面积为 ΔA 的垂直小液柱，如图1.5 (b) 所示。这个小液柱在重力 G ($G=mg=\rho Vg=\rho gh\Delta A$) 及周围液体的压力作用下处于平衡状态。于是有 $p\Delta A=p_0\Delta A+\rho gh\Delta A$，即

$$p=p_0+\rho gh \qquad (1.8)$$

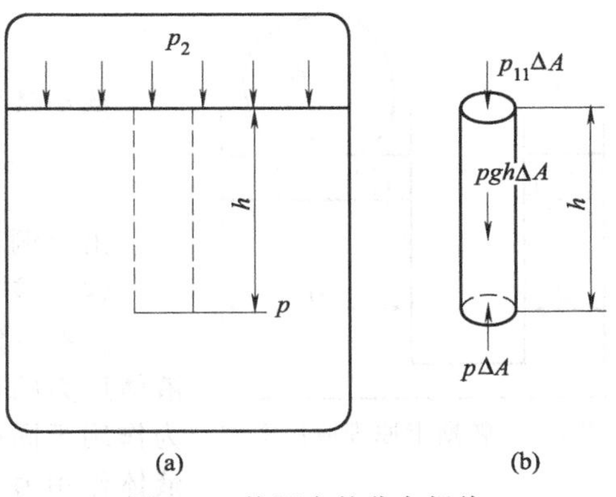

图1.5 静压力的分布规律

式 (1.8) 即为液体静压力的基本方程。在液压传动系统中，通常是外力产生的压力 (p_0) 要比液体自重所产生的压力 (ρgh) 大得多，因此，可把式中的 ρgh 略去，而认为静止液体内部各点的压力处处相等。

由液体静压力基本方程可知，重力作用下的静止液体的压力分布特征如下：

① 静止液体中任一点处的压力由两部分组成：液面压力 p_0 和液体自重所形成的压力 ρgh。

② 静止液体内压力沿液体深度呈线性规律分布。

③ 离液面深度相同处各点的压力均相等，压力相等的点组成的面叫等压面。

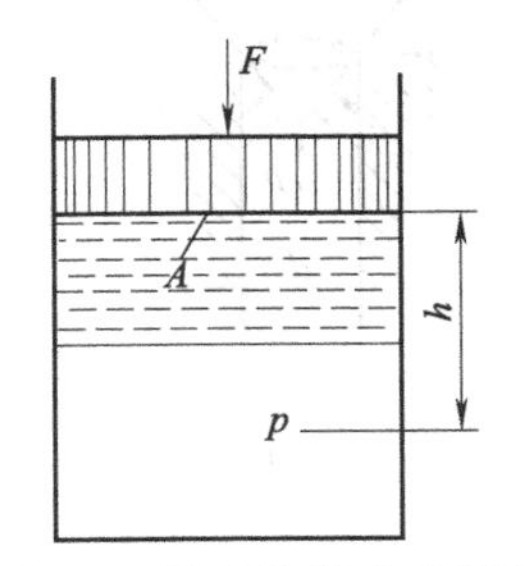

图1.6 静止液体内的压力

例1.1 如图1.6所示，容器内盛有油液。已知油的密度 $\rho=900\text{kg/m}^3$，活塞上的作用力 $F=1000\text{N}$，活塞的面积 $A=1\times10^{-3}\text{m}^2$，假设活塞的重量忽略不计。问活塞下方深度为 $h=0.5\text{m}$ 处的压力等于多少？

解 活塞与液体接触面上的压力均匀分布，有

$$p_0=\frac{F}{A}=\frac{1000\text{N}}{1\times10^{-3}\text{m}^2}=10^6(\text{N/m}^2)$$

根据静压力的基本方程式 (1.8)，深度为 h 处的液体压力为

$$p=p_0+\rho gh=10^6+900\times9.8\times0.5$$
$$=1.0044\times10^6(\text{N/m}^2)\approx10^6(\text{Pa})$$

从例题可以看出：液体在受外界压力作用的情况下，液体自重所形成的压力 ρgh 相对甚小，在液压系统中常可忽略不计，因而可近似认为整个液体内部的压力是相等的，在分析液压系统的压力时，一般都采用这一结论。

(3) 静压传递原理

根据静压力基本方程，盛放在密闭容器内的液体，其外加压力发生变化时，只要液体仍保持其原来的静止状态不变，液体中任一点的压力均将发生同样大小的变化。

这就是说，在密闭容器内，施加于静止液体上的压力将以等值同时传到各点。这就是静压传递原理或称帕斯卡原理。

例1.2 图1.7所示为相互连通的两个液压缸，已知大缸内径 $D=300\text{mm}$，小缸内径 $d=30\text{mm}$，大活塞上放一质量为4000kg的物体 G。计算：在小活塞上所加的力 F 有多大才能使大活塞顶起重物？

解 根据帕斯卡原理，由外力产生的压力在两个液压缸中应当相等。即

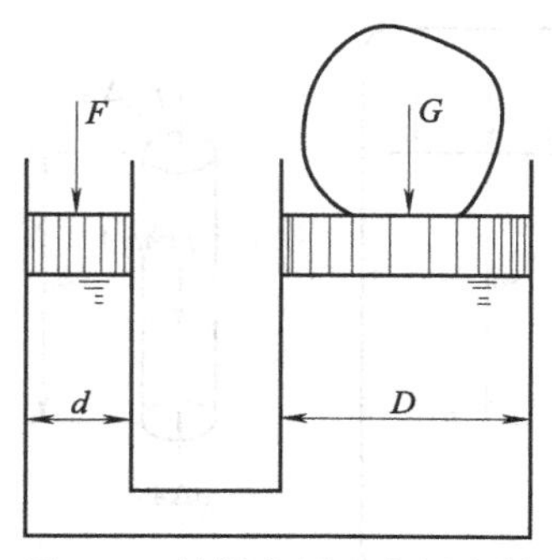

图 1.7　帕斯卡原理应用实例

$$p=\frac{4F}{\pi d^2}=\frac{4G}{\pi D^2}$$

故小活塞上所加的力 F 为

$$F=\frac{d^2}{D^2}G=\frac{30^2}{300^2}\times 4000=40(\mathrm{kg})\approx 400(\mathrm{N})$$

由上例可知，液压传动装置具有力的放大作用。

(4) 液体对壁面的作用力

具有一定压力的液体与固体壁面接触时，固体壁面将受到液体压力的作用。如果不计液体的自重对压力的影响，可以认为作用于固体壁面上的压力是均匀分布的。这样，固体壁面上液体作用力在某一方向上的分力等于液体压力与壁面该方向上的垂直面内投影面积的乘积。

当承受压力的表面为平面时，液体对该平面的总作用力 F 为液体的压力 p 与受压面积 A 的乘积，其方向与该平面相垂直。如图 1.8 (a) 所示，液压缸活塞直径为 D，面积为 A，则液压力作用在活塞上的力 F 为

$$F=pA=p\frac{\pi D^2}{4} \tag{1.9}$$

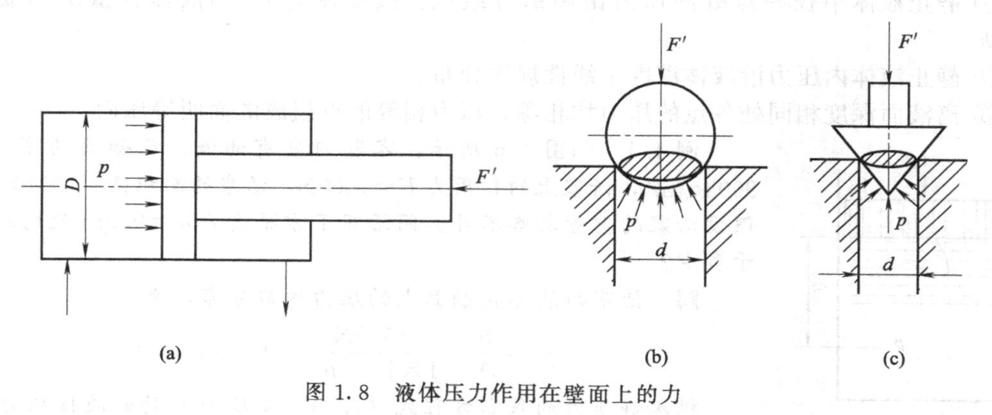

图 1.8　液体压力作用在壁面上的力

当承受压力的表面为曲面时，如图 1.8 (b)、图 1.8 (c) 所示的球面和锥面，液体对曲面在某一方向上所受的作用力 F 等于液体压力 p 与曲面在该方向的垂直投影面积 A 之乘积，即

$$F=pA=p\frac{\pi d^2}{4} \tag{1.10}$$

1.4.2 液体动力学基础

(1) 基本概念

① 理想液体和稳定流动　通常把既无黏性又不可压缩的液体称为理想液体，而把事实上既有黏性又可压缩的液体称为实际液体。

液体流动时，若液体中任何一点的压力、流速和密度都不随时间而变化，这种流动称为稳定流动。反之，只要压力、速度或密度中有一个随时间变化，则称为非稳定流动。

② 通流截面、流量和平均流速　液体在管道内流动，某一瞬时液流中各处质点运动状态的一条条曲线称为流线，通过某一截面上各点流线的集合称为流束。垂直于液体流动方向的截面称为通流截面（也称过流截面）。

单位时间内流过某通流截面的液体体积称为流量。若在时间 t 内流过的液体体积为 V，则流量为

$$q=\frac{V}{t} \tag{1.11}$$

q 表示流量，在液压传动中，流量的单位为 L/min、cm^3/s 或 m^3/s。它们的换算关系是 $1m^3/s=10^6cm^3/s=6\times10^4L/min$

图 1.9 所示为液体在一直管内流动，设管道的通流截面面积为 A，流过截面Ⅰ—Ⅰ的液体经过时间 t 后到达截面Ⅱ—Ⅱ处，所流过的距离为 l，则流过的液体的体积为 $V=Al$，因此流量为

$$q=\frac{V}{t}=\frac{Al}{t}=Av \tag{1.12}$$

上式中，v 是液体在通流截面上的平均流速，而不是实际流速。由于液体存在黏性，致使同一通流截面上各液体质点的实际流速分布不均匀，越靠近管道中心，流速越大。因此，在进行液压计算时，实际流速不便使用，需要使用平均流速。平均流速是一种假想的均布流速，以此流速流过的流量和实际流速流过的流量应该相等。

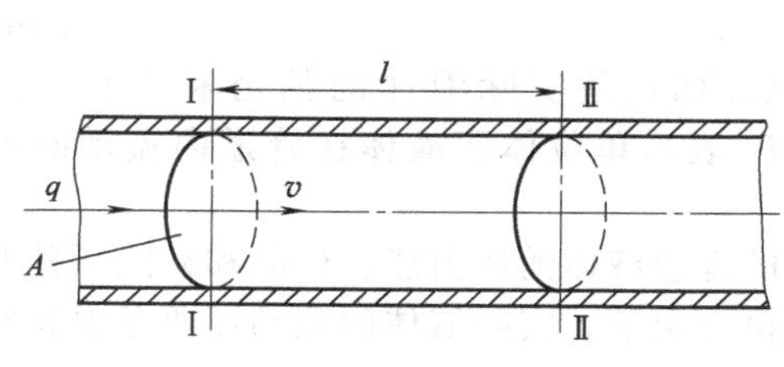

图 1.9　流量与平均流速

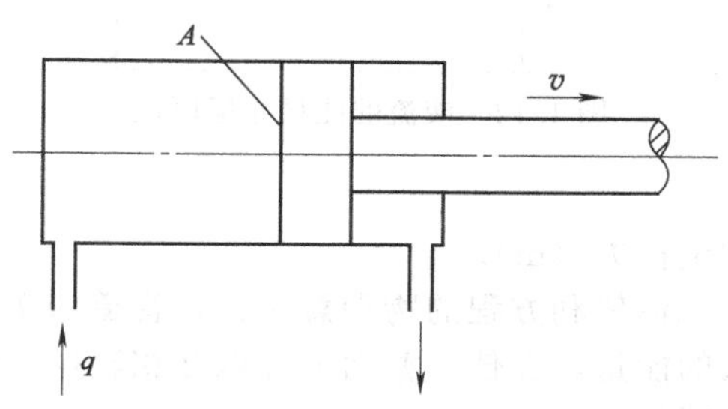

图 1.10　活塞运动速度与流量的关系

在液压缸中，液体的平均流速与活塞的运动速度相同，如图 1.10 所示，因此也存在如下关系

$$v=\frac{q}{A} \tag{1.13}$$

由式（1.13）可知，当液压缸的活塞有效面积 A 一定时，活塞运动速度 v 的大小由输入液压缸的流量 q 来决定。

（2）液体流动的连续性方程

连续性方程是质量守恒定律在流体力学中的一种表达形式。

在一般情况下，液体可认为是不可压缩的。当液体在管道内作稳定流动时，根据质量守恒，管内液体的质量不会增多也不会有减少，所以在单位时间内流过每一通流截面的液体质量必然相等。

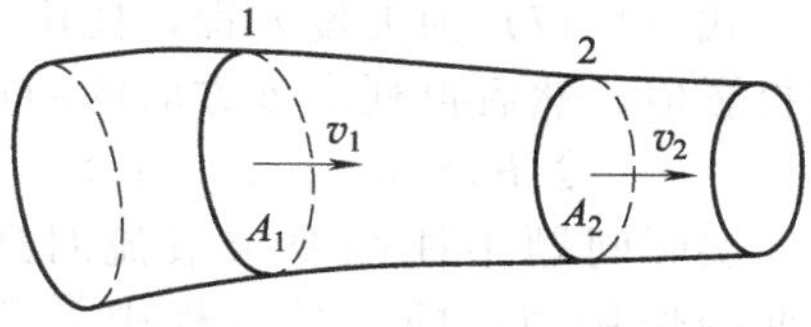

如图 1.11 所示，管道内的两个通流面积分别为 A_1、A_2，液流的平均流速分别为 v_1，v_2，液体的密度为 ρ，则有 $\rho v_1A_1=\rho v_2A_2=$常量，即

图 1.11　液流的连续性原理

$$v_1A_1=v_2A_2=q \tag{1.14}$$

或 $\frac{v_1}{v_2}=\frac{A_2}{A_1}$

式（1.14）就是液流的连续性方程。它说明液体在管道中流动时，流过各个断面的流量

是相等的（即流量是连续的），因而流速和通流截面面积成反比。

(3) 伯努利方程

伯努利方程是能量守恒定律在流体力学中的一种表达形式。

流动的液体不仅具有压力能和位能，而且由于它有一定的流速，因而还具有动能。

没有黏性和不可压缩的理想液体，在管道内作稳定流动时，以能量守恒定律可得

$$\frac{p}{\rho g}+\frac{v^2}{2g}+h=常数 \tag{1.15}$$

式 (1.15) 称为理想液体伯努利方程。式中，p 表示压力，Pa；ρ 表示密度，kg/m^3；v 表示流速，m/s；g 表示重力加速度，m/s^2；h 表示液位高度，m。

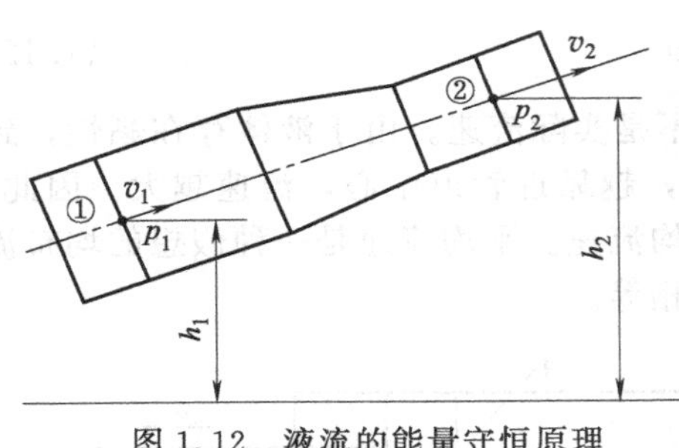

图 1.12　液流的能量守恒原理

如图 1.12 所示，实际液体在管道内流动时，由于液体黏性而存在内摩擦力作用，消耗能量。同时，管道的尺寸和局部形状骤然变化对液流产生干扰，也会有能量消耗。因此，实际液体流动时存在能量损失，依能量守恒定律得

$$\frac{p_1}{\rho g}+\frac{v_1^2}{2g}+h_1=\frac{p_2}{\rho g}+\frac{v_2^2}{2g}+h_2+\sum H_v \tag{1.16}$$

式 (1.16) 是实际液体的伯努利方程。式中，$\sum H_v$ 表示单位体积液体在管道内流动时的能量损失 (m)。

伯努利方程的物理意义：在管道内作稳定流动的理想液体的压力能、位能和动能三种形式的能量，在任一截面上可以互相转换，但其总和恒为定值。实际液体的流动还要考虑其损失能量。

伯努利方程揭示了液体流动过程中的能量变化规律，是流体力学中的一个特别重要的基本方程。它不仅是进行液压系统分析的理论基础，而且还可用来对多种液压问题进行研究。

(4) 动量方程

动量方程是动量定理在流体力学中的具体应用。它反映的是液体运动时动量的变化与作用在液体上的外力之间的关系。

忽略液体的可压缩性，稳定流动的液体的动量方程为

$$\sum \boldsymbol{F}=\rho q(\boldsymbol{v}_2-\boldsymbol{v}_1) \tag{1.17}$$

式中，$\sum \boldsymbol{F}$ 为液体所受的外力的矢量和；$\boldsymbol{v}_1$、$\boldsymbol{v}_2$ 为液流在前后两个过流截面上的平均流速矢量；ρ、q 分别为液体的密度和流量。

式 (1.17) 为矢量方程，使用时应根据具体情况将式中的各个矢量分解为某一指定方向的投影值，然后再列出该方向的动量方程。如在 x 指定方向的动量方程式为

$$\sum F_x=\rho q(v_{2x}-v_{1x}) \tag{1.18}$$

实际问题中往往要求液流对通道固体壁面的作用力，即动量方程中 $\sum F$ 的反作用力 F'，通常称为稳态液动力。在 x 指定方向的稳态液动力计算公式为

$$F'_x=-\sum F_x=-\rho q(v_{2x}-v_{1x}) \tag{1.19}$$

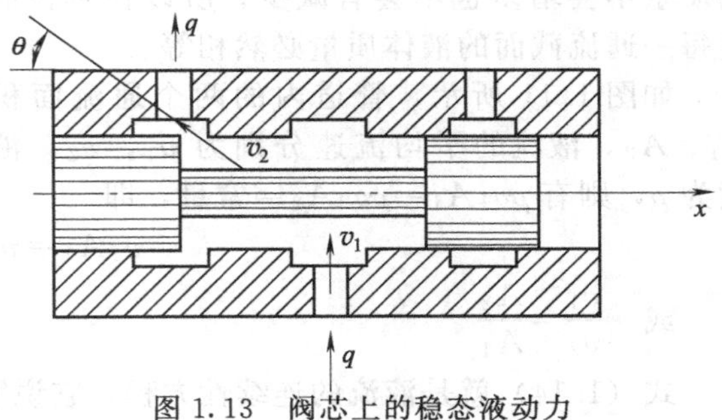

图 1.13　阀芯上的稳态液动力

例 1.3　求图 1.13 中阀芯所受的 x 方向的稳态液动力。

解 取进出油口之间的液体为研究体，由动量方程，阀芯所受的 x 方向的稳态液动力为

$$F'_x=\rho q[v_1\cos90°-(-v_2\cos\theta)]=\rho qv_2\cos\theta$$

如果液流反方向通过该阀，同理可得相同的结果，即：稳态液动力均为正值、方向都向右，它总是企图关闭阀口。

1.4.3 液流的压力损失

(1) 液体的流态和雷诺数

液体的流动状态（流态）有两种基本形式：层流和紊流。层流时，液体质点沿管道作直线运动而没有横向运动，即液体作分层流动，各层间的液体互不混杂。紊流时，液体质点的运动杂乱无章，除沿管道轴线运动外，还有横向运动等复杂状态。

液体的两种流态的判别依据是雷诺数。雷诺数用 Re 表示，有

$$Re=vd/\nu \tag{1.20}$$

式中，v 为液体在管中的流速；d 为管道的内径；ν 为液体的运动黏度。管道中的液体的流态随雷诺数的不同而改变。液流由层流转变为紊流时的雷诺数，和由紊流转变为层流时的雷诺数是不同的，一般都用后者作为判别液流状态的依据，称为临界雷诺数，用 Re_c 表示。在判别流态时，应先求出具体情况下的液体流动的雷诺数 Re，再以 Re 与 Re_c 相比较。当 $Re<Re_c$ 时，流态为层流；当 $Re>Re_c$ 时，流态为紊流。常见液流管道的临界雷诺数 Re_c 见表 1.3。

表 1.3 常见液流管道的临界雷诺数 Re_c

管道的形状	Re_c	管道的形状	Re_c
光滑金属圆管	2320	带环槽的同心环状缝隙	700
橡胶软管	1600～2000	带环槽的偏心环状缝隙	400
光滑的同心环状缝隙	1100	圆柱形滑阀阀口	260
光滑的偏心环状缝隙	1000	锥阀阀口	20～100

雷诺数的物理意义：雷诺数是液流的惯性力对黏性力的无因次比。当雷诺数较大时，说明惯性力起主导作用，这时液体处于紊流状态；当雷诺数较小时，说明黏性力起主导作用，这时液体处于层流状态。

液体在管道中流动时，若为层流，则其能量损失较小；若为紊流，则其能量损失较大。

(2) 液流的压力损失

实际液体在管道中流动时，因其具有黏性而产生摩擦力，故有能量损失。另外，液体在流动时会因管道尺寸或形状变化而产生撞击和出现漩涡，也会造成能量损失。在液压管路中能量损失表现为液体的压力损失，这样的压力损失可分为两种：一种是沿程压力损失，另一种是局部压力损失。

① 沿程压力损失　液体在等截面直管中流动时因黏性摩擦而产生的压力损失，称为沿程压力损失。液体的流动状态不同，所产生的沿程压力损失值也不同。

管道中流动的液体为层流时，液体质点在做有规则的流动，因此可以用数学工具全面探讨其流动时各参数变化间的相互关系，并推导出沿程压力损失的计算公式。经理论推导和实验证明，沿程压力损失 Δp_λ，可用以下公式计算

$$\Delta p_\lambda=\lambda\frac{l}{d}\times\frac{\rho v^2}{2} \tag{1.21}$$

式中　λ——沿程阻力系数。对圆管层流，其理论值 $\lambda=64/Re$，考虑到实际圆管截面有变形，以及靠近管壁处的液层可能冷却，阻力略有加大。实际计算时，对金属管

应取$\lambda=75/Re$，对橡胶管应取$\lambda=80/Re$；

l——油管长度，m；

d——油管内径，m；

ρ——液体的密度，kg/m^3；

v——液流的平均流速，m/s。

紊流时计算沿程压力损失的公式在形式上与层流时的计算公式相同，但式中的阻力系数λ除与雷诺数有关外，还与管壁的粗糙度有关。使用中，对于光滑管，$\lambda=0.3164Re^{-0.34}$；对于粗糙管，λ的值要根据不同的Re值和管壁的粗糙程度，从有关资料的关系曲线中查取。

② 局部压力损失　液体流经管道的弯头、接头、突变截面以及过滤网等局部装置时，会使液流的方向和大小发生剧烈的变化，形成漩涡、脱流，液体质点产生相互撞击而造成能量损失。这种能量损失表现为局部压力损失。由于其流动状况极为复杂，影响因素较多，局部压力损失值不易从理论上进行分析计算。因此，一般是先用实验来确定局部压力损失的阻力系数，再按公式计算局部压力损失值。局部压力损失Δp_{ξ}的计算公式为

$$\Delta p_{\xi}=\xi\frac{\rho v^2}{2} \tag{1.22}$$

式中　ξ——局部阻力系数，由实验求得，各种局部结构的ξ值可查有关手册；

v——液流在该局部结构处的平均流速。

对于液流通过各种标准液压元件的局部损失，可从产品技术文件中查得额定流量q_n时的压力损失Δp_n，若实际流量与额定流量不一致，可按下式计算

$$\Delta p=\left(\frac{q}{q_n}\right)^2\Delta p_n$$

式中　q——通过该阀的实际流量。

③ 总的压力损失　液压系统的管路通常由若干段管道和一些弯头、控制阀和管接头等组成，因此管路系统总的压力损失等于所有直管中的沿程压力损失及局部压力损失之总和。即

$$\Delta p=\sum\Delta p_{\lambda}+\sum\Delta p_{\xi}=\sum\lambda\frac{1}{d}\times\frac{\rho v^2}{2}+\sum\xi\frac{\rho v^2}{2} \tag{1.23}$$

在设计液压系统时，必须考虑到油液在系统中流动时产生的压力损失，这关系到系统所需要的供油压力、允许流速、管道的尺寸和布置等。管路中的压力损失将导致传动效率降低，油温升高，泄漏增加。管路设计时应尽量缩短管道长度，避免不必要的弯头和管道截面突变以减少压力损失。液体的流速应有一定的限制。

由于零件结构和制造精度不同，准确地计算出总的压力损失是比较困难的。由于压力损失的存在，因此，泵的额定压力要略大于系统工作时所需要的最大工作压力。一般可将系统工作所需的工作压力乘以一个1.3～1.5的系数来估算。

减小压力损失的措施主要有：

a. 尽量减小管路的长度和管路的突变。

b. 提高液压元件的加工质量，力求管壁光滑。

c. 提高通流面积，减小液压油的流速。流速对压力损失的影响最大，当流速过高，将会增大压力损失；而当流速过低时，液压管件的尺寸增大，成本也将提高，所以，一般有推荐流速可供参考，见有关手册。

1.4.4　小孔和缝隙的流量

小孔和缝隙的流量在液压技术中占有很重要的地位，它涉及液压元件的密封性，系统的

容积效率，更为重要的是它是设计计算的基础，节流阀就是利用小孔来控制流量的。

(1) 小孔的流量

液体流经的小孔可分为三种：薄壁小孔、细长孔和短孔。薄壁小孔是指长径比 $l/d \leqslant 0.5$ 的小孔，它在管道中对油液有节流作用，油液流经薄壁小孔时多为紊流；细长孔是指长径比 $l/d \geqslant 4$ 的小孔，阻尼孔即属于细长孔，它实际上是一段管子，油液流经细长孔时多为层流；短孔是长径比 $0.5 \leqslant l/d \leqslant 4$ 的小孔，它介于薄壁小孔与细长孔之间。

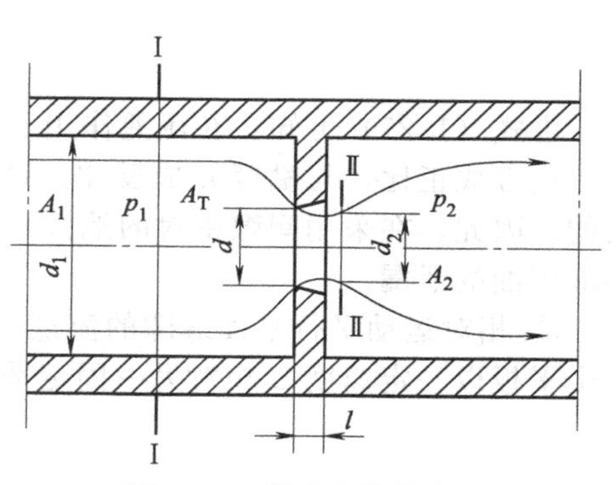

图 1.14 薄壁小孔的液流

如图 1.14 所示为薄壁小孔的液流。由于惯性作用，液流通过小孔时要发生收缩，在靠近孔口的后方出现收缩最大的过流断面Ⅱ—Ⅱ。对于薄壁小孔，孔前通道直径 d_1 与小孔直径 d，当油液以压力 p_1 流过时，压力降为 p_2。薄壁小孔的流量公式为

$$q=A_2v_2=C_qA_T\sqrt{\Delta p\ \frac{2}{\rho}} \tag{1.24}$$

式中，C_q 为流量系数，可由实验确定，当液流完全收缩（$d_1/d \geqslant 7$）时 $C_q=0.6 \sim 0.62$，当液流不完全收缩（$d_1/d<7$）时 $C_q=0.7 \sim 0.8$；A_T 为小孔过流断面的面积，$A_T=\frac{\pi d^2}{4}$；Δp 为小孔前后的压力差，$\Delta p=p_1-p_2$；ρ 为油液的密度。

薄壁小孔由于流程很短，流量对油温的变化不敏感，因此流量稳定，宜用于节流元件。但薄壁小孔加工困难，实际应用较多的是短孔。短孔的流量公式依然是式 (1.24)，但是流量系数一般为 $C_q=0.82$。

液体流经细长孔的流量，与油液的黏度有关，当油温变化时，油液的黏度变化，因而流量也随着发生变化。这些是和薄壁小孔的特性不同的。细长孔的流量公式为

$$q=\frac{\pi d^4}{128\mu l}\Delta p \tag{1.25}$$

纵观以上小孔流量公式，可以归纳出一个通用公式

$$q=CA_T\Delta p^{\varphi} \tag{1.26}$$

式中，C 为系数，由小孔的形状、尺寸和液体性质决定，对细长孔 $C=d^2/32\mu l$，对薄壁小孔和短孔 $C=C_q\sqrt{2/\rho}$；φ 为小孔的长径比决定的指数，薄壁小孔 $\varphi=0.5$，细长孔 $\varphi=1$。

小孔流量通用公式 (1.26) 常用作分析小孔的流量压力特性。

(2) 缝隙的流量

液压元件中常见的缝隙形式有两种：一是由两个平行平面所形成的平板缝隙；二是两个内外圆柱表面所形成的环状缝隙。油液经过这些缝隙的流量，实际上就是泄漏量。

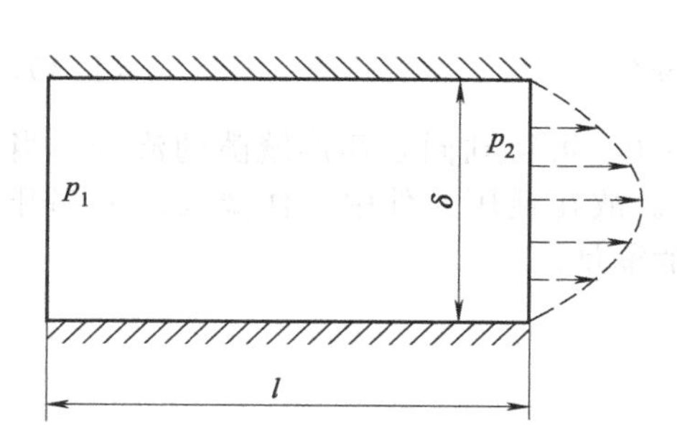

图 1.15 固定平行平板缝隙中的液流

① 固定平行平板缝隙的流量　图 1.15 所示为两固定平行平板缝隙中的液流，缝隙高度为 δ，长度为 l，宽度为 b。b 和 l 一般比 δ 大得多。经理论推导可以得出：液体流经固定平行平板缝隙的流量为

$$q=\frac{\delta^3 b}{12\mu l}\Delta p \tag{1.27}$$

由式（1.27）可知：在压差作用下，液体流经固定平行平面缝隙的流量 q 与缝隙高度 δ 的三次方成正比，与黏度 μ 成反比。这说明液压元件内缝隙的大小对其泄漏量的影响是很大的。因此，在采用间隙密封的地方，应尽量减小间隙量，并适当提高油液的黏度，以便减小液压油的泄漏。

② 相对运动平行平面缝隙的流量　图 1.16 所示为相对运动的两平行平板间的液流，若一个平板以一定速度 v 相对另一固定平板运动，则通过该缝隙的流量（剪切流量）为

$$q=\frac{v}{2}b\delta$$

在压差作用下，液体流经相对运动平行平板缝隙的流量，应为压差流动和剪切流动两种流量的叠加，即

$$q=\frac{\delta^3 b}{12\mu l}\Delta p\pm\frac{v}{2}b\delta \tag{1.28}$$

式（1.28）中，平板运动速度与压差作用下液体流向相同时取“＋”号，反之取“－”号。

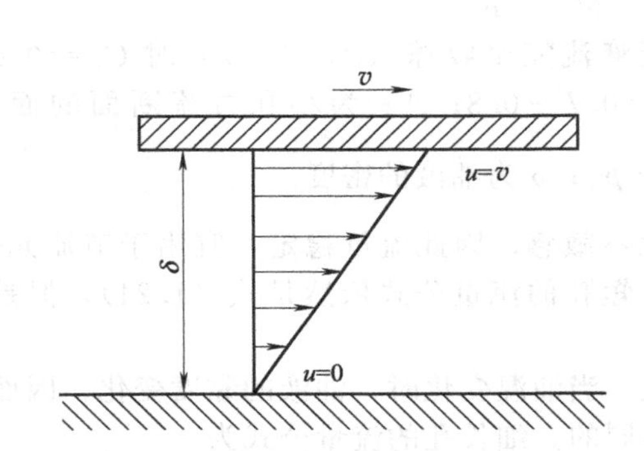

图 1.16　相对运动的两平行平板缝隙间的液流

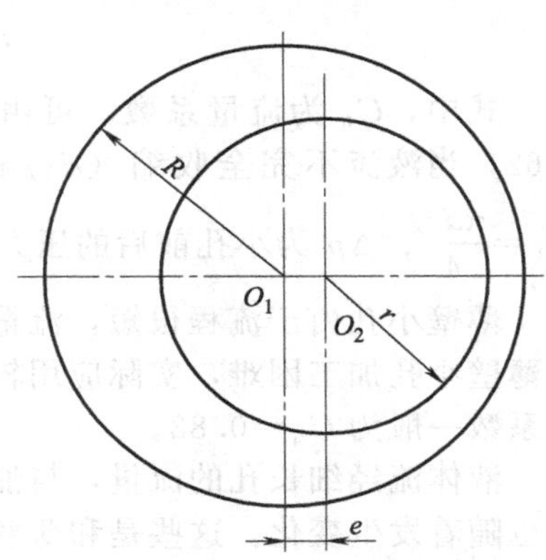

图 1.17　偏心环形缝隙间的液流

(3) 环形缝隙的流量

如图 1.17 所示为长度 l 的偏心环形缝隙，其偏心距为 e、大圆直径为 D、小圆直径为 d、内外环的相对运动速度为 v。经理论推导可以得出：相对运动速度的环形缝隙的流量为

$$q=\frac{\pi D\delta^3\Delta p}{12\mu l}(1+1.5\varepsilon^2)\pm\frac{\pi d\delta v}{2} \tag{1.29}$$

式中，ε 是相对偏心率，$\varepsilon=e/\delta$，其中 δ 是无偏心时环形缝隙高度。

如果内外环间无相对运动，则环形缝隙的流量为

$$q=\frac{\pi D\delta^3\Delta p}{12\mu L}(1+1.5\varepsilon^2) \tag{1.30}$$

由式（1.30）可看出，当两圆环同心 $e=0$ 时，$\varepsilon=0$，可得到同心环形缝隙的流量；当 $e=\delta$ 时，完全偏心，此时的泄漏量为同心时的 2.5 倍。故在液压元件中，柱塞阀芯上都开有平衡槽，以使相互配合的零件尽量处于同心，减少泄漏量。

1.4.5 气穴现象和液压冲击

(1) 气穴现象

在流动的液体中，因某点处的压力低于空气分离压而产生气泡的现象，称为气穴现象，

也称空穴现象。在一定的温度下，如压力降低到某一值时，过饱和的空气将从油液中分离出来形成气泡，这一压力值称为该温度下的空气分离压。当液压油在某温度下的压力低于某一数值时，油液本身迅速汽化，产生大量蒸气气泡，这时的压力称为液压油在该温度下的饱和蒸气压。一般来说，液压油的饱和蒸气压相当小，比空气分离压小得多，因此，要使液压油不产生大量气泡，它的压力最低不得低于液压油所在温度下的空气分离压。

节流口处，液压泵吸油管直径太小、或吸油阻力太大、或液压泵转速过高时，由于吸油腔压力低于空气分离压而产生空穴现象。

形成气泡危害：这些气泡随着液流流到下游压力较高的部位时，会因承受不了高压而破灭，产生局部的液压冲击，发出噪声并引起振动，当附着在金属表面上的气泡破灭时，它所产生的局部高温和高压会使金属剥落，使表面粗糙，或出现海绵状的小洞穴。这种固体壁面的腐蚀、剥蚀的现象称为气蚀。

在液压系统中的任何地方，只要压力低于空气分离压，就会发生空穴现象。为了防止空穴现象的产生，就是要防止液压系统中的压力过度降低，具体措施有：

① 减小流经节流小孔前后的压力差，一般希望小孔前后压力比小于 3.5。

② 正确设计液压泵的结构参数，适当加大吸油管内径。

③ 提高零件的抗气蚀能力，增加零件的机械强度，采用抗腐蚀能力强的金属材料，减小零件表面粗糙度等。

(2) 液压冲击

在液压系统中，由于某种原因，液体压力在一瞬间会突然升高，产生很高的压力峰值，这种现象称为液压冲击。

① 液压冲击产生的原因　当阀门瞬间关闭时，管道中便产生液压冲击。液压冲击的实质主要是管道中的液体因突然停止运动而导致动能向压力能的瞬时转变。

另外液压系统中运动着的工作部件突然制动或换向时，由工作部件的动能将引起液压执行元件的回油腔和管路内的油液产生液压激振，导致液压冲击。液压系统中某些元件的动作不够灵敏，也会产生液压冲击，如系统压力突然升高，但溢流阀反应迟钝，不能迅速打开时，便产生压力超调，形成液压冲击。

② 减小液压冲击的措施　由以上分析可知，减小液压冲击可采取以下措施：

a. 使直接冲击变为间接冲击，这可用减慢阀的关闭速度和减小冲击波传递距离来达到。

b. 限制管道中油液的流速 v。

c. 用橡胶软管或在冲击源处设置蓄能器，以吸收液压冲击的能量。

d. 在容易出现液压冲击的地方，安装限制压力升高的安全阀。

思考与练习

1.1　何谓液压传动？液压传动的基本原理是什么？

1.2　液压传动由哪几部分组成？各部分的作用是什么？

1.3　简述液压传动的特点及应用。

1.4　什么是液体的黏性？表示液体的黏度有哪三种？它们的表示符号和单位各是什么？

1.5　压力有哪几种表示方法？静止液体内的压力是如何传递的？

1.6　液体在水平放置的变径管内流动时，为何其管道直径越细的部位其压力越小？

1.7　当液压系统中液压缸的有效面积一定时，其内的工作压力和活塞的运动速度的大小各取决于什么？

1.8　管道中的压力损失有哪几种？对各种压力损失影响最大的因素是什么？

1.9　液压冲击是怎样产生的？如何避免和减小液压冲击？

1.10 某液压缸活塞直径为 $d=100\text{mm}$，长 $l=50\text{mm}$，活塞与缸体内壁同心时的缝隙度 $\delta=0.1\text{mm}$，两端压力差 $\Delta p=40\times10^4\text{Pa}$，活塞移动的速度 $v=60\text{mm/min}$，方向与压差方向相同。液压油的密度 $\rho=900\text{kg/m}^3$，运动黏度 $\nu=20\text{mm}^2/\text{s}$。试求活塞与缸体内壁处于最大偏心时的缝隙泄漏量有多大？

1.11 图 1.18 中，液压缸的直径 $D=150\text{mm}$，活塞直径 $d=100\text{mm}$，负载 $F=5\times10^4\text{N}$。不计液压油自重及活塞或缸体重量，求（a）、（b）两种情况下的液压缸内的压力？

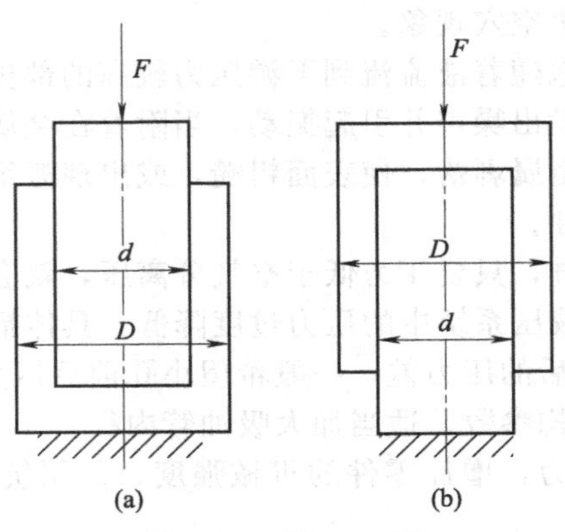

图 1.18 题 1.11 图

1.12 一变截面管道，已知细管中的流态是层流，试证明粗管中的流态也一定是层流。如果已知粗管中的流态是层流，是否可以判断细管中的流态是层流？

1.13 内径 $d=1\text{mm}$ 的阻尼管内有 $q=0.3\text{L/min}$ 的流量流过，液压油的密度 $\rho=900\text{kg/m}^3$，运动黏度 $\nu=20\text{mm}^2/\text{s}$，现欲使阻尼管的两端保持 1MPa 的压差，试求阻尼管的长度？

第2章 液压泵

液压泵是液压系统的动力元件，起着向系统提供动力源的作用，是系统不可缺少的核心元件。它是一种能量转换装置，可以将原动机输出的机械能转换为工作液体的液压能，为液压系统提供一定流量和压力的液体。液压泵按其结构可分为柱塞泵、齿轮泵、叶片泵和螺杆泵等；按输出流量能否改变分为定量泵、变量泵；按输出液流方向分为单向泵、双向泵；按工作压力分为低压泵、中压泵、高压泵等。

本章讲述了液压泵的工作原理及其性能，齿轮泵、叶片泵和柱塞泵的构造、组成和工作原理，液压泵的选用与维护，液压泵拆装能力训练步骤及要求。重点是各类液压泵构造、工作原理，液压泵的主要性能参数的概念及其计算。难点是液压泵主要性能参数及其之间的关系，液压泵的结构和工作原理，液压泵常见故障及排除。学习时应着重掌握各种液压泵的共性及特点。

2.1 液压泵的工作原理及性能参数

2.1.1 液压泵的工作原理

图 2.1 所示的是一单柱塞液压泵的工作原理图，图中柱塞 2 装在缸体 3 中形成一个密封容积 a，柱塞在弹簧 4 的作用下始终压紧在偏心轮 1 上。原动机驱动偏心轮 1 旋转使柱塞 2 作往复运动，使密封容积 a 的大小产生周期性的变化。当 a 由小变大时就形成部分真空，使油箱中油液在大气压作用下，经吸油管通过单向阀 6 进入油箱 a 而实现吸油；反之，当 a 由大变小时，a 腔中吸满的油液将顶开单向阀 5 流入系统从而实现压油。这样液压泵就将原动机输入的机械能转换成液体的压力能，原动机驱动偏心轮不断旋转，液压泵就不断地吸油和压油。

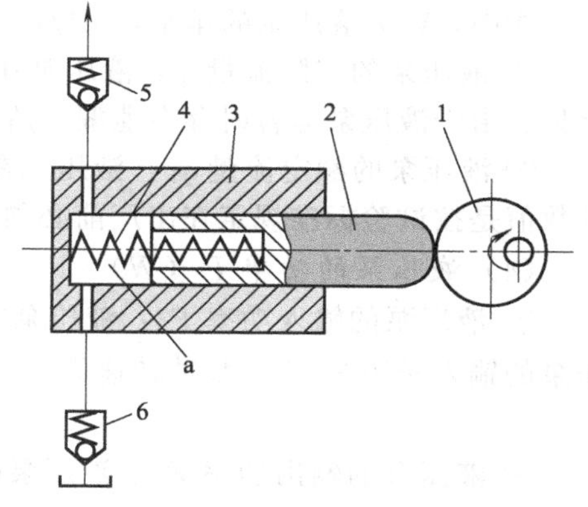

图 2.1　单柱塞液压泵工作原理图

1—偏心轮；2—柱塞；3—缸体；4—弹簧；5,6—单向阀

依此可见液压泵都是依靠密封容积变化的原理来进行工作的，故而又可以称之为容积式液压泵。容积式液压泵的基本特点：

① 具有若干个密封且又可以周期性变化的空间。液压泵输出流量与此空间的容积变化量和单位时间内的变化次数成正比，而与压力等其他因素无关。

② 具有相应的配流机构，将吸油腔和排液腔隔开，保证液压泵有规律地、连续地吸、排液体。液压泵的结构原理不同，其配油机构也不相同。如图 2.1 中的单向阀 5、6 就是配油机构。

③ 油箱内液体的绝对压力必须恒等于或大于大气压力。这是容积式液压泵能够吸入油

液的外部条件。因此，为保证液压泵正常吸油，油箱必须与大气相通，或采用密闭的充压油箱。

2.1.2 液压泵的主要性能参数

(1) 液压泵的压力（单位：MPa）

① 工作压力 p：液压泵工作时实际输出的压力称为工作压力。其大小取决于负载的大小和管路的压力损失，与液压泵的流量无关。

② 额定压力 p_n：液压泵在正常条件下，按试验标准规定连续运转所能达到的最高压力称为额定压力。额定压力即在产品出厂时的铭牌压力。

③ 最高允许压力 p_{max}：液压泵在短时间内超载时所允许的最高压力。

由于液压传动的用途不同，系统所需要的压力也不相等，液压泵的压力分为几个等级，见表 2.1。

表 2.1 压力分级

压力等级	低压	中压	中高压	高压	超高压
压力/MPa	≤2.5	2.5～8	8～16	16～32	>32

(2) 液压泵的排量（mL/r，即毫升/转）

液压泵的排量 V：在没有泄漏的情况下，液压泵主轴转过一圈所排出的液体体积称为液压泵的排量 V，其大小只与液压泵的几何尺寸有关。

(3) 液压泵流量（m^3/s 或 L/min）

① 液压泵的理论流量 q_{vt}：在没有泄漏的情况下，液压泵单位时间内所输出液体的体积称为液压泵的理论流量，其大小取决于液压泵的排量 V 和液压泵转速 n 的乘积。

$$q_{vt}=Vn \tag{2.1}$$

式中，V 为液压泵的排量，m^3/r；n 为液压泵的转速，r/s。

② 液压泵的实际流量 q：液压泵在单位时间内实际输出的液体体积称为液压泵的实际流量。由于液压泵运转时存在泄漏，所以其实际流量总是小于理论流量。

③ 液压泵的额定流量 q_n：液压泵在额定压力下输出的实际流量称为液压泵的额定流量，其数值是按试验标准规定在出厂前必须达到的铭牌流量，是最小的实际流量。

(4) 液压泵的功率 P（W）

① 液压泵的输入功率 P_i：液压泵的理论输入功率即驱动液压泵泵轴的驱动功率，若液压泵的输入转矩为 T_i，泵轴转速为 n，其值为

$$P_i=2\pi nT_i \tag{2.2}$$

② 液压泵的输出功率 P_0：液压泵的输出功率是指液压泵在工作过程中的实际吸、压油口间的压差 Δp 和输出流量 q 的乘积，即

$$P_0=Fv=pAv=\Delta pq \tag{2.3}$$

(5) 功率和效率

① 液压泵的功率损失　液压泵的功率损失有容积损失和机械损失两部分。

a. 容积损失。容积损失是指液压泵流量上的损失，液压泵的实际输出流量总是小于其理论流量，其主要原因是由于液压泵内部高压腔的泄漏、油液的压缩以及在吸油过程中由于吸油阻力过大、油液黏度大以及液压泵转速高等原因而导致油液不能全部充满密封工作腔。液压泵的容积损失用容积效率来表示，它等于液压泵的实际输出流量 q 与其理论流量 q_{vt} 之比，即

$$\eta_V=\frac{q}{q_{vt}}=\frac{q_{vt}-\Delta q}{q_{vt}}=1-\frac{\Delta q}{q_{vt}} \quad (\Delta q \text{ 为泄漏量}) \tag{2.4}$$

因此液压泵的实际输出流量 q 为

$$q=q_{vt}\eta_v \tag{2.5}$$

式中，η_v 为液压泵的容积效率。

液压泵的容积效率随着液压泵工作压力的增大而减小，且随液压泵的结构类型不同而异，但恒小于 1。

b. 机械损失。机械损失是指液压泵在转矩上的损失。液压泵的实际输入功率 P_i 总是大于理论上所需要的功率 P_0，其主要原因是由于液压泵体内相对运动部件之间因机械摩擦而引起的摩擦转矩损失以及因液体的黏性而引起的摩擦损失。液压泵的机械损失用机械效率表示，它等于液压泵的理论转矩 T_t 与实际输入转矩 T_i 之比，若设转矩损失为 ΔT，则液压泵的机械效率为

$$\eta_m=\frac{T_t}{T_i}=\frac{1}{1+\frac{\Delta T}{T_t}} \tag{2.6}$$

② 液压泵的总效率　液压泵的总效率是指液压泵的实际输出功率与其输入功率的比值，即：

$$\eta=\frac{P}{P_i}=\frac{\Delta pq}{T_i\omega}=\frac{\Delta pq_i\eta_v}{\frac{T_t\omega}{\eta_m}}=\eta_v\eta_m \tag{2.7}$$

其中，$\frac{\Delta pq_i}{\omega}$ 为理论输入转矩 T_t。

由式（2.7）可知，液压泵的总效率等于其容积效率与机械效率的乘积。

2.2 齿轮泵

齿轮泵是液压系统中广泛采用的一种液压泵，它一般做成定量泵，按结构不同，齿轮泵分为外啮合齿轮泵和内啮合齿轮泵，而以外啮合齿轮泵应用最广。下面以外啮合齿轮泵为例来介绍齿轮泵。

2.2.1 齿轮泵的工作原理和结构

齿轮泵工作原理如图 2.2 所示，当泵的主动齿轮按图示箭头方向旋转时，齿轮泵右侧（吸油腔）齿轮脱开啮合，齿轮的轮齿退出齿间，使密封容积增大，形成局部真空，油箱中的油液在外界大气压的作用下，经吸油管路、吸油腔进入齿间。随着齿轮的旋转，吸入齿间的油液被带到另一侧，进入压油腔。这时轮齿进入啮合，使密封容积逐渐减小，齿轮间部分的油液被挤出，压力升高，形成了齿轮泵的压油过程。齿轮啮合时齿向接触线把吸油腔和压油腔分开，起配油作用。当齿轮泵的主动齿轮由电动机带动不断旋转时，轮齿脱开啮合的一侧，由于密封容积变大则不断从油箱中吸油，轮齿进入啮合的一侧，由于密封容积减小则不断地排油，这就是齿轮泵的工作原理。

2.2.2 齿轮泵的困油问题

齿轮泵要能连续地供油，就要求齿轮啮合的重叠系数 ε 大于 1，也就是当一对齿轮尚未脱开啮合时，另一对齿轮已进入啮合，这样，就会出现同时有两对齿轮啮合的瞬间，在两对

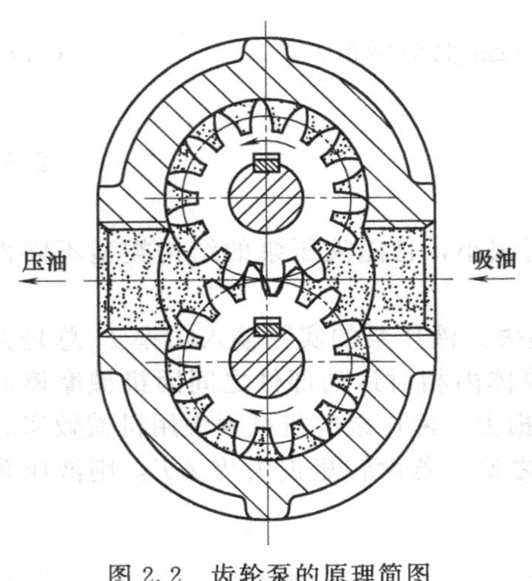

图 2.2　齿轮泵的原理简图

齿轮的齿向啮合线之间形成了一个封闭容积，一部分油液也就被困在这一封闭容积中［见图 2.3 (a)］，齿轮连续旋转时，这一封闭容积便逐渐减小，到两啮合点处于节点两侧的对称位置时［见图 2.3 (b)］，封闭容积为最小，齿轮再继续转动时，封闭容积又逐渐增大，直到图 2.3 (c) 所示位置时，封闭容积又变为最大。在封闭容积减小时，被困油液受到挤压，压力急剧上升，使轴承上突然受到很大的冲击载荷，使泵剧烈振动，这时高压油从一切可能泄漏的缝隙中挤出，造成功率损失，使油液发热等。当封闭容积增大时，由于没有油液补充，因此形成局部真空，使原来溶解于油液中的空气分离出来，形成了气泡，油液中产生气泡后，会引起噪声、气蚀等一系列恶果。以上情况就是齿轮泵的困油现象。这种困油现象极为严重地影响着泵的工作平稳性和使用寿命。

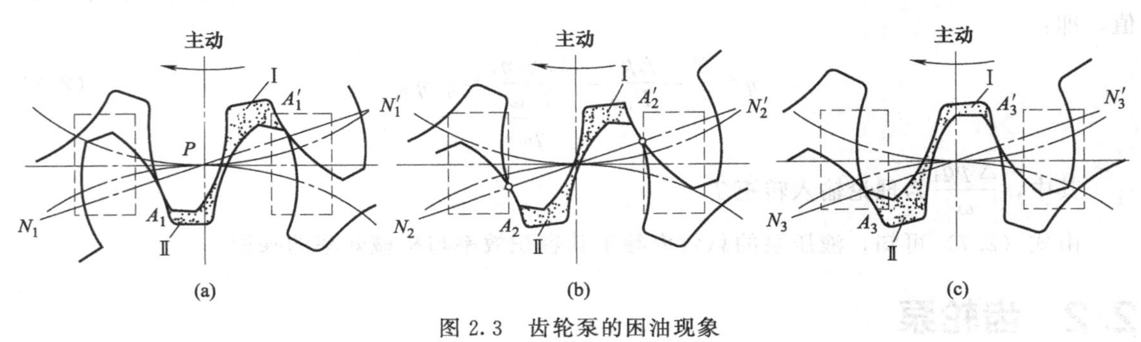

图 2.3　齿轮泵的困油现象

2.2.3 齿轮泵的径向不平衡力

齿轮泵工作时，在齿轮和轴承上承受径向液压力的作用。如图 2.4 所示，泵的下侧为吸油腔，上侧为压油腔。在压油腔内有液压力作用于齿轮上，沿着齿顶的泄漏油，具有大小不等的压力，就是齿轮和轴承受到的径向不平衡力。液压力越高，这个不平衡力就越大，其结果不仅加速了轴承的磨损，降低了轴承的寿命，甚至使轴变形，造成齿顶和泵体内壁的摩擦等。为了解决径向力不平衡问题，在有些齿轮泵上，采用开压力平衡槽的办法来消除径向不平衡力，但这将使泄漏增大，容积效率降低等。解决办法可以采用缩小压油腔，以此减少液压力对齿顶部分的作用面积来减小径向不平衡力，所以泵的压油口孔径比吸油口孔径要小。

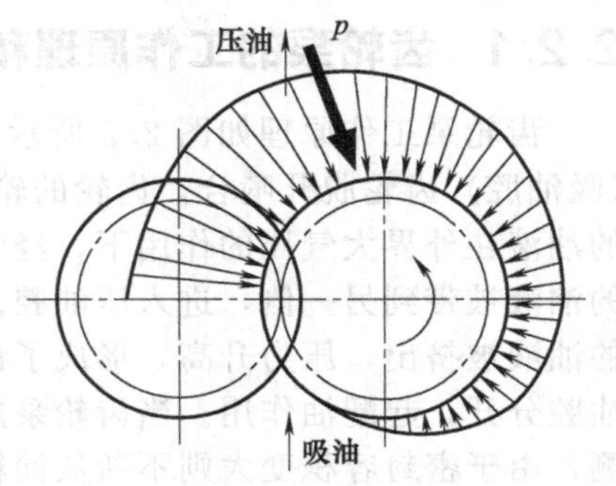

图 2.4　齿轮泵的径向不平衡力

2.2.4 齿轮泵的排量和流量

齿轮泵的排量 V 相当于一对齿轮所有齿谷容积之和，假如齿谷容积大致等于轮齿的体积，那么齿轮泵的排量等于一个齿轮的齿谷容积和轮齿容积体积的总和，即相当于以有效齿

高（$h=2m$）和齿宽构成的平面所扫过的环形体积，即

$$V=\pi DhB=2\pi zm^2B \tag{2.8}$$

式中，D 为齿轮分度圆直径，$D=mz$；h 为有效齿高，$h=2m$；B 为齿轮宽；m 为齿轮模数；z 为齿数。

实际上齿谷的容积要比轮齿的体积稍大，故上式中的 π 常以 3.33 代替，则式（2.8）可写成

$$V=6.66zm^2B \tag{2.9}$$

齿轮泵的流量 q（L/min）为

$$q=6.66zm^2Bn\eta_v\times10^{-3} \tag{2.10}$$

式中，n 为齿轮泵转速，r/min；η_v 为齿轮泵的容积效率。

实际上齿轮泵的输油量是有脉动的，故式（2.10）所表示的是泵的平均输油量。

从上面公式可以看出流量和几个主要参数的关系为：

① 输油量与齿轮模数 m 的平方成正比。

② 在泵的体积一定时，齿数少，模数就大，故输油量增加，但流量脉动大；齿数增加时，模数就小，输油量减少，流量脉动也小。

③ 输油量和齿宽 B、转速 n 成正比。

2.2.5 中高压齿轮泵的特点

上述齿轮泵由于泄漏大（主要是端面泄漏，约占总泄漏量的 70%～80%），且存在径向不平衡力，故压力不易提高。高压齿轮泵主要是针对上述问题采取了一些措施，如尽量减小径向不平衡力和提高轴与轴承的刚度；对泄漏量最大处的端面间隙，采用了自动补偿装置等。下面对端面间隙的补偿装置作简单介绍。

① 浮动轴套式　图 2.5（a）是浮动轴套式的间隙补偿装置。它利用泵的出口压力油，引入齿轮轴上的浮动轴套 1 的外侧 A 腔，在液体压力作用下，使轴套紧贴齿轮 2 的侧面，因而可以消除间隙并可补偿齿轮侧面和轴套间的磨损量。在泵启动时，靠弹簧 4 来产生预紧力，保证了轴向间隙的密封。

② 浮动侧板式　浮动侧板式补偿装置的工作原理与浮动轴套式基本相似，它也是利用泵的出口压力油引到浮动侧板 1 的背面［见图 2.5（b)］，使之紧贴于齿轮 2 的端面来补偿间隙。启动时，浮动侧板靠密封圈来产生预紧力。

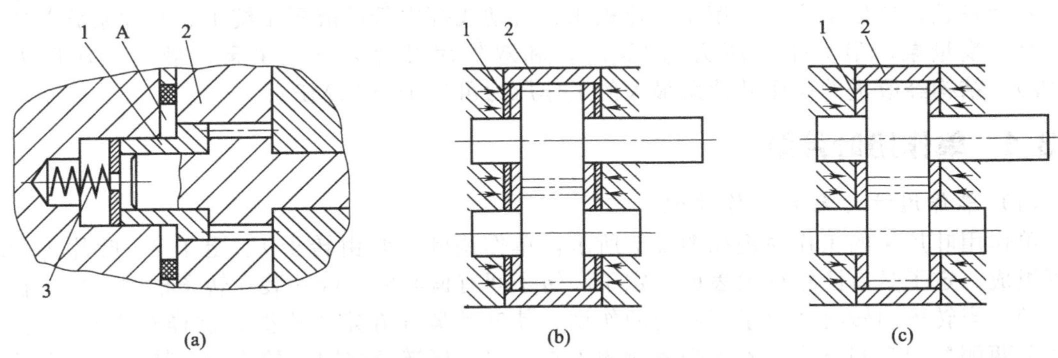

图 2.5　中高压齿轮泵的端面间隙的补偿装置

1—浮动轴套；2—齿轮；3—弹簧

③ 挠性侧板式　图 2.5（c）是挠性侧板式间隙补偿装置，它是利用泵的出口压力油引到侧板的背面后，靠侧板 1 自身的变形来补偿齿轮 2 端面间隙的，侧板的厚度较薄，内侧面

要耐磨（如烧结有 0.5～0.7mm 的磷青铜），这种结构采取一定措施后，易使侧板外侧面的压力分布大体上和齿轮侧面的压力分布相适应。

2.2.6 内啮合齿轮泵

内啮合齿轮泵的工作原理也是利用齿间密封容积的变化来实现吸油压油的。图 2.6 所示是内啮合齿轮泵的工作原理。它的内、外转子齿数相差一齿，图中内转子（图中浅色填实部分）为六齿，外转子为七齿，由于内外转子是多齿啮合，这就形成了若干密封容积。当内转子围绕中心 O_1 旋转时，带动外转子绕外转子中心 O_2 作同向旋转。这时，由内转子齿顶 A_1 和外转子齿谷 A_2 间形成的密封容积 c（图中黑色填实部分），随着转子转动容积逐渐扩大，于是就形成局部真空，油液从配油窗口 b（虚线围成部分）被吸入密封腔，至 A_1'、A_2'位置时封闭容积最大，这时吸油完毕。当转子继续旋转时，充满油液的密封容积便逐渐减小，油液受挤压，于是通过另一配油窗口 a 将油排出，至内转子的另一齿全部和外转子的齿谷 A_2全部啮合时，压油完毕，内转子每转一周，由内转子齿顶和外转子齿谷所构成的每个密封容积，完成吸、压油各一次，当内转子连续转动时，即完成了液压泵的吸排油工作。

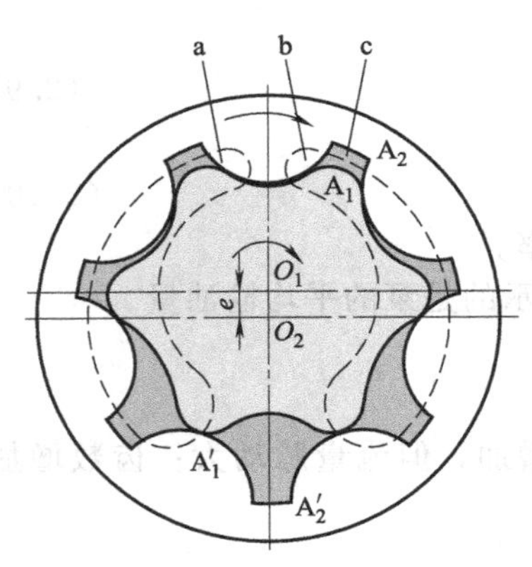

图 2.6　内啮合齿轮泵的工作原理

内啮合齿轮泵的外转子齿形是圆弧，内转子齿形为短幅外摆线的等距线，故又称为内啮合摆线齿轮泵，也叫转子泵。

内啮合齿轮泵有许多优点，如结构紧凑，体积小，零件少，转速可高达 10000r/mim，运动平稳，噪声低，容积效率较高等。缺点是流量脉动大，转子的制造工艺复杂等，目前已采用粉末冶金压制成型。随着工业技术的发展，摆线齿轮泵的应用将会愈来愈广泛，内啮合齿轮泵可正、反转，可作液压马达用。

2.3 叶片泵

叶片泵的结构较齿轮泵复杂，但其工作压力较高，且流量脉动小，工作平稳，噪声较小，寿命较长，所以被广泛应用于专业机床、自动线等中低压液压系统中。叶片泵分单作用叶片泵（变量泵，最大工作压力为 7MPa）和双作用叶片泵（定量泵，最大工作压力为 7MPa），结构经改进的高压叶片泵最大的工作压力可达 16～21MPa。

2.3.1 单作用叶片泵

（1）单作用叶片泵的工作原理

单作用叶片泵的工作原理如图 2.7 所示，单作用叶片泵由转子 1、定子 2、叶片 3 和端盖等组成。定子具有圆柱形内表面，定子和转子间有偏心距。叶片装在转子槽中，并可在槽内滑动，当转子回转时，由于离心力的作用，使叶片紧靠在定子内壁，这样在定子、转子、叶片和两侧配油盘间就形成若干个密封的工作空间，当转子按图示的方向回转时，在图的右部，叶片逐渐伸出，叶片间的工作空间逐渐增大，从吸油口吸油，这是吸油腔。在图的左部，叶片被定子内壁逐渐压进槽内，工作空间逐渐缩小，将油液从压油口压出，这是压油腔，在吸油腔和压油腔之间，有一段封油区，把吸油腔和压油腔隔开，这种叶片泵在转子每转一周，每个工作空间完成一次吸油和压油，因此称为单作用叶片泵。转子不停地旋转，泵

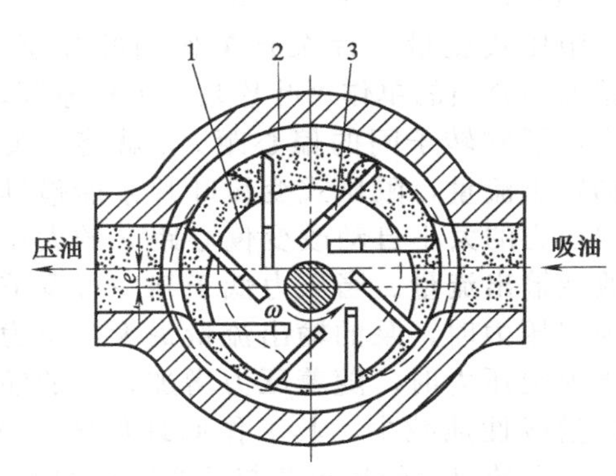

图 2.7 单作用叶片泵的工作原理

1—转子；2—定子；3—叶片

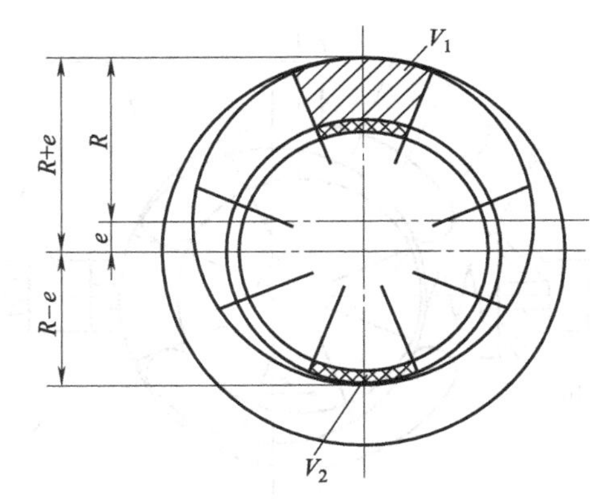

图 2.8 单作用叶片泵排量计算简图

就不断地吸油和排油。

(2) 单作用叶片泵的排量和流量计算

单作用叶片泵的排量为各工作容积在主轴旋转一周时所排出的液体的总和，如图 2.8 所示，两个叶片形成的一个工作容积 V' 近似地等于扇形体积 V_1 与 V_2 之差，即

$$V'=V_1-V_2=\frac{1}{2}B\beta[(R+e)^2-(R-e)^2]=\frac{4\pi}{z}ReB \tag{2.11}$$

式中，R 为定子的内径，m；e 为转子与定子之间的偏心距，m；B 为定子的宽度，m；β 为相邻两个叶片间的夹角，$\beta=2\pi/z$；z 为叶片的个数。

因此，单作用叶片泵的排量为

$$V=zV'=4\pi ReB \tag{2.12}$$

故当转速为 n，泵的容积效率为 η_v 时泵的理论流量和实际流量分别为

$$q_{vt}=2\pi(R^2-r^2)bn \tag{2.13}$$

$$q=2\pi(R^2-r^2)bn\eta_v \tag{2.14}$$

在式 (2.11)～式 (2.14) 中的计算中并未考虑叶片的厚度以及叶片的倾角对单作用叶片泵排量和流量的影响，实际上叶片在槽中伸出和缩进时，叶片槽底部也有吸油和压油过程，一般在单作用叶片泵中，压油腔和吸油腔处的叶片的底部是分别和压油腔及吸油腔相通的，因而叶片槽底部的吸油和压油恰好补偿了叶片厚度及倾角所占据体积而引起的排量和流量的减小，这就是在计算中不考虑叶片厚度和倾角影响的缘故。

单作用叶片泵的流量也是有脉动的，理论分析表明，泵内叶片数越多，流量脉动率越小，此外，奇数叶片的泵的脉动率比偶数叶片的泵的脉动率小，所以单作用叶片泵的叶片数均为奇数，一般为 13 或 15 片。

(3) 结构特点

① 改变定子和转子之间的偏心便可改变流量。偏心反向时，吸油压油方向也相反。

② 处在压油腔的叶片顶部受到压力油的作用，该作用要把叶片推入转子槽内。为了使叶片顶部可靠地和定子内表面相接触，压油腔一侧的叶片底部要通过特殊的沟槽和压油腔相通。吸油腔一侧的叶片底部要和吸油腔相通，这里的叶片仅靠离心力的作用顶在定子内表面上。

③ 由于转子受到不平衡的径向液压作用力，所以这种泵一般不宜用于高压。

④ 为了更有利于叶片在惯性力作用下向外伸出，而使叶片有一个与旋转方向相反的倾斜角，称后倾角，一般为 24°。

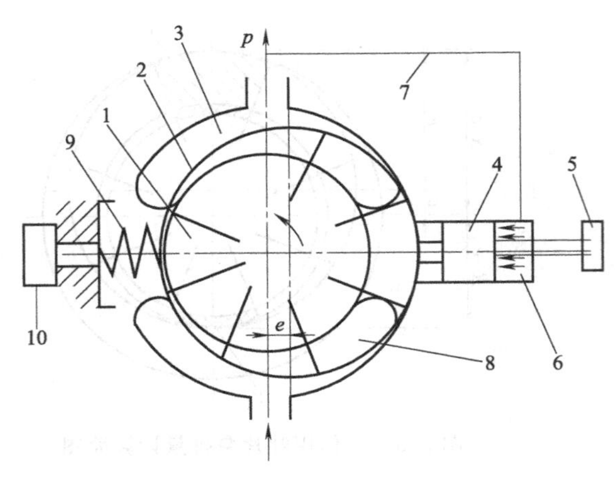

图 2.9 限压式变量叶片泵的工作原理

1—转子；2—定子；3—吸油窗口；4—活塞；5—螺钉；6—活塞缸；7—通道；8—压油窗口；9—调压弹簧；10—调压螺钉

（4）限压式变量叶片泵

限压式变量叶片泵是单作用叶片泵，根据前面介绍的单作用叶片泵的工作原理，改变定子和转子间的偏心距 e，就能改变泵的输出流量，限压式变量叶片泵能借助输出压力的大小自动改变偏心距 e 的大小来改变输出流量。当压力低于某一可调节的限定压力时，泵的输出流量最大；压力高于限定压力时，随着压力增加，泵的输出流量线性地减少，其工作原理如图 2.9 所示。泵的出口经通道 7 与活塞缸 6 相通。在泵未运转时，定子 2 在弹簧 9 的作用下，紧靠活塞 4，并使活塞 4 靠在螺钉 5 上。这时，定子和转子有一偏心量 e，调节螺钉 5 的位置，便可改变 e。当泵的出口压力 p 较低时，则作用在活塞 4 上的液压力也较小，若此时液压力小于上端的弹簧作用力，定子相对于转子的偏心量变大，输出流量亦随之变大。随着外负载的增大，液压泵的出口压力 p 也将随之提高，当压力进一步升高，大于弹簧作用力时，液压作用力就要克服弹簧力推动定子向上移动，随之泵的偏心量减小，泵的输出流量也减小。

2.3.2 双作用叶片泵

（1）双作用叶片泵结构和原理

双作用叶片泵的工作原理如图 2.10 所示，它是由定子 1、转子 2、叶片 3 和配油盘（图中未画出）等组成。转子和定子中心重合，定子内表面近似为椭圆柱形，该椭圆形由两段大圆弧、两段小圆弧和四段过渡曲线所组成。当转子转动时，叶片在离心力和根部压力油的作用下，在转子槽内向外移动而压向定子内表面，由叶片、定子的内表面、转子的外表面或两侧配油盘间就形成若干个密封空间，当转子按图示方向逆时针旋转时，处在小圆弧上的密封空间经过渡曲线而运动到大圆弧的过程中，叶片外伸，密封空间的容积增大，要经 a 窗口吸入油液；再从大圆弧经过渡曲线运动到小圆弧的过程中，叶片被定子内壁逐渐压过槽内，密封空间容积变小，将油液从 b 窗口压出。因而，转子每转一周，每个工作空间要完成两次吸油和压油，称之为双作用叶片泵。这种叶片泵由于有两个吸油腔和两个压油腔，并且各自的中心夹角是对称的，作用在转子上的油液压力相互平衡。双作用叶片泵为了要使径向力完全平衡，密封空间数（即叶片数）应当是偶数。

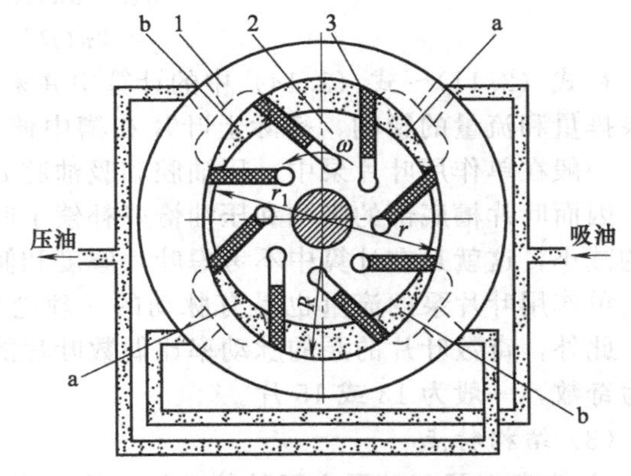

图 2.10 双作用叶片泵的工作原理

1—定子；2—转子；3—叶片

(2) 双作用叶片泵的排量和流量计算

双作用叶片泵的排量计算简图如图 2.11 所示，由于转子在转一周的过程中，每个密封空间完成两次吸油和压油，所以当定子的大圆弧半径为 R，小圆弧半径为 r、定子宽度为 B，两叶片间的夹角为 $\beta=2\pi/z$ 弧度时，每个密封容积排出的油液体积为半径为 R 和 r、扇形角为 β、厚度为 B 的两扇形体积之差的两倍，因而在不考虑叶片的厚度和倾角时双作用叶片泵的排量为

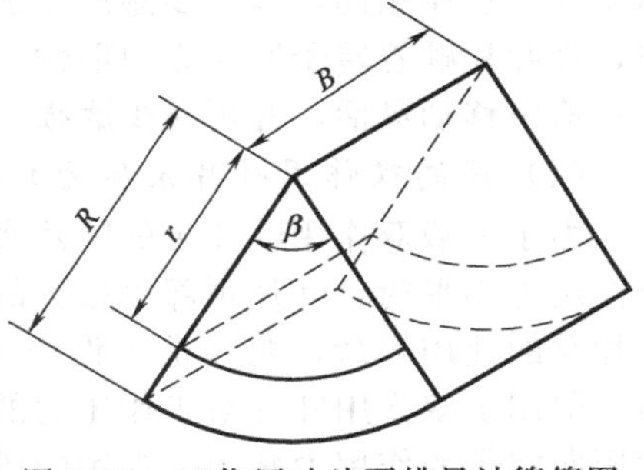

图 2.11 双作用叶片泵排量计算简图

$$V'=2\pi(R^2-r^2)B \tag{2.15}$$

所以当双作用叶片泵的转数为 n，泵的容积效率为 η_v 时，泵的实际输出流量为

$$q_{vt}=Vn\eta_v=2\pi(R^2-r^2)Bn\eta_v \tag{2.16}$$

双作用叶片泵如不考虑叶片厚度，泵的输出流量是均匀的，但实际叶片是有厚度的，长半径圆弧和短半径圆弧也不可能完全同心，尤其是叶片底部槽与压油腔相通，因此泵的输出流量将出现微小的脉动，但其脉动率较其他形式的泵（螺杆泵除外）小得多，且在叶片数为 4 的整数倍时最小，为此，双作用叶片泵的叶片数一般为 12 或 16 片。

(3) 双作用叶片泵的结构特点

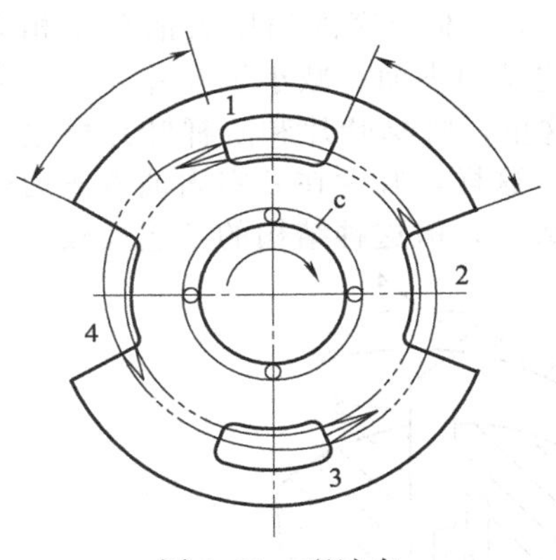

图 2.12 配油盘
1,3—压油窗口；2,4—吸油窗口；
c—环形槽

① 配油盘。双作用叶片泵的配油盘如图 2.12 所示，在盘上有两个吸油窗口 2、4 和两个压油窗口 1、3，窗口之间为封油区，通常应使封油区对应的中心角 β 稍大于或等于两个叶片之间的夹角，否则会使吸油腔和压油腔连通，造成泄漏，当两个叶片间密封油液从吸油区过渡到封油区（长半径圆弧处）时，其压力基本上与吸油压力相同，但当转子再继续旋转一个微小角度时，使该密封腔突然与压油腔相通，使其中油液压力突然升高，油液的体积突然收缩，压油腔中的油倒流进该腔，使液压泵的瞬时流量突然减小，引起液压泵的流量脉动、压力脉动和噪声，为此在配油盘的压油窗口靠叶片从封油区进入压油区的一边开有一个截面形状为三角形的三角槽（又称眉毛槽），使两叶片之间的封闭油液在未进入压油区之前就通过该三角槽与压力油相连，其压力逐渐上升，因而减缓了流量和压力脉动，并降低了噪声。环形槽 c 与压油腔相通并与转子叶片槽底部相通，使叶片的底部作用有压力油。

② 定子曲线。定子曲线是由四段圆弧和四段过渡曲线组成的。过渡曲线应保证叶片贴紧在定子内表面上，保证叶片在转子槽中径向运动时速度和加速度的变化均匀，使叶片对定子的内表面的冲击尽可能小。

过渡曲线如采用阿基米德螺旋线，则叶片泵的流量理论上没有脉动，可是叶片在大、小圆弧和过渡曲线的连接点处产生很大的径向加速度，对定子产生冲击，造成连接点处严重磨损，并发生噪声。在连接点处用小圆弧进行修正，可以改善这种情况，在较为新式的泵中采用“等加速—等减速”曲线。

③ 叶片的倾角。叶片在工作过程中，受离心力和叶片根部压力油的作用，使叶片和定子紧密接触。当叶片转至压油区时，定子内表面迫使叶片推向转子中心，它的工作情况和凸轮相似，叶片与定子内表面接触有一压力角为 β，且大小是变化的，其变化规律与叶片径向

速度变化规律相同，即从零逐渐增加到最大，又从最大逐渐减小到零，因而在双作用叶片泵中，将叶片顺着转子回转方向前倾一个θ角，使压力角减小，这样就可以减小侧向力，使叶片在槽中移动灵活，并可减少磨损，叶片泵叶片的倾角θ一般为10°～14°。

(4) 提高双作用叶片泵压力的措施

由于一般双作用叶片泵的叶片底部通压力油，就使得处于吸油区的叶片顶部和底部的液压作用力不平衡，叶片顶部以很大的压紧力抵在定子吸油区的内表面上，使磨损加剧，影响叶片泵的使用寿命，尤其是工作压力较高时，磨损更严重，因此吸油区叶片两端压力不平衡，限制了双作用叶片泵工作压力的提高。所以在高压叶片泵的结构上必须采取措施，使叶片压向定子的作用力减小。常用的措施有：

① 减小作用在叶片底部的油液压力。将泵的压油腔的油通过阻尼槽或内装式小减压阀通到吸油区的叶片底部，使叶片经过吸油腔时，叶片压向定子内表面的作用力不致过大。

② 减小叶片底部承受压力油作用的面积。叶片底部受压面积为叶片的宽度和叶片厚度的乘积，因此减小叶片的实际受力宽度和厚度，就可减小叶片受压面积。

减小叶片实际受力宽度结构如图2.13 (a) 所示，这种结构中采用了复合式叶片（亦称子母叶片），叶片分成母叶片1与子叶片2两部分。通过配油盘使K腔总是接通压力油，引入母子叶片间的小腔c内，而母叶片底部L腔，则借助于虚线所示的油孔，始终与顶部油液压力相同。这样，无论叶片处在吸油区还是压油区，母叶片顶部和底部的压力油总是相等的，当叶片处在吸油腔时，只有c腔的高压油作用而压向定子内表面，减小了叶片和定子内表面间的作用力。图2.13 (b) 所示的为阶梯片结构，在这里，阶梯叶片和阶梯叶片槽之间的油室d始终和压力油相通，而叶片的底部和所在腔相通。这样，叶片在d室内油液压力作用下压向定子表面，由于作用面积减小，使其作用力不致太大，但这种结构的工艺性较差。

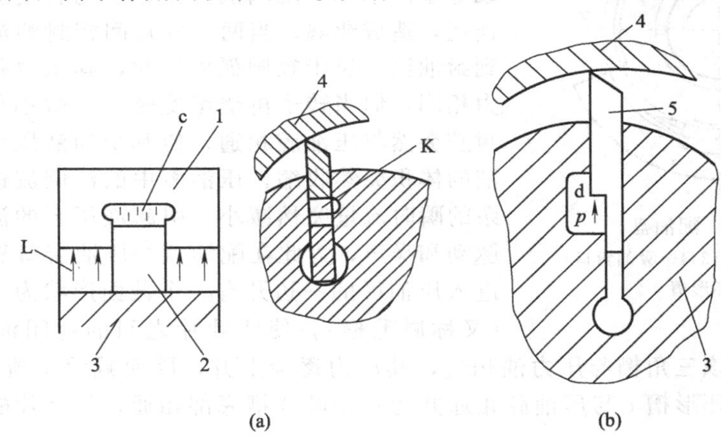

图2.13 减小叶片作用面积的高压叶片泵叶片结构

1—母叶片；2—子叶片；3—转子；4—定子；5—叶片

③ 使叶片顶端和底部的液压作用力平衡。图2.14 (a) 所示的泵采用双叶片结构，叶片槽中有两个可以作相对滑动的叶片1和2，每个叶片都有一棱边与定子内表面接触，在叶片的顶部形成一个油腔a，叶片底部油腔b始终与压油腔相通，并通过两叶片间的小孔c与油腔a相连通，因而使叶片顶端和底部的液压作用力得到平衡。适当选择叶片顶部棱边的宽度，可以使叶片对定子表面既有一定的压紧力，又不致使该力过大。为了使叶片运动灵活，对零件的制造精度将提出较高的要求。

图2.14 (b) 所示为叶片装弹簧的结构，这种结构叶片较厚，顶部与底部有孔相通，叶片底部的油液是由叶片顶部经叶片的孔引入的，因此叶片上下油腔油液的作用力基本平衡，

为使叶片紧贴定子内表面保证密封，在叶片根部装有弹簧。

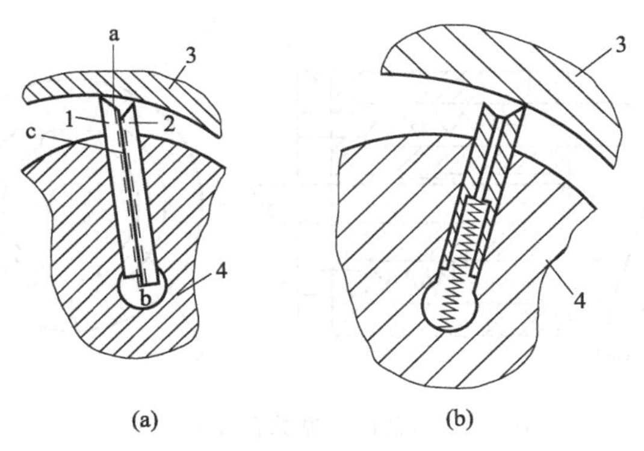

图 2.14　叶片液压力平衡的高压叶片泵叶片结构
1,2—叶片；3—定子；4—转子

2.4 柱塞泵

柱塞泵是靠柱塞在缸体中作往复运动造成密封容积的变化来实现吸油与压油的液压泵，与齿轮泵和叶片泵相比，这种泵有许多优点。首先，构成密封容积的零件为圆柱形的柱塞和缸孔，加工方便，可得到较高的配合精度，密封性能好，在高压工作下仍有较高的容积效率；第二，只需改变柱塞的工作行程就能改变流量，易于实现变量；第三，柱塞泵中的主要零件均受压应力作用，材料强度性能可得到充分利用。由于柱塞泵压力高，结构紧凑，效率高，流量调节方便，故可用在需要高压、大流量、大功率的系统中和流量需要调节的场合，如龙门刨床、拉床、液压机、工程机械、矿山冶金机械、船舶上得到了广泛的应用。柱塞泵按柱塞的排列和运动方向不同，可分为径向柱塞泵和轴向柱塞泵两大类。

2.4.1 轴向柱塞泵

(1) 轴向柱塞泵的工作原理

轴向柱塞泵是将多个柱塞配置在一个共同缸体的圆周上，并使柱塞中心线和缸体中心线平行的一种泵。轴向柱塞泵有两种形式，即直轴式（斜盘式）和斜轴式（摆缸式），如图 2.15 所示为直轴式轴向柱塞泵的工作原理，这种泵主体由斜盘 1、柱塞 2、缸体 3 和配油盘 4 组成。柱塞沿圆周均匀分布在缸体内。斜盘轴线与缸体轴线倾斜一角度，柱塞靠机械装置或在低压油作用下压紧在斜盘上（图中为弹簧），斜盘 1 和配油盘 4 固定不转，当原动机通过传动轴使缸体转动时，由于斜盘的作用，迫使柱塞在缸体内作往复运动，并通过配油盘的配油窗口进行吸油和压油。如图 2.15 所示，当缸体转角在左半圈范围内，柱塞逐渐向外伸出，柱塞底部缸孔的密封工作容积增大，通过配油盘的吸油窗口吸油；在右半圈范围内，柱塞被斜盘推入缸体，使缸孔容积减小，通过配油盘的压油窗口压油。缸体每转一周，每个柱塞各完成吸、压油一次。改变斜盘倾角，就能改变柱塞行程的长度，即改变液压泵的排量，改变斜盘倾角方向，就能改变吸油和压油的方向，即成为双向变量泵。

注意：配油盘上吸油窗口和压油窗口之间的密封区宽度应稍大于柱塞缸体底部通油孔宽度。但不能相差太大，否则会发生困油现象。一般在两配油窗口的两端部开有小三角槽，以减小冲击和噪声。

轴向柱塞泵的优点是结构紧凑、径向尺寸小，惯性小，容积效率高，目前最高压力可达

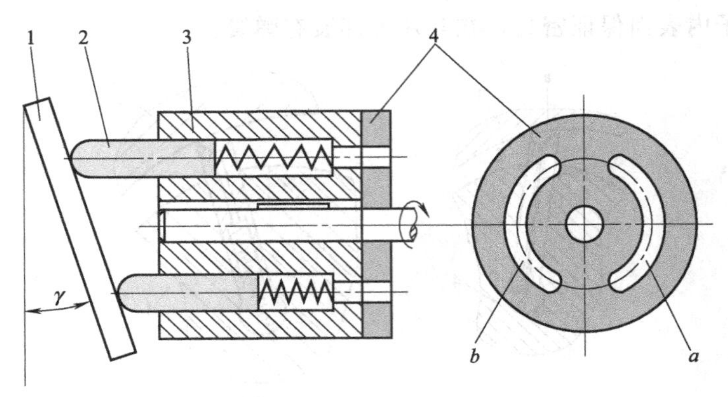

图 2.15 轴向柱塞泵的工作原理

1—斜盘；2—柱塞；3—缸体；4—配油盘

40.0MPa，甚至更高，一般用于工程机械、压力机等高压系统中，但其轴向尺寸较大，轴向作用力也较大，结构比较复杂。

(2) 轴向柱塞泵的排量和流量计算

见图 2.15，柱塞的直径为 d，柱塞分布圆直径为 D，斜盘倾角为 γ 时，当柱塞数为 z 时，轴向柱塞泵的排量为

$$V=\Delta Vz=\frac{\pi d^2}{4}D\tan\gamma z \tag{2.17}$$

设泵的转数为 n，容积效率为 η_v，则泵的实际输出流量为

$$q=Vn\eta_v=\frac{\pi d^2}{4}D\tan\gamma zn\eta_v \tag{2.18}$$

实际上，由于柱塞在缸体孔中运动的速度不是恒速的，因而输出流量是有脉动的

$$\sigma=\begin{cases}2\sin^2\left(\dfrac{\pi}{4z}\right) & z\text{ 是奇数时}\\ 2\sin^2\left(\dfrac{\pi}{2z}\right) & z\text{ 是偶数时}\end{cases} \tag{2.19}$$

表 2.2 柱塞泵的流量脉动率

柱塞数 z	5	6	7	8	9	10	11	12
脉动率 σ/%	4.9	14	2.5	7.8	1.5	4.9	1.0	3.4

由表 2.2 可以看出，当柱塞数为奇数时，脉动较小，且柱塞数多脉动也较小，因而一般常用的柱塞泵的柱塞个数为 7、9 或 11。

斜轴式轴向柱塞泵的缸体轴线相对传动轴轴线成一倾角，传动轴端部用万向铰链、连杆与缸体中的每个柱塞相连接，当传动轴转动时，通过万向铰链、连杆使柱塞和缸体一起转动，并迫使柱塞在缸体中作往复运动，借助配油盘进行吸油和压油。这类泵的优点是变量范围大，泵的强度较高，但和上述直轴式相比，其结构较复杂，外形尺寸和重量均较大。

(3) 轴向柱塞泵的结构特点

图 2.16 所示为一种直轴式轴向柱塞泵的结构。柱塞的球状头部装在滑履 4 内，以缸体作为支撑的弹簧 9 通过钢球推压回程盘 3，回程盘和柱塞滑履一同转动。在排油过程中借助斜盘 2 推动柱塞作轴向运动；在吸油时依靠回程盘、钢球和弹簧组成的回程装置将滑履紧紧压在斜盘表面上滑动，弹簧 9 一般称之为回程弹簧，这样的泵具有自吸能力。在滑履与斜盘相接触的部分有一油室，它通过柱塞中间的小孔与缸体中的工作腔相连，压力油进入油室后

在滑履与斜盘的接触面间形成了一层油膜，起着静压支承的作用，使滑履作用在斜盘上的力大大减小，因而磨损也减小。传动轴 8 通过左边的花键带动缸体 6 旋转，由于滑履 4 贴紧在斜盘表面上，柱塞在随缸体旋转的同时在缸体中作往复运动。缸体中柱塞底部的密封工作容积是通过配油盘 7 与泵的进出口相通的。随着传动轴的转动，液压泵就连续地吸油和排油。

① 缸体端面间隙自动补偿。依靠中心弹簧作用力和柱塞孔底部台阶面上所受的液压力，使缸体紧贴着配流盘，使缸体端面间隙得到自动补偿，从而提高了泵的容积效率。

② 滑履结构。柱塞和滑履为球面接触，滑履与斜盘为平面接触，相比较柱塞直接与斜盘接触，改善受力状态。

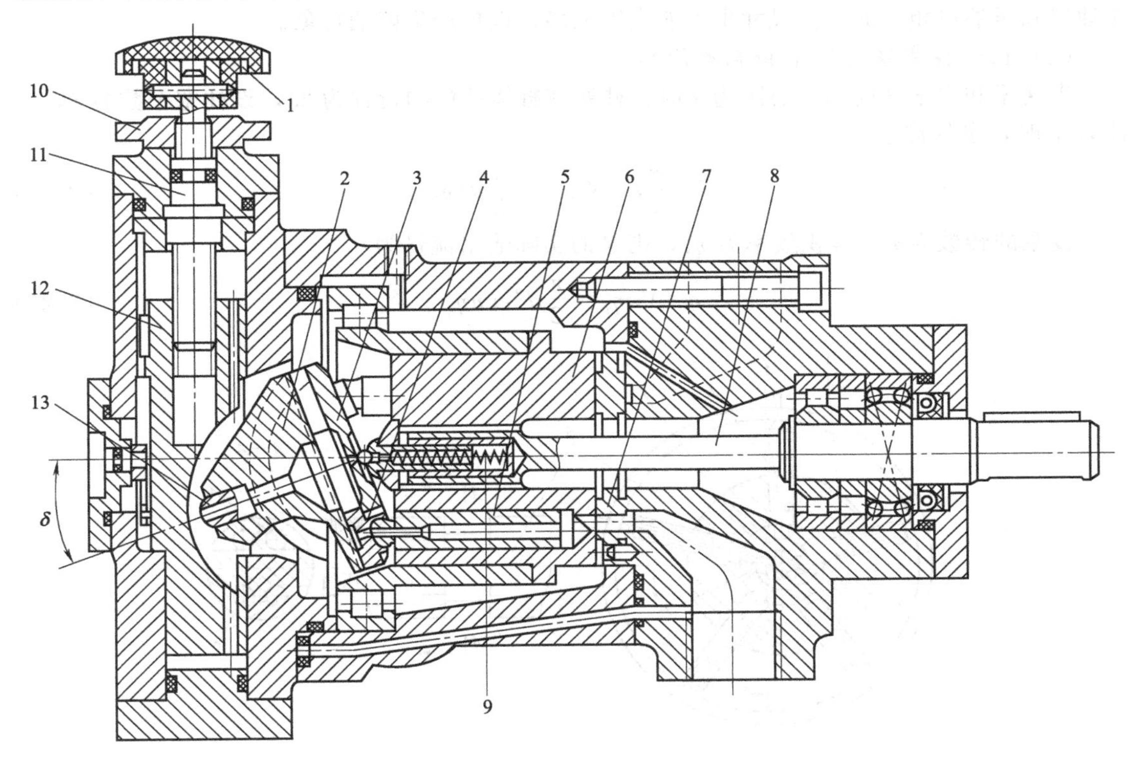

图 2.16 直轴式轴向柱塞泵结构

1—手轮；2—斜盘；3—回程盘；4—滑履；5—柱塞；6—缸体；7—配油盘；8—传动轴；9—中心弹簧；10—锁紧螺母；11—丝杠；12—变量活塞；13—轴销

③ 变量机构。由式（2.18）可知，若要改变轴向柱塞泵的输出流量，只要改变斜盘的倾角，即可改变轴向柱塞泵的排量和输出流量，如图 2.16 所示，转动手轮 1，使丝杠 11 带动变量活塞 12 轴向移动（因导向键的作用，变量活塞只能作轴向移动，不能转动）。通过轴销 13，使斜盘 2 绕变量机构壳体上的圆弧导轨面的中心（即钢球中心）旋转，从而使斜盘倾角改变，达到变量的目的。当流量达到要求时，可用锁紧螺母 10。这种变量机构结构简单，但操纵不轻便，且不能在工作过程中变量。

2.4.2 径向柱塞泵

(1) 径向柱塞泵的工作原理

径向柱塞泵的工作原理如图 2.17 所示，柱塞 1 径向排列装在缸体 2 中，缸体由原动机带动连同柱塞 1 一起旋转，所以缸体 2 一般称为转子，柱塞 1 在离心力的（或在低压油）作用下抵紧定子4的内壁，当转子按图示方向回转时，由于定子和转子之间有偏心距e，柱塞绕经上半周时向外伸出，柱塞底部的容积逐渐增大，形成部分真空，因此便经过衬套3（衬套3是压紧在转子内，并和转子一起回转）上的油孔从配油轴5的配油孔和吸油口b吸油；当柱塞转到下半周时，定子内壁将柱塞向里推，柱塞底部的容积逐渐减小，向配油轴的压油口b压油，当转子回转一周时，每个柱塞底部的密封容积完成一次吸压油，转子连续运转，即完成压吸油工作。配油轴固定不动，油液从配油轴上半部的两个孔a流入，从下半部两个油孔b压出，为了进行配油，配油轴在和衬套3接触的一段加工出上下两个缺口，形成吸油口a和压油口b，留下的部分形成封油区。封油区的宽度应能封住衬套上的吸压油孔，以防吸油口和压油口相连通，但尺寸也不能大得太多，以免产生困油现象。

（2）径向柱塞泵的排量和流量计算

当转子和定子之间的偏心距为e时，柱塞在缸体孔中的行程为$2e$，设柱塞个数为z，直径为d时，泵的排量为

$$V=\frac{\pi}{4}d^2\times 2ez=\frac{\pi}{2}d^2ez \tag{2.20}$$

设泵的转数为n，容积效率为η_v，则泵的实际输出流量为

$$q=Vn\eta_v=\frac{\pi}{2}d^2ezn\eta_v \tag{2.21}$$

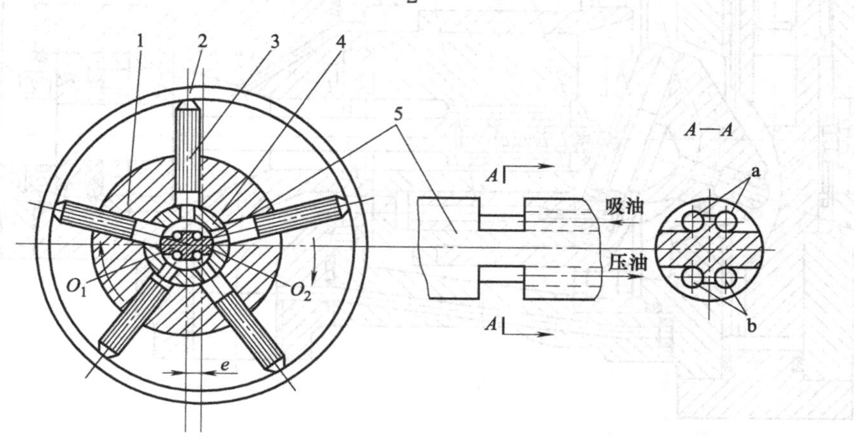

图2.17　径向柱塞泵的工作原理

1—柱塞；2—缸体；3—衬套；4—定子；5—配油轴

（3）结构特点

① 径向尺寸大，结构复杂，自吸能力差。

② 配流轴受到径向不平衡液压力的作用。易于磨损，因而限制了工作压力的提高。

③ 移动定子改变偏心距e，可改变流量的大小。当e从正值变为负值时，则吸、压油腔互换，因此可作为单向或双向变量泵。

④ 存在困油现象。

2.5 液压泵的选用与维护

2.5.1 液压泵的选用

液压泵是液压系统提供一定流量和压力的油液动力元件，它是每个液压系统不可缺少的

核心元件，合理地选择液压泵对于降低液压系统的能耗、提高系统的效率、降低噪声、改善工作性能和保证系统的可靠工作都十分重要。

选择液压泵的原则是：根据主机工况、功率大小和系统对工作性能的要求，首先确定液压泵的类型，然后按系统所要求的压力、流量大小确定其规格型号。

一般来说，由于各类液压泵各自突出的特点，其结构、功用和转动方式各不相同，因此应根据不同的使用场合选择合适的液压泵。一般在机床液压系统中，往往选用双作用叶片泵和限压式变量叶片泵；而在筑路机械、港口机械以及小型工程机械中往往选择抗污染能力较强的齿轮泵；在负载大、功率大的场合往往选择柱塞泵。

表 2.3 列出了液压系统中常用液压泵的主要性能。

表 2.3 液压系统中常用液压泵的性能比较

性能	齿轮泵	双作用叶片泵	限压式变量叶片泵	径向柱塞泵	轴向柱塞泵
工作压力/MPa	＜20	6.3～21	≤7	10～20	20～35
容积效率	0.70～0.95	0.80～0.95	0.80～0.90	0.85～0.95	0.90～0.98
总效率	0.60～0.85	0.75～0.85	0.70～0.85	0.75～0.92	0.85～0.95
流量调节	不能	不能	能	能	能
输出流量脉动	大	很小	一般	一般	一般
自吸特性	好	较差	较差	差	差
油污敏感性	不敏感	较敏感	较敏感	很敏感	很敏感
噪声	大	小	较大	大	大

2.5.2 液压泵的使用与维护

液压泵在使用过程中不可避免地会发生故障，这些故障可分为突发性和磨损性故障。其中，磨损性故障主要是由于零件的自然磨损引起的；而突发性故障主要是由于管理者在使用与维护时未按操作要求及规程进行所引起的。为了能使其长期保持良好的工作状态和较长的使用寿命，除应科学合理地使用液压泵，还要建立和健全必要的日常维护保养制度。

(1) 保证系统油液的正常状态

① 油液黏度应符合要求　根据不同型号类别的液压泵以及工况条件选用适宜的液压油。相关知识可参考第 1 章液压油部分。

② 保持油液清洁，维持一定的滤油精度

a. 轴向柱塞泵的端面间隙能自动补偿，间隙小，油膜薄，油液的滤油精度要求最高。

b. 固体杂质造成磨损、容积效率下降，导致通孔、变量机构、零件等的堵塞和卡阻。

c. 油液一旦污染，应全部更换，并用清洁油冲洗。

③ 工作油温适当

a. 一般工作油温应为 10～50℃，最高应小于 65℃，局部短时也应小于 90℃。

b. 低温时应轻载或空载启动，待油温正常后再恢复正常运行。一般油温低于 10℃时，应空载运行 20min 以上才能加载；若气温在 0℃以下或 35℃以上，则应加热或冷却；严寒地区或冬天启动时应使油温升至 15℃以上方能加载；在－15℃以下不允许启动。

c. 工作时严禁将冷油充入热元件，或将热油充入冷元件，以免温差过大，配合件间膨胀或收缩不一致从而卡死。在冬天或寒冷地区，若采用电加热器加热油箱中的油液，由于泵和马达依然是冷的，易卡死，使用时要特别注意。

(2) 保证正常的工作条件

虽然液压泵均为容积式泵，有一定的自吸能力，但泵内摩擦密封面多，自吸能力有限，而有些泵就规定不容许自吸，因此应该考虑其吸入条件，尽量减小吸入阻力。

① 吸入管安装阻尼较小的粗过滤器或不设过滤器。

② 吸油管应短而直，且管径应比泵入口略大。

③ 吸入管截止阀应全开。否则发生气穴现象，导致容积效率下降。

(3) 正确使用和维护

① 初次使用或拆修过的油泵启动前应向泵内灌油，以保证润滑。

② 启动前应检查转向，规定转向的泵不得反转，且采用辅泵供油时，启动时应先开辅泵后开主泵，停车时应先停主泵后停辅泵，以保证泵内有油。

③ 不得超过最大工作压力，最大压力的一次连续工作时间不超过 1min，且 1h 内最大压力的累计工作时间不超过 10%，即 6min。

④ 不得超过额定转速。

⑤ 不宜长时间在零位（排量为零）运转，否则因为无排油而导致润滑、冷却、密封的恶化。

⑥ 拆检时应严防各偶件错配，防止用力锤击和撬拨（零部件硬度高且已研配好）零件，零件装配前应用挥发性洗涤剂清洗并吹干，严禁用棉纺擦洗。

2.5.3 液压泵的常见故障及排除

(1) 齿轮泵的常见故障及排除（见表 2.4）

表 2.4 齿轮泵的常见故障及排除

故障现象	产生原因	排除方法
流量不足或压力不能升高	1. 齿轮端面与泵盖接合面严重拉伤，使轴向间隙过大 2. 径向不平衡力使齿轮轴变形碰擦泵体，增大径向间隙 3. 泵盖螺钉过松 4. 中、高压泵的密封圈破坏、或侧板磨损严重	1. 修磨齿轮及泵盖端面，并清除齿形上毛刺 2. 校正或更换齿轮轴 3. 适当拧紧 4. 更换零件
过热	1. 轴向间隙与径向间隙过小 2. 侧板和轴套与齿轮端面严重摩擦	1. 检测泵体、齿轮，重配间隙 2. 修理或更换侧板和轴套
噪声大	1. 吸油管接头、泵体与泵盖的接合面、堵头和泵轴密封圈等处密封不良，有空气被吸入 2. 泵盖螺钉松动 3. 泵与联轴器不同心或松动 4. 齿轮精度太低或接触不良 5. 齿轮轴向间隙过小 6. 齿轮内孔与端面垂直度或泵盖上两孔平行度超差 7. 泵盖修磨后，两卸荷槽距离增大，产生困油 8. 滚针轴承等零件损坏 9. 装配不良，如主轴转一周有时轻时重现象	1. 用涂脂法查出泄漏处。用密封胶涂敷管接头并拧紧；修磨泵体与泵盖结合面保证平面度不超过 0.005mm；用环氧树脂黏结剂涂敷堵头配合面再压进；更换密封圈 2. 适当拧紧 3. 重新安装，使其同心，紧固连接件 4. 更换齿轮或研磨修整 5. 配磨齿轮、泵体和泵盖 6. 检查并修复有关零件 7. 修整卸荷槽，保证两槽距离 8. 拆检，更换损坏件 9. 拆检，重装调整

（2）叶片泵的常见故障及排除（见表 2.5）

表 2.5　叶片泵的常见故障及排除

故障现象	产 生 原 因	排 除 方 法
流量不足或压力不能升高	1. 个别叶片在转子槽内移动不灵活甚至卡住 2. 叶片装反 3. 叶片顶部与定子内表面接触不良 4. 叶片与转子叶片槽配合间隙过大 5. 配油盘端面磨损 6. 限压式变量泵限定压力调得太小 7. 限压式变量泵的调压弹簧变形或太软 8. 变量泵的反馈缸柱塞磨损	1. 检查，选配叶片或单槽研配保证间隙 2. 重新装配 3. 修磨定子内表面或更换叶片 4. 选配叶片，保证配合间隙 5. 修磨或更换 6. 重新调整压力调节螺钉 7. 更换合适的弹簧 8. 更换新柱塞
噪声大	1. 叶片顶部倒角太小 2. 叶片各面不垂直 3. 定子内表面被刮伤或磨损，产生运动噪声 4. 由于修磨使配油盘上三角形卸荷槽太短，不能消除困油现象 5. 配油盘端面与内孔不垂直，旋转时刮磨转子端面而产生噪声 6. 泵轴与原动机不同轴	1. 重新倒角或修成圆角 2. 检查，修磨 3. 抛光，有的定子可翻转 180°使用 4. 锉修卸荷槽 5. 修磨配油盘端面，保证其与内孔的垂直度小于 0.005～0.01mm 6. 调整联轴器，使同轴度小于 ϕ0.1mm

（3）轴向柱塞泵的常见故障及排除（见表 2.6）

表 2.6　轴向柱塞泵的常见故障及排除

故障现象	产 生 原 因	排 除 方 法
流量不足或压力不能升高	1. 泵轴中心弹簧折断，使柱塞回程不够或不能回程，缸体与配流盘间密封不良 2. 配油盘与缸体间接合面不平或有污物卡住以及拉毛 3. 柱塞与缸体孔间磨损或拉伤 4. 变量机构失灵	1. 更换中心弹簧 2. 清洗或研磨、抛光配油盘与缸体结合面 3. 研磨或更换有关零件，保证其配合间隙 4. 检查变量机构，纠正其调整误差
噪声大	1. 变量柱塞泵因油脏或污物卡住运动不灵活 2. 变量机构偏角太小，流量过小，内泄漏增大了 3. 柱塞头部与滑履配合松动	1. 清洗或拆下配研、更换 2. 加大变量机构偏角，消除内泄漏 3. 可适当铆紧

能力训练 1　液压泵的拆装

一、训练目的

液压元件是液压系统的重要组成部分，通过对液压泵的拆装可加深对泵结构及工作原理的了解。

二、实训内容

拆解各类液压泵，观察及了解各零件在液压泵中的作用，了解各种液压泵的工作原理，按一定的步骤装配各类液压泵。

三、实训用工具及材料

内六角扳手、固定扳手、螺丝刀、铜棒、各类液压泵。

四、操作步骤

1. 齿轮泵

(1) 工作原理

在吸油腔，轮齿在啮合点相互从对方齿谷中退出，密封工作空间的有效容积不断增大，完成吸油过程。在排油腔，轮齿在啮合点相互进入对方齿谷中，密封工作空间的有效容积不断减小，实现排油过程。

(2) 拆卸步骤

① 松开紧固螺钉；从泵体中取出主动齿轮及轴、从动齿轮及轴。

② 分解端盖与轴承、齿轮与轴、端盖与油封。

③ 装配顺序与拆卸相反。

(3) 主要零件分析

① 泵体的两端面开有封油槽，此槽与吸油口相通，用来防止泵内油液从泵体与泵盖接合面外泄，泵体与齿顶圆的径向间隙为0.13～0.16mm。

② 端盖内侧开有卸荷槽，用来消除困油。端盖上吸油口大，压油口小，用来减小作用在轴和轴承上的径向不平衡力。

③ 两个齿轮的齿数和模数都相等，齿轮与端盖间轴向间隙为0.03～0.04mm，轴向间隙不可以调节。

2. 叶片泵（限压式）

(1) 工作原理

当轴带动转子转动时，装于叶片槽中的叶片在离心力的作用下伸出，叶片顶部紧贴定子内表面，沿着定子曲线滑动。使得由定子的内表面、配流盘、转子和叶片所形成的密闭容腔不断变化，通过配流盘上的配流窗口实现吸油或压油。转子旋转一周，叶片伸出和缩进各一次。

(2) 拆卸步骤

① 松开固定螺钉，拆下弹簧压盖，取出弹簧及弹簧座。

② 松开固定螺钉，拆下活塞压盖，取出活塞。

③ 松开固定螺钉，拆下滑块压盖，取出滑块及滚针。

④ 松开固定螺钉，拆下传动轴左右端盖，取出左配流盘、定子、转子传动轴组件和右配流盘。

⑤ 分解以上各部件。

⑥ 拆卸后清洗、检验、分析，装配与拆卸顺序相反。

(3) 主要零件分析

① 定子和转子：定子的内表面和转子的外表面是圆柱面。转子中心固定，定子中心可以左右移动。定子径向开有条槽可以安置叶片。

② 叶片：该泵有奇数个叶片，流量脉动较偶数小。叶片后倾角为24°，有利于叶片在惯性力的作用下向外伸出。

③ 配流盘：配流盘上有两个圆弧槽，一个为压油窗口，一个为吸油窗口，压油腔一侧的叶片底部油槽和压油腔相通，吸油腔一侧的叶片底部油槽与吸油腔相通，保持叶片的底部和顶部所受的液压力是平衡的。

④ 滑块：滑块用来支持定子，并承受压力油对定子的作用力。

⑤ 压力调节装置：压力调节装置由调压弹簧、调压螺钉和弹簧座组成。调节弹簧的预

压缩量，可以改变泵的限定压力。

⑥ 最大流量调节装置：调节螺钉可以改变活塞的原始位置，也改变了定子与转子的原始偏心量，从而改变泵的最大流量。

⑦ 压力反馈装置：泵的出口压力作用在活塞上，活塞对定子产生反馈力。

3. 轴向柱塞泵

（1）工作原理

当油泵的输入轴通过电机带动旋转时，缸体随之旋转，由于装在缸体中的柱塞的球头部分上的滑靴被回程盘压向斜盘，因此柱塞将随着斜盘的斜面在缸体中作往复运动，从而实现油泵的吸油和排油。油泵的配油是由配油盘实现的。改变斜盘的倾斜角度就可以改变油泵的流量输出。

（2）拆装步骤

① 松开固定螺钉，分开手动变量机构、中间泵体和右端泵盖三部分。

② 分解各部件。

③ 清洗、检验和分析。

④ 装配。先装部件后总装。

（3）主要零部件分析

① 缸体：缸体用铝青铜制成，它上面有若干个与柱塞相配合的圆柱孔，其加工精度很高，以保证既能相对滑动，又有良好的密封性能。缸体中心开有花键孔，与传动轴相配合。缸体右端面与配流盘相配合。缸体外表面镶有钢套并装在滚动轴承上。

② 滑履机构：柱塞在缸体内作往复运动，并随缸体一起转动。滑履随柱塞做轴向运动，并在斜盘的作用下绕柱塞球头中心摆动，使滑履平面与斜盘斜面贴合。柱塞和滑履中心开有直径 1mm 的小孔，缸中的压力油可进入柱塞和滑履、滑履和斜盘间的相对滑动表面，形成油膜，起静压支承作用，减小这些零件的磨损。

③ 中心弹簧机构：中心弹簧，通过内套、钢球和回程盘将滑履压向斜盘，使活塞得到回程运动，从而使泵具有较好的自吸能力。同时，弹簧又通过外套使缸体紧贴配流盘，以保证泵启动时基本无泄漏。

④ 配流盘：配流盘上开有两条月牙型配流窗口，外圈的环形槽是卸荷槽，与回油相通，使直径超过卸荷槽的配流盘端面上的压力降低到零，保证配流盘端面可靠地贴合。四个小盲孔起储油润滑作用。配流盘下端的缺口，用来与右泵盖准确定位。

⑤ 滚动轴承：用来承受斜盘作用在缸体上的径向力。

⑥ 变量机构：变量活塞装在变量壳体内，并与螺杆相连。斜盘前后有两根耳轴支承在变量壳体，并可绕耳轴中心线摆动。斜盘中部装有销轴，其左侧球头插入变量活塞的孔内。转动手轮，螺杆带动变量活塞上下移动，通过销轴使斜盘摆动，从而改变了斜盘倾角，达到变量目的。

五、拆装注意事项

① 如果有拆装流程示意图，请参考该图进行拆与装。

② 仅有元件结构图或根本没有结构图的，拆装时请记录元件及解体零件的拆卸顺序和方向。

③ 拆卸下来的零件，尤其泵体内的零件，要做到不落地，不划伤，不锈蚀等。

④ 拆装个别零件需要专用工具。如拆轴承需要用轴承起子，拆卡环需要用内卡钳等。

⑤ 在需要敲打某一零件时，请用铜棒，切忌用铁或钢棒。

⑥ 拆卸（或安装）一组螺钉时，用力要均匀。

⑦ 安装前要给元件去毛刺，用煤油清洗然后晾干，切忌用棉纱擦干。

⑧ 检查密封有无老化现象，如果有，请更换新的。

⑨ 安装时不要将零件装反，注意零件的安装位置。有些零件有定位槽孔，一定要对准。

⑩ 安装完毕，检查现场有无漏装元件。

思考与练习

2.1 液压泵的工作压力取决于什么？泵的工作压力与额定压力有何区别？

2.2 什么是液压泵的排量、理论流量和实际流量？它们的关系如何？

2.3 液压泵在工作过程中会产生哪两方面的能量损失？产生损失的原因何在？

2.4 齿轮泵压力的提高主要受哪些因素的影响？可以采取哪些措施来提高齿轮泵的压力？

2.5 双作用叶片泵和限压式变量叶片泵在结构上有何区别？

2.6 试比较各类液压泵性能上的异同点。

2.7 某液压泵在转速 $n=950r/min$ 时，理论流量 $q_t=160L/min$。在同样的转速和压力 $p=29.5MPa$ 时，测得泵的实际流量为 $q=152L/min$，总效率 $\eta=0.87$，求：

(1) 泵的容积效率；

(2) 泵在上述工况下所需的电动功率；

(3) 泵在上述工况下的机械效率。

2.8 某液压系统，泵的排量 $q=10mL/r$，电机转速 $n=1200r/min$，泵的输出压力 $p=5MPa$，泵容积效率 $\eta_v=0.92$，总效率 $\eta=0.84$，试求：

(1) 泵的实际流量；

(2) 泵的输出功率；

(3) 驱动电机功率。

2.9 一个液压齿轮泵的齿轮模数 $m=4mm$，齿数 $z=9$，齿宽 $B=18mm$，在额定压力下，转速 $n=2000r/min$ 时，泵的实际输出流量 $q=30L/min$，求泵的容积效率。

2.10 某轴向柱塞泵的柱塞直径 $d=20mm$，柱塞分布圆直径 $D=70mm$，柱塞数 $z=7$。当斜盘倾角 $\gamma=22°30'$，转速 $n=960r/min$，输出压力 $p=16MPa$，容积效率 $\eta_v=0.95$，机械效率 $\eta_m=0.95$ 时，试求泵的理论流量、实际流量和所需电动机功率。

第3章 液压缸与液压马达

液压缸与液压马达都是将液压泵输出的压力能转换为机械能的执行元件，液压缸的功能就是将液压能转变成直线往复式的机械运动（也可以摆动运动）。与液压泵一样，液压马达也是依靠工作腔的密闭容积变化工作的，从原理和能量转换的观点看，二者具有可逆性，但因二者的工作状态不同，液压马达与液压泵在结构上又有所差异，故而在实际使用中，二者一般难以互换。本章重点是液压缸的结构、工作原理、参数计算，液压马达的结构、工作原理、参数计算。难点是液压缸及马达的结构、工作原理和参数计算。

3.1 液压缸的类型

液压缸按其结构形式，可以分为活塞缸、柱塞缸和摆动缸三类。活塞缸和柱塞缸实现往复运动，输出推力和速度，摆动缸则能实现小于360°的往复摆动，输出转矩和角速度。液压缸除单个使用外，还可以几个组合起来或与其他机构组合，以完成特殊的功用。

3.1.1 活塞式液压缸

活塞式液压缸分为双杆式和单杆式两种。

(1) 双杆式活塞缸

双杆式活塞缸的活塞两端都有一根直径相等的活塞杆伸出，它根据安装方式不同又可以分为缸筒固定式和活塞杆固定式两种。如图3.1 (a) 所示的为缸体固定式的双杆活塞缸。

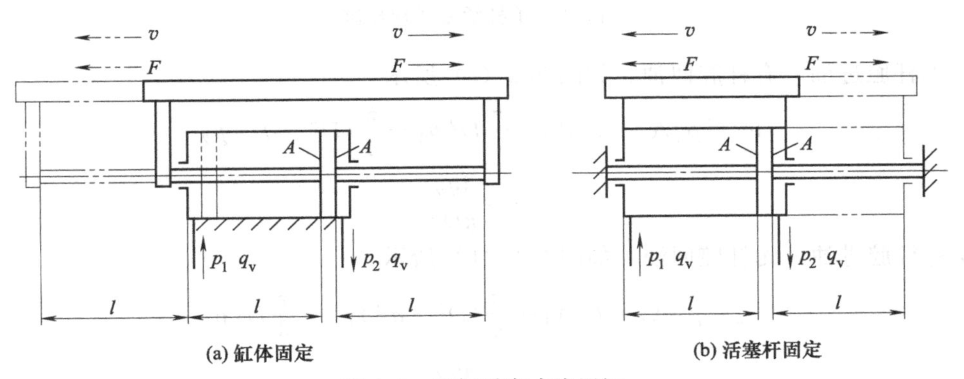

图3.1 双杆活塞式液压缸

它的进、出油口布置在缸筒两端，活塞通过活塞杆带动工作台移动，当活塞的有效行程为 l 时，整个工作台的运动范围为 $3l$，所以机床占地面积大，一般适用于小型机床。当工作台行程要求较长时，可采用图3.1 (b) 所示的活塞杆固定的形式，这时，缸体与工作台相连，活塞杆通过支架固定到机床上，动力由缸体传出。这种安装形式中，工作台的移动范围只等于液压缸有效行程 l 的两倍 ($2l$)，因此占地面积小。进出油口可以设置在固定不动的空心的活塞杆的两端，使油液从活塞杆中进出，也可设置在缸体的两端，但必须使用软管连接。

由于双杆活塞缸两端的活塞杆直径通常是相等的，因此它左、右两腔的有效面积也相等。当分别向左、右腔输入相同压力和相同流量的油液时，液压缸左、右两个方向的推力和速度相等，当活塞的有效作用面积为A，直径为D，活塞杆的直径为d，液压缸进、出油腔的压力为p_1和p_2，输入流量为q时，双杆活塞缸的推力F和速度v为

$$F=A(p_1-p_2)=\frac{\pi}{4}(D^2-d^2)(p_1-p_2) \tag{3.1}$$

$$v=\frac{4q_v}{\pi(D^2-d^2)} \tag{3.2}$$

(2) 单杆式活塞缸

活塞只有一端带活塞杆，单杆液压缸也有缸体固定和活塞杆固定两种形式，但它们的工作台移动范围都是活塞有效行程的两倍。

单杆活塞缸由于活塞两端有效面积不等。如果以相同流量的压力油分别进入液压缸的左、右腔，活塞移动的速度与进油腔的有效面积成反比，即油液进入无杆腔时有效面积大，速度慢，进入有杆腔时有效面积小，速度快；而活塞上产生的推力则与进油腔的有效面积成正比。故可分为下列三种情况。

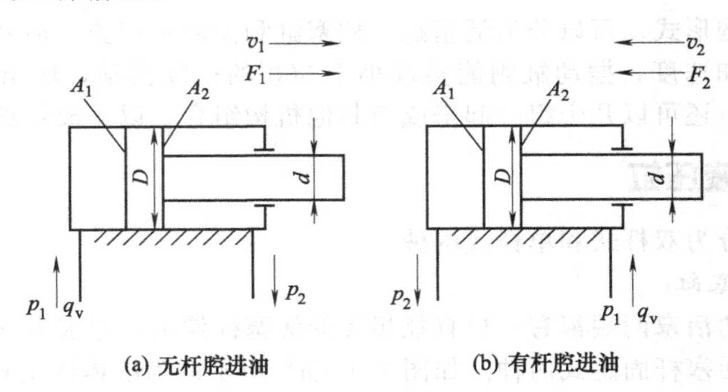

图 3.2 单杆活塞式液压缸

① 无杆腔进油，有杆腔回油，如图 3.2 (a) 所示

$$F_1=p_1A_1-p_2A_2=\frac{\pi}{4}D^2p_1-\frac{\pi}{4}(D^2-d^2)p_2 \tag{3.3}$$

$$v_1=\frac{4q_v}{\pi D^2} \tag{3.4}$$

② 有杆腔进油，无杆腔回油，如图 3.2 (b) 所示

$$F_2=p_1A_2-p_2A_1=\frac{\pi}{4}(D^2-d^2)p_1-\frac{\pi}{4}D^2p_2 \tag{3.5}$$

$$v_2=\frac{4q_v}{\pi(D^2-d^2)} \tag{3.6}$$

由式 (3.4) 和式 (3.6) 可以得到液压缸往复运动的速度比为

$$\lambda_v=\frac{v_2}{v_1}=\frac{D^2}{D^2-d^2}=\frac{1}{1-\left(\frac{d}{D}\right)^2} \tag{3.7}$$

③ 差动连接 如果向单杆活塞缸的左右两腔同时通压力油，如图 3.3 所示，即构成差动连接，作差动连接的单杆液压缸称为差动液压缸，开始工作时差动缸左右两腔的油液压力相同，但是由于左腔（无杆腔）的有效面积大于右腔（有杆腔）的有效面积，故活塞向右运

动，同时使右腔中排出的油液也进入左腔，加大了流入左腔的流量，从而也加快了活塞移动的速度。实际上活塞在运动时，由于差动缸两腔间的管路中有压力损失，所以右腔中油液的压力稍大于左腔油液压力。而这个差值一般都较小可以忽略不计，故有

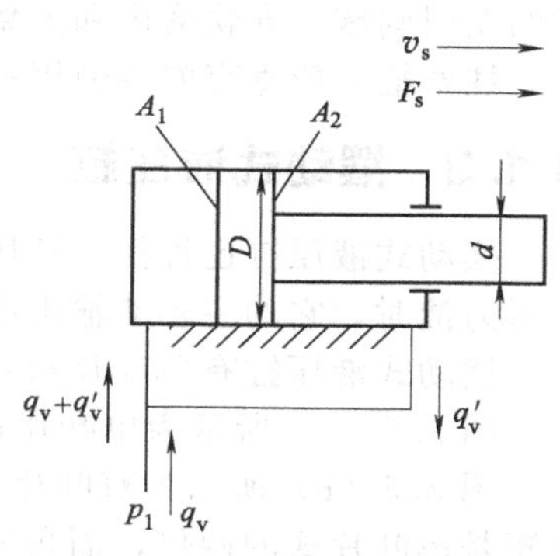

图 3.3　差动连接液压缸

$$F_3=p_1A-p_2A\approx\frac{\pi}{4}D^2p_1-\frac{\pi}{4}(D^2-d^2)p_1=\frac{\pi}{4}d^2p_1 \tag{3.8}$$

$$v_3=\frac{q_v}{A_1-A_2}=\frac{4q_v}{\pi d^2} \tag{3.9}$$

如要使 $v_2=v_3$（即快进速度与快退速度相等），则：$D=\sqrt{2}d$。

由此可知，差动连接时液压缸的推力比非差动连接时小，速度比非差动连接时大，正好利用这一点，可使在不加大油源流量的情况下得到较快的运动速度，这种连接方式被广泛应用于组合机床的液压动力滑台和其他机械设备的快速运动中。

3.1.2　柱塞式液压缸

柱塞式液压缸是一种单作用液压缸，只能单向实现单向运动，回程则需要借助其他外力（如弹簧力）来实现。其工作原理如图 3.4（a）所示，柱塞与工作部件连接，缸筒固定在机体上。当压力油进入缸筒时，推动柱塞带动运动部件向右运动，但反向退回时必须靠其他外力或自重驱动。

柱塞缸若需要实现双向运动，则必须成对使用，如图 3.4（b）所示。

柱塞缸输出的推力和速度各为

$$F=\frac{\pi}{4}d^2p \tag{3.10}$$

$$v=\frac{4q_v}{\pi d^2} \tag{3.11}$$

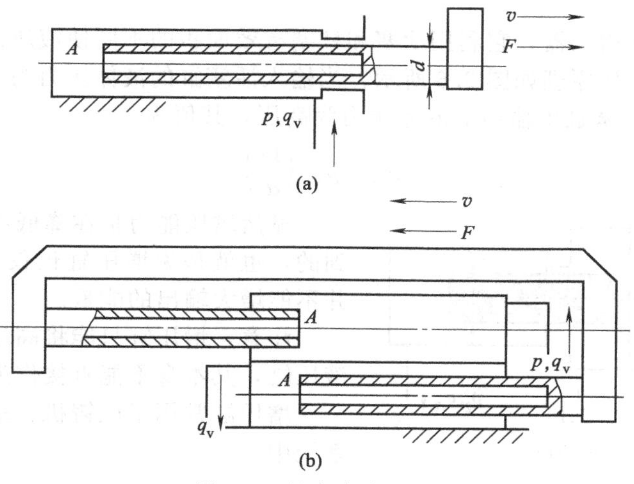

图 3.4　柱塞式液压缸

柱塞式液压缸的主要特点是柱塞与缸筒无配合要求，缸筒内孔不需精加工，甚至可以不加工。运动时由缸盖上的导向套来导向，所以它特别适用在行程较长的场合，常用于行程很

长的龙门刨床、导轨磨床和大型拉床等设备的液压系统中。

柱塞缸一般垂直安装使用；在水平安装时，为防止柱塞自重而下垂，常制成空心状。

3.1.3 摆动式液压缸

摆动式液压缸也称摆动液压马达。摆动式液压缸输出转矩和角速度（或转速），当它通入压力油时，它的主轴能输出小于360°的往复摆动运动。

摆动式液压缸有单叶片和双叶片两种结构形式。

图3.5（a）所示为单叶片式摆动缸，它的摆动角度较大，可达300°。

图3.5（b）所示为双叶片式摆动缸，它的摆动角度较小，一般不超过150°，它的输出转矩是单叶片式的两倍，而角速度则是单叶片式的一半。

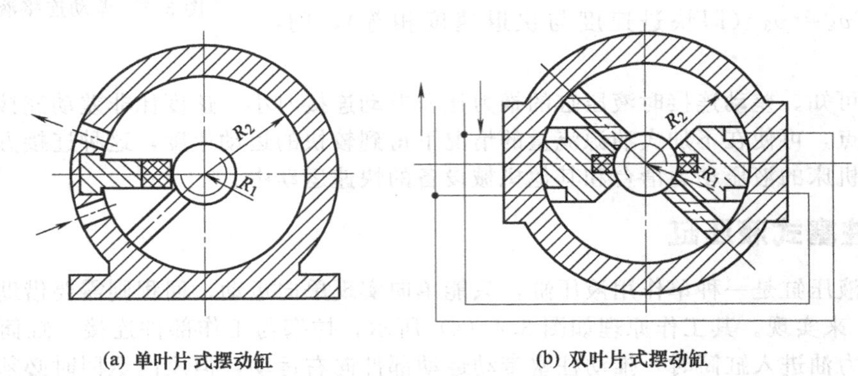

图3.5 摆动式液压缸

摆动式液压缸一般用于机床和工夹具的夹紧装置、送料装置、转位装置、周期性进给机构等中低压系统及工程机械上。

摆动式液压缸特点：结构紧凑，输出转矩大，密封性较差。

3.1.4 其他液压缸

（1）增压液压缸

增压液压缸又称增压器，它利用活塞和柱塞有效面积的不同使液压系统中的局部区域获得高压。增压缸的工作原理如图3.6所示，当输入活塞缸的液体压力为p_1，活塞直径为D，柱塞直径为d时，柱塞缸中输出的液体压力为高压，其值为

$$p_B = p_A \left(\frac{D}{d}\right)^2 \tag{3.12}$$

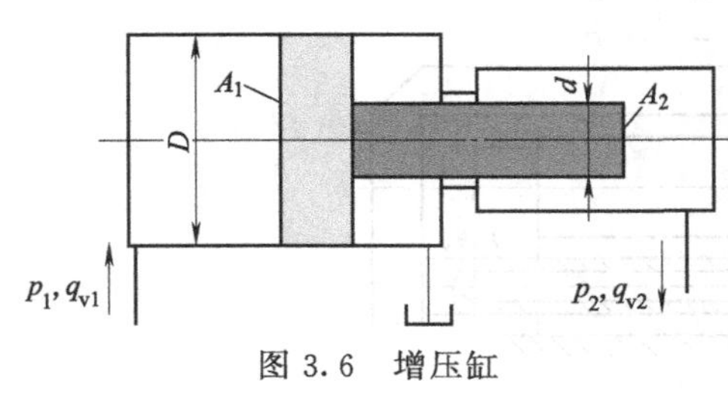

图3.6 增压缸

显然增压能力是在降低有效能量的基础上得到的，也就是说增压缸仅仅是增大输出的压力，并不能增大输出的能量。

注意：增压缸只能将高压端输出油通入其他液压缸，其本身不能直接作为执行元件。

增压缸常用于压铸机、造型机等设备的液压系统中。

（2）伸缩缸

伸缩缸由两级或多级活塞缸套装而成，如图3.7所示，前一级活塞缸的活塞杆内孔是后一级活塞缸的缸筒，伸出时可获得很长的工作行程，缩回时可保持很小的结构尺寸，伸缩缸

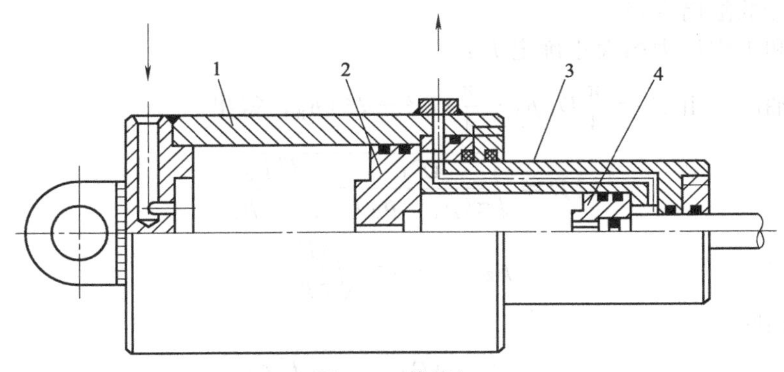

图 3.7 伸缩缸
1——一级缸筒；2——一级活塞；3—二级缸筒；4—二级活塞

被广泛用于行走机械，如自卸汽车举升缸、起重机伸缩臂缸等。

伸缩缸的外伸动作是逐级进行的。首先是最大直径的缸筒以最低的油液压力开始外伸，当到达行程终点后，稍小直径的缸筒开始外伸，直径最小的末级最后伸出。随着工作级数变大，外伸缸筒直径越来越小，工作油液压力随之升高，工作速度变快。

伸缩缸活塞伸出的顺序是先大后小，推力为先大后小，伸出速度先慢后快。伸缩缸活塞缩回的顺序是先小后大，缩回速度先快后慢。

伸缩缸的特点：伸出时行程大，收缩后结构紧凑。

(3) 齿轮缸

图 3.8 所示为齿轮液压缸，又称无杆活塞缸。它由带有齿条杆的双活塞缸和齿轮齿条机构所组成。这种液压缸的特点是：将活塞的移动经齿轮齿条传动装置变成齿轮的传动，用于实现工作部件的往复摆动或间歇进给运动。常用于机械手、磨床的进给机构、回转工作台的转位机构和回转夹具等。

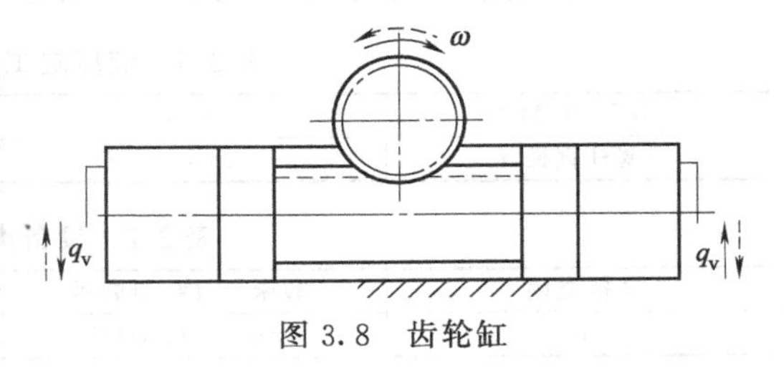

图 3.8 齿轮缸

3.2 液压缸的设计

液压缸是液压传动的执行元件，它和主机工作机构有直接的联系，对于不同的机种和机构，液压缸具有不同的用途和工作要求。因此，在设计液压缸时需根据使用要求选择结构类型，按负载情况、运动要求、最大行程等确定工作压力及主要工作尺寸，进行强度、稳定性和缓冲验算，最后再进行结构设计。

3.2.1 工作压力

根据工况要求、加工条件及液压元件来源等因素综合考虑。

3.2.2 主要尺寸的确定

(1) 缸筒内径及活塞杆直径

① 缸筒内径 D 液压缸的缸筒内径 D 是根据负载的大小来选定工作压力或往返运动速度比，求得液压缸的有效工作面积，从而得到缸筒内径 D，再根据国家标准选取最近的标

准值作为所设计的缸筒内径。

根据负载和工作压力的大小确定 D：

无杆腔进油时，由 $F_1=\frac{\pi}{4}D^2p_1-\frac{\pi}{4}(D^2-d^2)p_2$，得出

$$D=\sqrt{\frac{4F_1}{\pi(p_1-p_2)}-\frac{d^2p_2}{p_1-p_2}} \tag{3.13}$$

若
$$p_2=0\Rightarrow D=\sqrt{\frac{4F_1}{\pi p_1}} \tag{3.14}$$

有杆腔进油时

$$D=\sqrt{\frac{4F_2}{\pi(p_1-p_2)}+\frac{d^2p_1}{p_1-p_2}} \tag{3.15}$$

若
$$p_2=0\Rightarrow D=\sqrt{\frac{4F_2}{\pi p_1}+d^2} \tag{3.16}$$

计算所得的液压缸内径 D 应圆整为标准系列。

② 活塞杆外径 d　活塞杆外径 d 根据工作压力或设备类型选取，见表 3.1 和表 3.2，当往复速度比有一定要求时，也可由式（3.17）计算得出，速度比为 λ_v 可根据表 3.3 选取。

$$d=D\sqrt{\frac{\lambda_v-1}{\lambda_v}} \tag{3.17}$$

计算所得的活塞杆外径 d 也应圆整为标准系列。

表 3.1　液压缸工作压力与活塞杆直径

工作压力/MPa	≤5	5～7	>7
活塞杆直径 d	(0.5～0.55)D	(0.6～0.7)D	0.7D

表 3.2　设备类型与活塞杆直径

设备类型	磨床、珩磨、研磨机	插、拉、刨床	钻、镗、铣床
d	(0.2～0.3)D	0.5D	0.7D

表 3.3　液压缸往复速度比推荐值

工作压力/MPa	≤10	12.5～20	>20
λ_v	1.33	1.46;2	2

* D、d 标准系列

D：8、10、12、16、20、25、32、40、50、63、80、(90)、100、(110)、125、(140)、160、(180)、200、220、250、320、400、500、630。

d：4、5、6、8、10、12、14、16、18、20、22、25、28、32、36、40、45、50、55、63、70、80、90、100、110、125、140、160、180、200、220、250、280、320、360、400。

(2) 缸筒长度 L

液压缸缸筒长度 L 由最大工作行程长度、活塞宽度、活塞杆导向长度、活塞杆密封长度、以及结构需要的其他长度来确定。

其中：活塞宽度 $B=(0.6\sim1)D$；活塞杆导向长度 C，在 $D<80$ 时取 $C=(0.6\sim1.0)D$，$D\geqslant80$ 时 $C=(0.6\sim1.0)d$；活塞杆密封长度由密封方式定。一般缸筒的长度最好不超过内径的 20 倍以减小加工难度。

(3) 强度校核

对液压缸的缸筒壁厚 δ、活塞杆直径 d 和缸盖固定螺栓的直径，低压系统壁厚一般都能

够满足强度需要，而在中高压系统中必须进行强度校核。

① 缸筒壁厚的校核　缸筒壁厚校核时分薄壁和厚壁两种情况。

当$\dfrac{D}{\delta}\geqslant 10$，按薄壁圆筒公式验算，即

$$\delta\geqslant\frac{p_y D}{2[\sigma]} \tag{3.18}$$

式中　p_y——实验压力，当额定压力 $p_n\leqslant 16\text{MPa}$ 时取 $p_y=1.5p_n$；而当 $p_n>16\text{MPa}$ 时 $p_y=1.25p_n$；

$[\sigma]$——许用应力，$[\sigma]=\dfrac{\sigma_b}{n}$，$\sigma_b$ 为缸筒材料的抗拉强度，n 为安全系数，取 $n=3.5\sim 5$。

当$\dfrac{D}{\delta}<10$，应按厚壁圆筒公式验算，即

$$\delta\geqslant\frac{D}{2}\left(\sqrt{\frac{[\sigma]+0.4p_y}{[\sigma]-1.3p_y}}-1\right) \tag{3.19}$$

② 活塞杆强度校核

$$d\geqslant\sqrt{\frac{4F}{\pi[\sigma]}} \tag{3.20}$$

式中，$[\sigma]$ 为活塞杆材料的许用应力，取 $[\sigma]=\sigma_b/1.4$。当$\dfrac{l}{d}>10$，活塞杆变压时，应进行稳定性检验。

③ 液压缸连接螺栓的强度校核

$$d_1\geqslant\sqrt{\frac{5.2KF}{\pi Z[\sigma]}} \tag{3.21}$$

式中，F 为液压缸负载；Z 为固定螺栓个数；K 为螺纹拧紧系数，$K=1.2\sim 1.5$；$[\sigma]=\sigma_s/n$，σ_s 为材料的屈服极限，n 取 $1.2\sim 2.5$。

④ 稳定性校核　活塞杆受轴向压力作用时，有可能产生弯曲，当该轴向力达到临界值 F_{cr} 时，会出现压杆不稳定现象，临界值 F_{cr} 的大小与活塞杆长度、直径以及液压缸的安装方式等因素有关。只有当活塞杆的计算长度 $l\geqslant 10d$ 时，才进行活塞杆的纵向稳定性计算。其计算按照材料力学有关公式进行。

使液压缸保持稳定的条件为

$$F\leqslant\frac{F_{cr}}{n} \tag{3.22}$$

式中，F 为液压缸承受的轴向压力；F_{cr} 为活塞杆不产生弯曲变形的临界力；n 为稳定性安全系数，一般取 $n=2\sim 6$。

F_{cr} 可以根据$\dfrac{l}{k}$的范围，按照下述有关公式计算。

a. 当$\dfrac{l}{k}>m\sqrt{i}$时，为

$$F_{cr}\leqslant\frac{i\pi^2 EJ}{l^2} \tag{3.23}$$

b. 当$\dfrac{l}{k}<m\sqrt{i}$，且 $m\sqrt{i}=20\sim 120$ 时，为

$$F_{cr} \leqslant \frac{fA}{1+\frac{a}{i}\times\frac{l}{k}} \tag{3.24}$$

式中，l 为安装长度，与安装形式有关；k 为活塞杆最小截面的惯性半径，$k=\sqrt{\frac{l}{A}}$；m 为柔性系数，对钢取 $m=85$；i 为由液压缸支撑方式决定的末端系数，其值可参考有关文献；E 为活塞杆材料的弹性模量，对钢取 $E=1.06\times10^{11}$ Pa；J 为活塞杆最小截面的惯性矩；f 为材料强度决定的实验值，对钢取 $f\approx4.9\times10^{8}$ Pa；A 为活塞杆最小截面的截面积；a 为实验常数，对钢取 $a=\frac{1}{5000}$。

c. 当 $\frac{l}{k}<20$ 时，液压缸具有足够的稳定性，不必校核。

3.2.3 液压缸的结构设计

图 3.9 所示的是一个双作用单活塞杆液压缸。它是由缸底 20、缸筒 10、缸盖兼导向套 9、活塞 11 和活塞杆 18 组成的。缸筒一端与缸底焊接；另一端缸盖（导向套）与缸筒用卡键 6、套 5 和弹簧挡圈 4 固定，以便拆装检修，两端设有油口 A 和 B。活塞 11 与活塞杆 18 利用卡键 15、卡键帽 16 和弹簧挡圈 17 连在一起。活塞与缸孔的密封采用的是一对 Y 形聚氨酯密封圈 12，由于活塞与缸筒有一定间隙，采用由尼龙 1010 制成的耐磨环（又叫支承环）13 定心导向。活塞杆 18 和活塞 11 的内孔由 O 形密封圈 14 密封。较长的导向套 9 则可保证活塞杆不偏离中心，导向套外径由 O 形密封圈 7 密封，而其内孔则由 Y 形密封圈 8 和防尘圈 3 分别防止油外漏和灰尘带入缸内。缸与杆端销孔与外界连接，销孔内有尼龙衬套抗磨。

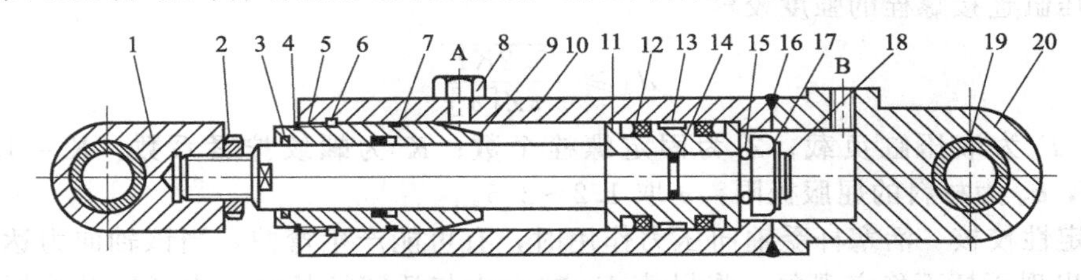

图 3.9 双作用单活塞杆液压缸

1—耳环；2—螺母；3—防尘圈；4,17—弹簧挡圈；5—套；6,15—卡键；7,14—O 形密封圈；8,12—Y 形密封圈；9—缸盖兼导向套；10—缸筒；11—活塞；13—耐磨环；16—卡键帽；18—活塞杆；19—衬套；20—缸底

从上面所述的液压缸典型结构中可以看到，液压缸的结构基本上包括缸筒和缸盖、活塞和活塞杆、缓冲装置、排气装置、密封装置五部分，分述如下。

(1) 缸筒和缸盖

一般来说，缸筒和缸盖的结构形式和其使用的材料有关。工作压力 $p<10$MPa 时，使用铸铁；$p<20$MPa 时，使用无缝钢管；$p>20$MPa 时，使用铸钢或锻钢。

缸筒和缸盖的常见结构形式如图 3.10 所示。

法兰连接式 [图 3.10 (a)]结构简单，容易加工，也容易装拆，但外形尺寸和重量都较大，常用于铸铁制的缸筒上。

半环连接式 [图 3.10 (b)]，它的缸筒壁部因开了环形槽而削弱了强度，为此有时要加厚缸壁，它容易加工和装拆，重量较轻，常用于无缝钢管或锻钢制的缸筒上。

螺纹连接式 [图 3.10 (c)]，它的缸筒端部结构复杂，外径加工时要求保证内外径同心，装拆要使用专用工具，它的外形尺寸和重量都较小，常用于无缝钢管或铸钢制的缸筒上。

此外，常见的还有拉杆连接式和焊接连接式等，前者结构的通用性大，容易加工和装拆，但外形尺寸较大且较重；后者结构简单，尺寸小，但缸底处内径不易加工，且可能引起变形。

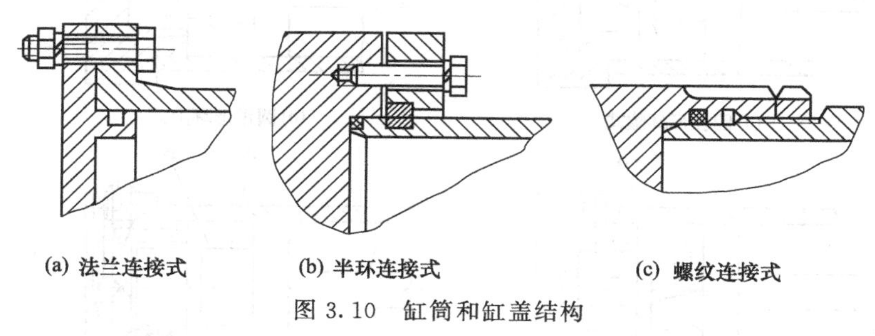

(a) 法兰连接式　(b) 半环连接式　(c) 螺纹连接式

图 3.10　缸筒和缸盖结构

(2) 活塞与活塞杆

可以把短行程的液压缸的活塞杆与活塞做成一体，这是最简单的形式。但当行程较长时，这种整体式活塞组件的加工较费事，所以常把活塞与活塞杆分开制造，然后再连接成一体。图 3.10 所示为几种常见的活塞与活塞杆的连接形式。

图 3.11 (a) 所示为活塞与活塞杆之间采用螺母连接，它适用负载较小、受力无冲击的液压缸中。螺纹连接虽然结构简单，安装方便可靠，但在活塞杆上车螺纹将削弱其强度。

图 3.11 (b) 所示为卡环式连接方式。图中活塞杆 5 上开有一个环形槽，槽内装有两个半圆环 3 以夹紧活塞 4，半环 3 由轴套 2 套住，而轴套 2 的轴向位置用弹簧卡圈 1 来固定。

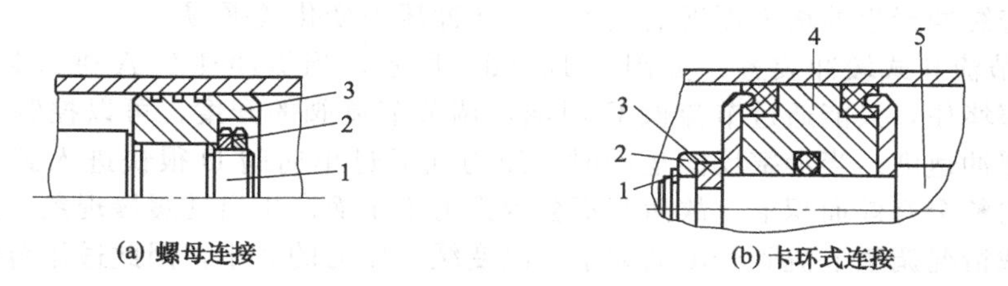

(a) 螺母连接　(b) 卡环式连接

1—活塞；2—螺母；3—活塞杆　1—弹簧卡；2—轴套；3—半环；4—活塞；5—活塞杆

图 3.11　常见的活塞组件结构形式

(3) 缓冲装置

液压缸一般都设置缓冲装置，特别是对大型、高速或要求高的液压缸，为了防止活塞在行程终点时和缸盖相互撞击，产生很大的噪声、冲击，严重影响机械精度，则必须设置缓冲装置。

缓冲装置的工作原理是利用活塞或缸筒在其走向行程终端时封住活塞和缸盖之间的部分油液，强迫它从小孔或细缝中挤出，以产生很大的阻力，使工作部件受到制动，逐渐减慢运动速度，达到避免活塞和缸盖相互撞击的目的。

常见的缓冲装置主要有下述几种。

① 圆柱形环隙式缓冲装置　如图 3.12 (a) 所示，当缓冲柱塞 A 进入缸盖上的内孔时，缸盖和活塞间形成环形缓冲油腔 B，被封闭的油液只能经环形间隙 δ 排出，产生缓冲压力，从而实现减速缓冲。这种装置在缓冲过程中，由于回油通道的节流面积不变，故缓冲开始时产生的缓冲制动力很大，其缓冲效果较差，液压冲击较大，且实现减速所需行程较长，但这种装置结构简单，便于设计和降低成本，所以在一般系列化的成品液压缸中多采用这种缓冲装置。

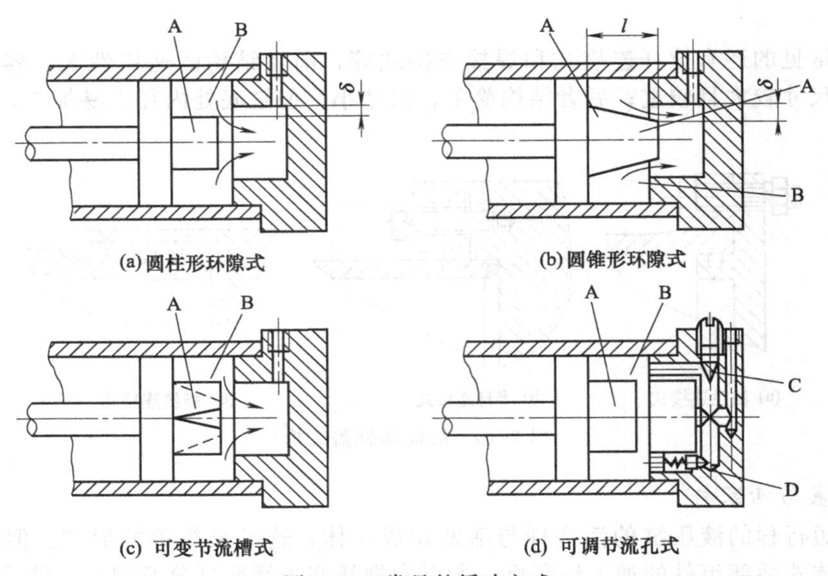

图 3.12 常见的缓冲方式

② 圆锥形环隙式缓冲装置 如图 3.12（b）所示，由于缓冲柱塞 A 为圆锥形，所以缓冲环形间隙 δ 随位移量不同而改变，即节流面积随缓冲行程的增大而缩小，使机械能的吸收较均匀，其缓冲效果较好，但仍有液压冲击。

③ 可变节流槽式缓冲装置 如图 3.12（c）所示，在缓冲柱塞 A 上开有三角节流沟槽，节流面积随着缓冲行程的增大而逐渐减小，其缓冲压力变化较平缓。

④ 可调节流孔式缓冲装置 如图 3.12（d）所示，当缓冲柱塞 A 进入到缸盖内孔时，回油口被柱塞堵住，只能通过节流阀 C 回油，调节节流阀的开度，可以控制回油量，从而控制活塞的缓冲速度。当活塞反向运动时，压力油通过单向阀 D 很快进入到液压缸内，并作用在活塞的整个有效面积上，故活塞不会因推力不足而产生启动缓慢现象。这种缓冲装置可以根据负载情况调整节流阀开度的大小，改变缓冲压力的大小，因此适用范围较广。

（4）排气装置

液压缸在安装过程中或长时间停放重新工作时，液压缸里和管道系统中会渗入空气，为了防止执行元件出现爬行、噪声和发热等不正常现象，需把缸中和系统中的空气排出。一般可在液压缸的最高处设置进出油口把气带走；对于速度稳定性要求较高的液压缸或大型液压缸，常在液压缸两侧面的最高位置处（该处往往是空气聚集的地方）设置专门的排气装置，如排气塞、排气阀等。

图 3.13 所示为排气塞。当松开排气塞螺钉后，让液压缸全行程空载往复运动若干次，

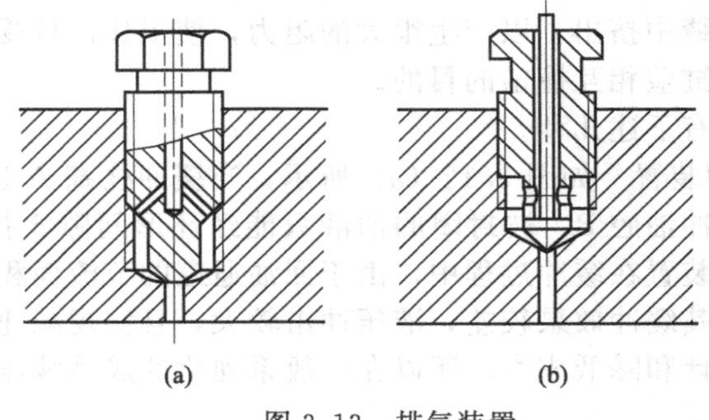

图 3.13 排气装置

带有气泡的油液就会排出。然后再拧紧排气塞螺钉，液压缸便可正常工作。

密封装置可参看第 5 章相关章节，此处不再详述。

3.3 液压马达

从能量转换的观点来看，液压泵与液压马达是可逆工作的液压元件，向任何一种液压泵输入工作液体，都可使其变成液压马达工作；反之，当液压马达的主轴由外力矩驱动旋转时，也可变为液压泵工作。因为它们具有同样的基本结构要素：密闭而又可以周期变化的容积和与之相应的配油机构。

但是，由于液压马达和液压泵的工作条件不同，对它们的性能要求也不一样，所以同类型的液压马达和液压泵之间，仍存在许多差别。首先液压马达应能够正、反转，因而要求其内部结构对称；其次为了减小吸油阻力，减小径向力，一般液压泵的吸油口比出油口的尺寸大，而液压马达二者一样；再者，液压马达由于在输入压力油条件下工作，因而不必具备自吸能力。由于存在着这些差别，使得液压马达和液压泵在结构上比较相似，但不能可逆工作。

液压马达按其结构类型可以分为齿轮式、叶片式、柱塞式和其他型式。按液压马达的额定转速分为高速和低速两大类。额定转速高于 500r/min 的属于高速液压马达，额定转速低于 500r/min 的属于低速液压马达。高速液压马达的基本型式有齿轮式、螺杆式、叶片式和轴向柱塞式等。它们的主要特点是转速较高、转动惯量小，便于启动和制动，调节（调速及换向）灵敏度高。通常高速液压马达输出转矩不大（仅几十牛・米到几百牛・米），所以又称为高速小转矩液压马达。低速液压马达的基本型式是径向柱塞式，此外在轴向柱塞式、叶片式和齿轮式中也有低速的结构型式，低速液压马达的主要特点是排量大、体积大、转速低（有时可达每分钟几转甚至零点几转），因此可直接与工作机构连接，不需要减速装置，使传动机构大为简化，通常低速液压马达输出转矩较大（可达几千牛・米到几万牛・米），所以又称为低速大转矩液压马达。

3.3.1 液压马达的性能参数

液压马达的性能参数很多。下面是液压马达的主要性能参数。

(1) 容积效率和转速

根据液压动力元件的工作原理可知，马达转速 n、理论流量 q_{vt}、实际流量 q 与排量 V 之间具有下列关系

$$\eta_v=\frac{q_{vt}}{q} \tag{3.25}$$

$$n=\frac{q}{V}\eta_v \tag{3.26}$$

(2) 液压马达的转矩和机械效率

由于液压马达内部不可避免地存在各种摩擦，实际输出的转矩 T_0 总要比理论转矩 T_t 小些，即

$$\eta_m=\frac{T_0}{T_t} \tag{3.27}$$

式中，η_m 为液压马达的机械效率。

如果不计损失，从理论上讲，液压马达输入的液压功率应当全部转化为液压马达输出的机械功率，即二者相等。当液压马达进、出油口之间的压力差为 Δp，输入液压马达的流量

为 q_{vt}，液压马达输出的理论转矩为 T_t，则

$$P_t=2\pi nT_t=\Delta pq_{vt}=\Delta pVn \tag{3.28}$$

所以液压马达的理论转矩为

$$T_t=\frac{\Delta pV}{2\pi} \tag{3.29}$$

将式（3.27）代入式（3.29），液压马达的输出转矩为

$$T_0=\frac{\Delta pV}{2\pi}\eta_m \tag{3.30}$$

（3）*液压马达的总效率* η

液压马达的总效率为输出功率与输入功率的比值，即

$$\eta=\frac{P_0}{P_i}=\frac{2\pi nT}{\Delta pq}=\frac{2\pi nT}{\Delta p\frac{Vn}{\eta_v}}=\frac{2\pi T}{\Delta pV}\eta_v=\eta_m\eta_v \tag{3.31}$$

由公式（3.31）可以知道，液压马达和液压泵一样，总效率也等于机械效率与容积效率的乘积。

液压马达的容积效率和机械效率在总体上与油液的泄漏和摩擦副的摩擦损失有关，而泄漏及摩擦损失则与液压马达的工作压力、油液黏度、液压泵和液压马达转速有关，液压马达的使用转速、工作压力和传动介质均会影响使用效率。

3.3.2 轴向柱塞马达

轴向柱塞泵可做液压马达使用，即两者是可逆的。由于压力油的作用，受力不平衡产生转矩。其输出转矩与液压马达的排量以及进出油口之间的压力差有关，其转速由输入液压马达的流量大小来决定。

图 3.14 中斜盘 1 和配油盘 4 固定不动，柱塞 3 轴向地放在缸体 2 中，缸体 2 随液压马达一起转动。斜盘的中心线和缸体的中心线杆交一个倾角 α。当压力油通过配油盘 4 上的配油窗口输入到与窗口相通的缸体上的柱塞孔时，压力油把该孔中柱塞顶出，使之压在斜盘上。由于斜盘对柱塞的反作用力垂直于斜盘表面（作用在柱塞球头表面的法线方向上），这个力的水平分量 F_x 与柱塞右端的液压力平衡，而垂直分量 F_y 则使每一个与窗口 a 相通的柱塞都对缸体的回转中心产生一个转矩，使缸体和液压马达轴做逆时针方向旋转，在轴 5 上输出转矩和转速。如果改变液压马达压力油的输入方向，液压马达轴 5 就做顺时针方向旋转。

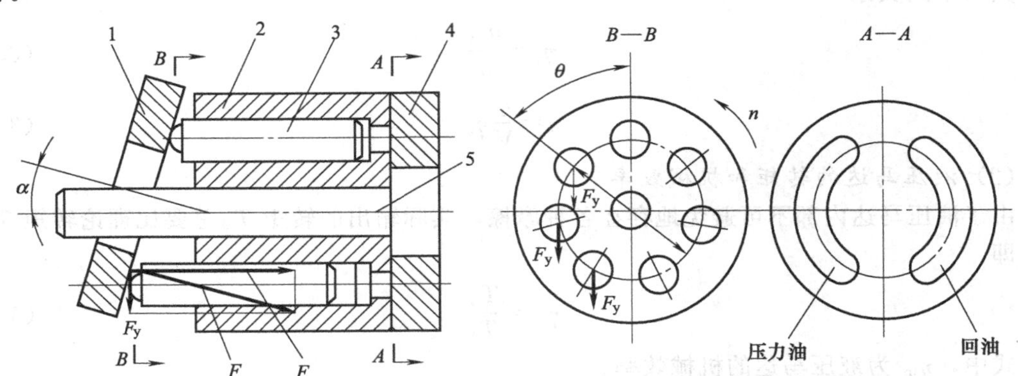

图 3.14 轴向柱塞马达工作原理

1—斜盘；2—缸体；3—柱塞；4—配油盘；5—轴

斜盘倾角 α 的改变、即排量的变化，不仅影响马达的转矩，而且影响它的转速和转向。斜盘倾角越大，产生转矩越大，转速越低。

现设液压马达的柱塞直径和输入油压分别为 d、p，由力的平衡条件可得力 F 的两个分力 F_x、F_y 分别为

$$F_x=\frac{\pi}{4}d^2p \tag{3.32}$$

$$F_y=F_x\tan\alpha=\frac{\pi}{4}d^2p\tan\alpha \tag{3.33}$$

设柱塞分布圆直径为 R，某一柱塞所在位置与缸体中心线夹角为 θ，则该柱塞所产生的瞬时转矩为

$$T'=F_yR\sin\theta=\frac{\pi}{4}d^2p\tan\alpha R\sin\theta \tag{3.34}$$

而液压马达的理论瞬时总转矩 $\sum T'$ 应为所有与配油窗口 a 相通的柱塞转矩之和，即

$$\sum T'=\sum\left(\frac{\pi}{4}d^2p\tan\alpha R\sin\theta\right) \tag{3.35}$$

由上式可知，随着角 θ 的变化，柱塞产生的转矩是变化的，因此液压马达产生的转矩也是脉动的，其脉动情况和泵的流量脉动相似。

3.3.3 叶片式液压马达

图 3.15 所示为叶片式液压马达的工作原理，当压力油通入压油腔后，在叶片 1、3 和 5、7 上，一面作用有高压油；另一面则为低压油，由于叶片 3、7 受力面积大于叶片 1、5，从而由叶片受力差构成的力矩推动转子和叶片作逆时针方向旋转。当改变输油方向时，液压马达反转。

为使液压马达正常工作，叶片式液压马达在结构上与叶片泵有一些重要区别。根据液压马达要双向旋转的要求，马达的叶片既不前倾也不后倾，而是径向放置。为使叶片始终紧贴定子内表面，以保证正常启动，因此，在吸、压油腔通入叶片根部的通路上应设置单向阀，使叶片底部能与压力油相通，另外还设有弹簧，使叶片始终处于伸出状态，保证初始密封。

叶片式液压马达的转子惯性小，动作灵敏，可以频繁换向，但泄漏量较大，不宜在低速下工作。因此叶片式液压马达一般用于转速高、转矩小、动作要求灵敏的场合。

3.3.4 低速大扭矩马达

低速大扭矩马达有多种，这里只介绍内曲线径向柱塞式马达。图 3.16 所示为内曲线径向柱塞式马达的结构原理。主要由定子、转子、柱塞、滚轮和输出轴等主要零件组成。定子是整体式的，其内表面有六个完全相同的曲面，每段曲面凹部的顶点都将曲面分成 a、b 两段；输出轴与转子连接为一体；转子体上有 8 个沿径向均布的柱塞孔，柱塞与横梁和滚轮组成柱塞组件安放其中；配流轴固定不动，其上均布 12 个配流窗口，交替分为两组经轴向孔分别与进、回油口相通，每一组的配流窗口都对准曲面 a 或 b 的中间位置。

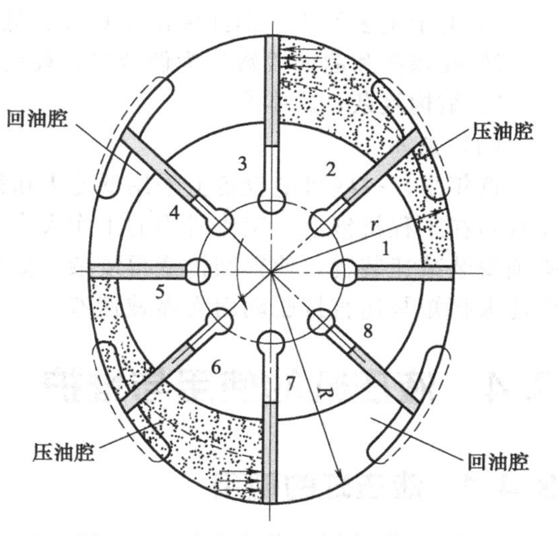

图 3.15 叶片式液压马达工作原理

(1) 工作原理

如图 3.16 所示，假设 a 段曲面对应的配流窗口通高压油，b 段曲面对应的配流窗口通低压油，则在图示位置，柱塞一、五处于高压油作用下，柱塞三、七处于回油状态；柱塞二、四、六、八处于过渡状态。

柱塞一、五在高压油作用下产生力 P'，通过横梁和滚轮作用于定子内表面，定子给柱塞组件一个反作用力 N，N 分解为两个力：一个为 P 与 P'平衡；另一个为 T，该力经横梁传递给转子，带动输出轴顺时针转动输出扭矩。

处于 a 段曲面上的柱塞都产生转矩，处于 b 段曲面上的柱塞都回油缩回；在 a、b 段的连接点处，柱塞腔封闭，即从高压区向低压区过渡或由低压区向高压区过渡。由于曲面段数和柱塞数不等，因此总有柱塞处于 a 段，从而可使马达输出轴连续运转，输出扭矩。这就是内曲线径向柱塞式马达的工作原理。

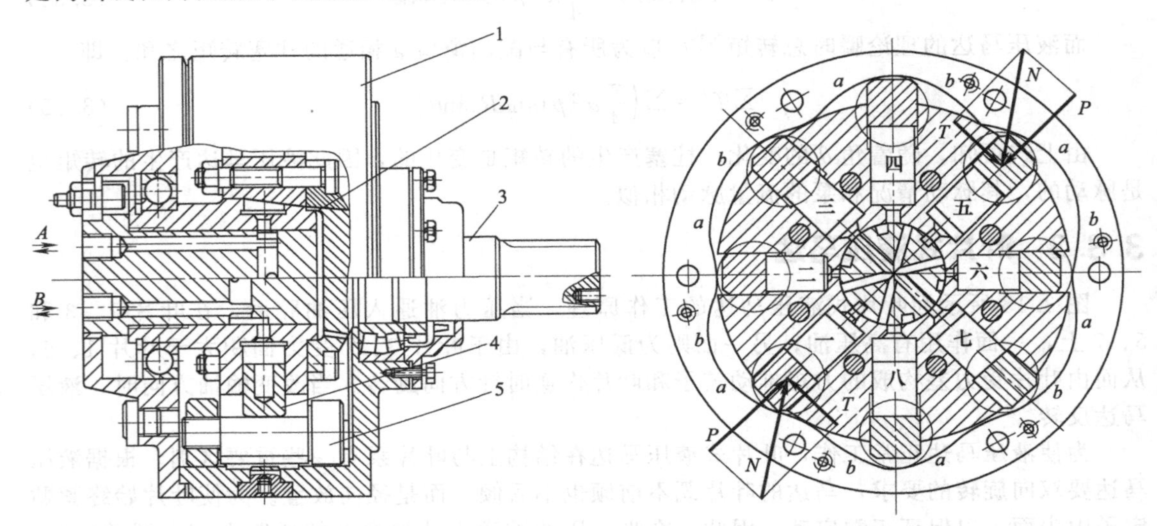

图 3.16 内曲线径向柱塞式马达结构原理

1—定子；2—转子；3—输出轴；4—柱塞；5—滚轮

(2) 特点

① 由于是多作用，因此输出扭矩大、低速稳定性好；

② 柱塞数和曲面段数均为偶数时，径向力平衡，轴承负载小；

③ 结构复杂，成本高。

(3) 应用

近年来，一些机电设备上采用低速大扭矩马达来直接驱动执行元件，以简化工作机构。尤其是在工程机械上，工作机构的工作大多具有低速、重载的特点，若使用高速马达驱动就必须安装减速装置，使得结构变得复杂。如起重机的起升卷筒、履带挖掘机的驱动轮均可用低速大扭矩马达直接驱动而无需减速器。

3.4 液压缸的使用与维护

3.4.1 液压缸的使用

① 液压缸使用工作油的黏度为 29～74mm²/s，工作油温在－20～80℃范围内。在环境

温度和使用温度较低时，可选择黏度较低的油液。如有特殊要求，应单独注明。

② 液压缸要求系统过滤精度不低于 80μm，要严格控制油液污染，保持油液的清洁，定期检查油液的性能，并进行必要的精细过滤和更换新的工作油液。

③ 液压缸只能一端固定，另一端自由，使热胀冷缩不受限制。

④ 安装时要保证活塞杆顶端连接头的方向应与缸头、耳环（或中间铰轴）的方向一致，并保证整个活塞杆在进退过程中的直线度，防止出现刚性干扰现象，造成不必要的损坏。

⑤ 液压缸若发生漏油等故障要拆卸时，应用液压力使活塞的位置移动到缸筒的任何一个末端位置，拆卸中应尽量避免不合适的敲打以及突然的掉落。

⑥ 在拆卸之前，应松开溢流阀，使液压回路的压力降低为零，然后切断电源使液压装置停止运转，松开油口配管后，应用油塞塞住油口。

⑦ 液压缸不能作为电极接地使用，以免电击伤活塞杆。

3.4.2 液压缸常见故障及排除方法（见表 3.4）

表 3.4 液压缸常见故障与排除方法

故障现象	产生原因	排除方法
爬行	1. 外界空气进入缸内 2. 密封压得太紧 3. 活塞与活塞杆不同轴 4. 活塞杆弯曲变形 5. 缸筒内壁拉毛,局部磨损严重或腐蚀 6. 安装位置有误差 7. 双活塞杆两端螺母拧得太紧 8. 导轨润滑不良	1. 开动系统,打开排气塞(阀)强迫排气 2. 调整密封,保证活塞杆能用手拉动而试车时无泄漏即可 3. 校正或更换,使同轴度小于 ϕ0.04mm 4. 校正活塞杆,保证直线度小于 0.1/1000 5. 适当修理,严重者重磨缸孔,按要求重配活塞 6. 校正 7. 调整 8. 适当增加导轨润滑油量
推力不足 速度不够 或逐渐下降	1. 缸与活塞配合间隙过大或 O 形密封圈破坏 2. 工作时经常用某一段,造成局部几何形状误差增大,产生泄漏 3. 缸端活塞杆密封压得过紧,摩擦力太大 4. 活塞杆弯曲,使运动阻力增加	1. 更换活塞或密封圈,调整到合适间隙 2. 镗磨修复缸孔内径,重配活塞 3. 放松、调整密封 4. 校正活塞杆
冲击	1. 活塞与缸筒间用间隙密封时,间隙过大,节流阀失去作用 2. 端部缓冲装置中的单向阀失灵,不起作用	1. 更换活塞,使间隙达到规定要求,检查缓冲节流阀 2. 修正、配研单向阀与阀座或更换
外泄漏	1. 密封圈损坏或装配不良使活塞杆处密封不严 2. 活塞杆表面损伤 3. 管接头密封不严 4. 缸盖处密封不良	1. 检查并更换或重装密封圈 2. 检查并修复活塞杆 3. 检查并修整 4. 检修密封圈及接触面

3.5 液压马达的使用与维护

3.5.1 液压马达的使用与维护

液压马达的日常使用与维护方法与液压泵的相近，可参考第 2 章相关章节。

3.5.2 液压马达的常见故障与排除

液压马达的常见故障与排除见表 3.5。

表 3.5　液压马达常见故障与排除

故障现象		原因分析	消除方法
转速低转矩小	1. 液压泵供油量不足	①电动机转速不够 ②吸油过滤器滤网堵塞 ③油箱中油量不足或吸油管径过小造成吸油困难 ④密封不严，不泄漏，空气侵入内部 ⑤油的黏度过大 ⑥液压泵轴向及径向间隙过大、内泄增大	①找出原因，进行调整 ②清洗或更换滤芯 ③加足油量、适当加大管径，使吸油通畅 ④拧紧有关接头，防止泄漏或空气侵入 ⑤选择黏度小的油液 ⑥适当修复液压泵
	2. 液压泵输出油压不足	①液压泵效率太低 ②溢流阀调整压力不足或发生故障 ③油管阻力过大（管道过长或过细） ④油的黏度较小，内部泄漏较大	①检查液压泵故障，并加以排除 ②检查溢流阀故障，排除后重新调高压力 ③更换孔径较大的管道或尽量减少长度 ④检查内泄漏部位的密封情况，更换油液或密封
	3. 液压马达泄漏	①液压马达结合面没有拧紧或密封不好，有泄漏 ②液压马达内部零件磨损，泄漏严重	①拧紧接合面检查密封情况或更换密封圈 ②检查其损伤部位，并修磨或更换零件
	4. 失效	配油盘的支承弹簧疲劳，失去作用	检查、更换支承弹簧
泄漏	1. 内部泄漏	①配油盘磨损严重 ②轴向间隙过大 ③配油盘与缸体端面磨损，轴向间隙过大 ④弹簧疲劳 ⑤柱塞与缸体磨损严重	①检查配油盘接触面，并加以修复 ②检查并将轴向间隙调至规定范围 ③修磨缸体及配油盘端面 ④更换弹簧 ⑤研磨缸体孔、重配柱塞
	2. 外部泄漏	①油端密封，磨损 ②盖板处的密封圈损坏 ③结合面有污物或螺栓未拧紧 ④管接头密封不严	①更换密封圈并查明磨损原因 ②更换密封圈 ③检查、清除并拧紧螺栓 ④拧紧管接头
噪声		①密封不严，有空气侵入内部 ②液压油被污染，有气泡混入 ③联轴器不同心 ④液压油黏度过大 ⑤液压马达的径向尺寸严重磨损 ⑥叶片已磨损 ⑦叶片与定子接触不良，有冲撞现象 ⑧定子磨损	①检查有关部位的密封，紧固各连接处 ②更换清洁的液压油 ③校正同心 ④更换黏度较小的油液 ⑤修磨缸孔重配柱塞 ⑥尽可能修复或更换 ⑦进行修整 ⑧进行修复或更换，如因弹簧过硬造成磨损加剧，则应更换刚度较小的弹簧

能力训练 2　液压缸的拆装

一、训练目的

液压缸是液压系统的执行元件，通过对液压缸的拆装可加深对其结构及工作原理的了解。

二、训练内容

观察及了解液压缸的工作原理，按一定的步骤拆装液压缸。

三、训练用工具及材料

内六角扳手、固定扳手、螺丝刀、铜棒、待拆液压缸。

四、操作步骤

① 拆卸时应防止损伤活塞杆顶端螺纹、油口螺纹和活塞杆表面、缸套内壁等。为了防止活塞杆等细长件弯曲或变形，放置时应用垫木支承均衡。

② 拆卸时要按顺序进行。由于各种液压缸结构和大小不尽相同，拆卸顺序也稍有不同。一般应放掉油缸两腔的油液，然后拆卸缸盖，最后拆卸活塞与活塞杆。在拆卸液压缸的缸盖时，对于内卡键式连接的卡键或卡环要使用专用工具，禁止使用扁铲；对于法兰式端盖必须用螺钉顶出，不允许锤击或硬撬。在活塞和活塞杆难以抽出时，不可强行打出，应先查明原因再进行拆卸。

③ 拆卸前后要设法创造条件防止液压缸的零件被周围的灰尘和杂质污染。例如，拆卸时应尽量在干净的环境下进行；拆卸后所有零件要用塑料布盖好，不要用棉布或其他工作用布覆盖。

④ 油缸拆卸后要认真检查，以确定哪些零件可以继续使用，哪些零件可以修理后再用，哪些零件必须更换。

⑤ 装配前必须对各零件仔细清洗。

⑥ 要正确安装各处的密封装置。

a. 安装O形圈时，不要将其拉到永久变形的程度，也不要边滚动边套装，否则可能因形成扭曲状而漏油。

b. 安装Y形和V形密封圈时，要注意其安装方向，避免因装反而漏油。对Y形密封圈而言，其唇边应对着有压力的油腔；此外，Y形密封圈还要注意区分是轴用还是孔用，不要装错。V形密封圈由形状不同的支承环、密封环和压环组成，当压环压紧密封环时，支承环可使密封环产生变形而起密封作用，安装时应将密封环的开口面向压力油腔；调整压环时，应以不漏油为限，不可压得过紧，以防密封阻力过大。

c. 密封装置如与滑动表面配合，装配时应涂以适量的液压油。

d. 拆卸后的O形密封圈和防尘圈应全部换新。

⑦ 螺纹连接件拧紧时应使用专用扳手，扭力矩应符合标准要求。

⑧ 活塞与活塞杆装配后，须设法测量其同轴度和在全长上的直线度是否超差。

⑨ 装配完毕后活塞组件移动时应无阻滞感和阻力大小不匀等现象。

五、补充事宜

生产实际中，所拆装液压缸往往是连接在系统回路中的，应注意以下三点：

① 拆卸液压油缸之前，应使液压回路卸压。否则，当把与油缸相连接油管接头拧松时，回路中的高压油就会迅速喷出。液压回路卸压时应先拧松溢流阀等处的手轮或调压螺钉，使压力油卸荷，然后切断电源或切断动力源，使液压装置停止运转。

② 液压缸向主机上安装时，进出油口接头之间必须加上密封圈并紧固好，以防漏油。

③ 按要求装配好后，应在低压情况下进行几次往复运动，以排除缸内气体。

思考与练习

3.1 简述液压泵与液压马达的作用和类型。

3.2 活塞式液压缸有几种形式？有什么特点？它们分别用在什么场合？

3.3 以单杆活塞式液压缸为例，说明液压缸的一般结构形式。

3.4 活塞式液压缸的常见故障有哪些？如何排除？

3.5 液压马达的排量 $V=100\text{mL/r}$，入口压力 $p_1=10\text{MPa}$，出口压力 $p_2=0.5\text{MPa}$，

容积效率 $\eta_v=0.95$，机械效率 $\eta_m=0.85$，若输入流量 $q=50\text{L/min}$，求马达的转速 n、转矩 T、输入功率 P_i和输出功率 P_o各为多少？

3.6　已知单杆液压缸缸筒内径 $D=100\text{mm}$，活塞杆直径 $d=50\text{mm}$，工作压力 $p_1=2\text{MPa}$，流量 $q_v=10\text{L/min}$，回油压力 $p_2=0.5\text{MPa}$。试求活塞往返运动时的推力和运动速度。

3.7　如图 3.17 所示，已知单杆液压缸的内径 $D=50\text{mm}$，活塞杆直径 $d=35\text{mm}$，泵的供油压力 $p=2.5\text{MPa}$，供油流量 $q_v=8\text{L/min}$。试求：

(1) 液压缸差动连接时的运动速度和推力。

(2) 若考虑管路损失，则实测 $p_1\approx p$，而 $p_2=2.6\text{MPa}$，求此时液压缸的推力。

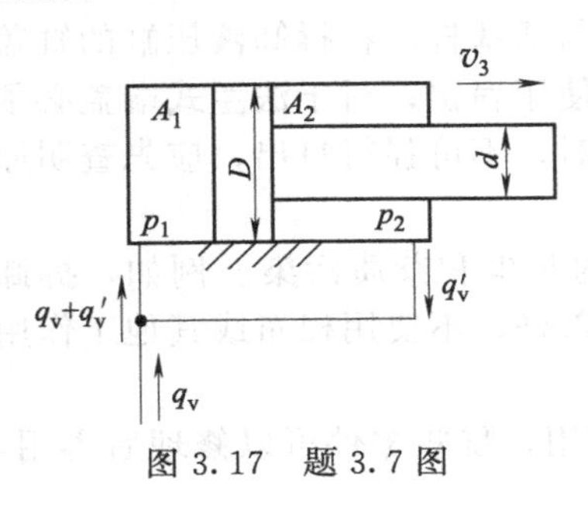

图 3.17　题 3.7 图

3.8　一柱塞缸柱塞固定，缸筒运动，压力油从空心柱塞中通入，压力为 p，流量为 q_v，缸筒内径为 D，柱塞外径为 d，柱塞内孔直径为 d_0，试求缸所产生的推力和运动速度。

3.9　图 3.18 所示两个结构相同相互串联的液压缸，无杆腔的面积 $A_1=100\times10^{-4}\text{m}^2$，有杆腔的面积 $A_2=80\times10^{-4}\text{m}^2$，缸 1 的输入压力 $p_1=9\text{MPa}$，输入流量 $q_v=12\text{L/min}$，不计损失和泄漏，求：

(1) 两缸承受相同负载（$F_1=F_2$）时，该负载的数值及两缸的运动速度。

(2) 缸 2 的输入压力是缸 1 的一半（$p_2=0.5p_1$）时，两缸各能承受多少负载？

(3) 缸 1 不承受负载（$F_1=0$）时，缸 2 能承受多少负载？

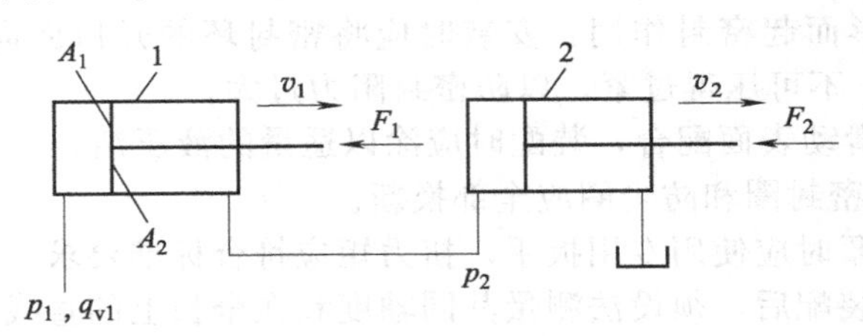

图 3.18　题 3.9 图

3.10　设计一单杆活塞式液压缸，要求快进时为差动连接，快进和快退（有杆腔进油）时速度均为 0.1m/s，工进时（无杆腔进油，非差动连接）可驱动的负载为 25000N，回油压力为 0.2MPa，采用额定压力为 6.3MPa、额定流量为 25L/min 的液压泵，试确定：

(1) 缸筒内径和活塞杆的直径。

(2) 若缸筒材料选用无缝钢管，其许用应力 $[\sigma]=5\times10^7\text{N/m}^2$，计算缸筒的壁厚。

第4章 液压阀

液压阀是用来控制液压系统中油液的流动方向或调节其压力和流量的，因此它可分为方向阀、压力阀和流量阀三大类。一个形状相同的阀，可以因为作用机制的不同，而具有不同的功能。压力阀和流量阀利用通流截面的节流作用控制着系统的压力和流量，而方向阀则利用通流通道的更换控制着油液的流动方向。

液压阀的共同特性，一是在结构上，所有的阀都由阀体、阀芯（转阀或滑阀）和驱使阀芯动作的元、部件（如弹簧、电磁铁）组成；二是在工作原理上，所有阀的开口大小，阀进、出口间压差以及流过阀的流量之间的关系都符合孔口流量公式，仅是各种阀控制的参数各不相同而已。

由于液压阀的种类繁多，学习时应按照其分类，先搞清楚各类阀的工作原理，然后掌握其应用，在此基础上归纳总结，分析它们的性能。

本章重点是各类液压阀的结构、工作原理、在系统中的运用及图形符号，换向阀的换向原理、在系统中的运用及图形符号，先导式溢流阀的工作原理、在系统中的运用及图形符号，减压阀和溢流阀的主要区别，节流阀及调速阀工作原理、在系统中的运用及图形符号。难点是三位换向阀的中位机能，直动式溢流阀和先导式溢流阀的工作性能及压力流量特性比较，减压阀的工作原理及应用等。

（1）液压阀的分类

液压阀可按不同的特征进行分类，如表4.1所示。

表4.1　液压阀的分类

分类方法	种类	详细分类
按机能分类	压力控制阀	溢流阀、顺序阀、卸荷阀、平衡阀、减压阀、比例压力控制阀、缓冲阀、压力继电器、仪表截止阀、限压切断阀
	流量控制阀	节流阀、单向节流阀、调速阀、分流阀、集流阀、分流集流阀、比例流量控制阀
	方向控制阀	单向阀、液控单向阀、换向阀、比例方向阀
按操作方法分类	手动阀	手把及手轮、踏板、杠杆、按钮
	机动阀	挡块及碰块、弹簧、液压、气动
	电动阀	电磁铁控制、伺服电动机和步进电动机控制
按连接方式分类	管式连接	螺纹式连接、法兰式连接
	板式及叠加式连接	单层连接板式、双层连接板式、整体连接板式、叠加阀
	插装式连接	螺纹式插装（二、三、四通插装阀）、法兰式插装（二通插装阀）
按控制方式分类	电液比例阀	电液比例压力阀、电源比例流量阀、电液比例换向阀、电流比例复合阀、电流比例多路阀
	伺服阀	单、两级（喷嘴挡板式、动圈式）电液流量伺服阀、三级电液流量伺服阀
	数字控制阀	数字控制、压力控制流量阀与方向阀

（2）对液压阀的基本要求

① 动作灵敏，使用可靠，工作时冲击和振动小。

② 油液流过的压力损失小。

③ 密封性能好。

④ 结构紧凑，安装、调整、使用、维护方便，通用性好。

4.1 方向控制阀

方向控制阀用来控制液压系统中油液流动方向以满足执行元件运动方向的要求。是通过阀芯和阀体间相对位置的改变，来实现油路连通状态的改变，从而控制油液流动方向的。分为单向阀、换向阀等。

4.1.1 单向阀

液压系统中常见的单向阀有普通单向阀和液控单向阀两种。

(1) 普通单向阀

普通单向阀的作用，是使油液只能沿一个方向流动，不许它反向倒流。图 4.1 (a) 所示是一种管式普通单向阀的结构。压力油从阀体左端的通口 P_1 流入时，克服弹簧 3 作用在阀芯 2 上的力，使阀芯向右移动，打开阀口，并通过阀芯 2 上的径向孔 a、轴向孔 b 从阀体右端的通口流出。但是压力油从阀体右端的通口 P_2 流入时，它和弹簧力一起使阀芯锥面压紧在阀座上，使阀口关闭，油液无法通过。

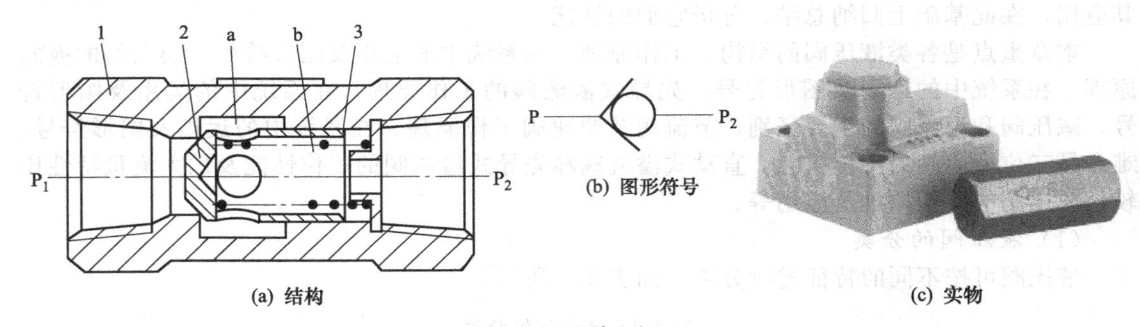

图 4.1 单向阀

1—阀体；2—阀芯；3—弹簧

单向阀实质上是利用流向所形成的压力差驱使阀芯开启或关闭，允许油液单方向流通，反向则要求密封良好，油液不能通过。

单向阀开启压力一般为 0.035～0.05MPa，也可以用作背压阀。将软弹簧更换成合适的硬弹簧，就成为背压阀。这种阀常安装在液压系统的回油路上，用以产生 0.2～0.6MPa 的背压力。

梭阀主要由阀体及钢球等组成。梭阀有两个进油口 P_1 和 P_2 及一个出油口 A，当一个进油口压力比另一个进油口的压力高时，钢球在液压力的作用下，自动密封较低压力的进油口，从而使出油口与较高压力的进油口相连通，其图形符号如图 4.2 所示。梭阀的功用是当执行元件有两条油路供油时，自动选择高压油路与执行元件连接。

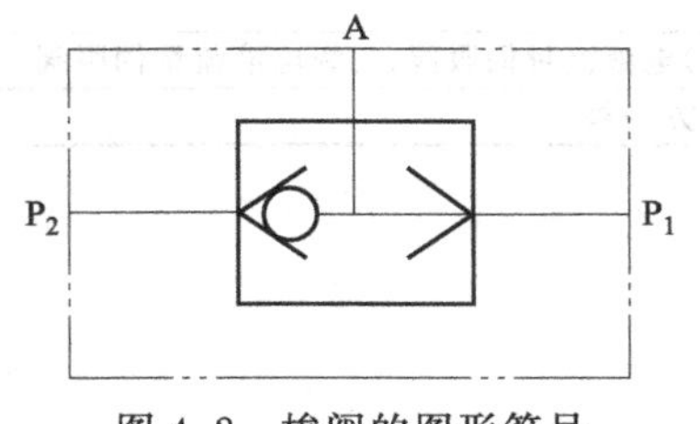

图 4.2 梭阀的图形符号

(2) 液控单向阀

图 4.3 (a) 所示是液控单向阀的结构。当控制口 K 处无压力油通入时，它的工作机制和普通单向阀一样；压力油只能从通口 P_1 流向通口 P_2，不能反向倒流。当控制口 K 有控制压力油时，因控制活塞 1 右侧 a 腔通泄油口，活塞 1 右移，推动顶杆 2 顶开阀芯 3，使通口 P_1 和 P_2 接通，油液就可在两个方向自由通流。

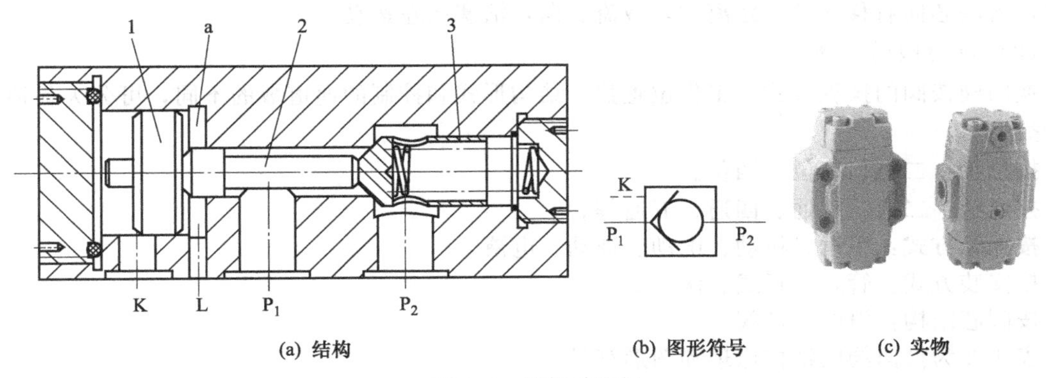

(a) 结构 (b) 图形符号 (c) 实物

图 4.3 液控单向阀

1—活塞；2—顶杆；3—阀芯

液控单向阀是利用液控活塞控制阀芯的初始位置，再利用液压力与弹簧力对阀芯作用力方向的不同控制阀芯的开闭。既具有普通单向阀的功能，又能够在控制油口通压力油的情况下，反向使油液流通。

液控单向阀有良好的单向密封性，常用于执行元件需要长时间保压、锁紧、立式液压缸的平衡和速度换接回路等情况。

两个液控单向阀使液压缸双向闭锁，如图 4.4 所示。若 A 为高压进油管，B 为低压出油管，对液控单向阀 1 来说，油是正向通过的，A 中的压力同时控制液控单向阀 2，液控单向阀 2 也构成通路，活塞右行。同理，若 B 为高压进油管，A 为低压出油管，活塞左行。

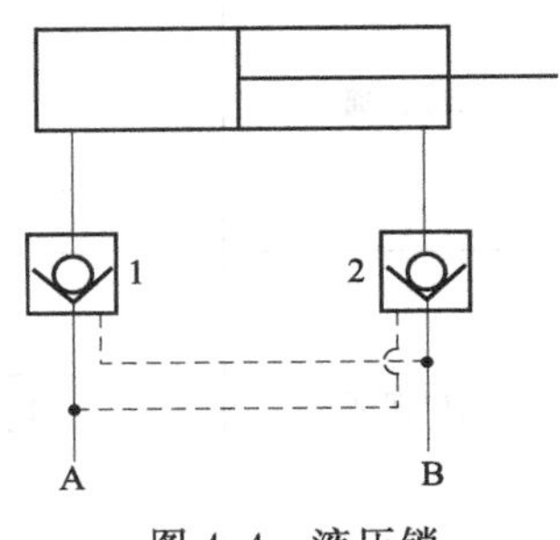

图 4.4 液压锁

当 A、B 油管均连通油箱或闭锁时，液控单向阀 1 和液控单向阀 2 均闭锁。此时，活塞不管受正向负载力还是反向负载力，因为两腔的液压油均被封死，活塞都不能运动，形成了液压缸的双向闭锁。

因此，两个液控单向阀集成为一体成对使用，就成为双向液压锁。双向液压锁的功能是当系统停止供油，保持执行元件保持原有状态时不变，它主要用于工程机械的支腿油路中。

4.1.2 换向阀

换向阀利用阀芯对阀体的相对运动，使油路接通、关断或变换油流的方向，从而实现液压执行元件及其驱动机构的启动、停止或变换运动方向。

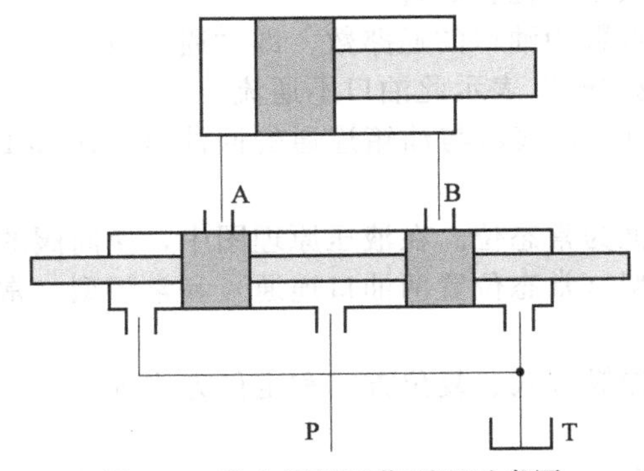

图 4.5 换向阀的工作原理示意图

对换向阀性能的主要要求是：

① 油液流经换向阀时的压力损失要小（一般 0.3MPa）。

② 互不相通的油口间的泄漏小。

③ 换向可靠、迅速且平稳无冲击。

(1) 换向阀的工作原理

图 4.5 所示为滑阀式换向阀的工作原理。当阀芯向左移动一定的距离时，由液压泵输出的压力油从阀的 P 口经 A 口输向液压缸左腔，液压缸右腔的油经 B 口流回油箱，液压缸活塞向右运动；

反之，若阀芯向右移动某一距离时，液流反向，活塞向左运动。

(2) 换向阀的分类

换向阀按阀的操纵方式、工作位置数、结构形式和控制的通道数的不同，可分为各种不同的类型。

按位置：二位、三位、四位。

按通道：二通、三通、四通、五通等。

按操纵方式：手动、机动、电动、液动、电液。

按安装方式：管式、板式、法兰式。

按阀芯结构：滑阀、转阀。

表 4.2 为换向阀的结构原理和图形符号。

表 4.2　换向阀的结构原理和图形符号

名　　称	结构原理图	图形符号
二位二通	A B	B A
二位三通	A P B	A B P
二位四通	B P A T	A B P T
三位四通	A P B T	A B P T

表中图形符号表示的含义为：

用方框表示阀的工作位置，方框数即“位”数（工作位置数）。

在一个方框内，箭头或“⊥”符号与方框的交点数为油口的通路数，即“通”数。

箭头表示两油口连通，并不表示流向；“⊥”或“⊤”表示此油口不通流。

一般来说，用 P 表示压力油的进口，T（有时用 O）表示与油箱连通的回油口，A 和 B 表示连接其他工作油路的油口。

三位阀的中位及二位阀侧面画有弹簧的那一方框为常态位。在液压原理图中，换向阀的油路连接一般应画在常态位上。二位二通阀有常开型（常态位置两油口连通）和常闭型（常态位置两油口不连通）。

另外，一个换向阀完整的图形符号还应表示出操纵方式、复位方式和定位方式等。

(3) 三位换向阀的中位机能

三位换向滑阀的左、右位是切换油液的流动方向，以改变执行元件运动方向的。其中位为常态位置。利用中位 P、A、B、T 间通路的不同连接，可获得不同的中位机能以适应不同的工作要求。表 4.3 所示为三位换向阀的各种中位机能以及它们的作用、特点。

表 4.3　三位四通（五通）阀常用的中位机能

型式	符号		中位油口状况、特点及应用
	三位四通	三位五通	
O 型	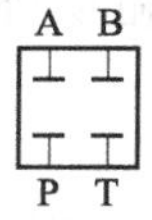	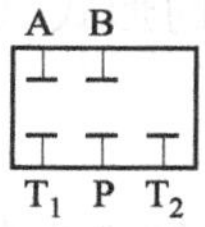	P、A、B、T 四口全封闭，液压缸闭锁，可用于多个换向阀并联工作
H 型	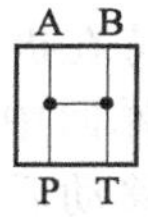	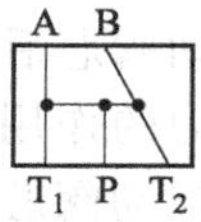	P、A、B、T 口全通；活塞浮动，在外力作用下可移动，泵卸荷
Y 型	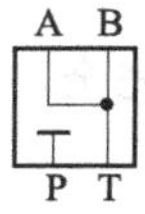	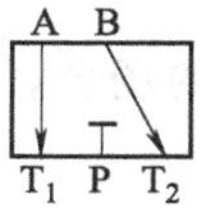	P 封闭，A、B、T 口相通；活塞浮动，在外力作用下可移动，泵不卸荷
K 型	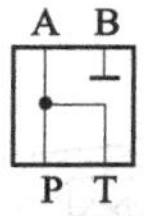	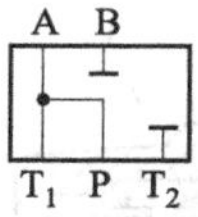	P、A、T 口相通，B 口封闭；活塞处于闭锁状态，泵卸荷
M 型	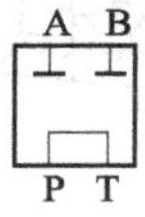	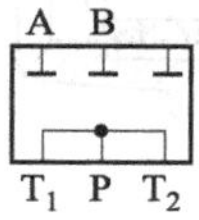	P、T 口相通，A 与 B 口均封闭；活塞闭锁不动，泵卸荷，也可用多个 M 型换向阀并联工作
X 型		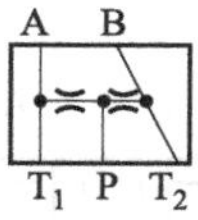	四油口处于半开启状态，泵基本上卸荷，但仍保持一定压力
P 型	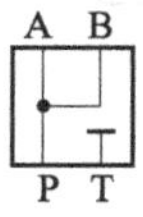	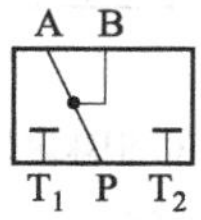	P、A、B 口相通，T 封闭；泵与缸两腔相通，可组成差动回路
U 型	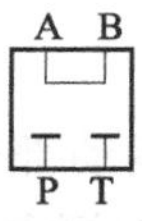	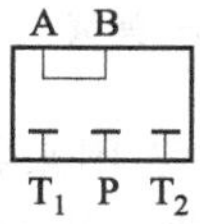	P 和 T 封闭，A 与 B 相通；活塞浮动，在外力作用下可移动，泵不卸荷

中位机能的选用原则：

① 当系统有保压要求时，宜选用油口 P 是封闭式的中位机能，如 O、Y、U、N 型，这时一个油泵可用于多缸的液压系统。选用油口 P 和油口 O 接通但不畅通的形式，如 X 型中位机能。这时系统能保持一定压力，可供压力要求不高的控制油路使用。

② 当系统有卸荷要求时，应选用油口 P 与 O 畅通的形式，如 H、K、M 型。这时液压泵可卸荷。

③ 当系统对换向精度要求较高时，应选用工作油口 A、B 都封闭的形式，如 O、M 型，这时液压缸的换向精度高，但换向过程中易产生液压冲击，换向平稳性差。

④ 当系统对换向平稳性要求较高时，应选用 A 口、B 口都接通 O 口的形式，如 Y 型。

这时换向平稳性好，冲击小，但换向过程中执行元件不易迅速制动，换向精度低。

⑤ 若系统对启动平稳性要求较高时，应选用油口 A、B 都不通 O 口的形式，如 O、P、M 型。这时液压缸某一腔的油液在启动时能起到缓冲作用，因而可保证启动的平稳性。

⑥ 当系统要求执行元件能浮动时，应选用油口 A、B 相连通的形式，如 U 型。这时可通过某些机械装置按需要改变执行元件的位置（立式液压缸除外）；当要求执行元件能在任意位置上停留时，应选用 A、B 油口都与 P 口相通的形式（差动液压缸除外），如 P 型。这时液压缸左右两腔作用力相等，液压缸不动。

（4）几种常见的换向阀

① 手动换向阀　手动换向阀主要有弹簧复位和钢珠定位两种型式，图 4.6（a）所示为弹簧自动复位式三位四通手动换向阀。通过手柄推动阀芯后，要想维持在极端位置，必须用手扳住手柄不放，一旦松开了手柄，阀芯会在弹簧力的作用下，自动弹回中位。图 4.4（b）为钢球定位式三位四通手动换向阀，用手操纵手柄推动阀芯相对阀体移动后，可以通过钢球使阀芯稳定在三个不同的工作位置上。

手动换向阀适用于动作频繁、工作持续时间短的场合，操作比较完全，常用于工程机械的液压传动系统中。

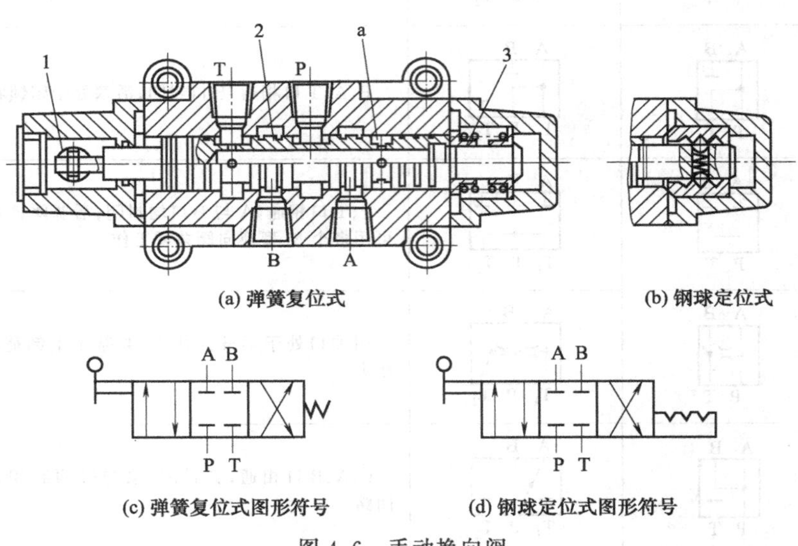

(a) 弹簧复位式　(b) 钢球定位式

(c) 弹簧复位式图形符号　(d) 钢球定位式图形符号

图 4.6　手动换向阀

1—手柄；2—阀芯；3—弹簧

② 机动换向阀　机动换向阀又称行程阀，它主要用来控制机械运动部件的行程，它是借助于安装在工作台上的挡铁或凸轮来迫使阀芯移动，从而控制油液的流动方向，机动换向阀通常是二位的，有二通、三通、四通和五通几种，其中二位二通机动阀又分常闭和常开两种。

图 4.7（a）为滚轮式二位三通常闭式机动换向阀，在图示位置阀芯 2 被弹簧 1 压向上端，油腔口 P 和 A 通，B 口关闭。当挡铁或凸轮压住滚轮 4，使阀芯 2 移动到下端时，就使油腔 P 和 A 断开，P 和 B 接通，A 口关闭。

机动换向阀结构简单，换向时阀口逐渐关闭或打开，使换向动作平稳、可靠、位置精度高，常用于控制运动部件的行程，或快、慢速度的转换。其缺点是必须安装在运动件附近，而与其他液压元件安装距离较远，不易集成化。

③ 电磁换向阀　电磁换向阀是利用电磁铁吸力推动阀芯来改变阀的工作位置。由于它

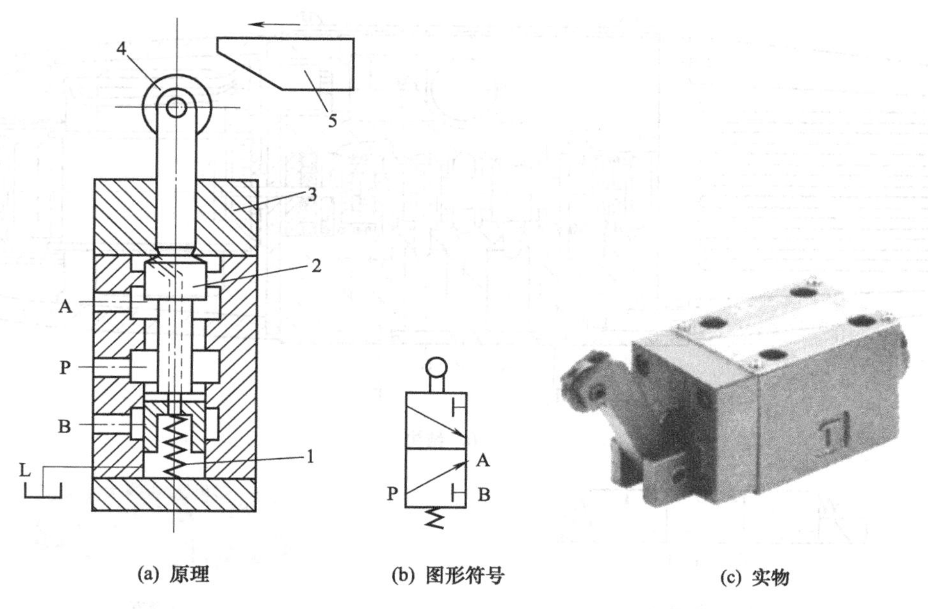

图 4.7　机动换向阀

1—弹簧；2—阀芯；3—阀盖；4—滚轮；5—挡铁或凸轮

可借助于按钮开关、行程开关、限位开关、压力继电器等发出的信号进行控制，所以操作轻便，易于实现自动化，因此应用十分广泛。

图 4.8 所示为二位三通交流电磁换向阀结构，在图示位置，油口 P 和 A 相通，油口 B 断开；当电磁铁通电吸合时，推杆 1 将阀芯 2 推向右端，这时油口 P 和 A 断开，而与 B 相通。而当磁铁断电释放时，弹簧 3 推动阀芯复位。

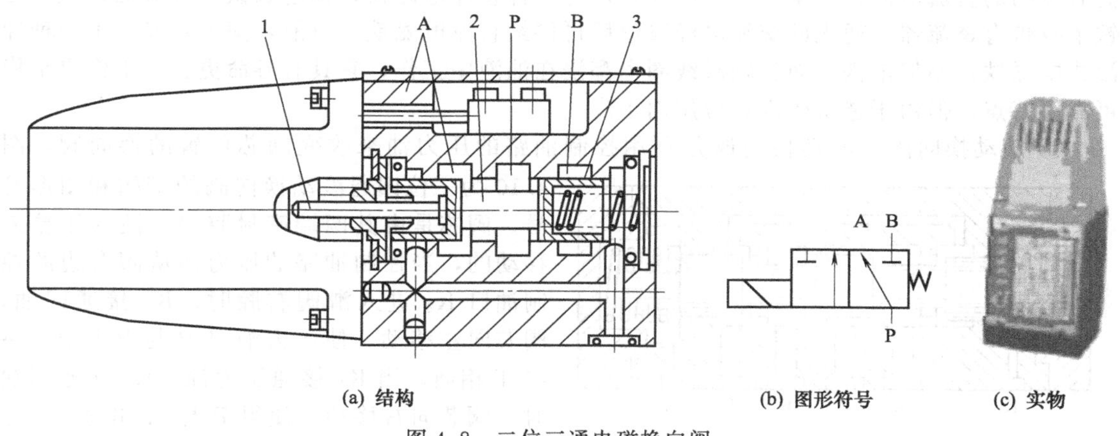

图 4.8　二位三通电磁换向阀

1—推杆；2—阀芯；3—弹簧

图 4.9 所示为一种三位五通电磁换向阀的结构，电磁阀有两个电磁铁。在图示位置，油口 P 和 A、B 均断开；当左右电磁铁分别通电吸合时，推杆将推动阀芯，这时各油口的通断处于左右工作位置状态。

电磁铁按使用电源的不同，可分为交流和直流两种。按衔铁工作腔是否有油液又可分为“干式”和“湿式”。交流电磁铁启动力较大，不需要专门的电源，吸合、释放快，动作时间

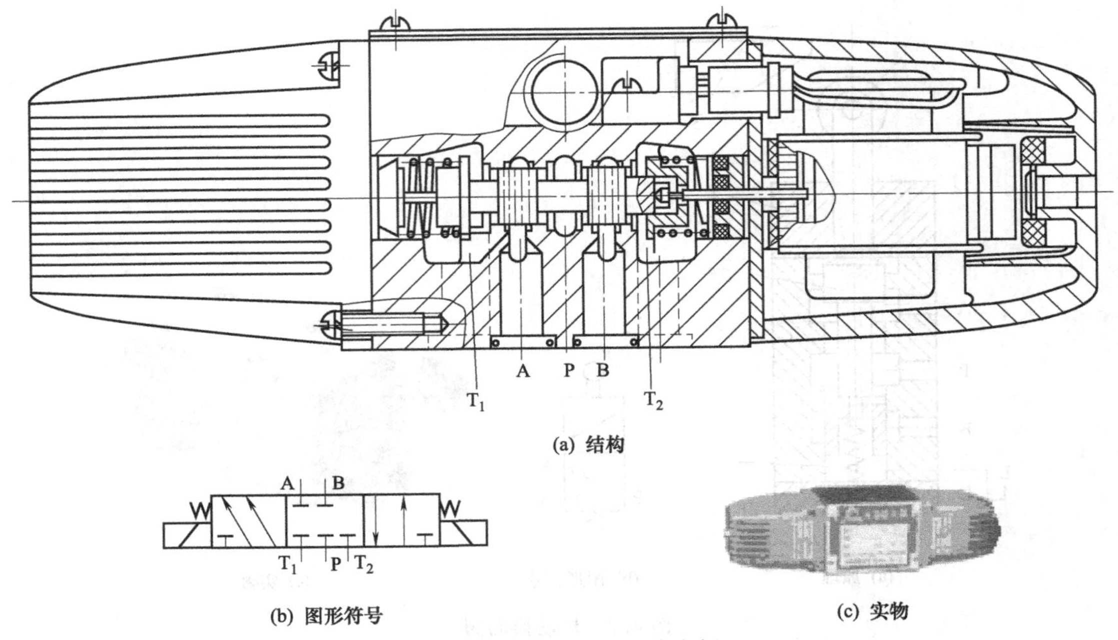

(a) 结构

(b) 图形符号

(c) 实物

图 4.9　三位五通电磁换向阀

约为 0.01～0.03s，其缺点是若电源电压下降 15%以上，则电磁铁吸力明显减小，若衔铁不动作，干式电磁铁会在 10～15min 后烧坏线圈（湿式电磁铁为 1～1.5h），且冲击及噪声较大，寿命低，因而在实际使用中交流电磁铁允许的切换频率一般为 10 次/min，不得超过 30 次/min。直流电磁铁工作较可靠，吸合、释放动作时间约为 0.05～0.08s，允许使用的切换频率较高，一般可达 120 次/min，最高可达 300 次/min，且冲击小、体积小、寿命长。但需有专门的直流电源，成本较高。此外，还有一种整体电磁铁，其电磁铁是直流的，但电磁铁本身带有整流器，通入的交流电经整流后再供给直流电磁铁。目前，国外新发展了一种油浸式电磁铁，不但衔铁，而且励磁线圈也都浸在油液中工作，它具有寿命更长、工作更平稳可靠等特点，但由于造价较高，应用面不广。

④ 液动换向阀　液动换向阀是利用控制油路的压力油来改变阀芯位置的换向阀，图 4.10 为三位四通液动换向阀的结构和图形符号。阀芯是由其两端密封腔中油液的压差来移动的，当控制油路的压力油从阀右边的控制油口 K_2 进入滑阀右腔时，K_1 接通回油，阀芯向左移动，使压力油口 P 与 B 相通，A 与 T 相通；当 K_1 接通压力油，K_2 接通回油时，阀芯向右移动，使得 P 与 A 相通，B 与 T 相通；当 K_1、K_2 都通回油时，阀芯在两端弹簧和定位套作用下回到中间位置。

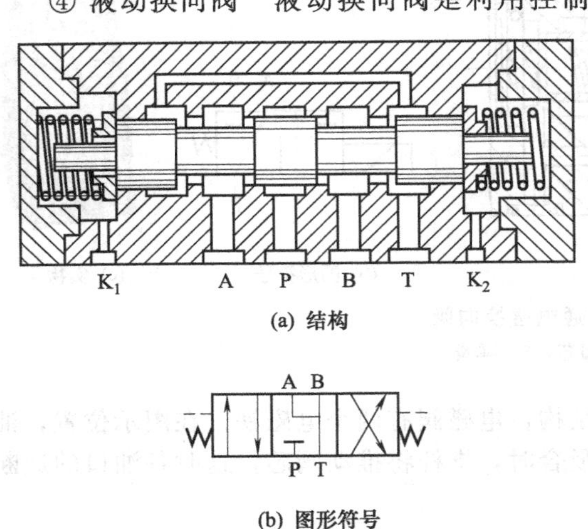

(a) 结构

(b) 图形符号

图 4.10　三位四通液动换向阀

⑤ 电液换向阀　在大中型液压设备中，当通过阀的流量较大时，作用在滑阀上的摩擦力和液动力较大，此时电磁换向阀的电磁铁推力相对太小，需要用电液换向阀来代替电磁换向阀。电液换向阀是由电磁换向阀和

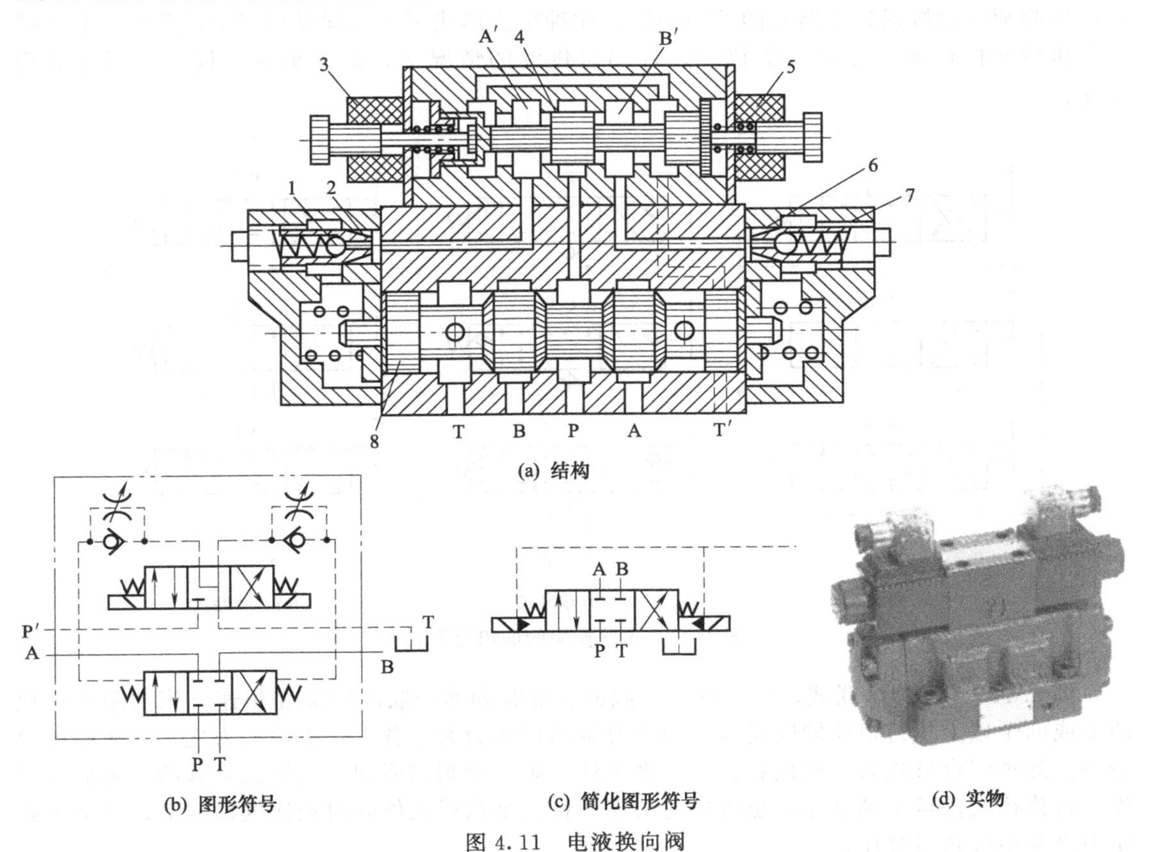

液动换向阀组合而成。电磁换向阀起先导作用，它可以改变控制液流的方向，从而改变液动换向阀阀芯的位置。由于操纵液动换向阀的液压推力可以很大，所以主阀芯的尺寸可以做得很大，允许有较大的油液流量通过。这样用较小的电磁铁就能控制较大的液流。

(a) 结构

(b) 图形符号　　(c) 简化图形符号　　(d) 实物

图 4.11　电液换向阀

1,6—节流阀；2,7—单向阀；3,5—电磁铁；4—电磁阀阀芯；8—主阀阀芯

图 4.11 所示为三位四通电液换向阀的结构，当先导电磁阀左边的电磁铁通电后使其阀芯向右边位置移动，来自主阀 P 口或外接油口的控制压力油可经先导电磁阀的 A′口和左单向阀进入主阀左端容腔，并推动主阀阀芯向右移动，这时主阀阀芯右端容腔中的控制油液可通过右边的节流阀经先导电磁阀的 B′口和 T′口，再从主阀的 T 口或外接油口流回油箱（主阀阀芯的移动速度可由右边的节流阀调节），使主阀 P 与 A、B 和 T 的油路相通；反之，由先导电磁阀右边的电磁铁通电，可使 P 与 B、A 与 T 的油路相通；当先导电磁阀的两个电磁铁均不带电时，先导电磁阀阀芯在其对中弹簧作用下回到中位，此时来自主阀 P 口或外接油口的控制压力油不再进入主阀芯的左、右两容腔，主阀芯左右两腔的油液通过先导电磁阀中间位置的 A′、B′两油口与先导电磁阀 T′口相通［如图 4.8（b）所示］，再从主阀的 T 口或外接油口流回油箱。主阀阀芯在两端弹簧的预压力的推动下，依靠阀体定位，准确地回到中位，此时主阀的 P、A、B 和 T 油口均不通。

⑥ 多路换向阀　多路阀是一种能控制多个液压执行机构的换向阀组合，它是以两个以上的换向阀为主体，集换向阀、单向阀、安全阀、补油阀、分流阀、制动阀等于一体的多功能集成阀。具有结构紧凑、管路简单、压力损失小等特点，因此被广泛应用于工程机械、起重运输机械及其他要求操纵多个执行元件运动的行走机械。多路换向阀可由手动换向阀组合，也可由电液比例或电液数字控制方向阀等组合。按阀体的结构形式，多路阀分整体式和

分片式（组合式）；按油路连接方式，多路阀可分为并联式、串联式、串并联式三种形式。

图 4.12 所示为多路换向阀的组合形式。

图 4.12（a）为并联式，从进油口来的压力油直接和各联换向阀的进油腔相连，而各阀的回油腔则可直接通到多路阀的总回油口。此种组合形式泵可以同时对三个或单独对其中任一个执行元件供油。在对三个执行元件同时供油的情况下，由于负载不同，三者将先后动作。

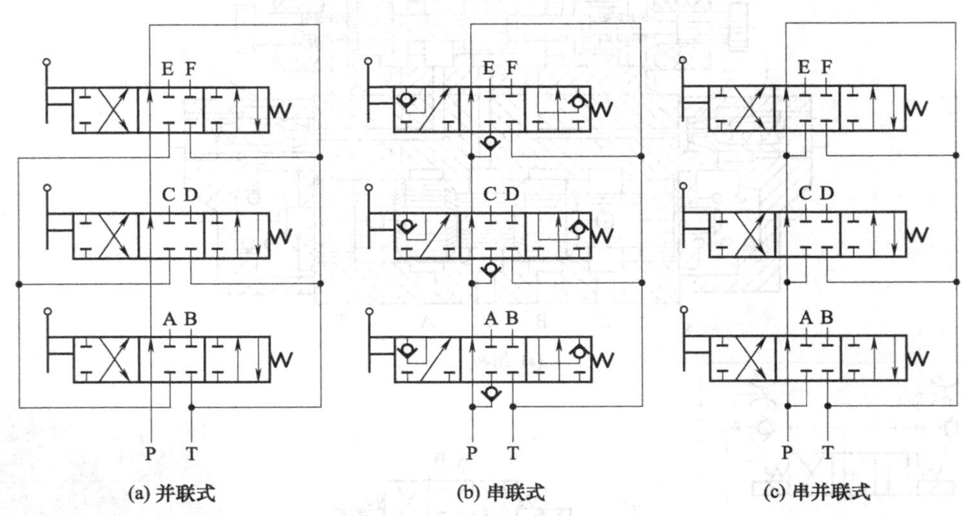

图 4.12　多路换向阀的组合形式

图 4.12（b）为串联式，后一联换向阀的进油腔和前一联的回油腔相连。该油路可实现两个或两个以上执行机构同时动作，但此时泵出口压力大于各工作机构压力之和，故而压力较高。此种组合形式泵依次向各执行元件供油，第一个阀的回油口与第二个阀的压力油口相连。各执行元件可单独动作，也可同时动作。在三个执行元件同时动作的情况下，三个负载压力之和不应超过泵压。

图 4.12（c）为串并联式，各联换向阀的进油腔和前一联换向阀的中位油道相连，而各联换向阀的回油腔则直接和总回油口相连。采用此种组合形式时，泵按顺序向各执行元件供油。操作前一个阀时，就切断了后面阀的油路，从而可以防止各执行元件之间的动作干扰。

4.2　压力控制阀

在液压传动系统中，控制油液压力高低的液压阀称之为压力控制阀，简称压力阀。这类阀的共同点是利用作用在阀芯上的液压力和弹簧力相平衡的原理工作的。

在具体的液压系统中，根据工作需要的不同，对压力控制的要求是各不相同的，有的需要限制液压系统的最高压力，如安全阀；有的需要稳定液压系统中某处的压力值（或者压力差，压力比等），如溢流阀、减压阀等定压阀；还有的是利用液压力作为信号控制其动作，如顺序阀、压力继电器等。

4.2.1　溢流阀

(1) 溢流阀的基本结构及其工作原理

溢流阀的主要作用是对液压系统定压或进行安全保护。几乎在所有的液压系统中都需要用到它，其性能好坏对整个液压系统的正常工作有很大影响。

根据结构不同，溢流阀可分为直动式和先导式两类。

① 直动式溢流阀　直动式溢流阀依靠系统中的压力油直接作用在阀芯上与弹簧力相平衡，控制阀芯的启闭动作。

如图 4.13 所示为一低压直动式溢流阀。进油口 P 的压力油进入阀体，并经阻尼孔 a 进入阀芯 3 的下端油腔，当进油压力较小时，阀芯在弹簧 2 的作用下处于下端位置，将进油口 P 和与油箱连通的出油口 T 隔开，即不溢流。当进油压力升高，阀芯所受的压力油作用力 pA（A 为阀芯 1 下端的有效面积）超过弹簧的作用力时，阀芯抬起，将油口 P 和 T 连通，使多余的油液排回油箱，即起溢流、定压作用。阻尼孔 a 的作用是减小油压的脉动，提高阀工作的平稳性。弹簧的压紧力可通过调整螺母 1 调节。

当通过溢流阀的流量变化时，阀口的开度 x 也随之改变，但在弹簧压紧力调好以后作用于阀芯上的液压力不变。因此，当不考虑阀芯自重、摩擦力和液动力的影响时，可以认为溢流阀进口处的压力 p 基本保持为定值。故调整弹簧的压紧力，也就调整了溢流阀的工作压力 p。

直动式溢流阀若控制较高压力或较大流量时，需用刚度较大的硬弹簧，结构尺寸也将较大，造成调节困难，油液压力和流量波动较大。故一般只用于低压小流量系统或作为先导阀使用，而中、高压系统常采用先导式溢流阀。

② 先导式溢流阀　先导式溢流阀通过压力油先作用在先导阀芯上与弹簧力相平衡，再作用在主阀芯上与弹簧力相平衡，实现控制主阀芯的启闭动作。

如图 4.14 所示先导式溢流阀由先导阀和主阀两部分组成。进油口 P 的压力油进入阀体，并经阻尼孔 3 进入阀芯上腔；而主阀芯上腔压力油由先导式溢流阀来调整并控制。当系统压力低于先导阀调定值时，先导阀关闭，阀内无油液流动，主阀芯上、下腔油压相等，因而它在主阀弹簧作用下使阀口关闭，阀不溢流。当进油口 P 的压力升高时，先导阀进油腔油压也升高，直至达到先导阀弹簧的调定压力时，先导阀被打开，主阀芯上腔油液流过先导阀口并经阀体上的孔道和回油口 T 流回油箱，由于阻尼孔 3 的阻尼作用，使主阀芯两端产生压力差，当此压差大于主阀弹簧 1 的作用力时，主阀芯抬起，实现溢流稳压。调节先导阀的手轮，便可调整溢流阀的工作压力。

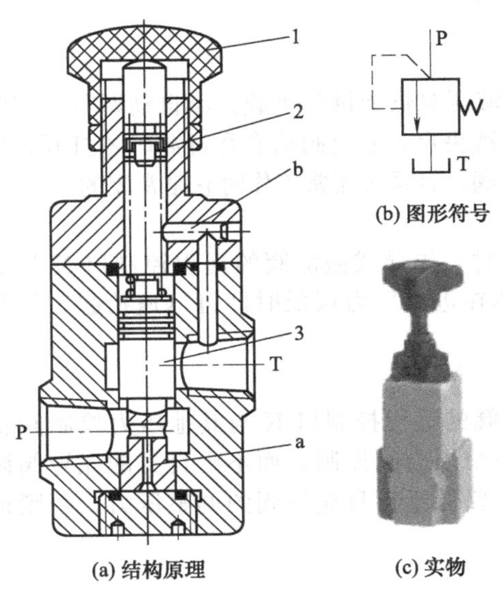

图 4.13　直动式溢流阀

1—调整螺母；2—弹簧；3—阀芯

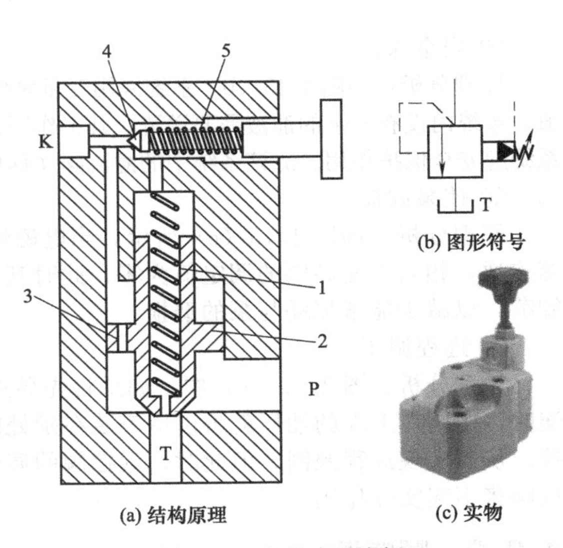

图 4.14　先导式溢流阀

1—主阀弹簧；2—主阀芯；3—阻尼孔；4—导阀阀芯；5—导阀弹簧

先导式溢流阀有一个远程控制口K，如果将K口用油管接到另一个远程调压阀（远程调压阀的结构和溢流阀的先导控制部分一样），调节远程调压阀的弹簧力，即可调节溢流阀主阀芯上端的液压力，从而对溢流阀的溢流压力实现远程调压。

与直动式溢流阀的相比，先导式溢流阀的进口控制压力是由先导阀来决定的。因流经先导阀的流量很小，所以即使是高压阀，其弹簧刚度也不大，阀的压力调整比较灵便；主阀弹簧只在阀口关闭时起复位作用，弹簧力很小，所以主阀弹簧刚度也很小，当溢流量变化引起弹簧压缩量变化时，进油口的压力变化不大，故而稳压性能优于直动式溢流阀。但因先导型溢流阀要在先导阀和主阀都动作后才能起控制作用，因此反应不如直动型溢流阀灵敏，同时由于阻尼孔是细长孔，所以易被堵塞。

(2) 溢流阀的应用及调压回路

溢流阀在液压系统中能分别起到溢流稳压、安全保护、远程调压与多级调压，使泵卸荷以及使液压缸回油腔形成背压等多种作用。

① 溢流稳压　如图4.15 (a) 系统采用定量泵供油，且其进油路或回油路上设置节流阀或调速阀，使液压泵输出的压力油一部分进入液压缸工作，而多余的油液须经溢流阀流回油箱，溢流阀处于其调定压力的常开状态。调节弹簧的压紧力，也就调节了系统的工作压力。因此，在这种情况下，溢流阀的作用即为溢流稳压。

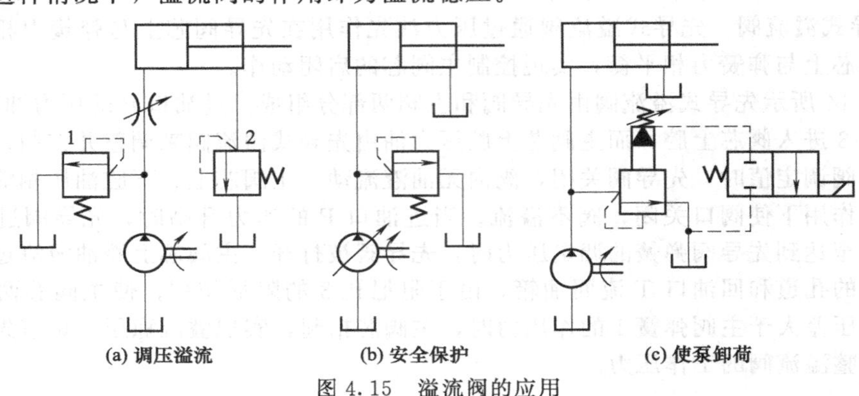

图4.15　溢流阀的应用

② 安全保护

原理分析：如图4.15 (b) 系统采用变量泵供油，液压泵供油量随负载大小自动调节至需要值，系统内没有多余的油液需要溢流，其工作压力由负载决定。溢流阀只有在过载时才打开，对系统起安全保护作用。故该系统中的溢流阀又称作安全阀，且系统正常工作时它是常闭的。

③ 使泵卸荷

原理分析：如图4.15 (c) 所示，当电磁铁通电时，先导式溢流阀的远程控制口X与油箱连通，相当于先导阀的调定值为零，此时其主阀芯在进口压力很低时即可迅速抬起，使泵卸荷，以减少能量损耗与泵的磨损。

④ 远程调压

原理分析：图4.15 (c) 中，如果将先导式溢流阀的远程控制口K与其他压力控制阀相连时，主阀芯上腔的油压就可以由安装在别处的另一个压力阀控制，而不受自身的先导阀调控，从而实现远程控制，但此时，远控阀的调整压力要低于自身先导阀的调整压力，否则远控阀将不起实际作用。

4.2.2 顺序阀

顺序阀是用来控制液压系统中各执行元件动作的先后顺序。顺序阀也有直动式和先导式两种，前者一般用于低压系统，后者用于中高压系统。

(1) 顺序阀的结构与工作原理

图 4.16 为直动式顺序阀的结构。它由阀体、阀芯、弹簧、控制活塞等零件组成。当其进油口的压力低于弹簧 5 的调定压力时，控制活塞 2 下端油液向上的推力小，阀芯 4 处于最下端位置，阀口关闭，油液不能通过顺序阀流出。当其进油口的压力达到弹簧 5 的调定压力时，阀芯 4 抬起，阀口开启，压力油便能通过顺序阀流出，使阀后的油路工作。这种顺序阀利用其进油口压力控制，称为普通顺序阀（也称为内控式顺序阀），其图形符号如图 4.16 (b) 所示。由于泄油口要单独接回油箱，这种连接方式称为外泄。

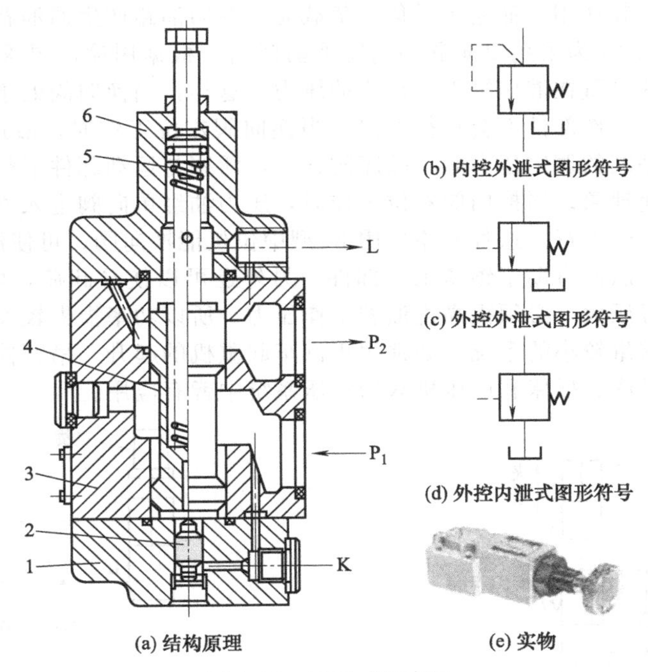

(a) 结构原理　(b) 内控外泄式图形符号　(c) 外控外泄式图形符号　(d) 外控内泄式图形符号　(e) 实物

图 4.16　直动式顺序阀

1—下阀盖；2—活塞；3—阀体；4—阀芯；5—弹簧；6—上阀盖

若将下阀盖 1 相对于阀体转过 90°或 180°，将油口 K 处的螺塞拆下，在该处接控制油管并通入控制油，则阀的启闭便可由外供控制油控制。这时即成为液控（外控）顺序阀，其职能符号如图 4.16 (c) 所示。若再将上阀盖 6 转过 180°，使泄油口 L 处的小孔与阀体上的小孔连通，并将泄油口 L 用螺塞封住，使顺序阀的出油口与油箱连通，则顺序阀就成为卸荷阀，其泄油可由阀的出油口流回油箱，这种连接方式称为内泄。卸荷阀的图形符号如图 4.16 (d) 所示。

由图可见，顺序阀和溢流阀的结构基本相似，不同的只是顺序阀的出油口通向系统的另一压力油路，而溢流阀的出油口通油箱。

先导式顺序阀其工作原理与先导式溢流阀相似，所不同的是顺序阀的出油口不接回油箱，而通向某一压力油路；此外，由于顺序阀的进、出油口均为压力油，所以它的泄油口必须单独外接油箱。

(2) 顺序阀的应用

① 顺序阀用于控制顺序动作

原理分析：如图 4.17 为机床夹具上用顺序阀实现工件先定位后夹紧的顺序动作回路。

当电磁换向阀的电磁铁由通电状态断电时，压力油先进入定位缸的下腔，缸上腔回油，活塞向上运动，实现定位。这时由于压力低于顺序阀的调定压力，因而压力油不能进入夹紧缸下腔，工件不能夹紧。当定位缸活塞停止运动时，油路压力升高到顺序阀的调定压力时，顺序阀开启，压力油进入夹紧缸的下腔，缸上腔回油，活塞向上移动，将工件夹紧。实现了先定位后夹紧的顺序要求。当电磁换向阀的电磁铁在通电时，压力油同时进入定位缸、夹紧缸上腔，两缸下腔回油（夹紧缸经单向阀回油），使工件松开。

② 用顺序阀控制的平衡回路　当油路承受负值负载（即负载与执行元件运动方向一致）时，为了防止执行元件的运动失去控制，而使回油路保持背压的压力控制阀称为平衡阀。平衡阀又称为限速阀，其功用是油路承受负值负载时，在回油路产生回油背压。

原理分析：图 4.18 为采用单向顺序阀作平衡回路。根据用途，要求顺序阀的调定压力应稍大于工作部件的自重在液压缸下腔形成的压力。这样，当换向阀处于中位，液压缸不工作时，顺序阀关闭，工作部件不会自行下滑。当换向阀左位工作时，液压缸上腔通压力油，下腔的背压大于顺序阀的调定压力时，顺序阀开启，活塞与运动部件下行，由于自重得到平衡，故不会产生超速现象。当换向阀右位工作时，压力油经单向阀进入液压缸下腔，缸上腔回油，活塞及工作部件上行。这种回路采用 M 型中位机能换向阀，可使液压缸停止工作时，缸上下腔油被封闭，从而有助于锁紧工作部件，另外还可以使泵卸荷，以减少能耗。另外，由于下行时回油腔背压大，必须提高进油腔工作压力，所以功率损失较大。它主要用于工作部件重量不变，且重量较小的系统。如常用于汽车起重机的起升、吊臂伸缩和变幅机构液压系统中，立式组合机床、插床和锻压机床的液压系统中皆有应用。

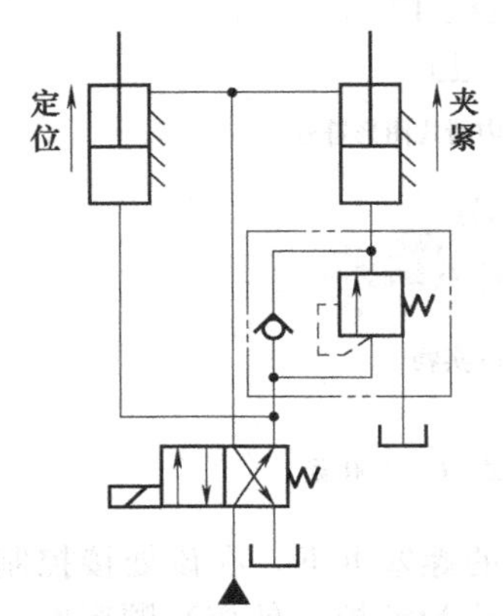

图 4.17　顺序阀用于控制顺序动作

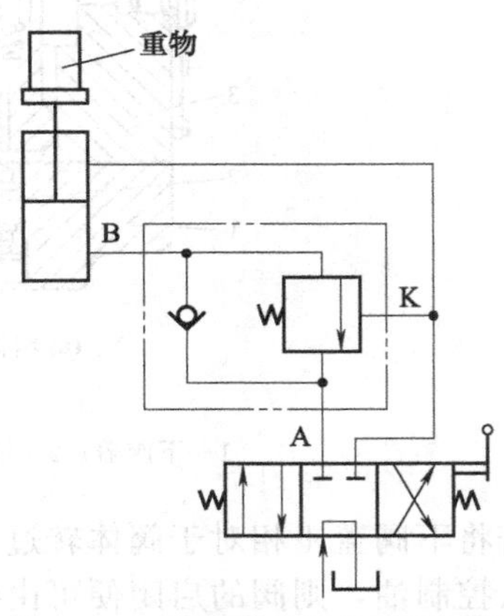

图 4.18　采用顺序阀的平衡回路

4.2.3 减压阀

减压阀是使出口压力（二次压力）低于进口压力（一次压力）的一种压力控制阀。其作用是用液压系统中某一回路的油液压力，使用一个油源能同时提供两个或几个不同压力的输出。减压阀在各种液压设备的夹紧系统、润滑系统和控制系统中应用较多。此外，当油液压力不稳定时，在回路中串入一减压阀可得到一个稳定的较低的压力。

根据减压阀所控制的压力不同，它可分为定值输出减压阀、定差减压阀和定比减压阀。按工作原理，减压阀也有直动型和先导型之分，一般常用先导式减压阀。

如图 4.19 (a) 为先导式减压阀的结构原理，它在结构上和先导式溢流阀相似，也由先导阀和主阀两部分组成。压力油从阀的进油口（图中未示出）进入进油腔 P_1，经减压阀口 x 减压后，再从出油腔 P_2 和出油口流出。出油腔压力油经小孔 f 进入主阀芯 5 的下端，同时经阻尼小孔 e 流入主阀芯上端，再经孔 c 和 b 作用于锥阀芯 3 上。当出油口压力较低时，先导阀关闭，主阀芯两端压力相等，主阀芯被平衡弹簧 4 压在最下端（图示位置），减压阀口开度为最大，压降为最小，减压阀不起减压作用。当出油口压力达到先导阀的调定压力时，先导阀开启，此时 P_2 腔的部分压力油经孔 e、c、b、先导阀口、孔 a 和泄漏口 L 流回油箱。由于阻尼小孔 e 的作用，主阀芯两端产生压力差，主阀芯使在此压力差作用下克服平衡弹簧的弹力上移，减压阀口减小，使出油口压力降低至调定压力。由于外界干扰（如负载变化）使出油口压力变化时，减压阀将会自动调整减压阀口的开度以保持出油压力稳定。调节螺母 1 即可调节调压弹簧 2 的预压缩量，从而调定减压阀出油口压力。图 4.19（b）为直动减压阀图形符号，也是减压阀的一般符号，图 4.19（c）为先导式减压阀的图形符号。

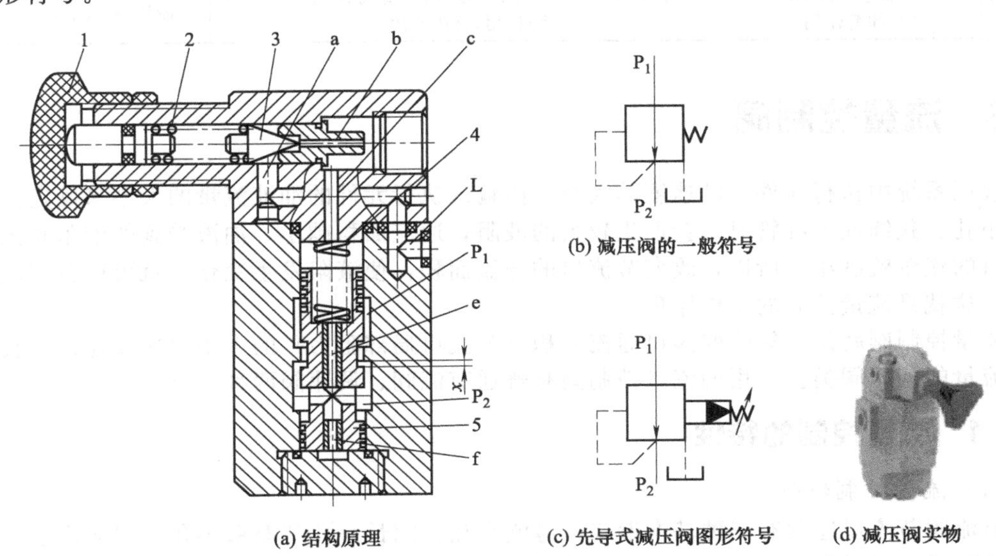

(a) 结构原理　(b) 减压阀的一般符号　(c) 先导式减压阀图形符号　(d) 减压阀实物

图 4.19　先导式减压阀

1—调整螺母；2—弹簧；3—锥阀芯；4—弹簧；5—主阀芯

4.2.4　溢流阀、顺序阀和减压阀的比较

溢流阀、顺序阀和减压阀之间有许多相同之处，但又有一些区别，为便于理解，在此作一比较，详见表 4.4、表 4.5。

表 4.4　溢流阀和顺序阀图形符号比较说明

项目	溢流阀	顺序阀			
		内控外泄式	外控外泄式	内控内泄式	外控内泄式
符号					
说明	原始状态阀口关闭，以进口油压与弹簧力平衡；阀溢流口接油箱；弹簧腔内泄回油	弹簧处比溢流阀多一个外泄回油箱符号，出油口不通油箱	从外部油源引入控制油，有外泄回油箱符号，出油口不通油箱	控制油为内控式，与溢流阀符号一致	制油为外控式

表 4.5 溢流阀、减压阀和顺序阀异同比较

项目	溢流阀	顺序阀	减压阀
控制压力	从阀的进油端引压力油去实现控制	从阀的进油端或从外部油源引压力油构成内控式或外控式	从阀的出油端引压力油去实现控制
连接方式	连接溢流阀的油路与主油路并联，阀出口直接通油箱	当作为卸荷和平衡作用时，出口通油箱；当顺序控制式，出口到工作系统	串联在减压油路上，出口到减压部分去工作
回油方式	内部回油，原始状态阀口关闭	外泄回油，当作卸荷阀用时为内泄回油	外泄回油
阀芯状态	当安全阀用，阀口是常闭状态；当溢流阀、背压阀用，阀口是常开状态	原始状态阀口关闭，工作过程中，阀口常开	原始状态阀口开启，工作过程也是微开状态
作用	安全作用，溢流、稳压作用，背压作用，卸荷作用	顺序控制作用，卸荷作用，平衡（限速）作用，背压作用	减压、稳压作用

4.3 流量控制阀

液压系统中执行元件运动速度的大小，由输入执行元件的油液流量的大小来确定。油液流经小孔、狭缝或毛细管时，会产生较大的液阻，通流面积越小，油液受到的液阻越大，通过阀口的流量就越小，所以，改变节流口的通流面积，使液阻发生变化，就可以调节流量的大小，这就是流量控制的工作原理。

流量控制阀就是依靠改变阀口通流面积（节流口局部阻力）的大小或通流通道的长短来控制流量的液压阀类。常用的流量控制阀有普通节流阀、调速阀两种。

4.3.1 流量控制的特性

(1) 流量控制特性

节流阀节流口通常有三种基本形式：薄壁小孔、细长小孔和厚壁小孔，但无论节流口采用何种形式，通过节流口的流量 q 及其前后压力差 Δp 的关系均可用小孔流量公式

$$q=kA_{\mathrm{T}}\Delta p^{m}$$

来表示。图 4.20 所示为薄壁孔（$m=0.5$）、细长孔（$m=1$）和厚壁孔（$0.5<m<1$）三种节流口的流量特性曲线。由图可见，为保证流量稳定，节流口的形式以薄壁小孔较为理想，但实用的节流口介于薄壁小孔和细长孔之间。

(2) 影响流量的因素

为保证执行元件在节流口大小调定后的运动速度稳定不变，需要保证流经节流阀口的流量为定值。

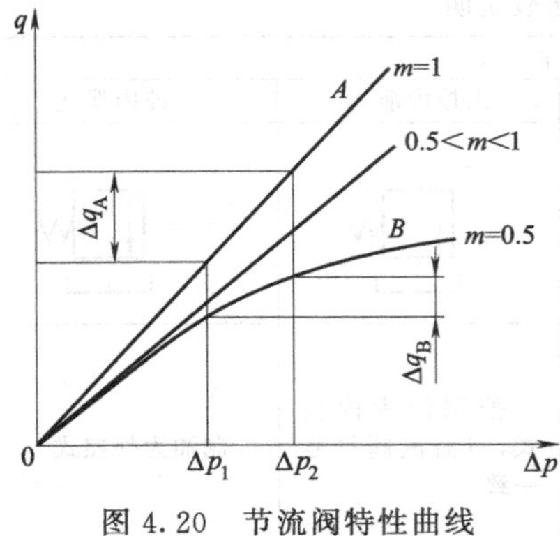

图 4.20 节流阀特性曲线

但事实上流量是变化不定的，影响流量稳定的因素有以下几点。

① 负载变化的影响。由于液压系统的负载往往不是定值，负载变化，节流阀两端压差 Δp 就发生变化，于是通过它的流量要发生变化，三种结构形式的节流口中，通过薄壁小孔的流量受到压差改变的影响最小。

② 温度对流量的影响。油温影响到油液黏度，对于细长小孔，油温变化时，流量也会随之改变，对于薄壁小孔黏度对流量几乎没有影响，故油温变化时，流量基本不变。

③ 节流口的堵塞。节流阀的节流口可能因油液中的杂质或由于油液氧化后析出的胶质、沥青等而局部堵塞，这就改变了原来节流口通流面积的大小，使流量发生变化，尤其是当开口较小时，这一影响更为突出，严重时会完全堵塞而出现断流现象。因此节流口的抗堵塞性能也是影响流量稳定性的重要因素，尤其会影响流量阀的最小稳定流量。一般节流口通流面积越大，节流通道越短和水力直径越大，越不容易堵塞，当然油液的清洁度也对堵塞产生影响。一般流量控制阀的最小稳定流量为 0.05L/min。

(3) 节流口的形式

图 4.21 所示为几种常用的节流口形式。

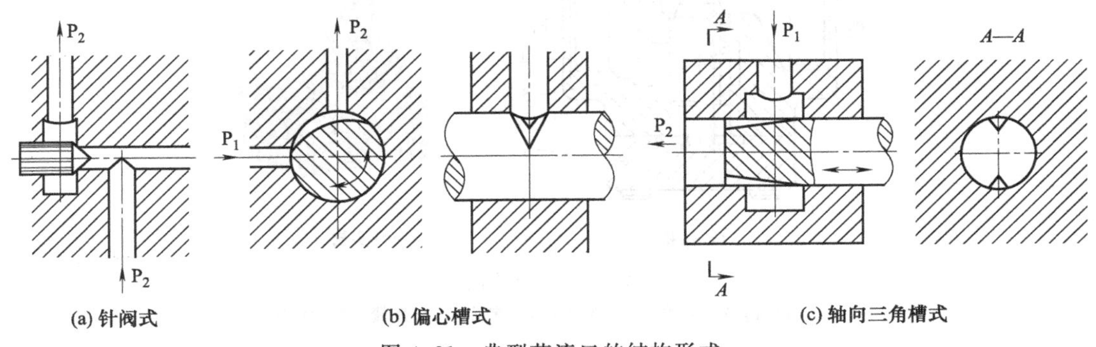

图 4.21 典型节流口的结构形式

图 4.21 (a) 所示为针阀式节流口，它通道长，湿周大，易堵塞，流量受油温影响较大，一般用于对性能要求不高的场合。

图 4.21 (b) 所示为偏心槽式节流口，其性能与针阀式节流口相同，但容易制造，其缺点是阀芯上的径向力不平衡，旋转阀芯时较费力，一般用于压力较低、流量较大和流量稳定性要求不高的场合。

图 4.21 (c) 所示为轴向三角槽式节流口，其结构简单，水力直径中等，可得到较小的稳定流量，且调节范围较大，但节流通道有一定的长度，油温变化对流量有一定的影响，目前被广泛应用。

4.3.2 节流阀

普通节流阀是流量阀中使用最普遍的一种型式，它的结构和图形符号如图 4.22 所示。实际上，普通节流阀就是由节流口与用来调节节流口开口大小的调节元件组成，即带轴向三角槽的阀芯 4、阀体 3、导套 2、顶杆 1、弹簧 5 和底盖 6 等组成。

压力油从进油口 P_1 进入阀体，经孔道、节流口，再从出口流出，出口油液压力为 p_2。当调节节流阀的手轮时，顶杆推动节流阀芯上下移动改变节流口的大小，从而实现对流体流量的调节。进口油液通过弹簧腔径向小孔和阀体上的斜孔共同作用在阀芯上下两端，使其两端液压力平衡，并使阀芯顶杆端不致形成封闭油腔，从而使阀芯能轻便移动。

节流阀是最简易的流量阀，此阀无压力和温度补偿装置，不能自动补偿负载及油黏度变化时所造成的速度不稳定。但结构简单，制造维护方便，广泛应用于负载变化不大或对速度稳定性要求不高的场合。

对节流阀的性能要求是：

① 阀口前后压差变化对流量的影响小。

② 油温变化对流量的影响小。

③ 抗阻塞特性较好，即可获得较低的最小稳定流量。

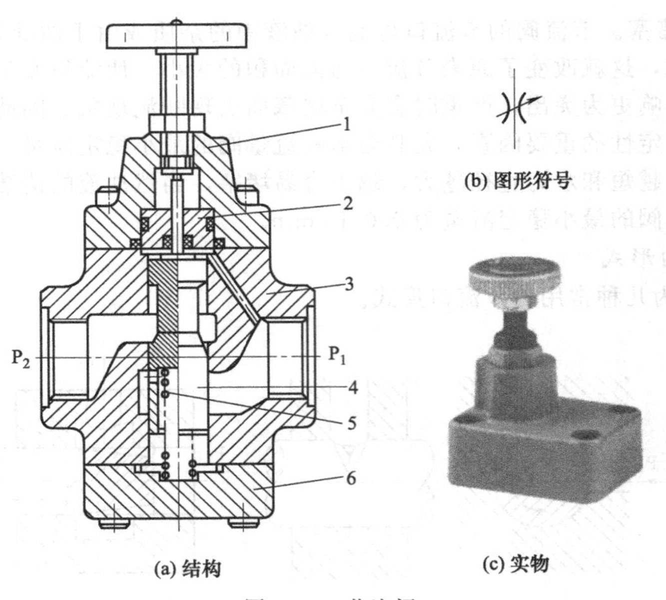

图 4.22 节流阀

1—顶盖；2—导套；3—阀体；4—阀芯；5—弹簧；6—底盖

④ 通过节流阀的泄漏小。

如图 4.23 所示为单向节流阀，与普通节流阀不同的是，它只能控制一个方向上的流量大小，而在另一个方向则无节流作用。

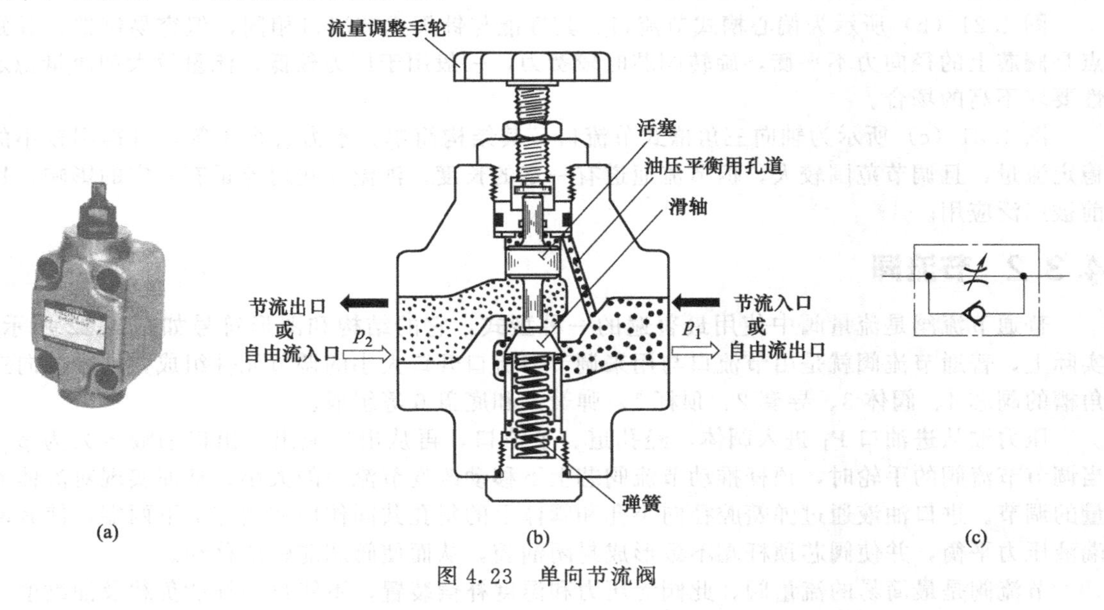

图 4.23 单向节流阀

4.3.3 调速阀

普通节流阀由于刚性差，在节流开口一定的条件下通过它的工作流量受工作负载（亦即其出口压力）变化的影响，不能保持执行元件运动速度的稳定，因此只适用于工作负载变化不大和速度稳定性要求不高的场合，由于工作负载的变化很难避免，为了改善调速系统的性能，通常采取措施使节流阀前后压力差在负载变化时始终保持不变，即构成调速阀。

（1）工作原理

如图 4.24 所示调速阀，就是由减压阀 1 与节流阀 2 串联起来构成的。若减压阀进口压力为 p_1，出口压力为 p_2，节流阀出口压力为 p_3，故节流阀两端的压差 Δp 为 p_2-p_3。假如当负载增加，使 p_3 增大的瞬间，减压阀右腔推力增大，其阀芯左移，阀口开大。阀口液阻减小，使 p_2 也增大，p_2 与 p_3 的差值 Δp 却不变。当负载减小 p_3 减小时，减压阀阀芯右移，p_2 也减小，其差值也不变。因此调速阀适用于负载变化较大、速度平稳性要求较高的液压系统。

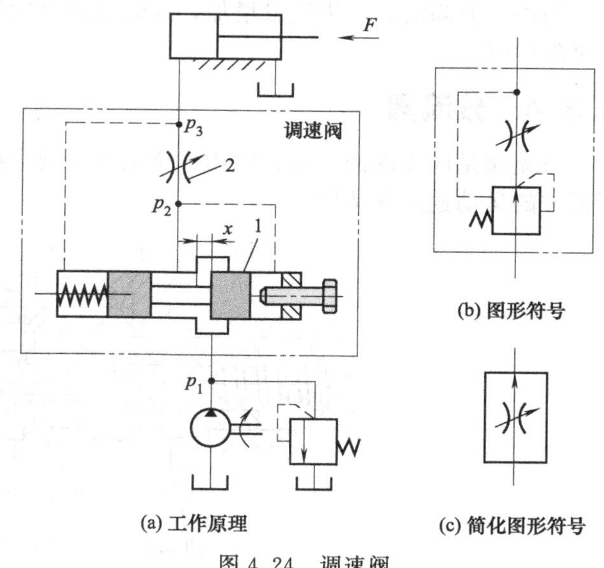

图 4.24 调速阀

1—减压阀；2—节流阀

（2）流量特性、特点

调速阀的流量特性如图 4.25 所示。当调速阀进、出口压差大于一定数值（Δp_{min}）后，通过调速阀的流量不随压差的改变而变化。而当其压差小于 Δp_{min} 时，由于压力差对阀芯产生的作用力不足以克服阀芯上的弹簧力，此时阀芯仍处于右端，阀口完全打开，减压阀不起减压作用，故其特性曲线与节流阀特性曲线重合。因此，欲使调速阀正常工作，就必须保证其有一最小压差（一般为 0.5MPa）。

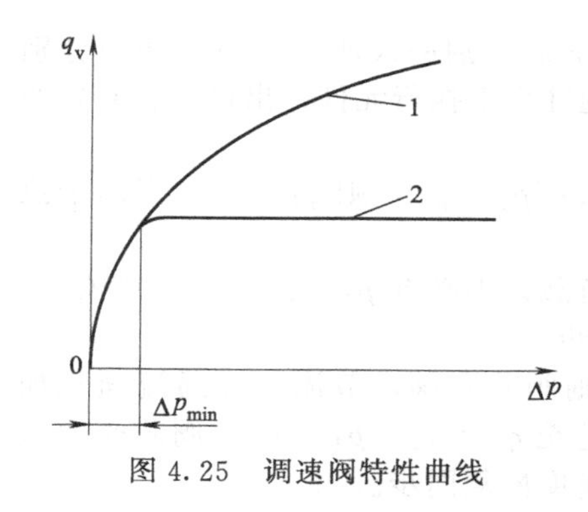

图 4.25 调速阀特性曲线

结构改造 1：当调速阀的出口堵住时，其节流阀两端压力相等，减压阀阀芯在弹簧力的作用下移至最右端，阀开口最大。因此，当将调速阀出口迅速打开时，因减压阀口来不及关小，不起减压作用，会使瞬时流量增加，使液压缸产生前冲现象。为此有的调速阀在减压阀体上装有能调节减压阀阀芯行程的限位器，以限制和减小这种启动时的冲击。

结构改造 2：普通调速阀的流量虽然已能基本上不受外部负载变化的影响，但是当流量较小时，节流口的通流面积较小，这时节流口的长度与通流截面水力直径的比值相对地增大，因而油液的黏度变化对流量的影响也增大，所以当油温升高后油的黏度变小时，流量仍会增大，为了减小温度对流量的影响，可以采用温度补偿调速阀。

这种阀中有由热膨胀系数较大的聚氯乙烯塑料作成的推杆，当温度升高时其受热伸长使阀口关小，以补偿因油变稀流量变大造成的流量增加，维持其流量基本不变。

温度补偿调速阀的压力补偿原理部分与普通调速阀相同，据 $q=kA_T\Delta p^m$ 可知，当 Δp 不变时，由于黏度下降，k 值（$m\neq0.5$ 的孔口）上升，此时只有适当减小节流阀的开口面积，方能保证 q 不变。图 4.26 为温度补偿原理，在节流阀阀芯和调节螺钉之间放置一个温度膨胀系数较大的聚氯乙烯推

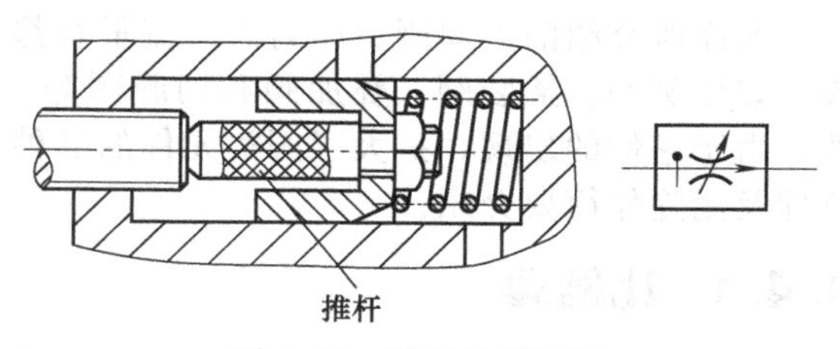

图 4.26 温度补偿原理

杆，当油温升高时，本来流量增加，这时温度补偿杆伸长使节流口变小，从而补偿了油温对流量的影响。

4.3.4 分流阀

分流阀是同步阀的一种，它用一个油源向两个执行元件供应相同的流量，以实现两个执行元件的运动速度保持同步。

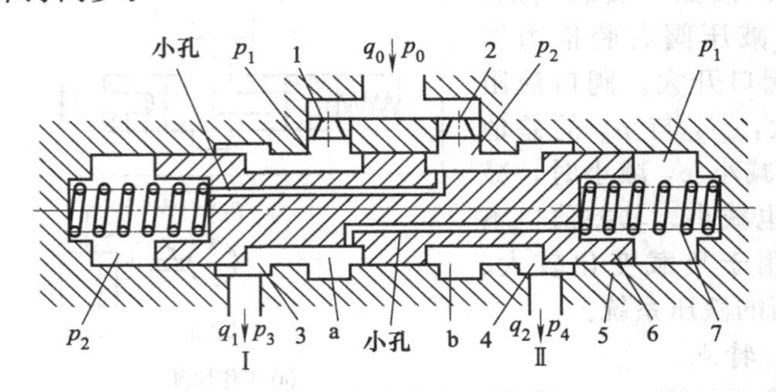

图 4.27 分流阀的结构原理

1,2—固定节流孔；3,4—可变节流孔；5—阀体；6—阀芯；7—弹簧

分流阀由阀体 5，阀芯 6，两个固定节流孔 1、2 和两个对中弹簧 7 等主要零件组成，其结构原理如图 4.27 所示。阀芯中间的台肩将阀分为完全对称的左、右两部分；位于左右两侧的油室 a、b 通过阀芯上的两条油道分别与阀芯右侧和左侧的弹簧腔相通；两个对中弹簧 7 保证阀芯非工作状态时处于中间位置，使得阀芯两端台肩与阀体形成的两个可变节流孔 3、4 的过流面积相等（液阻相等）。

液压泵输出的压力油经过液阻相等的固定节流孔 1、2 后分别进入油室 a、b，压力分别为 p_1、p_2；然后再经可变节流孔 3、4 至出口Ⅰ和Ⅱ后通往两个执行元件，出口Ⅰ、Ⅱ处的压力分别设为 p_3、p_4。

当两个执行元件负载相等时，$p_3=p_4$，此时 $p_0-p_3=p_0-p_4$，则 $q_1=q_2$。当两个执行元件尺寸相同时，可实现运动速度同步。

若由于某种原因，导致油路Ⅰ的负载大于油路Ⅱ的负载，则必有 $p_3>p_4$，于是就有 $p_0-p_3<p_0-p_4$、$q_1<q_2$，两个执行元件不能保持速度同步。

由于 $q_1<q_2$，则 $p_0-p_1<p_0-p_2$，即 $p_1>p_2$，则阀芯左移，节流口 3 通流面积加大、节流口 4 通流面积减小，于是 q_1 增大、q_2 减小，直至 $q_1=q_2$、$p_1=p_2$，阀芯受力重新平衡，阀芯稳定在新的平衡位置工作，两执行元件的速度恢复同步。

分流阀的应用，如大型汽车起重机变幅油缸、挖掘机和装载机的动臂油缸都成对使用，要求工作时严格保持同步，这就要使用分流阀。

4.4 其他液压控制阀

前面所介绍的方向阀、压力阀、流量阀都是普通液压阀，除此之外还有一些特殊的液压阀，如比例阀、插装阀、叠加阀和伺服阀等。这些阀大都是近些年发展起来的新型液压元件，由于它们的出现，扩大了阀类元件的品种和液压系统的使用范围。本节仅对它们的工作原理及用途作简要介绍。

4.4.1 比例阀

比例阀是一种输出量与输入信号成比例的液压阀。它可以按给定的输入电信号连续地、按比例地控制液流的压力、流量和方向。

在普通液压阀上用电-机械转换器取代原有的控制部分，即成为比例阀。

按用途和工作特点的不同，比例阀可分为比例压力阀（如比例溢流阀、比例减压阀、比例顺序阀）、比例流量阀（如比例节流阀、比例调速阀）和比例方向流量阀（如比例方向节流阀、比例方向调速阀）。

（1）比例阀的工作原理

图 4.28 所示为先导式比例溢流阀的结构原理。当输入电信号（通过线圈 2）时，比例电磁铁 1 便产生一个相应的电磁力，它通过推杆 3 和弹簧作用于先导阀芯 4，从而使先导阀的控制压力与电磁力成比例，即与输入信号电流成比例。由溢流阀主阀阀芯 6 上受力分析可知，进油口压力和控制压力、弹簧力等相平衡（其受力情况与普通溢流阀相似），因此比例溢流阀进油口压力的升降与输入信号电流的大小成比例。若输入信号电流是连续、按比例地或按一定程序变化，则比例溢流阀所调节的系统压力，也连续按比例地或按一定程序地进行变化。

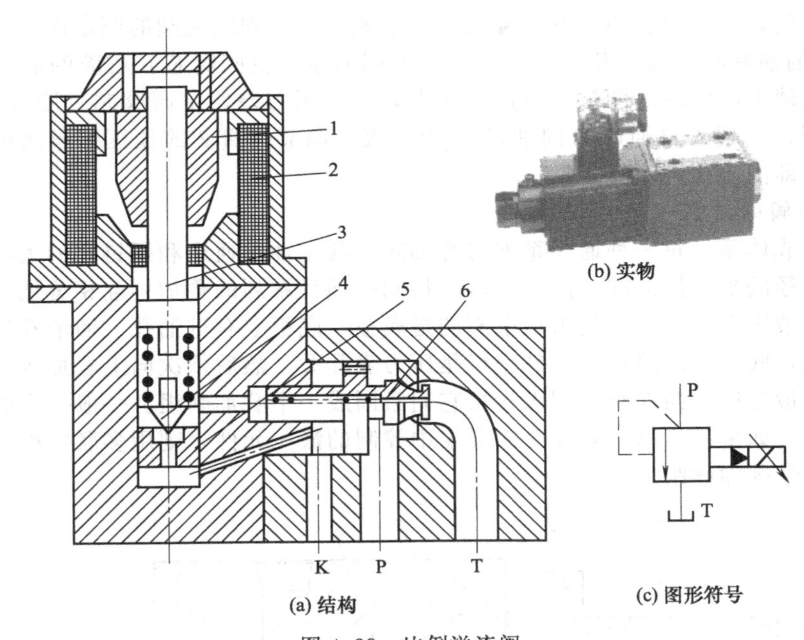

图 4.28 比例溢流阀

1—比例电磁铁；2—线圈；3—推杆；4—先导阀芯；5—导阀座；6—主阀阀芯

（2）比例阀的特点

① 能实现自动控制、远程控制和程序控制。

② 能把电的快速、灵活等优点与液压传动功率大等特点结合起来。

③ 能连续地、按比例地控制执行元件的力、速度和方向，并能防止压力或速度变化及换向时的冲击现象。

④ 简化了系统，减少了元件的使用量。

⑤ 制造简便，价格比伺服阀低廉，但比普通液压阀高。由于在输入信号与比例阀之间需设置直流比例放大器，相应增加了投资费用。

⑥ 使用条件、保养和维护与普通液压阀相同，抗污染性能好。

⑦ 具有优良的静态性能和适当的动态性能，动态性能虽比伺服阀低，但已经可以满足一般工业控制的要求。

⑧ 效率比较高。

⑨ 主要用于开环系统，也可组成闭环系统。

4.4.2 叠加阀

叠加式液压阀简称叠加阀，其阀体本身既是元件又是具有油路通道的连接体，阀体的上、下两面做成连接面。选择同一通径系列的叠加阀，叠合在一起用螺栓紧固，即可组成所需的液压传动系统。叠加阀按功用的不同分为压力控制阀、流量控制阀和方向控制阀三类。

(1) 叠加阀的工作原理

叠加阀的工作原理与一般液压阀相同，只是具体结构有所不同。现以溢流阀为例，说明其结构和工作原理。

图 4.29 所示为先导式叠加溢流阀，它由先导阀和主阀两部分组成，先导阀为锥阀，主阀相当于锥阀式的单向阀。压力油由进油口 P 进入主阀阀芯 6 右端的 e 腔，并经阀芯上阻尼孔 d 流至阀芯 6 左端 b 腔，再经小孔 a 作用于锥阀阀芯 3 上。当系统压力低于溢流阀调定压力时，锥阀关闭，主阀也关闭，阀不溢流；当系统压力达到溢流阀的调定压力时，锥阀阀芯 3 打开，b 腔的油液经锥阀口及孔 c 由油口 T 流回油箱，主阀阀芯 6 右腔的油经阻尼孔 d 向左流动，于是使主阀阀芯的两端油液产生压力差。此压力差使主阀阀芯克服弹簧 5 而左移，主阀阀口打开，实现了自油口 P 向油口 T 的溢流。调节弹簧 2 的预压缩量便可调节溢流阀的调整压力，即溢流压力。

(2) 叠加阀的组装

叠加阀自成体系，每一种通径系列的叠加阀，其主油路通道和螺钉孔的大小、位置、数量都与相应通径的板式换向阀相同。因此，将同一通径系列的叠加阀互相叠加，可直接连接而组成集成化液压系统。叠加阀组最下面的是底板，底板上有进油孔、回油孔和通向液压执行元件的油孔，底板上面第一个元件一般是压力表开关，然后依次向上叠加各压力控制阀和流量控制阀，最上层为换向阀，用螺栓将它们紧固成一个叠加阀组。一般一个叠加阀组控制一个执行元件。如果液压系统有几个需要集中控制的液压元件，则用多联底板，并排在上面组成相应的几个叠加阀组。

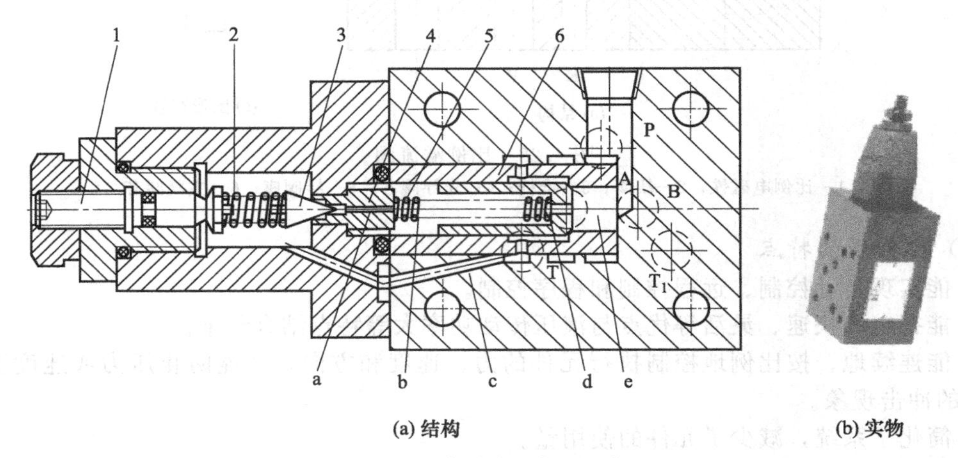

(a) 结构　　(b) 实物

图 4.29　先导式叠加溢流阀

1—推杆；2—弹簧；3—锥阀阀芯；4—阀座；5—弹簧；6—主阀阀芯

(3) 叠加阀的特点

① 液压回路是由叠加阀堆叠而成的，可大幅缩小安装空间。

② 组装工作不需熟练，并可容易而迅速地实现回路的增添或更改。

③ 减少了由于配管引起的外部漏油、振动、噪声等事故，因而提高了可靠性。

④ 元件集中设置，维护、检修容易。

⑤ 回路的压力损失较少，可节省能源。

4.4.3 二通插装阀

二通插装阀又称逻辑阀，具有体积小、重量轻、压力高、功率损失小、切换时响应快、冲击小、稳定性好和工艺性好等优点，并具有多种机能，可综合压力、流量、方向三类阀于一体，标准化、通用化、模块化程度高，在高压、大功率的液压系统中得到了广泛应用。

(1) 插装阀的工作原理

图 4.30 所示为二通插装阀的典型结构和图形符号。由控制盖板 1、阀套 2、弹簧 3、阀芯 4 和插装块体 5 等五部分组成。图中阀套 2、弹簧 3、阀芯 4 及密封件组成的插装元件是二通插装阀主级或功率级的主体元件，其工作原理相当于液控单向阀。改变 K 口的压力即可改变 B 口的输出压力。二通插装阀通过不同的盖板和各种先导阀组合，便可构成方向控制阀、压力控制阀和流量控制阀。

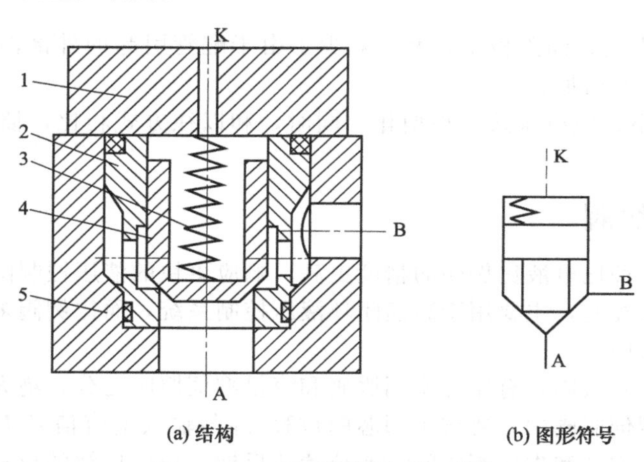

图 4.30 二通插装阀的典型结构

1—控制盖板；2—阀套；3—弹簧；4—阀芯；5—插装块体

(2) 插装阀的应用

插装阀与各种先导阀组合，便可组成方向控制阀、压力控制阀和流量控制阀。

如图 4.31 所示为插装阀和先导阀（压力阀）组成的压力控制阀。对 K 腔采用压力控制可构成各种压力控制阀，其结构原理如图 4.31（a）所示。用直动式溢流阀 1 作为先导阀来控制插装阀 2，在不同的油路连接下便构成不同的压力阀。如图 4.31（b）表示 B 腔通油箱，可用作溢流阀。当 A 腔油压升高到先导阀调定的压力时，先导阀打开，油液流过主阀芯阻尼 R 时造成两端压差，使主阀芯克服弹簧阻力开启，A 腔压力油使通过打开的阀口经 B 腔流回油箱，实现溢流稳压。当二位二通阀通电时，插装阀起卸荷阀作用。图 4.31（c）表示 B 腔接有负载的油路，则构成顺序阀。

(3) 插装阀的特点

① 插装阀盖的配合，可使插装阀具有方向、流量及压力控制等功能。

② 插件体为锥形阀结构，因而内部泄漏极少；其反应性良好，可进行高速切换。

③ 通流能力大，压力损失小，适合于高压、大流量系统。

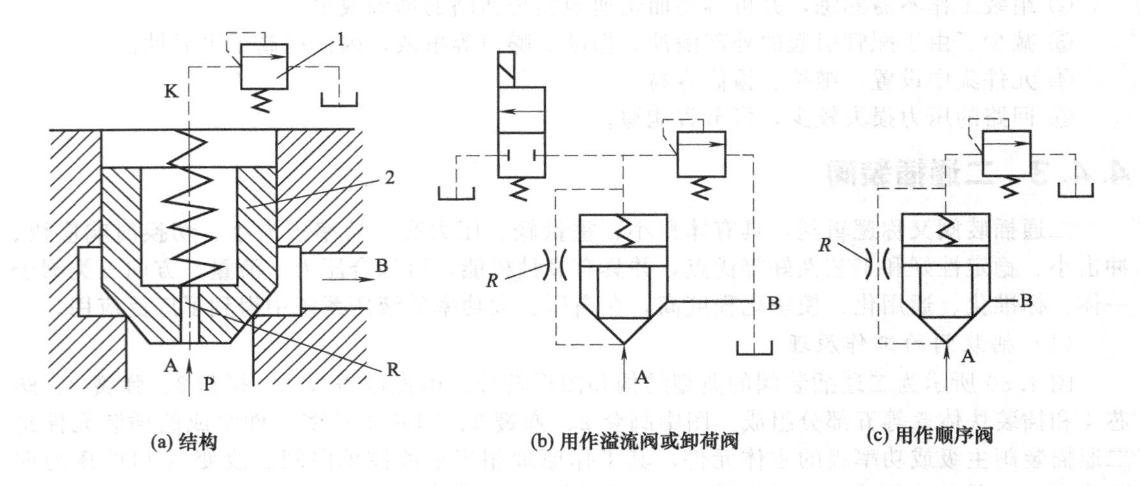

图 4.31　二通插装阀作压力阀

1—直动溢流阀；2—二通插装阀；R—阻尼孔

④ 插装阀直接组装在油路板上，因而减少了由于配管引起的外部泄漏、振动、噪声等事故，系统可靠性有所增加。

⑤ 安装空间缩小，使液压系统小型化。同时，和以往方式相比，插装阀可降低液压系统的制造成本。

4.4.4 电液伺服阀

电液伺服阀是一种比电液比例阀的精度更高、响应更快的液压控制阀。其输出流量或压力受输入的电气信号控制，主要用于高速闭环液压控制系统，而比例阀多用于响应速度相对较低的开环控制系统中。

电液伺服阀多为两级阀，有压力型伺服阀和流量型伺服阀之分，绝大部分伺服阀为流量型伺服阀。在流量型伺服阀中，要求主阀芯的位移 x_P 与输入电流信号 I 成比例，为了保证主阀芯的定位控制，主阀和先导阀之间设有位置负反馈，位置反馈的形式主要有直接位置反馈和位置-力反馈两种。

(1) 电液伺服阀工作原理

图 4.32 是直接位置反馈型电液伺服阀的工作原理，其先导阀直径较小，直接由动圈式力马达的线圈驱动，力马达的输入电流约为 0～300mA。当输入电流 $I=0$ 时，力马达线圈的驱动力 $F_i=0$，先导阀芯位于主阀零位没有运动；当输入电流逐步加大到 300mA 时，力马达线圈的驱动力也逐步加大到约为 40N，压缩力马达弹簧后，使先导阀芯产生位移约为 4mm；当输入电流改变方向，I 约 300mA 时，力马达线圈的驱动力也变成约 40N，带动先导阀芯产生反向位移约 4mm。上述过程说明先导阀芯的位移 $x_{芯}$ 与输入电流 I 成比例，运动方向与电流方向保持一致。先导阀芯直径小，无法控制系统中的大流量；主阀芯的阻力很大，力马达的推力又不足以驱动主阀芯。解决的办法是，先用力马达比例地驱动直径小的导阀芯，再用位置随动（直接位置反馈）的办法让主阀芯等量跟随先导阀运动，最后达到用小信号比例地控制系统中的大流量之目的。

设计时，将主阀芯两端容腔看成为驱动主阀芯的对称双作用液压缸，该缸由先导阀供油，以控制主阀芯上下运动。由于先导阀芯直径小，加工困难，为了降低加工难度，可将先导阀上用于控制主阀芯上下两腔的进油阀口由两个固定节流孔代替，这样先导阀可看成是由两个带固定节流孔的半桥组成的全桥。为了实现直接位置反馈，将主阀芯、驱动油缸、先导阀阀套三者做成一体，因此主阀芯位移 x_P（被控位移）反馈到先导阀上，与先导阀套位移 x_t 相等。当导阀芯在力马达的驱动下向上运动产生位移 x_x 时，导阀芯与阀套之间产生开口量 $x_x - x_t$，主阀芯上腔的回油口打开，压差驱动主阀芯自下而上运动，同时先导阀口在反馈的作用下逐步关小。当导阀口关闭时，主阀停止运动且主阀位移 $x_P = x_t = x_x$。反向运动亦然。在这种反馈中，主阀芯等量跟随先导阀运动，故称为直接位置反馈。

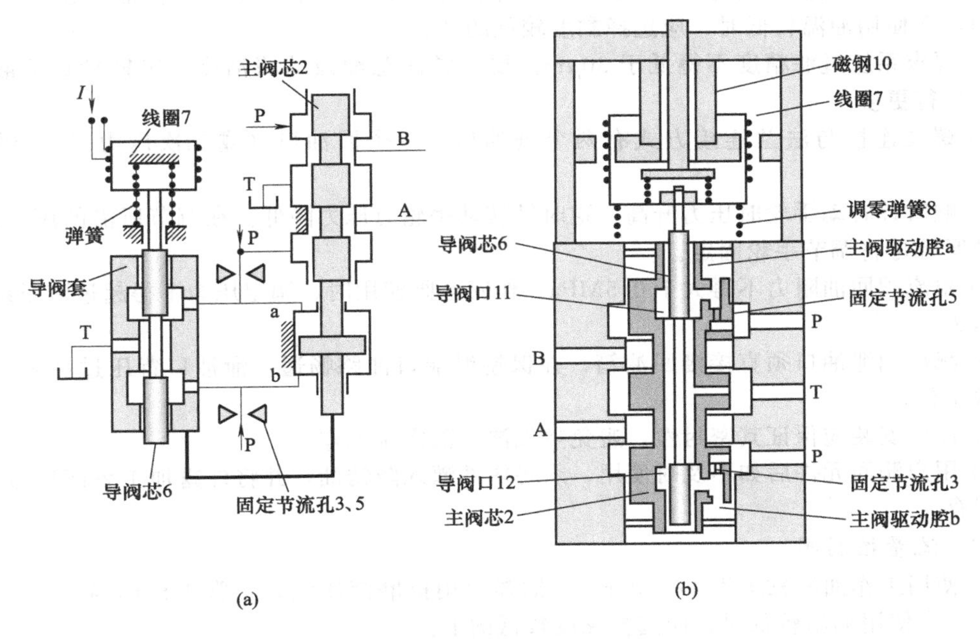

图 4.32　直接位置反馈型电液伺服阀的工作原理

(2) 电液伺服阀的应用

电液伺服阀目前广泛应用于要求高精度控制的自动控制设备中，用以实现位置控制、速度控制和力的控制等。

图 4.33 是用电液伺服阀准确控制工作台位置的控制原理图。要求工作台的位置随控制电位器触点位置的变化而变化。触点的位置由控制电位器转换成电压。工作台的位置由反馈电位器检测，并转换成电压。当工作台的位置与控制触点的相应位置有偏差时，通过桥式电路即可获得该偏差值的偏差电压。若工作台位置落后于控制触点的位置时，偏差电压为正值，送入放大器，放大器便输出一正向电流给电液伺服阀。伺服阀给液压缸一正向流量，推动工作台正向移动，减小偏差，直至工作台与控制触点相应位置吻合时，伺服阀输入电流为零，工作台停止移动。当偏差电压为负值时，工作台反向移动，直至消除偏差时为止。如果控制触点连续变化，则工作台的位置也随之连续变化。

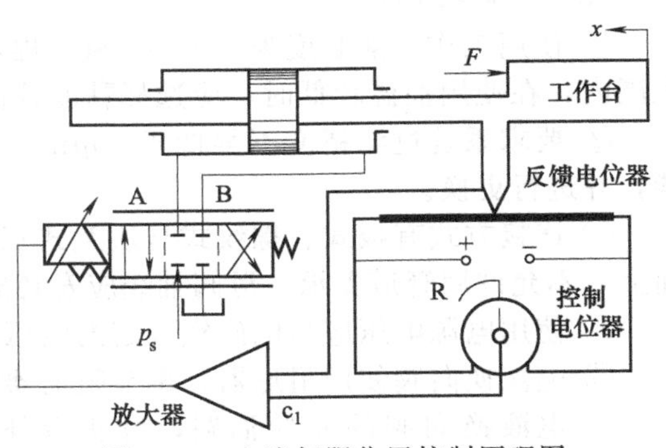

图 4.33　电液伺服位置控制原理图

4.5 液压阀的使用与维护

4.5.1 液压控制阀的安装使用

（1）压力控制阀

① 使用工作油液黏度为17～38cSt，推荐使用抗磨液压油，正常工作油温在10～60℃范围内，在使用油温较低时，应选择黏度较低的油。

② 要求系统过滤精度不得低于30μm。要经常注意油液的清洁度，定期检查油液的性能，并进行更换。

③ 螺纹连接与法兰连接方式有两个进油口，一个回油口（或二次压力口）。供用户选择。

④ 顺时针转动手轮时压力升高，逆时针转动手轮时压力降低。在调节所需的压力值时，应是锁紧螺母将调节手轮固定。

⑤ 溢流阀回油阻力不得大于0.5MPa，作安全阀使用时，调定压力不得超过液压系统的最高压力。

⑥ 减压阀泄油口须直接接回油箱，并保持泄油口油路畅通。泄油口背压过高时，将影响正常工作。

⑦ 油口安装应保证其密封性，避免空气渗入而影响工作。

⑧ 用户购回元件后如不及时使用，须将内部灌入防锈油，并将外露加工表面涂防锈脂，妥善保存。

（2）流量控制阀

① 使用工作油液黏度为17～38cSt，推荐使用抗磨液压油，正常工作油温在10～60℃范围内，在使用油温较低时，应选择黏度较低的油。

② 要求系统过滤精度不得低于30μm。要经常注意油液的清洁度，定期检查油液的性能，并进行更换。

③ 流量控制必须保证进油口与出油口间的压差在1.0MPa以上，才能正常工作，一般情况下阀的最小稳定流量为额定流量的10%。

（3）方向控制阀

① 使用工作油液黏度为17～38cSt，推荐使用抗磨液压油，正常工作油温在10～60℃范围内，在使用油温较低时，应选择黏度较低的油。

② 要求系统过滤精度不得低于30μm。要经常注意油液的清洁度，定期检查油液的性能，并进行更换。

③ 连接方式有板式、螺纹式与法兰式三种，安装时要用螺钉将阀固定在已加工过的基面上。不允许用管道支承。滑阀轴线应安装成水平方向。

④ 使用电源电压应与电磁铁规定的电压相符，电源电压应在－15%～5%范围变化。

⑤ 电液换向阀使用阻尼器，调节阻尼器螺钉可改变主阀换向速度。

⑥ 电液换向阀的先导油路，可实行外控或内控。实行外控时，先导阀压力不得低于0.35MPa。

⑦ 手动换向阀的钢球定位和弹簧复位两种：使用钢球定位时，扳动换向后阀芯定位，再扳动阀芯时才能复位；使用弹簧复位时，松开手柄可自动复位。

⑧ 用户购回元件后如不及时使用，须将内部灌入防锈油，并将外露加工表面涂防锈脂，妥善保存。

4.5.2 液压控制阀的故障原因及排除

(1) 方向控制阀（见表4.6）

表4.6 方向控制阀常见故障及其排除方法

故障现象	原因分析		消除方法
(一)主阀芯不运动	1. 电磁铁故障	(1)电磁铁线圈烧坏(2)电磁铁推动力不足或漏磁(3)电气线路出故障(4)电磁铁未加上控制信号(5)电磁铁铁芯卡死	(1)检查原因，进行修理或更换(2)检查原因，进行修理或更换(3)消除故障(4)检查后加上控制信号(5)检查或更换
	2. 先导电磁阀故障	(1)阀芯与阀体孔卡死(如零件几何精度差、阀芯与阀孔配合过紧、油液过脏)(2)弹簧侧弯，使滑阀卡死	(1)修理配合间隙达到要求，使阀芯移动灵活，过滤或更换油液(2)更换弹簧
	3. 主阀芯卡死	(1)阀芯与阀体几何精度差(2)阀芯与阀孔配合太紧(3)阀芯表面有毛刺	(1)修理配研间隙达到要求(2)修理配研间隙达到要求(3)去毛刺，冲洗干净
	4. 液控油路故障	(1)控制油路无油 ① 控制油路电磁阀未换向 ② 控制油路被堵塞 (2)控制油路压力不足 ① 阀端盖处漏油 ② 滑阀排油腔一侧节流阀调节得过小或被堵死	(1)控制油路无油 ① 检查原因并消除 ② 检查清洗，并使控制油路畅通 (2)控制油路压力不足 ① 拧紧端盖螺钉 ② 清洗节流阀并调整适宜
	5. 油液变质或油温过高	(1)油液过脏使阀芯卡死(2)油温过高，使零件产生热变形，而产生卡死现象(3)油温过高，油液中产生胶质，粘住阀芯而卡死(4)油液黏度太高，使阀芯移动困难而卡住	(1)过滤或更换(2)检查油温过高原因并消除(3)清洗、消除油温过高(4)更换适宜的油液
	6. 安装不良	(1)安装螺钉拧紧力矩不均匀 (2)阀体上连接的管子“别劲”	(1)重新紧固螺钉，并使之受力均匀 (2)重新安装
	7. 复位弹簧不符合要求	(1)弹簧力过大(2)弹簧侧弯变形，致使阀芯卡死(3)弹簧断裂不能复位	更换适宜的弹簧
(二)阀芯换向后通过的流量不足	阀开口量不足	(1)电磁阀中推杆过短(2)阀芯与阀体几何精度差，间隙过小，移动时有卡死现象，故不到位(3)弹簧太弱，推力不足，使阀芯行程不到位	(1)更换适宜长度的推杆(2)配研达到要求(3)更换适宜的弹簧
(三)压力降过大	阀参数选择不当	实际通过流量大于额定流量	应在额定范围内使用
(四)液控换向阀阀芯换向速度不易调节	可调装置故障	(1)单向阀封闭性差(2)节流阀加工精度差，不能调节最小流量(3)排油腔阀盖处漏油(4)针形节流阀调节性能差	(1)修理或更换(2)修理或更换(3)更换密封件，拧紧螺钉(4)改用三角槽节流阀
(五)电磁铁过热或线圈烧坏	1. 电磁铁故障	(1)线圈绝缘不好(2)电磁铁铁芯不合适，吸不住(3)电压太低或不稳定	(1)更换(2)更换(3)电压的变化值应在额定电压的10%以内
	2. 负荷变化	(1)换向压力超过规定(2)换向流量超过规定(3)回油口背压过高	(1)降低压力(2)更换规格合适的电液换向阀(3)调整背压使其在规定值内
	3. 装配不良	电磁铁铁芯与阀芯轴线同轴度不良	重新装配，保证有良好的同轴度

续表

故障现象	原因分析		消除方法
（六）电磁铁吸力不够	装配不良	(1)推杆过长(2)电磁铁铁芯接触面不平或接触不良	(1)修磨推杆到适宜长度(2)消除故障，重新装配达到要求
（七）冲击与振动	1. 换向冲击	(1)大通径电磁换向阀，因电磁铁规格大，吸合速度快而产生冲击(2)液动换向阀，因控制流量过大，阀芯移动速度太快而产生冲击(3)单向节流阀中的单向阀钢球漏装或钢球破碎，不起阻尼作用	(1)需要采用大通径换向阀时，应优先选用电液动换向阀(2)调小节流阀节流口减慢阀芯移动速度(3)检修单向节流阀
	2. 振动	固定电磁铁的螺钉松动	紧固螺钉，并加防松垫圈

(2) 压力控制阀（见表4.7）

表4.7 压力控制阀故障原因及排除方法

故障现象	产生原因	排除方法
溢流阀压力波动	1. 弹簧弯曲或弹簧刚度太低	1. 更换弹簧
	2. 锥阀与锥阀座接触不良或磨损	2. 更换锥阀
	3. 压力表不准	3. 修理或更换压力表
	4. 滑阀动作不灵	4. 调整阀盖螺钉紧固力或更换滑阀
	5. 油液不清洁，阻尼孔不畅通	5. 更换油液，清洗阻尼孔
溢流阀明显振动噪声严重	1. 调压弹簧变形，不复原	1. 检修或更换弹簧
	2. 回油路有空气进入	2. 紧固油路接头
	3. 流量超过规定的值	3. 调整
	4. 油温过高，回油阻力过大	4. 控制油温，将回油阻力降至0.5MPa以下
溢流阀泄漏	1. 锥阀与阀座接触不良或磨损	1. 更换锥阀
	2. 滑阀与阀盖配合间隙过大	2. 重配间隙
	3. 紧固螺钉松动	3. 拧紧螺钉
溢流阀调压失灵	1. 调压弹簧折断	1. 更换弹簧
	2. 滑阀阻尼孔堵塞	2. 清洗阻尼孔
	3. 滑阀卡住	3. 拆检并修正，调整阀盖螺钉紧固力
	4. 进、出油口接反	4. 重装
	5. 先导阀座小孔堵塞	5. 清洗小孔
减压阀二次压力不稳定并与调定压力不符	1. 油箱液面低于回油管口或滤油器，油中混入空气	1. 补油
	2. 主阀弹簧太软、变形或在滑阀中卡住，使阀移动困难	2. 更换弹簧
	3 泄漏	3. 检查密封，拧紧螺钉
	4. 锥阀与阀座配合不良	4. 更换锥阀
减压阀不起作用	1. 泄油口的螺堵未拧出	1. 拧出螺堵，接上泄油管
	2. 滑阀卡死	2. 清洗或重配滑阀
	3. 阻尼孔堵塞	3. 清洗阻尼孔，并检查油液的清洁度
顺序阀振动与噪声	1. 油管不适合，回油阻力过大	1. 降低回油阻力
	2. 油温过高	2. 降温至规定温度
顺序阀动作压力与调定压力不符	1. 调压弹簧不当	1. 反复几次，转动调整手柄，调到所需的压力
	2. 调压弹簧变形，最高压力调不上去	2. 更换弹簧
	3. 滑阀卡死	3. 检查滑阀配合部分，清除毛刺

（3）流量控制阀（见表4.8）

表4.8　流量控制阀故障原因及排除方法

故障现象	产生原因	排除方法
无流量通过或流量极少	1. 节流口堵塞，阀芯卡住	1. 检查清洗，更换油液，提高油清洁度
	2. 阀芯与阀孔配合间隙过大，泄漏大	2. 检查磨损，密封情况，修换阀芯
流量不稳定	1. 油中杂质黏附在节流口边缘上，流量不稳定	1. 拆洗节流阀，清除污物，更换滤油器或更换油液
	2. 系统温升，油液黏度下降，流量增加，速度上升	2. 采取散热、降温措施，必要时换带温度补偿的调速阀
	3. 节流阀内、外泄漏大，流量损失大，不能保证运动速度所需要的流量	3. 检查阀芯与阀体之间的间隙及加工精度，超差零件修复或更换。检查有关连接部位的密封情况或更换密封件

能力训练3　液压控制阀的拆装

一、实训目的

通过拆装，使学生熟悉各类阀的结构特点，加深对各类阀的工作原理的认识。

二、实训内容

拆解各类液压控制阀，观察及了解各零件的作用，了解各种液压元件的工作原理，按一定的步骤装配各元件。

三、实训用工具及材料

内六角扳手、活口扳手、螺丝刀、铜棒、各类液压控制阀。

四、操作步骤

1. 溢流阀拆装

（1）溢流阀型号：P型直动式溢流阀。

（2）拆卸步骤

① 先将4个六角螺母用工具分别拧下，使阀体与阀座分离；

② 在阀体中拿出弹簧，使用工具将阀盖拧出，接着将阀芯拿出；

③ 在阀座部分中，将调节螺母从阀座上拧下，接着将阀套从阀座上拧下；

④ 将小螺母从调节螺母上拧出后，顶针自动从调节螺母中脱出。

2. 减压阀拆装（参照溢流阀拆装填写）

（1）减压阀型号

（2）拆卸步骤

3. 顺序阀拆装（参照溢流阀拆装填写）

（1）顺序阀型号

（2）拆卸步骤

4. 节流阀拆装（参照溢流阀拆装填写）

(1) 节流阀型号

(2) 拆卸步骤

5. 调速阀拆装(参照溢流阀拆装填写)

(1) 调速阀型号

(2) 拆卸步骤

思考与练习

4.1 简述普通单向阀和液控单向阀的不同。

4.2 什么是换向阀的常态位?

4.3 简述三位换向阀的中位机能及其形式。

4.4 多路阀的组合方式有哪几种?

4.5 若先导式溢流阀主阀芯上阻尼孔被污物堵塞,溢流阀会出现什么样的故障?如果溢流阀先导阀锥阀座上的进油小孔堵塞,又会出现什么故障?

4.6 溢流阀回油管路中产生较大阻力时,对溢流阀调定压力有无影响?

4.7 顺序阀的调定压力和进出口压力之间有何关系?

4.8 减压阀的出油口被堵住后,减压阀处于何种工作状态?

4.9 当节流阀中的弹簧失效后,对调节输出流量有何影响?

4.10 调速阀在使用过程中,若流量仍然有一定程度的不稳,试分析其原因?

4.11 两腔面积相差很大的单杆缸用二位四通阀换向。有杆腔进油时,无杆腔回油流量很大,为避免使用大通径二位四通阀,可用一个液控单向间分流,请画回路图。

4.12 图 4.34 中溢流阀的调定压力为 5MPa,减压阀的调定压力为 2.5MPa,设缸的无杆腔面积 $A=50$cm。液流通过单向阀和非工作状态下的减压阀时,压力损失分别为 0.2MPa 和 0.3MPa。试问:当负载 F 分别为 0、7.5kN 和 30kN 时,(1) 缸能否移动?(2) A、B 和 C 三点压力数值各为多少?

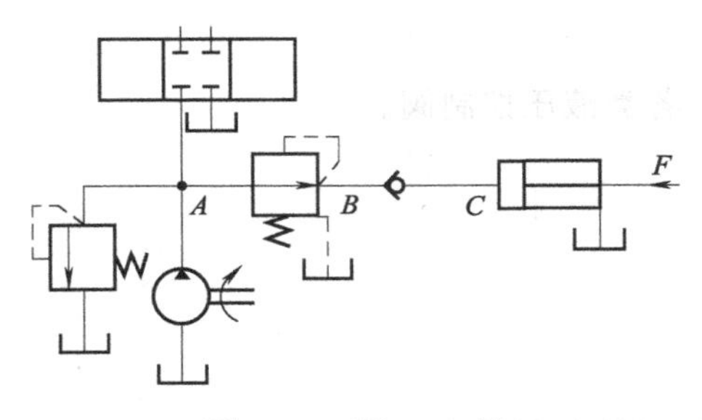

图 4.34 题 4.12 图

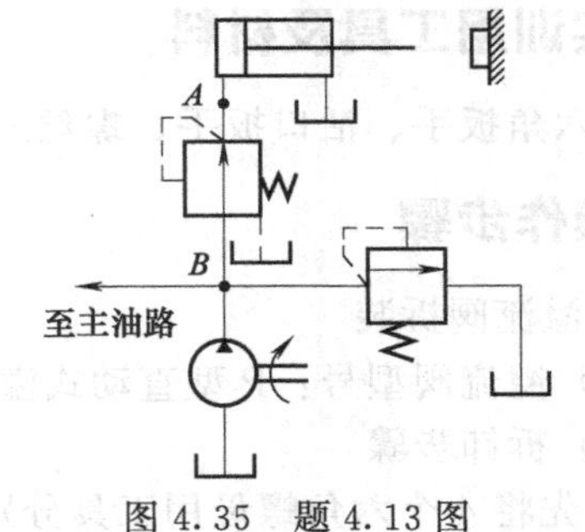

图 4.35 题 4.13 图

4.13 如图 4.35 所示,溢流阀 p_Y 的调定压力为 5MPa,减压阀 p_J 的调定压力为 1.5MPa,试分析活塞在运动期间和工件夹紧后管路中 A、B 点的压力值。减压阀的阀芯处于什么状态?阀口有无流量通过?为什么?

4.14 在图 4.36 所示的两阀组中,溢流阀的调定压力为 $p_A=4$MPa、$p_B=3$MPa、$p_C=5$MPa。试求压力计读数。

4.15 图 4.37 中,两阀组的出口压力取决于哪个减压阀?为什么?设两减压阀调定压力一大一小,并且所在支路有足够的负载。

4.16 已知顺序阀的调整压力为 4MPa,溢流阀的调整压力为 6MPa,当系统负载无穷大时,分别计算图 4.38 (a) 和图 4.38 (b) 中 A 点处的压力值。

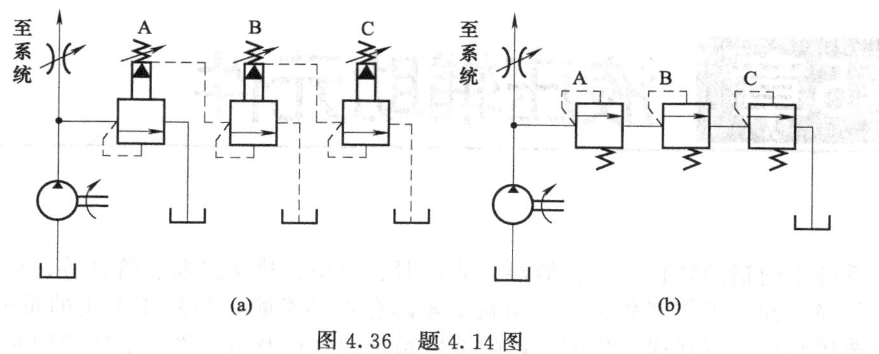

图 4.36　题 4.14 图

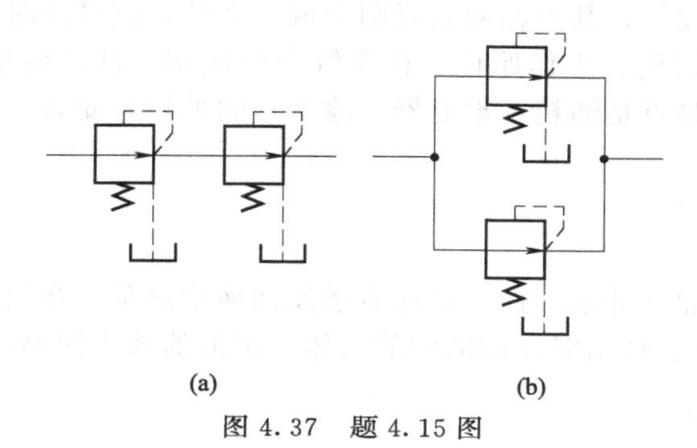

图 4.37　题 4.15 图

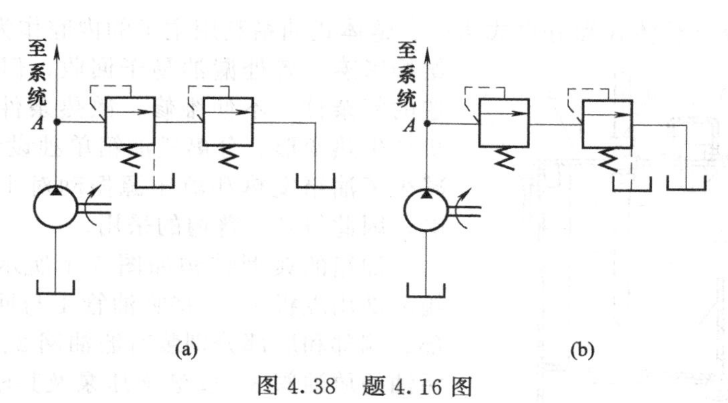

图 4.38　题 4.16 图

第5章 液压辅助元件

液压系统中的辅助装置，如蓄能器、滤油器、油箱、热交换器、管件等，对系统的动态性能、工作稳定性、工作寿命、噪声和温度等都有直接影响，是液压系统的重要组成部分，它的合理选用与设计将在很大程度上影响液压系统的效率及可靠性，必须予以重视。其中油箱需根据系统要求自行设计，其他辅助装置则做成标准件，供设计时选用。本章重点是油箱的选用设计，蓄能器的结构、工作原理、在系统中的应用，油液清洁度和滤油器的正确使用，密封装置的选用。难点是油箱、蓄能器、滤油器的维护与安装。

5.1 油箱

油箱的功用主要是储存油液，此外还起着散发油液中热量（在周围环境温度较低的情况下则是保持油液中热量）、释出混在油液中的气体、沉淀油液中污物等作用。

5.1.1 油箱的结构

油箱按结构分有整体式和分离式两种。整体式油箱利用主机的内腔作为油箱，这种油箱结构紧凑，各处漏油易于回收，但增加了设计和制造的复杂性，不便维修，散热条件不好，且会使主机产生热变形。分离式油箱单独设置，与主机分开，减少了油箱发热和液压源振动对主机工作精度的影响，因此得到了普遍的采用。

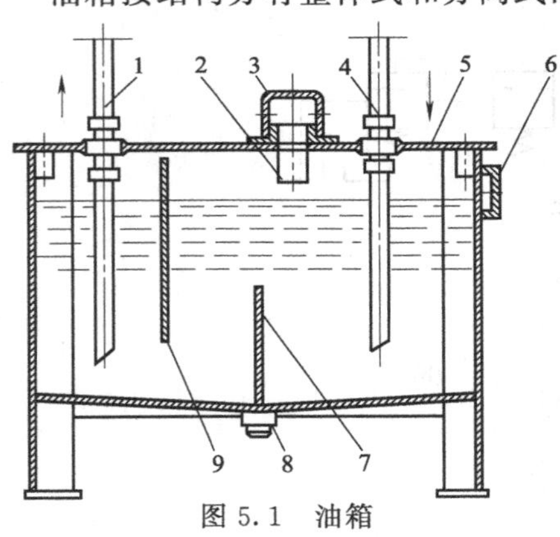

图 5.1　油箱

1—吸油管；2—滤油网；3—盖；4—回油管；5—安装板；6—液位计；7,9—隔板；8—放油阀

油箱的典型结构如图 5.1 所示。由图可见，油箱内部用隔板 7、9 将吸油管 1 与回油管 4 隔开。顶部、侧部和底部分别装有滤油网 2、液位计 6 和排放污油的放油阀 8。安装液压泵及其驱动电机的安装板 5 则固定在油箱顶面上。

油箱按液面是否与大气相通，又可分为开式和闭式两种，如图 5.1 即属于开式油箱。所谓闭式油箱是指整个油箱是封闭的，顶部有一充气管，可送入 0.05～0.07MPa 过滤纯净的压缩空气。这种油箱本身还须配置安全阀、电接点压力表等元件以稳定充气压力，因此它只在特殊场合下使用。

5.1.2 油箱的设计要点

（1）有效容积

油箱的有效容积（油面高度为油箱高度 80%时的容积）应根据液压系统发热、散热平衡的原则来计算，这项计算在系统负载较大、长期连续工作时是必不可少的。但对于一般情况来说，油箱的有效容积可以按液压泵的额定流量 q_{vp}（L/min）估计出来。例如，适用于机床或其他一些固定式机械的估算式为

$$V=\xi q_{vp} \tag{5.1}$$

式中，V 为油箱的有效容积，L；ξ 为与系统压力有关的经验数字，低压系统 $\xi=2\sim4$，中压系统 $\xi=5\sim7$，高压系统 $\xi=10\sim12$。

(2) 吸回油管的设置

吸油管和回油管两管之间要用隔板隔开，以增加油液循环距离，使油液有足够的时间分离气泡，沉淀杂质，消散热量。隔板高度最好为箱内油面高度的 3/4。吸油管入口处要装粗滤油器。精滤油器与回油管管端在油面最低时仍应没在油中，防止吸油时卷吸空气或回油冲入油箱时搅动油面而混入气泡。回油管管端宜斜切 45°，以增大出油口截面积，减慢出口处油流速度，此外，应使回油管斜切口面对箱壁，以利油液散热。当回油管排回的油量很大时，宜使它出口处高出油面，向一个带孔或不带孔的斜槽（倾角为 5°～15°）排油，使油流散开，一方面减慢流速，另一方面排走油液中空气。减慢回油流速、减少它的冲击搅拌作用，也可以采取让它通过扩散室的办法来达到。泄油管管端亦可斜切并面壁，但不可没入油中。管端与箱底、箱壁间距离均不宜小于管径的 3 倍。粗滤油器距箱底不应小于 20mm。

(3) 防污密封

为了防止油液污染，油箱上各盖板、管口处都要妥善密封。注油器上要加滤油网。防止油箱出现负压而设置的通气孔上须装空气滤清器。空气滤清器的容量至少应为液压泵额定流量的 2 倍。油箱内回油集中部分及清污口附近宜装设一些磁性块，以去除油液中的铁屑和带磁性颗粒。

(4) 排油口与清洗窗

为了易于散热和便于对油箱进行搬移及维护保养，箱底离地至少应在 150mm 以上。箱底应适当倾斜，在最低部位处设置堵塞或放油阀，以便排放污油。箱内各处应便于清洗，必要时设计可拆取的清洗窗。

(5) 液位计与滤油器

箱体上注油口的近旁必须设置液位计。滤油器的安装位置应便于装拆。

(6) 温度控制

箱内正常工作温度应控制在 15～65℃，必要时安装热交换器以及测温、控制等措施。

(7) 壁厚的设计

油箱一般用 2.5～6mm 钢板焊成。箱壁愈薄，散热愈快。大尺寸油箱要加焊角板、筋条，以增加刚性。箱底厚度大于箱壁，当液压泵及其驱动电机和其他液压件都要装在油箱上时，油箱顶盖要相应地加厚，箱盖厚度可为箱壁的 4 倍。

(8) 箱壁的处理

油箱内壁应涂上耐油防锈的涂料。外壁如涂上一层极薄的黑漆（不超过 0.025mm 厚度），会有很好的辐射冷却效果。铸造的油箱内壁一般只进行喷砂处理，不涂漆。

5.2 滤油器

据相关资料，液压系统的故障有 75％以上都是由于油液污染造成的。滤油器的功用就是过滤混在液压油液中的杂质，降低进入系统中油液的污染度，保证系统正常地工作。

5.2.1 滤油器的主要性能指标

(1) 过滤精度

它表示滤油器对各种不同尺寸的机械杂质颗粒的滤除能力，常用绝对过滤精度、过滤比和过滤效率等指标来评定。

绝对过滤精度是指通过滤芯的最大坚硬球状颗粒的尺寸（y），它反映了过滤材料中最大通孔尺寸，以 μ_m 表示。它可以用试验的方法进行测定。

过滤比（β_x值）是指滤油器上游油液单位容积中大于某给定尺寸 x 的颗粒数与下游油液单位容积中大于同一尺寸的颗粒数之比，即对于某一尺寸 x 的颗粒来说，其过滤比 β_x 的表达式为

$$\beta_x=\frac{\text{上游油液尺寸大于 } x \text{ 的颗粒数}}{\text{下游油液尺寸大于 } x \text{ 的颗粒数}} \tag{5.2}$$

从上式可看出，β_x愈大，过滤精度愈高。当过滤比的数值达到75%时，y 即被认为是滤油器的绝对过滤精度。过滤比能确切地反映滤油器对不同尺寸颗粒污染物的过滤能力，它已被国际标准化组织采纳作为评定滤油器过滤精度的性能指标。一般要求系统的过滤精度要小于运动副间隙的一半。此外，压力越高，对过滤精度要求越高，不同工作系统、工作压力下，过滤精度推荐值见表 5.1。

表 5.1　过滤精度推荐值

系统类别	润滑系统	传动系统			伺服系统
工作压力/MPa	0～2.5	≤14	14<p<21	≥21	21
过滤精度/μm	100	25～50	25	10	5

（2）压降特性

液压回路中的滤油器对油液流动来说是一种阻力，因而油液通过滤芯时必然要出现压力降。一般来说，在滤芯尺寸和流量一定的情况下，滤芯的过滤精度愈高，压力降愈大；在流量一定的情况下，滤芯的有效过滤面积愈大，压力降愈小；油液的黏度愈大，流经滤芯的压力降也愈大。

滤芯所允许的最大压力降，应以不致使滤芯元件发生结构性破坏为原则。在高压系统中，滤芯在稳定状态下工作时承受到的仅仅是它那里的压力降，这就是为什么纸质滤芯亦能在高压系统中使用的道理。油液流经滤芯时的压力降，大部分是通过试验或经验公式来确定的。

（3）纳垢容量

这是指滤油器在压力降达到其规定限值之前可以滤除并容纳的污染物数量，这项性能指标可以用多次通过性试验来确定。滤油器的纳垢容量愈大，使用寿命愈长，所以它是反映滤油器寿命的重要指标。一般来说，滤芯尺寸愈大，即过滤面积愈大，纳垢容量就愈大。增大过滤面积，可以使纳垢容量至少成比例地增加。

5.2.2　过滤器的主要类型

按滤芯材料和结构形式的不同，过滤器分为：网式、线隙式、纸芯式、烧结式和磁性过滤器等。

（1）网式过滤器

如图 5.2 所示，网式过滤器是将铜丝网包在周围开有窗孔的塑料或金属筒形骨架上，多为无壳体结构，安装在液压泵吸油口。结构简单，清洗方便，通油能力大，过滤精度较低，有 80μm、100μm、180μm 三种规格。

（2）线隙式过滤器

如图 5.3 所示，线隙式滤油器的滤芯由铜线或铝线绕在筒形骨架上而形成（骨架上有许多纵向槽和径向孔），依靠线间缝隙过滤。其特点是结构简单，通油能力大，过滤精度比网式滤

油器高，大约为为 30～100μm。但不易清洗，滤芯强度较低。一般用于中、低压系统。

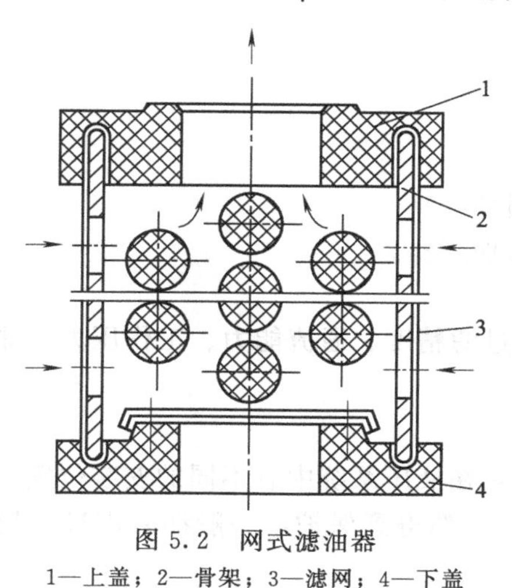

图 5.2 网式滤油器

1—上盖；2—骨架；3—滤网；4—下盖

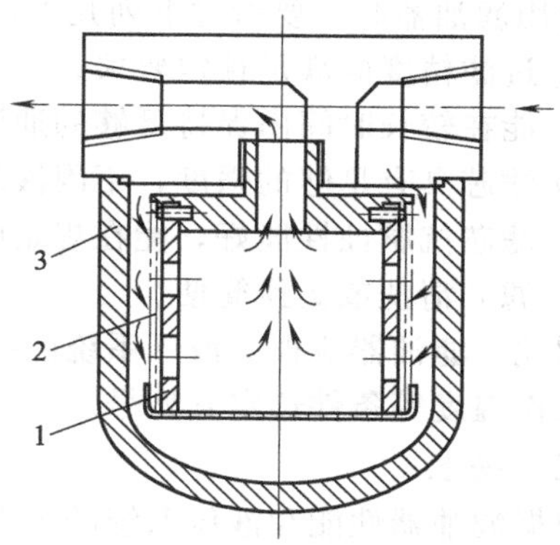

图 5.3 线隙式过滤器

1—芯架；2—滤芯；3—壳体

(3) 纸芯式过滤器

如图 5.4 所示是以处理过的滤纸作为过滤材料的纸芯过滤器。为增加过滤面积，滤纸折叠成波纹状。过滤精度高，过滤精度为 5～30μm，多用于精过滤，但通流能力小，易堵塞，无法清洗，需要经常更换滤芯。适用于低压小流量的精密过滤。

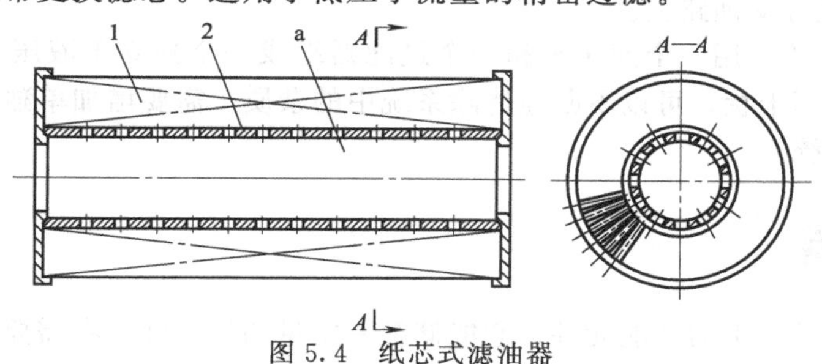

图 5.4 纸芯式滤油器

1—纸芯；2—芯架

(4) 烧结式过滤器

如图 5.5 所示，烧结式过滤器的滤芯通常由青铜等颗粒状金属烧结而成，工作时利用颗粒间的微孔进行过滤。该种滤油器制造简单，耐高温，抗腐蚀性强，滤芯强度大，但易堵塞，难于清洗，颗粒易脱落。

(5) 磁性过滤器

磁性过滤器是靠磁性材料把混合在油中的铁屑或带磁性的磨料滤除。磁性过滤器经常与其他种类的过滤器配合使用，特别适用于经常加工磁性材料的机械加工机床液压系统。

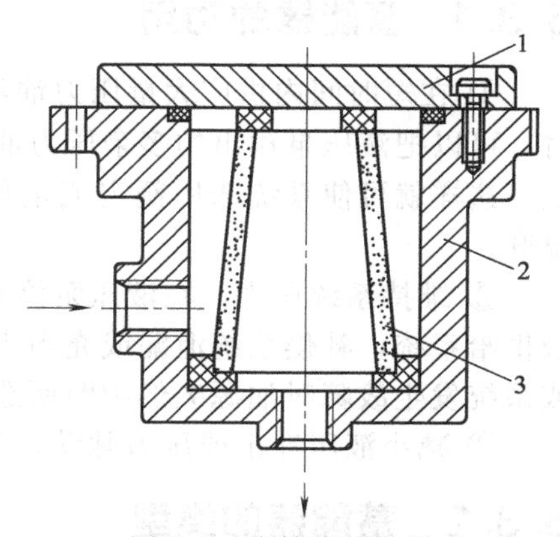

图 5.5 烧结式滤油器

1—顶盖；2—壳体；3—滤芯

5.2.3 过滤器的选用和安装

(1) 选用原则

滤油器按其过滤精度（滤去杂质的颗粒大小）的不同，有粗过滤器、普通过滤器、精密过滤器和特精过滤器四种，它们分别能滤去大于 100μm、10～100μm、5～10μm 和 1～5μm 大小的杂质。

选用滤油器时，要考虑下列几点：

① 过滤精度应满足预定要求。

② 能在较长时间内保持足够的通流能力。

③ 滤芯具有足够的强度，不因液压的作用而损坏。

④ 滤芯抗腐蚀性能好，能在规定的温度下持久地工作。

⑤ 滤芯清洗或更换简便。

因此，滤油器应根据液压系统的技术要求，按过滤精度、通流能力、工作压力、油液黏度、工作温度等条件选定其型号。

（2）安装

根据滤油器性能和液压系统的工作需要不同，它在液压系统中有不同的安装位置。

① 安装在液压泵吸油路上，可使系统中所有元件都得到保护，一般都采用过滤精度较低的网式过滤器。

② 安装在压油路上，可以保护除泵以外的其他精密液压元件或防止小孔、缝隙堵塞，为防止过滤器堵塞而使液压泵过载或引起滤芯破裂，应设置安全阀或堵塞指示器。

③ 安装在回油路上，对系统的液压元件起间接保护作用。为防备滤油器堵塞，要并联安全阀。

④ 安装在系统分支油路上。

⑤ 单独过滤系统，用一个液压泵和一个过滤器组成一个独立于液压系统之外的过滤回路。它与主系统互不干扰，可以不断地清除系统中的杂质。需要增加单独的液压泵，适用于大型机械的液压系统。

5.3 蓄能器

蓄能器是液压系统中的蓄能元件。它能储存一定量的压力油，在需要时迅速或适量地释放，供液压系统使用。

5.3.1 蓄能器的功用

① 在短时间内供应大量压力油液。实现周期性动作的液压系统，在系统不需大量油液时，可以把液压泵输出的多余压力油液储存在蓄能器内，到需要时再由蓄能器快速释放给系统。这样就可使系统选用额定流量相对较小的液压泵，以减小电动机功率消耗，降低系统温升。

② 维持系统压力。在液压泵停止向系统提供油液的情况下，蓄能器能把储存的压力油液供给系统，补偿系统泄漏或充当应急能源，使系统在一段时间内维持系统压力，避免停电或系统发生故障时油源突然中断所造成的机件损坏。

③ 减小液压冲击或压力脉动。蓄能器能吸收，大大减小其幅值。

5.3.2 蓄能器的类型

蓄能器主要有弹簧式和充气式两大类，其中充气式又包括活塞式、皮囊式和气瓶式三种，在以前还有一种重锤式蓄能器，体积庞大，结构笨重，反应迟钝，现在工业上已很少应用。

（1）活塞式蓄能器

图 5.6（a）所示为活塞式蓄能器。由活塞 1、缸筒 2、气门 3 组成，气体由气门通入，压力油经过油孔 a 通入液压系统。活塞式蓄能器利用气体的压缩和膨胀来储存、释放压力能，气体和油液在蓄能器中由活塞隔开，相对而言结构简单，但活塞和缸壁间有摩擦、反应不够灵敏、密封要求较高，供中、高压系统吸收压力脉动。

（2）气囊式蓄能器

图 5.6（b）所示为气囊式蓄能器。它由充气阀 1、壳体 2、气囊 3、提升阀 4 等组成。气囊用耐油橡胶制成，固定在壳体 2 的上部，囊内充入惰性气体（一般为氮气）。提升阀是一个用弹簧加载的具有菌形头部的阀，压力油由该阀通入。在液压油全部排出时，该阀能防止气囊膨胀挤出油口。

这种蓄能器气囊惯性小，反应灵敏，容易维护，所以最常用。其缺点是容量较小，气囊和壳体的制造比较困难。

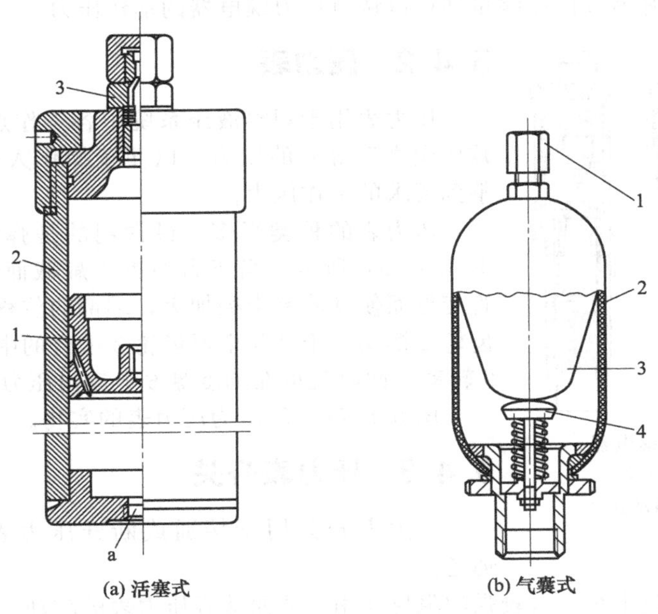

(a) 活塞式　　(b) 气囊式

1—活塞；2—缸筒；3—气门　　1—充气阀；2—壳体；3—气囊；4—提升阀

图 5.6　蓄能器

5.3.3 蓄能器的使用和安装

蓄能器在液压回路中的安放位置随其功用而不同：用于吸振的蓄能器，应尽可能地安装在振源附近；用于补油保压时尽可能地接近相关的执行元件。

使用蓄能器须注意如下几点：

① 充气式蓄能器中应使用惰性气体（一般为氮气），允许工作压力视蓄能器结构形式而定。

② 不同的蓄能器各有其适用的工作范围，例如，皮囊式蓄能器的皮囊强度不高，不能承受很大的压力波动，且只能在－20～70℃的温度范围内工作。

③ 皮囊式蓄能器原则上应垂直安装（油口向下），只有在空间位置受限制时才允许倾斜或水平安装。

④ 装在管路上的蓄能器须用支板或支架固定。

⑤ 蓄能器与管路系统之间应安装截止阀，供充气、检修时使用。蓄能器与液压泵之间应安装单向阀，防止液压泵停车时蓄能器内储存的压力油液倒流。

5.4 压力继电器、压力表、压力表开关

5.4.1 压力继电器

压力继电器是一种将油液的压力信号转换成电信号的电液控制元件，当油液压力达到压力继电器的调定压力时，即发出电信号，以控制电磁铁、电磁离合器、继电器等元件动作，使油路卸压、换向、执行元件实现顺序动作，或关闭电动机，使系统停止工作，起安全保护作用等。图 5.7 所示为常用柱塞式压力继电器的结构示意。如图所示，当从压力继电器下端进油口通入的油液压力达到调定压力值时，推动柱塞 1 上移，此位移通过杠杆 2 放大后推动开关 4 动作。改变弹簧 3 的压缩量即可以调节压力继电器的动作压力。

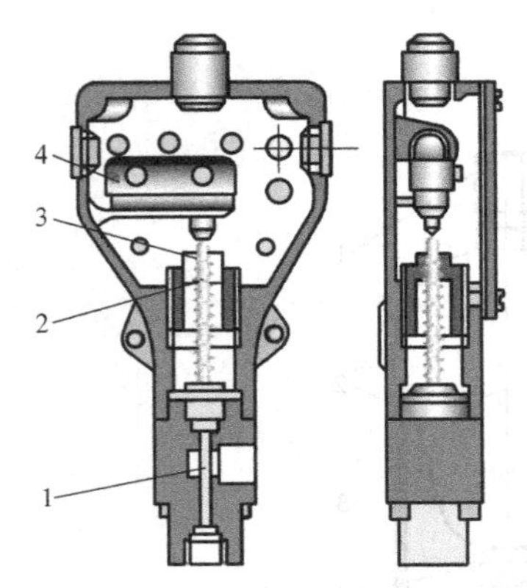

图 5.7　压力继电器

1—柱塞；2—杠杆；3—弹簧；4—微动开关

5.4.2 压力表

压力表用于观察液压系统中各工作点（如液压泵出口、减压阀之后等）的压力，以便于操作人员把系统的压力调整到要求的工作压力。

压力表的种类很多，最常用的是弹簧管式压力表，如图 5.8（a）所示。当压力油进入扁截面金属弯管 1 时，弯管变形而使其曲率半径加大，端部的位移通过杠杆 3 使扇形齿轮 2 摆动。于是与扇形齿轮 2 啮合的中心齿轮 8 带动指针 9 转动，此时就可在刻度盘 6 上读出压力值。

图 5.8（b）所示为压力表的实物。

5.4.3 压力表开关

压力表开关用于接通或断开压力表与测量点油路的通道。

压力表开关通道很小，有较强的阻尼作用，从而减轻压力表的跳动，保护压力表。压力

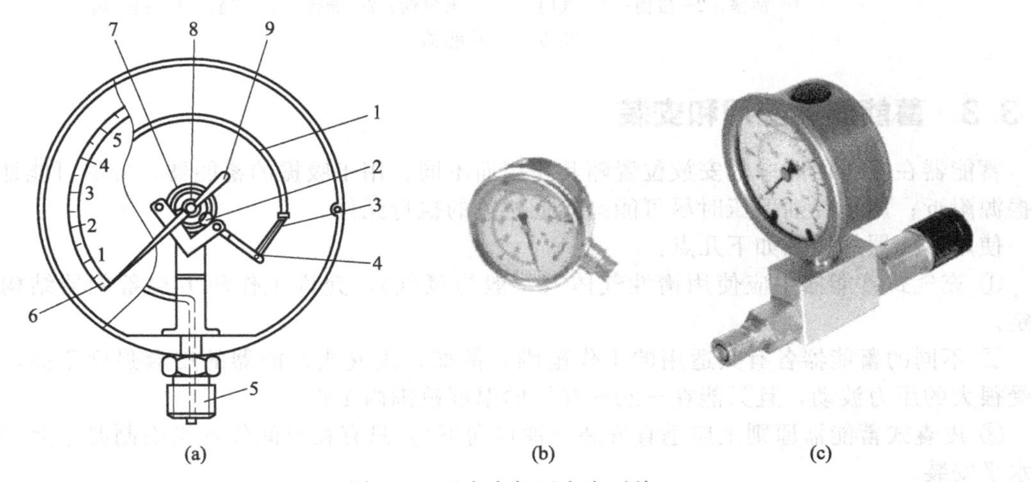

图 5.8　压力表与压力表开关

1—弯管；2—扇形齿轮；3—杠杆；4—调节螺钉；5—接头；6—刻度盘；7—游丝；8—中心齿轮；9—指针

表开关有一点式、三点式、六点式等类型。多点压力表开关可按需要分别测量系统中多点处的压力。图 5.8（c）中与压力表相连接者即压力表开关，转动手柄可控制压力表与系统油路的通断或改变测量点。

当不测量液压系统的压力时，应将压力表开关手柄拉出，使压力表与系统油路断开，从而也保护了压力表，并延长其使用寿命。

5.5 管件

在液压系统中，如何将各种液压元件连接起来呢？就是依靠管件完成的。管件包括油管和管接头。

5.5.1 油管

液压系统中使用的油管种类很多，有钢管、铜管、尼龙管、塑料管、橡胶管等。选用时，应按照具体的安装位置、工作环境和工作压力来正确选用。

（1）油管的特点及其适用范围

油管的特点及其适用范围如表 5.2 所示。

表 5.2 油管的种类及使用场合

种类		特点和使用场合
硬管	钢管	能承受高压，价格低廉，耐油，抗腐蚀，刚性好，但装配时不能任意弯曲；常在装拆方便处用作压力管道，中、高压用无缝管，低压用焊接管合
	紫铜管	易弯曲成各种形状，但承压能力一般不超过 6.5～10MPa，抗振能力较弱，又易使油液氧化；通常用在液压装置内配接不便之处
软管	尼龙管	乳白色半透明，加热后可以随意弯曲成形或扩口，冷却后又能定形不变，承压能力因材质而异，自 2.5MPa 至 8MPa 不等
	塑料管	质轻耐油，价格便宜，装配方便，但承压能力低，长期使用会变质老化，只宜用作压力低于 0.5MPa 的回油管、泄油管等
	橡胶管	高压管由耐油橡胶夹几层钢丝编织网制成，钢丝网层数越多，耐压越高，价昂，用作中、高压系统中两个相对运动件之间的压力管道 低压管由耐油橡胶夹帆布制成，可用作回油管道

（2）油管尺寸计算

油管的管径不宜选得过大，以免使液压装置的结构庞大；但也不能选得过小，以免使管内液体流速加大，系统压力损失增加或产生振动和噪声，影响正常工作。

在保证强度的情况下，管壁可尽量选得薄些。薄壁易于弯曲，规格较多，装接较易，采用它可减少管系接头数目，有助于解决系统泄漏问题。

油管的内径 d 和壁厚 δ 可根据液压系统的流量和压力分别计算，公式如下

$$d=2\sqrt{\frac{q_{\mathrm{v}}}{\pi v}} \tag{5.3}$$

$$\delta=\frac{pd}{2[\sigma]} \tag{5.4}$$

由式（5.3）、式（5.4）计算出 d、δ 后，查阅有关的标准选定。

式中，v 为管中油液的流速，吸油管取 0.5～1.5m/s，高压管取 2.5～5m/s（压力高的取大值，低的取小值；管道较长的取小值，较短的取大值；油液黏度大时取小值），回油管取 1.5～2.5m/s，短管及局部收缩处取 5～7m/s。

$[\sigma]$ 为管材的许用应力。对铜管，$[\sigma] \leqslant 25\text{MPa}$；对钢管来说，$[\sigma]=\sigma_b/n$，$\sigma_b$为管道材料的抗拉强度，$n$ 为安全系数，$p<7\text{MPa}$ 时取 $n=8$，$7\text{MPa}<p<17.5\text{MPa}$ 时取 $n=6$，$p>17.5\text{MPa}$ 时取 $n=4$。

5.5.2 管接头

管接头是油管与油管、油管与液压件之间的可拆式连接件，它必须具有装拆方便、连接牢固、密封可靠、外形尺寸小、通流能力大、压降小、工艺性好等各项条件。

管接头的种类很多，其规格品种可查阅有关手册。液压系统中油管与管接头的常见连接方式如图 5.9 所示。

图 5.9（a）所示为扩口式管接头，常用于中、低压的铜管和薄壁钢管的连接。

图 5.9（b）所示为焊接式管接头，用来连接管壁较厚的钢管。

图 5.9（c）所示为卡套式管接头，这种管接头拆装方便，在高压系统中被广泛使用，但对油管的尺寸精度要求较高。

图 5.9（d）所示为扣压式管接头，用来连接高压软管。

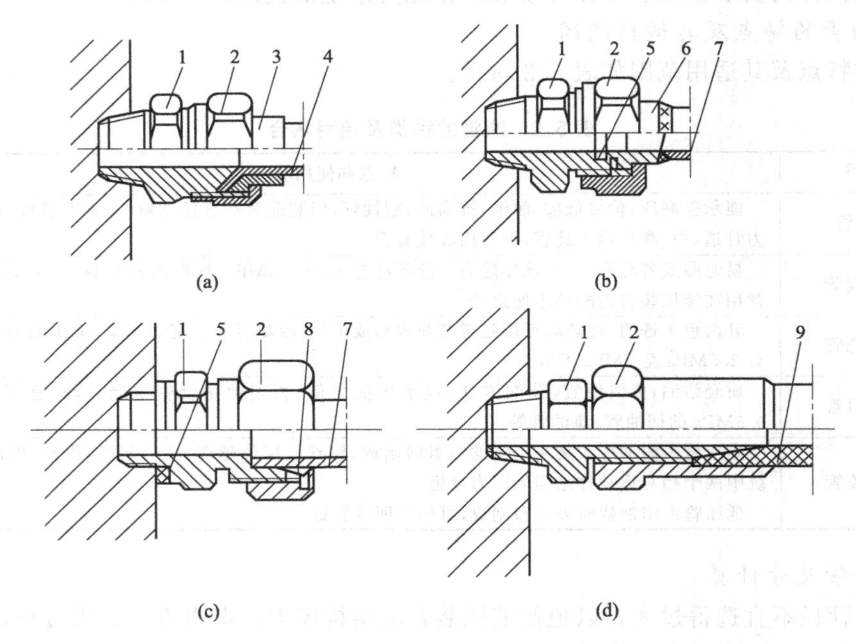

图 5.9 管接头

1—接头体；2—螺母；3—管套；4—扩口薄管；5—密封垫；6—接管；7—钢管；8—卡套；9—橡胶软管

图 5.10 所示为快速接头，用于经常需要装拆处。图示为油路接通时的工作位置；当要断开油路时，可用力把外套 4 向左推，在拉出接头体 5 后，钢球 3 即从接头体中退出。与此同时，单向阀的锥形阀芯 2 和 6 分别在弹簧 1 和 7 的作用下将两个阀口关闭，油路即可断开。

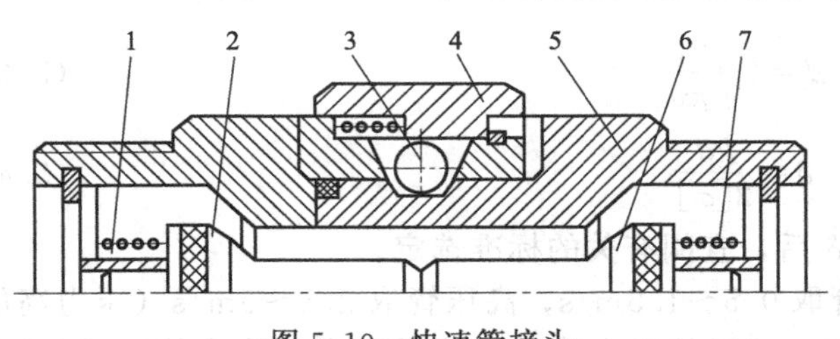

图 5.10 快速管接头

1,7—弹簧；2,6—阀芯；3—钢球；4—外套；5—接头体

管接头在管路旋入端一般采用国家标准米制锥螺纹（ZM）和普通细牙螺纹（M）。锥螺纹依靠自身的锥体旋

紧和采用聚四氟乙烯等进行密封，广泛用于中、低压液压系统；细牙螺纹密封性好，常用于高压系统，但要采用组合垫圈或O形圈进行端面密封，有时也可用紫铜垫圈。

5.5.3 中心回转接头

在具有回转机构的机械的液压系统中，在平台的回转中心设置一个中心回转接头，用来沟通回转平台与底盘之间的油路。主要用于挖掘机、汽车起重机上，例如在汽车起重机上就设置有中心回转接头，当液压系统的执行机构回路与液压泵发生相对转动时，用中心回转接头来连接油路可避免油管缠绕。

图5.11所示为中心回转接头。它由旋转芯子1、外壳2和密封件3组成。通常旋转芯子与回转平台固定连接，跟随回转平台回转，外壳则与底盘连接。上部油管安装在旋转芯子上端的小孔上，这些小孔经过轴向内孔和径向孔与下车油管相连。为了保证芯子旋转时，其上油孔始终与外壳上相应油孔相通，在外壳的内表面上与径向孔对应位置开有环形油槽A。

液压系统中的泄漏问题大部分都出现在管系中的接头上，为此对管材的选用，接头形式的确定、管系的设计以及管道的安装都要审慎从事，以免影响整个液压系统的使用质量。

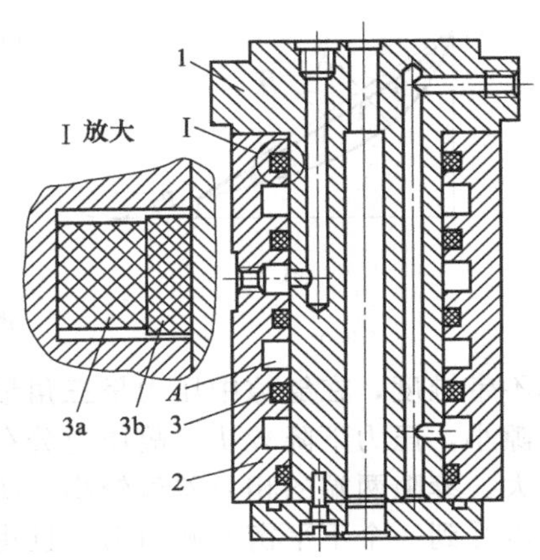

图5.11 中心回转接头示意图
1—旋转芯子；2—外壳；3—密封件

5.6 密封装置

密封是解决液压系统泄漏问题最重要、最有效的手段。液压系统如果密封不良，可能出现不允许的外泄漏，外漏的油液将会污染环境；还可能使空气进入吸油腔，影响液压泵的工作性能和液压执行元件运动的平稳性（爬行）；泄漏严重时，系统容积效率过低，甚至工作压力达不到要求值。若密封过度，虽可防止泄漏，但会造成密封部分的剧烈磨损，缩短密封件的使用寿命，增大液压元件内的运动摩擦阻力，降低系统的机械效率。因此，合理地选用和设计密封装置在液压系统的设计中十分重要。

5.6.1 间隙密封

间隙密封是利用相对运动零件之间的微小间隙实现密封的，其结构简单，摩擦阻力小，但密封效果差。主要用于直径较小的圆柱面之间，如液压泵内的柱塞与缸体之间，滑阀的阀芯与阀孔之间的配合。

（1）均压槽和液压卡紧

在应用间隙密封时，一般在阀芯（或柱塞）的外表面开有几条等距离的均压槽，它的主要作用是使径向压力分布均匀，减少液压卡紧力，同时对减少泄漏也有一定的作用。

从理论上讲，如果相互配合的两个圆柱面是完全精确的圆柱形，而且径向间隙处处相等，就不会存在液压卡紧现象。但实际上，相配合的两个圆柱面几何形状及相对位置均有误差，使液体在流过配合间隙时产生了径向不平衡力（即侧向力，如图5.12所示）。由于这个侧向力的存在，从而引起相对移动时的轴向摩擦阻力（即卡紧力）。如果阀芯的驱动力不足以克服这个卡紧力，就会发生所谓的卡紧现象。

图中p_1和p_2分别为高、低压腔的压力。图5.12（a）表示阀芯因加工误差而带有倒锥（锥部大端在高压腔），同时阀芯与阀孔轴心线平行但不重合而向上有一个偏心距e。如果阀

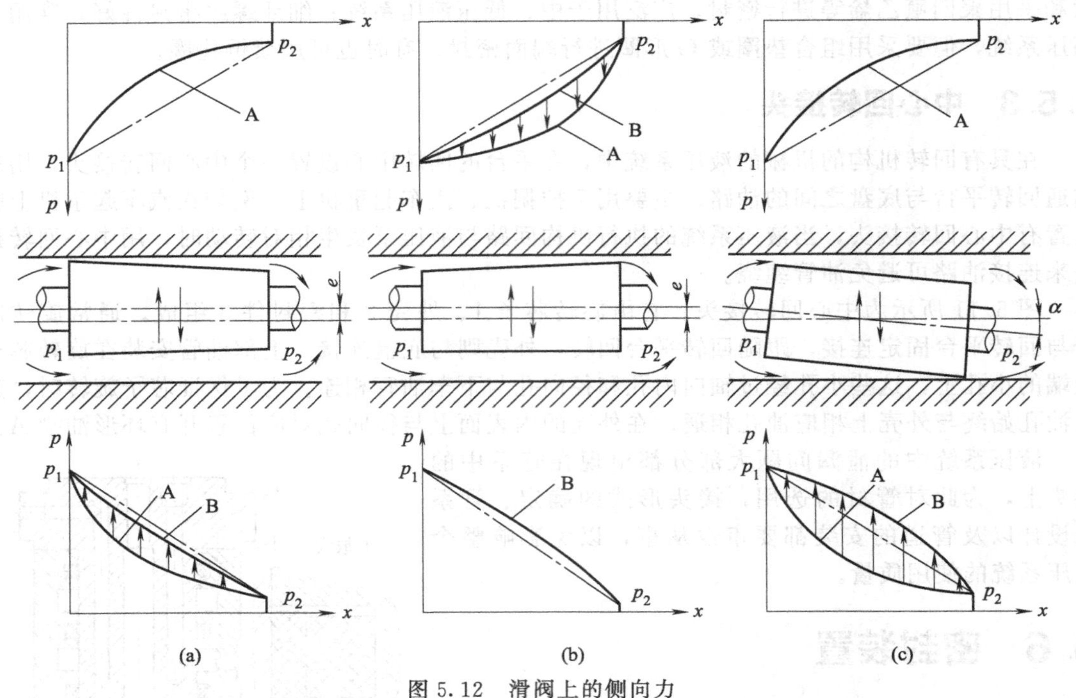

图 5.12　滑阀上的侧向力

芯不带锥度，在缝隙中压力呈三角形分布（图中点画线所示）。现因阀芯有倒锥，高压端的缝隙小，压力下降较快，故压力分布呈凹形，如图 5.12（a）中实线所示；而阀芯下部间隙较大，缝隙两端的相对差值较小，所以图 5.12（b）比图 5.12（a）凹得较小。这样，阀芯上就受到一个不平衡的侧向力，且指向偏心一侧，直到二者接触为止。图 5.12（b）所示为阀芯带有顺锥（锥部大端在低压腔），这时阀芯如有偏心，也会产生侧向力，但此力恰好是使阀芯恢复到中心位置，从而避免了液压卡紧。图 5.12（c）所示为阀芯（或阀体）因弯曲等原因而倾斜时的情况，由图可见，该情况的侧向力较大。

（2）减小液压卡紧力应采取的措施

① 在倒锥时，尽可能地减小，即严格控制阀芯或阀孔的锥度。

② 在阀芯（或柱塞）凸肩上开均压槽。均压槽可使同一圆周上各处的压力油互相沟通，并使阀芯在中心定位。均压槽一般宽 0.3～0.5mm、深 0.5～1mm、间距 1～5mm。

③ 采用顺锥。

④ 精密过滤油液。

5.6.2　密封元件

（1）O 形密封圈

O 形密封圈一般用耐油橡胶制成，其横截面呈圆形，它具有良好的密封性能，内外侧和端面都能起密封作用，结构紧凑，运动件的摩擦阻力小，制造容易，装拆方便，成本低，且高低压均可以用，所以在液压系统中得到广泛的应用。

图 5.13 所示为 O 形密封圈的结构和工作情况。图 5.13（a）为其结构形状；图 5.13（b）为装入密封沟槽的情况，此处 δ_1、δ_2 为 O 形圈装配后的预压缩量，通常用压缩率 W 表示，即 $W=[(d_0-h)/d_0]\times100\%$，对于固定密封、往复运动密封和回转运动密封，应分别达到 15%～20%、10%～20%和 5%～10%，才能取得满意的密封效果。当油液工作压

力超过10MPa时，O形圈在往复运动中容易被油液压力挤入间隙而提早损坏，见图5.13(c)，为此要在它的侧面安放1.2～1.5mm厚的聚四氟乙烯挡圈，单向受力时在受力侧的对面安放一个挡圈［见图5.13（d)］；双向受力时则在两侧各放一个［见图5.13（e)］。

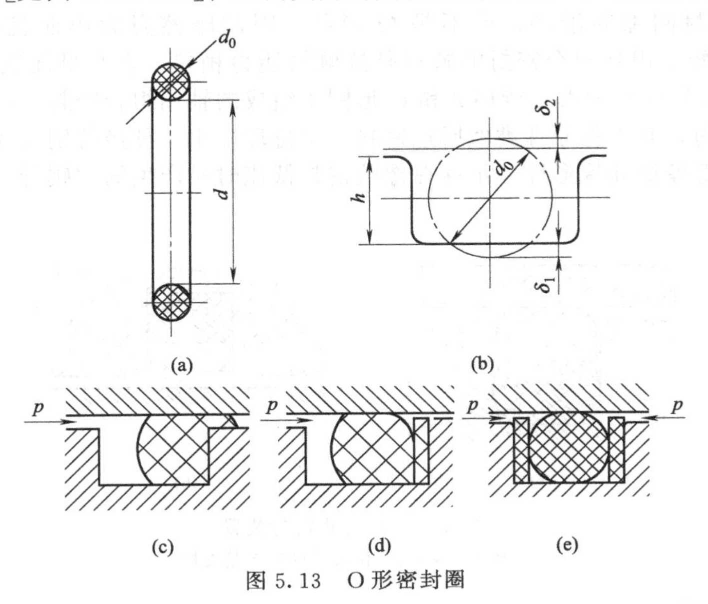

图5.13　O形密封圈

(2) 唇形密封圈

唇形密封圈根据截面的形状可分为Y形、V形、U形、L形等。其工作原理如图5.14所示。液压力将密封圈（此处为Y形）的两唇边h_1压向形成间隙的两个零件的表面。这种密封作用的特点是能随着工作压力的变化自动调整密封性能，压力越高则唇边被压得越紧，密封性越好；当压力降低时唇边压紧程度也随之降低，从而减少了摩擦阻力和功率消耗，除此之外，还能自动补偿唇边的磨损，保持密封性能不降低。

V形密封圈的形状如图5.15所示，它由多层涂胶织物压制而成，通常由压环、密封环和支承环三个圈叠在一起使用，以此保证良好的密封性。在压力很高时，比如在高压和超高压情况下（压力大于25MPa），V形密封圈可以增加中间密封环的数量。V形密封圈在安装时要预压紧，所以摩擦阻力较大。

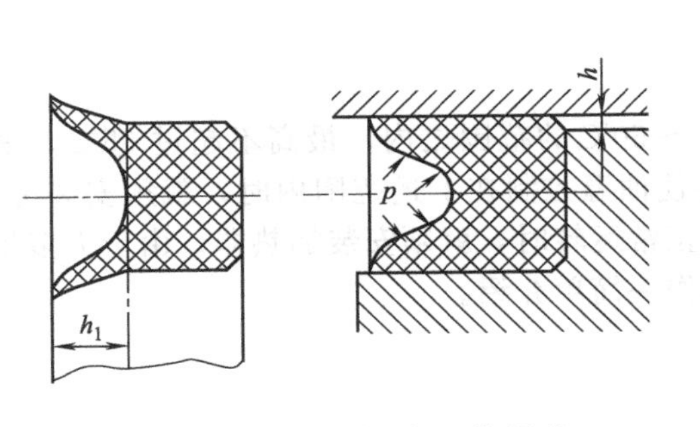

图5.14　唇形密封圈的工作原理

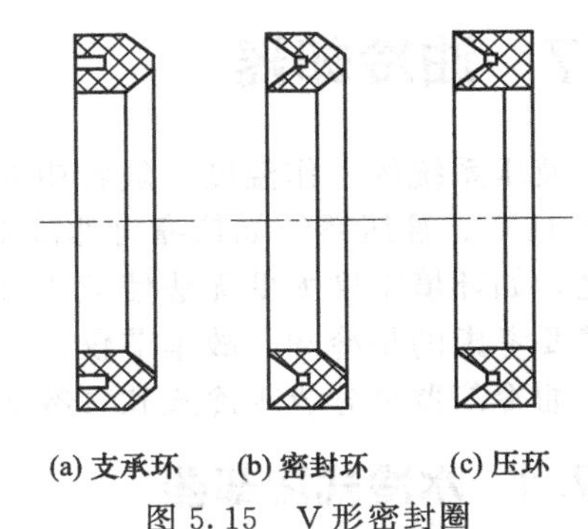

图5.15　V形密封圈

唇形密封圈安装时应使其唇边开口面对压力油，使两唇张开，分别贴紧在机件的表面上。

(3) 组合式密封装置

随着液压系统对密封的要求越来越高，普通的密封圈单独使用已不能满足密封要求。此时，由包括密封圈在内的两个以上元件组成的组合式密封装置就显示出了优越性。

图 5.16（a）所示的为 O 形密封圈与截面为矩形的聚四氟乙烯塑料滑环组成的组合密封装置。其中，滑环 2 紧贴密封面，O 形圈 1 为滑环提供弹性预压力，在介质压力等于零时构成密封，由于密封间隙靠滑环，而不是 O 形圈，因此摩擦阻力小而且稳定，可以用于 40MPa 的高压。矩形滑环组合密封的缺点是抗侧倾能力稍差，在高低压交变的场合下工作容易漏油。图 5.16（b）为由支持环 2 和 O 形圈 1 组成的轴用组合密封，由于支持环与被密封件之间为线密封，其工作原理类似唇边密封。支持环采用一种经特别处理的化合物，具有极佳的耐磨性、低摩擦和保形性，不存在橡胶密封低速时易产生的“爬行”现象。工作压力可达 80MPa。

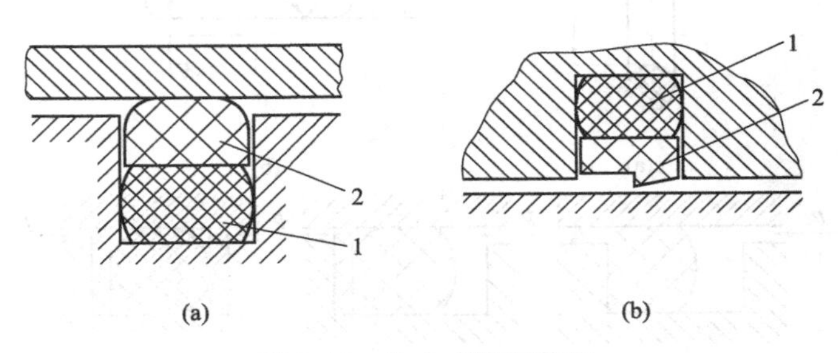

图 5.16　组合式密封装置

1—O 形密封圈；2—滑环［(b) 图是支持环］

组合式密封装置由于充分发挥了橡胶密封圈和滑环（支持环）的长处，因此不仅工作可靠，摩擦力低而稳定，而且使用寿命比普通橡胶密封提高近百倍，在工程上的应用日益广泛。

5.6.3　对密封装置的使用要求

① 在工作压力和一定的温度范围内，应具有良好的密封性能，并随着压力的增加能自动提高密封性能。

② 密封装置和运动件之间的摩擦力要小，摩擦因数要稳定。

③ 抗腐蚀能力强，不易老化，工作寿命长，耐磨性好，磨损后在一定程度上能自动补偿。

④ 结构简单，使用、维护方便，价格低廉。

5.7　油冷却器

液压系统的工作温度一般希望保持在 30～50℃ 的范围之内，最高不超过 65℃，最低不低于 15℃。液压系统如依靠自然冷却仍不能使油温控制在上述范围内时，就须安装冷却器；反之，如环境温度太低无法使液压泵启动或正常运转时，就须安装加热器。由于大多情况油箱需要考虑的是冷却，故本节仅就油冷却器作一简单介绍。

油冷却器可分成水冷式和气冷式两大类。

5.7.1　水冷式冷却器

液压系统中的冷却器，最简单的是蛇形管冷却器（见图 5.17），它直接装在油箱内，冷却水从蛇形管内部通过，带走油液中热量。这种冷却器结构简单，但冷却效率比较低，而且耗水量大。

液压系统中用得较多的冷却器是强制对流式多管冷却器（图 5.18）。油液从进油口 5 流入，从出油口3流出；冷却水从进水口7流入，通过多根水管后由出水口1流出。油液在水管外部流动时，设置三块隔板可以增加油液的循环距离，改善散热条件，冷却效果好。还有一种翅片管式冷却器，由于水管外面增加了许多横向或纵向的散热翅片，于是有效扩大了散热面积和热交换效果。图5.19所示为翅片管式冷却器的一种形式，它是在圆管或椭圆管外嵌套上许多径向翅片，其散热面积可达光滑管的8～10倍。一般来讲椭圆管的散热效果比圆管更好。

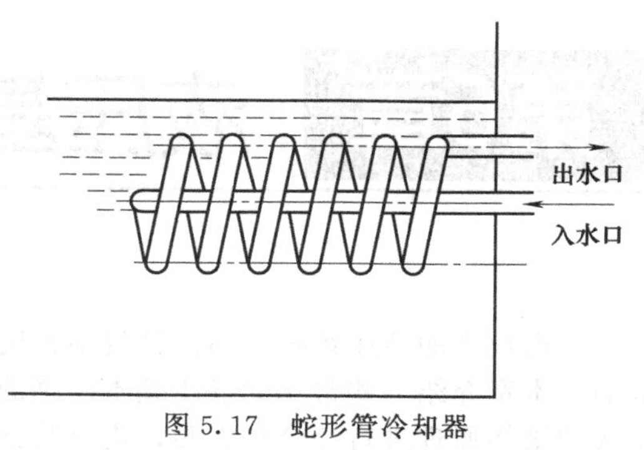

图5.17　蛇形管冷却器

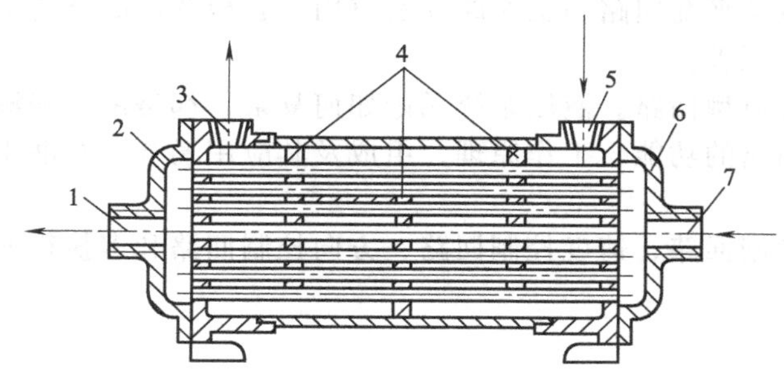

图5.18　多管式冷却器

1—出水口；2—端盖；3—出油口；4—隔板；
5—进油口；6—端盖；7—进水口

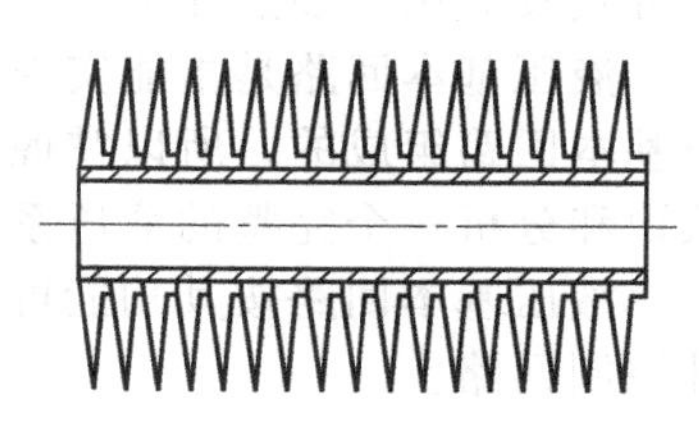
图5.19　翅片管式冷却器

5.7.2　风冷式冷却器

风冷式冷却器结构简单，价格低廉，但冷却效果较水冷式差。但如果在冷却水不易取得或水冷式油冷却器不易安装的场所，有时还必须采用风冷式，尤以行走机械的液压系统使用较多。像汽车上的散热器就是用风冷进行冷却。

5.7.3　油冷却器安装的场所

冷却器一般都安装在热发生体附近，且液压油流经油冷却器时，压力不得大于1MPa。有时必须用安全阀来保护，以使它免于高压的冲击而造成损坏。一般将油冷却器安装在如下一些场所：

① 安放在热发生源，如溢流阀附近。

② 当液压装置很大且运转的压力很高时，使用独立的冷却系统。

③ 为防止冷却器累积过多的水垢而影响热交换效率，可在冷却器内装一滤油器。冷却水要用清洁的软水。

思考与练习

5.1　蓄能器有哪些作用？如何应用蓄能器？

5.2　滤油器有哪些种类？安装时要注意什么？

5.3　油箱作用是什么？

5.4　油管和管接头有哪些类型？各适用于什么场合？

5.5　简述中心回转接头的作用和应用。

第6章 液压基本回路

一台设备的液压系统，不论其复杂程度如何，总是由一些具备各种功能的基本回路所组成的。本章介绍一些常见的液压基本回路的组成、工作原理和性能，实际上是对各种液压控制阀的结构原理进行综合和提高，也是为分析和设计液压系统打基础。重点是压力控制回路中压力控制方法，节流调速回路的工作性能分析，快速运动回路和速度换接回路的工作原理及应用，多缸动作回路的实现方式。难点是平衡回路的工作原理及应用，容积调速回路的调节方式及应用，多缸互不干扰回路的工作原理。

液压基本回路是指能实现某种功能的典型回路。液压系统无论如何复杂，都是由一些液压基本回路组成的，所以掌握各种基本回路的功能、工作原理、组成及其应用场合，有助于认识和分析一个完整的液压系统。

液压基本回路按其功能可分为压力控制回路、速度控制回路、方向控制回路和多执行元件控制回路。

6.1 方向控制回路

方向控制回路是控制执行元件的启动、停止或改变运动方向的回路，常见的有换向回路、锁紧回路和浮动回路等。

6.1.1 换向回路

所有的执行元件都需要有换向回路。换向回路用于控制液压系统中液流的方向，从而改变执行元件的运动方向。

(1) 换向阀换向回路

利用换向阀换向是最常用的换向方式，二位换向阀使执行元件具有两种状态，三位换向阀使执行元件具有三种状态，不同的中位机能可使系统获得不同的性能。采用三位四通换向阀的回路如图 6.1 所示。当换向阀处于右位时，油泵来的压力油进入油缸的左腔，右腔回油推动活塞杆伸出；当换向阀处于左位时，油泵来的压力油进入油缸的右腔，左腔回油，活塞

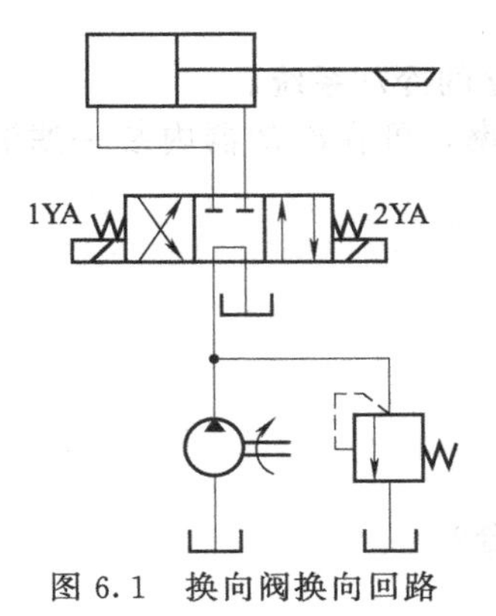

图 6.1 换向阀换向回路

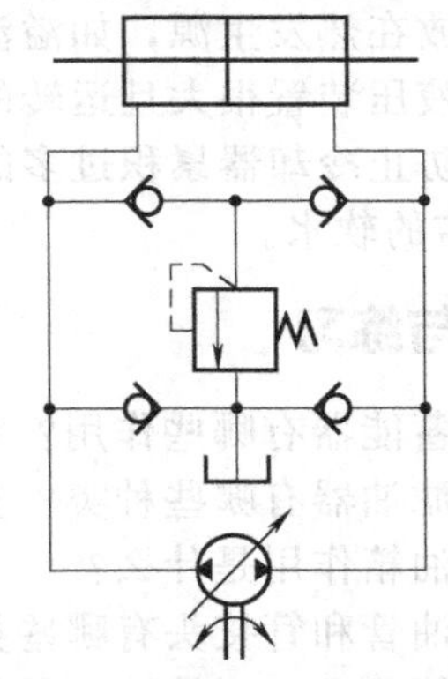
图 6.2 双向变量泵换向回路

杆缩回；当换向阀处于中位时，油泵来的压力油直接回油箱，泵卸荷，油缸处于停止状态。

各种操纵方式的换向阀均可组成换向回路，只是性能和使用场合不同。手动换向阀的精度和平稳性不高，常用于换向不频繁且无需自动化的场合，如：一般机床夹具、工程机械等。对速度和惯性较大的液压系统，采用机动阀较为合理，只要运动部件上的挡块有合适的迎角或轮廓曲线，就可减少液压冲击，并有较高的换向位置精度。电磁阀使用方便，易于实现自动控制，但换向时间短，换向冲击大，不宜换向频繁，只适用于小流量、平稳性要求不高的场合。对换向精度和平稳性有一定要求的液压系统，常用液动阀或电液阀。

(2) 双向变量泵换向回路

双向变量泵换向回路是利用双向变量泵直接改变泵的进出口油流方向，以实现执行元件的换向，如图 6.2 所示。这种换向回路比换向阀换向回路换向平稳，多用于大功率的液压系统，如：龙门刨床、拉床和工程机械等液压系统。

6.1.2 锁紧回路

锁紧回路的作用是能使液压缸在任意位置停留，且停留后不会在外力作用下移动位置。锁紧是对液压缸来讲的，马达是间隙密封，无法锁紧，故要求高的马达都带有制动器。

采用 M 型或 O 型换向阀中位机能的回路都能使执行元件锁紧，但由于普通换向阀的密封性较差，泄漏较大，当执行元件长时间停止时，就会出现松动，而影响锁紧精度。

图 6.3 为采用液压锁的锁紧回路。两个液控单向阀组成液压锁。液压缸两个油口处各装一个液控单向阀，当换向阀处于左位或右位工作时，液控单向阀控制口 K_2 或 K_1 通入压力油，缸的回油便可反向通过单向阀口，此时活塞可向右或向左移动；当换向阀处于中位时，因阀的中位机能为 H 型，两个液控单向阀的控制油直接通油箱，故控制压力立即消失（Y 型中位机能亦可），液控单向阀不再反向导通，液压缸因两腔油液封闭便被锁紧。由于液控单向阀的反向密封性很好，因此锁紧可靠。

6.1.3 浮动回路

浮动回路的作用是使执行元件处于无约束的自由状态，在油路中就是使执行元件的进出油口连接或同时通油箱。根据执行元件的具体功用不同，浮动回路的形式有：二位二通阀换向阀浮动、换向阀中位（H 型或 Y 型）浮动、换向阀浮动位浮动和补油阀浮动等多种。如图 6.4 所示为换向阀中位浮动回路。

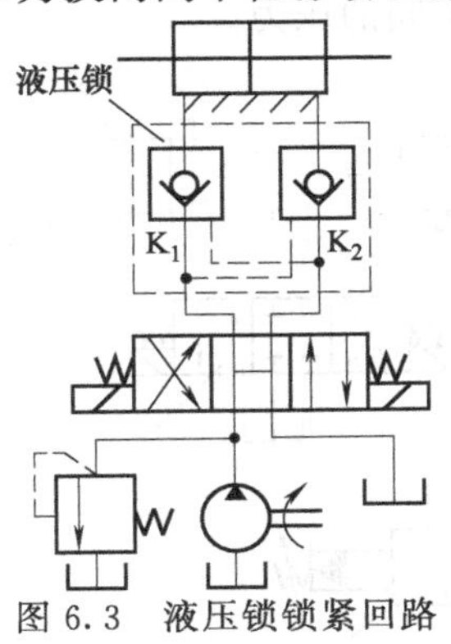

图 6.3 液压锁锁紧回路

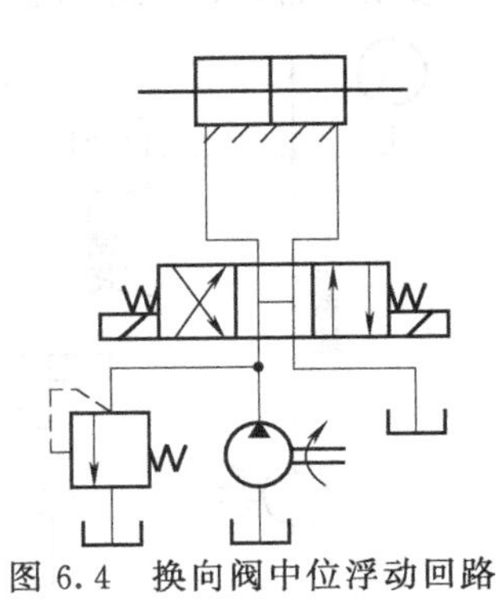
图 6.4 换向阀中位浮动回路

6.2 压力控制回路

压力控制回路就是利用各种压力控制阀，对控制整个系统或某一部分油路的压力进行控制的回路。这类回路包括调压、卸荷、平衡、增压、减压、保压等。

6.2.1 调压回路

调压的作用就是限制系统的最高压力，或使系统的压力与负载相适应并保持稳定，提供系统的安全保护。

(1) 单级调压回路

如图 6.5 所示，在液压泵的出口处设置并联的溢流阀来控制回路的最高压力为恒定值。在工作过程中溢流阀是常开的，液压泵的工作压力决定于溢流阀的调整压力，溢流阀的调整压力必须大于液压缸最大工作压力和油路各种压力损失的总和，一般为系统工作压力的 1.1 倍。

(2) 双向调压回路

执行元件正反行程需不同的供油压力时，可采用双向调压回路，如图 6.6 所示。当换向阀在左位工作时，活塞为工作行程，泵出口由溢流阀 1 调定为较高压力，缸右腔油液通过换向阀回油箱，溢流阀 2 此时不起作用。当换向阀如图示在右位工作时，缸作空行程返回，泵出口由溢流阀 2 调定为较低压力，溢流阀 1 不起作用。缸退抵终点后，泵在低压下回油，功率损耗小。

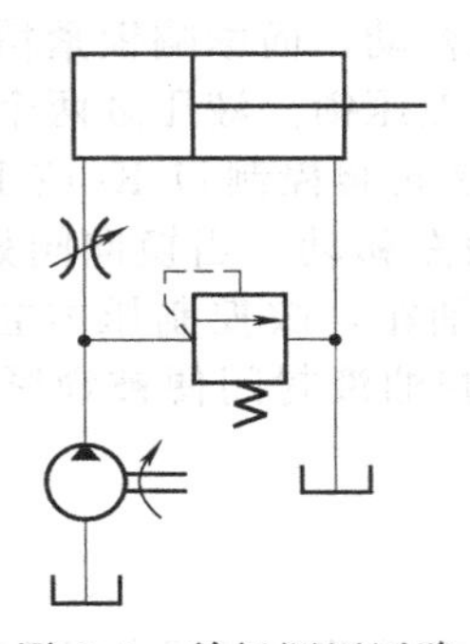

图 6.5 单级调压回路

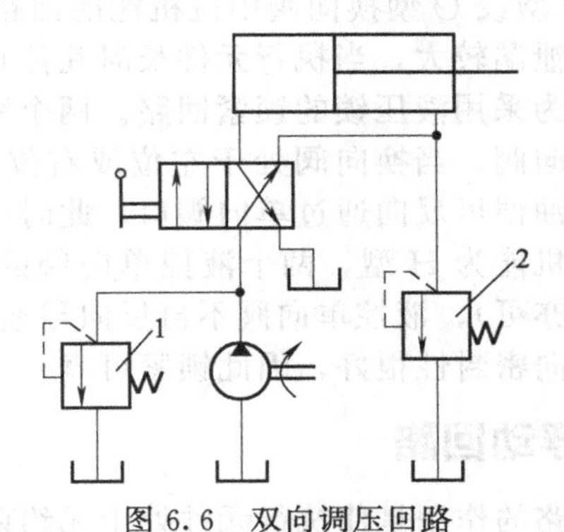

图 6.6 双向调压回路

1,2—溢流阀

(3) 多级调压回路

有些液压设备的液压系统需要在不同的工作阶段获得不同的压力。

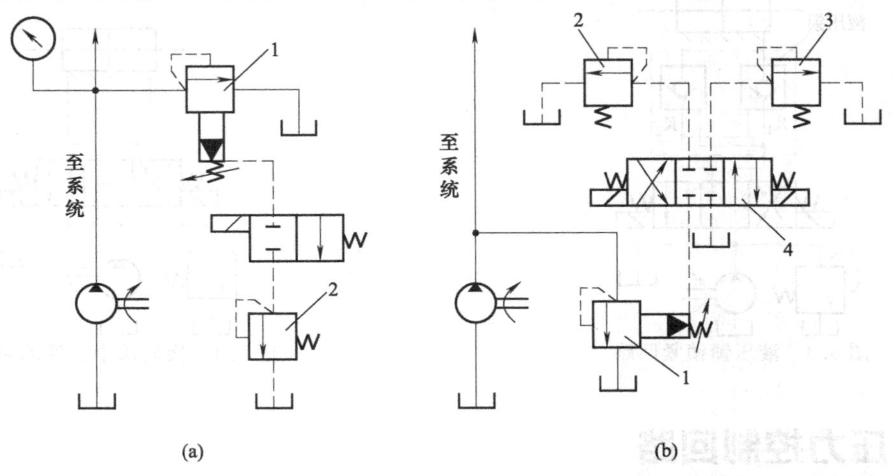

1—溢流阀；2—远程调压阀　　1—溢流阀；2,3—远程调压阀；4—换向阀

图 6.7 多级调压回路

如图 6.7（a）所示为二级调压回路。在图示状态，泵出口压力由溢流阀 1 调定为较高压力；二位二通换向阀通电后，则由远程调压阀 2 调定为较低压力。阀 2 的调定压力必须小于阀 1 的调定压力。

图 6.7（b）为三级调压回路。图示状态时，泵出口压力由阀 1 调定为最高压力（若阀 4 采用 H 型中位机能的电磁阀，则此时泵卸荷，即为最低压力）；当换向阀 4 的左、右电磁铁分别通电时，泵压由远程调压阀 2 和 3 调定。阀 2 和阀 3 的调定压力必须小于阀 1 的调定压力值。

6.2.2 卸荷回路

在液压设备短时间停止工作期间，一般不宜关闭电动机，因频繁启闭对电动机和泵的寿命有严重影响。但若让泵在溢流阀调定压力下回油，又会造成很大的能量浪费，使油温升高，系统性能下降，为此常设置卸荷回路解决上述矛盾。

所谓卸荷，就是指泵的功率损耗接近于零的运转状态。功率为流量与压力之积，两者任一近似为零，功率损耗即近似为零，故卸荷有流量卸荷和压力卸荷两种方法。流量卸荷法用于变量泵，此法简单，但泵处于高压状态，磨损比较严重；压力卸荷法是使泵在接近零压下工作。常见的压力卸荷回路有下述几种。

（1）*换向阀卸荷回路*

① 三位阀中位机能的卸荷回路　M、H 和 K 型中位机能的三位换向阀处于中位时，使泵与油箱连通，实现卸荷，如图 6.8（a）所示。用换向阀中位机能的卸荷回路，卸荷方法比较简单。但压力较高，流量较大时，容易产生冲击，故适用于低压、小流量液压系统，不适用于一个液压泵驱动两个或两个以上执行元件的系统。

② 用二位二通阀的卸荷回路　如图 6.8（b）所示二位二通阀的卸荷回路，采用此方法卸荷回路必须使二位二通换向阀的流量与泵的额定输出流量相匹配。这种卸荷方法的卸荷效果较好，易于实现自动控制。一般适用于液压泵的流量小于 63L/min 的场合。

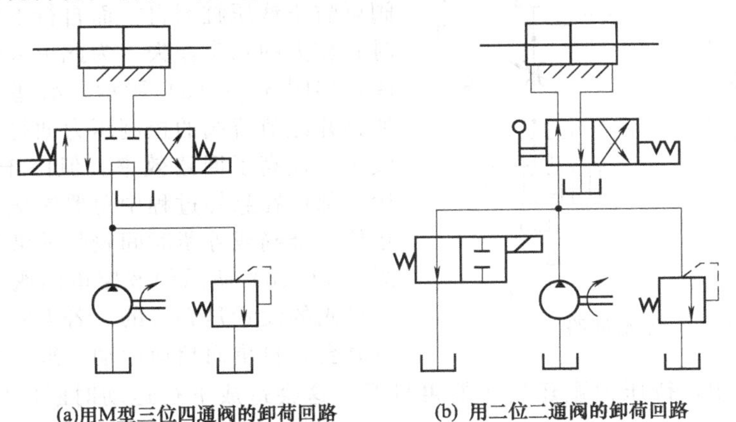

(a)用M型三位四通阀的卸荷回路　　(b) 用二位二通阀的卸荷回路

图 6.8　用换向阀的卸荷回路

（2）*采用电磁溢流阀的卸荷回路*

图 6.9 是采用电磁溢流阀的卸荷回路。电磁溢流阀是由常闭式二位二通电磁阀 2 和先导式溢流阀 1 组成的复合阀，可遥控。需要卸荷时，可使电磁阀 2 通电后换向，则溢流阀 1 远控口与油箱接通，溢流阀 1 全开，液压泵输出的油液便以很低的压力经溢流阀 1 流回油箱。溢流阀 1 远控口流量很小，故只需选用小通径的电磁阀 2。电磁溢流阀的规格应按液压泵最大供油量选定。

（3）二通插装阀卸荷回路

二通插装阀通流能力大，由它组成的卸荷回路适用于大流量系统。如图 6.10 所示的回路，正常工作时，泵压由溢流阀 2 调定。当电磁阀 3 通电后，主阀 1 上腔接通油箱，主阀口完全打开，泵即卸荷。

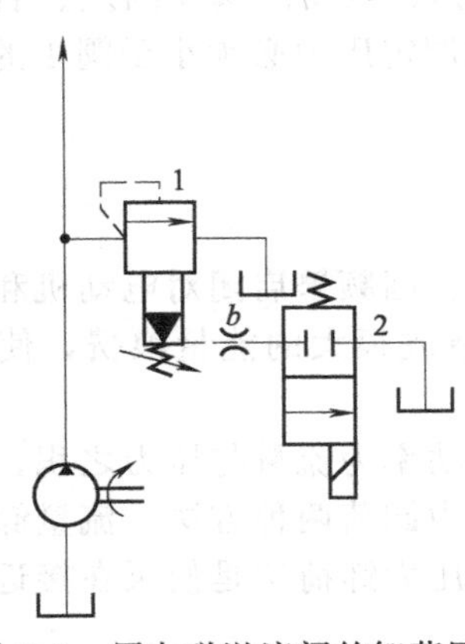

图 6.9 用电磁溢流阀的卸荷回路

1—先导式溢流阀；2—常闭式二位二通电磁阀

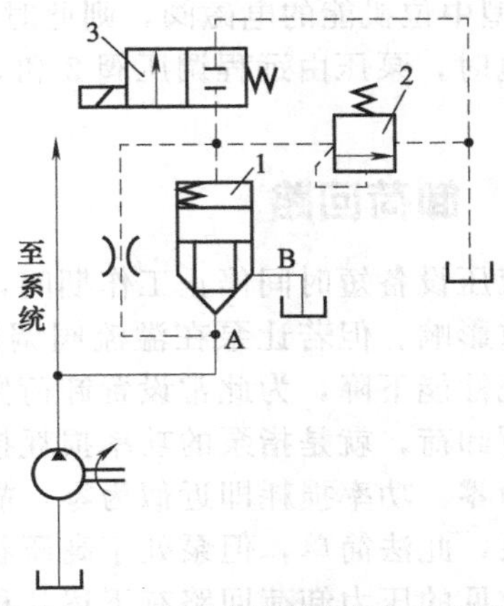

图 6.10 用二通插装阀的卸荷回路

1—主阀；2—溢流阀；3—电磁阀

6.2.3 平衡回路

平衡回路的作用是为了防止立式液压缸及其工作部件在悬空停止期间自行下滑，或在下行运动中由于自重而造成失控超速的不稳定运动。

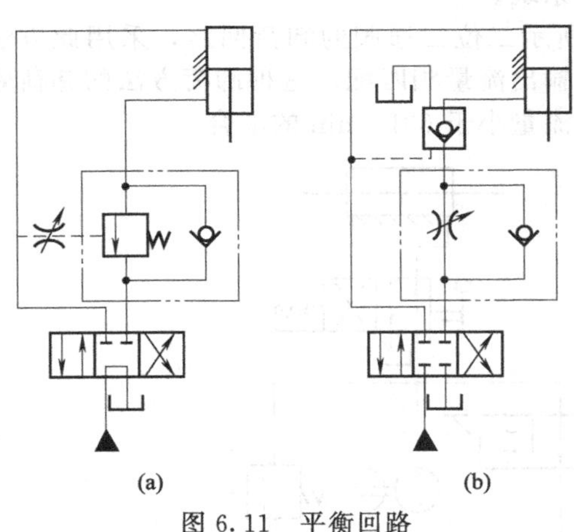

图 6.11 平衡回路

在垂直放置的液压缸的下腔串接一单向顺序阀可防止液压缸因自重而自行下滑。但活塞下行时有较大的功率损失。为此可采用外控单向顺序阀，如图 6.11（a）所示。活塞下行时，来自进油路并经节流阀的控制压力油打开顺序阀，背压较小，提高了回路效率。但由于顺序阀的泄漏，运动部件在悬停过程中总要缓缓下降。对要求停止位置准确或停留时间较长的液压系统，可采用图 6.11（b）所示的液控单向阀平衡回路，图中节流阀的设置是必要的。若无此阀，运动部件下行时会因自重而超速运动，缸上腔出现真空，致使液控单向阀关闭，待压力重建后才能再打开，这会造成下行运动时断时续和强烈振动的现象。

6.2.4 减压回路

减压回路的功用是使系统中的某一部分油路获得较系统压力低的稳定压力。最常见的减压回路是通过定值减压阀与主油路相连的，如图 6.12（a）所示。回路中的单向阀供主油路在压力降低（低于减压阀调整压力）时防止油液倒流，起短时保压之用，在减压回路中，也可以采用类似两级或多级调压的方法获得两级或多级减压。如图 6.12（b）所示为利用先导型减压阀 1 的远控口接一远控溢流阀 2，则可由阀 1、阀 2 各调定一种低压。应当注意，阀 2

的调定压力值一定要低于阀 1 的调定压力值。

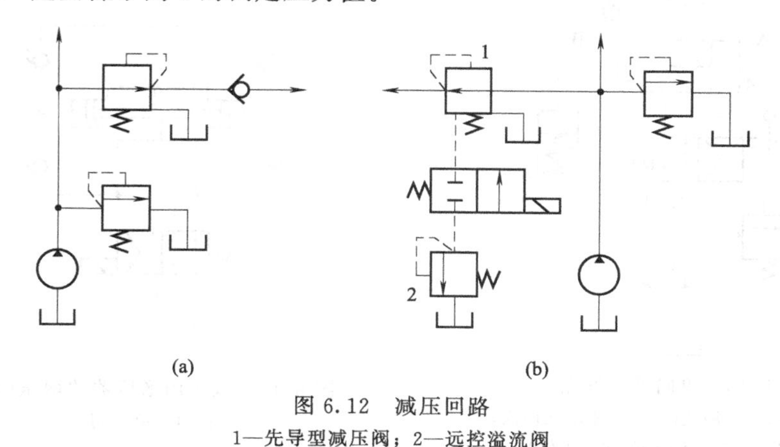

图 6.12 减压回路

1—先导型减压阀；2—远控溢流阀

6.2.5 增压回路

增压回路可以提高系统中某一支路的工作压力，以满足局部工作机构的需要。采用了增压回路，系统的整体工作压力仍然较低，这样可以降低能源消耗。

（1）单作用增压器的增压回路

如图 6.13 所示为单作用增压器组成的单向增压回路。增压缸中有大、小两个活塞，并由一根活塞杆连接在一起。当手动换向阀 3 右位工作时，输出压力油进入增压缸 A 腔，推动活塞向右运动，右腔油液经手动换向阀 3 流回油箱，而 B 腔输出高压油，高压油液进入工作缸 6 推动单作用式液压缸活塞下移。在不考虑摩擦损失与泄漏的情况下，单作用增压器的增压倍数（增压比）等于增压器大小腔有效面积之比。当手动换向阀 3 左位工作时，增压缸活塞向左退回，工作缸 6 靠弹簧复位。为补偿增压缸 B 腔和工作缸 6 的泄漏，可通过单向阀 5 由辅助油箱补油。

用增压缸的单向增压回路，只能供给断续的高压油，因此，它适用于行程较短、单向作用力很大的液压缸中。

（2）双作用增压器的增压回路

单作用增压器只能断续供油，若需获得连续输出的高压油，可采用图 6.14 所示的双作用增压器连续供油的增压回路。当活塞处在图示位置时，液压泵压力油进入增压器左端大、小油腔，右端大油腔的回油通油箱，右端小油腔增压油经单向阀 4 输出，此时单向阀 1、3 被封闭。当活塞移到右端时，二位四通换向阀的电磁铁通电，油路换向后，活塞反向左移。同理，左端小油腔输出的高压油通过单向阀 3 输出。这样，增压器的活塞不断往复运动，两端便交替输出高压油，从而实现了连续增压。

（3）气、液联合使用的增压回路

如图 6.15 所示为气、液联合使用的增压回路。它是把上方油箱的油液先送入增压器的出口侧，再由压缩空气作用在增压器大活塞面积上，使出口侧油液压力增强。

当把手动操作换向阀移到阀右位工作时，空气进入上方油箱，把上方油箱的油液经增压器小直径活塞下部送到三个液压缸。当液压缸冲柱下降碰到工件时，造成阻力使空气压力上升，并打开顺序阀，使空气进入增压器活塞的上部来推动活塞。增压器的活塞下降会遮住通往上方油箱的油路，活塞继续下移，使小直径活塞下侧的油液变成高油液，并注到三个液压缸。一旦把换向阀移到阀左位时，下方油箱的油会从液压缸下侧进入，把冲柱上移，液压缸

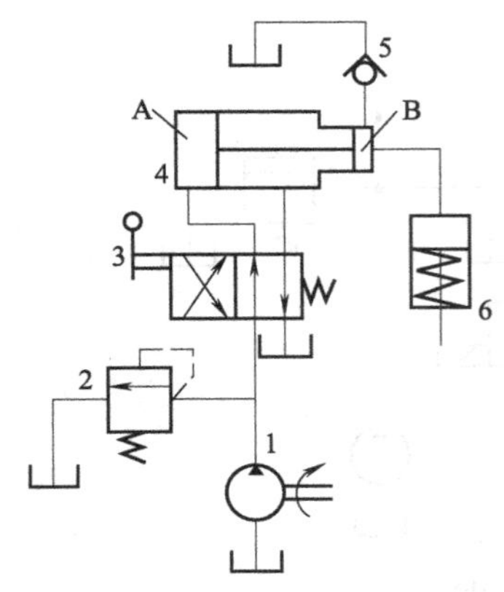

图 6.13　单向增压回路
1—液压泵；2—溢流阀；3—手动换向阀；
4—增压缸；5—单向阀；6—工作缸

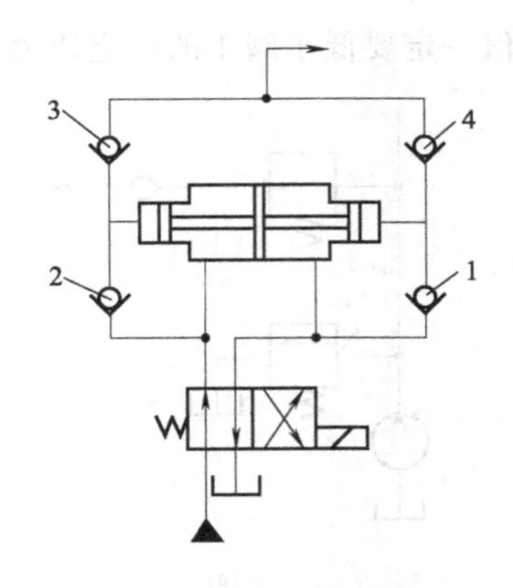

图 6.14　双作用增压器的增压回路
1～4—单向阀

冲柱上侧的油液流经增压器回到上方油箱，增压器恢复到原来的位置。

6.2.6 保压回路

在液压系统中，有些设备在工作过程中，要求液压执行机构在其行程终止时保持一段时间压力，如机床的夹紧机构就要求采用保压回路。保压回路的功用是在工作循环的某一阶段，执行元件不动时，保持其一定的工作压力。

所谓保压回路，是指使系统在液压缸不动或仅有工件变形所产生的微小位移的情况下，稳定地维持住压力，最简单的保压回路是使用密封性能较好的单向阀或液控单向阀的回路，但是阀类元件处的泄漏使得这种回路的保压时间不能维持太久。常用的保压回路有以下几种。

(1) 利用液压泵保压的保压回路

利用液压泵保压的保压回路，在保压过程中，泵仍以较高的压力（保持所需压力）工作，此时，若采用定量泵，则压力油几乎全经溢流阀流回油箱，系统功率损失大，易发热，宜在小功率的系统且保压时间较短的场合下才使用。若采用变量泵，在保压时，泵的压力较高，但输出流量几乎等于零，功率损失小，这种保压方法能随泄漏量的变化而自动调整输出流量，效率也较高。

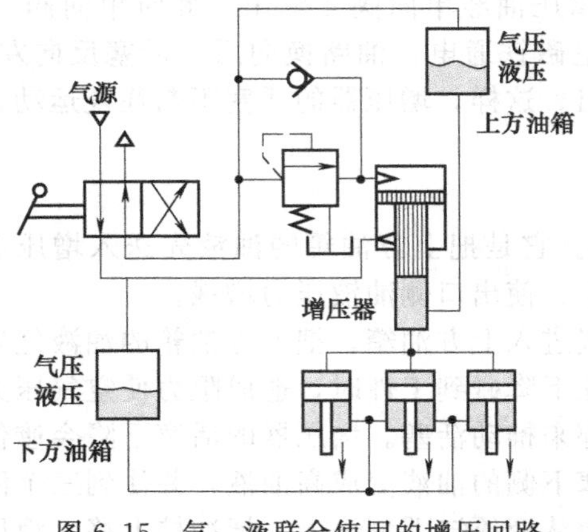

图 6.15　气、液联合使用的增压回路

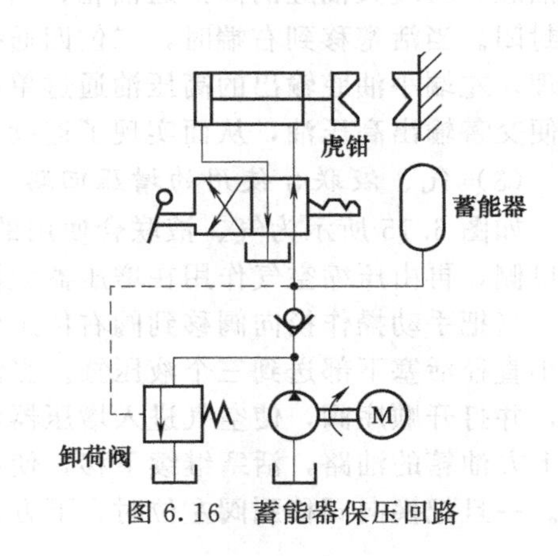

图 6.16　蓄能器保压回路

（2）利用蓄能器的保压回路

利用蓄能器的保压回路是指借助蓄能器来保持系统压力，补偿系统泄漏的回路。如图6.16所示为蓄能器保压回路，利用虎钳作工件的夹紧。当换向阀移到阀左位时，活塞前进，并将虎钳夹紧，这时泵继续输出的压力油将为蓄能器充压，直到卸荷阀被打开卸载为止，此时，作用在活塞上的压力由蓄能器来维持，并补充液压缸的漏油作用在活塞上。当工作压力降低到比卸荷阀所调定的压力还低时，卸荷阀又关闭，泵的液压油再继续送往蓄能器。本系统可节约能源并降低油温。

6.3 速度控制回路

速度控制回路是使控制执行元件获得能满足工作需求的运动速度的回路。它包括调速回路、增速回路和速度换接回路等。

6.3.1 调速回路

调速回路的功用是调节执行元件的运动速度。许多液压设备中，要求执行元件的运动速度是可调节的，如组合机床中的动力滑台有快进与工进动作，甚至有几个不同的工进速度。根据执行元件运动速度表达式可知：液压缸 $v=\frac{q}{A}$ 和液压马达 $n=\frac{q}{V}$，对于液压缸（A 是一定的）和定量马达（V 是一定的），调速的方法只有改变其输入或输出流量。对于变量马达，既可通过改变流量又可通过改变自身的排量来调速。因此，调速方法有节流调速、容积调速、容积节流调速三种形式。

（1）节流调速回路

节流调速的基本原理是：调节回路中节流元件（流量阀、溢流阀或换向阀）的液阻大小，配置分流支路，控制进入执行元件的流量，达到调速的目的。

采用流量阀和溢流阀调速过程中要产生能量损失。溢流阀分流时其功率损失 $\Delta P=p_n q_n$。通过流量阀的压力损失 $\Delta p=\sqrt[\varphi]{\frac{q}{CA_T}}$，功率损失 $\Delta P=\Delta pq$。由此可知，节流调速回路由于能量损失效率较低，工作时油液易发热，但是结构简单、成本低、使用维护方便、调速范围大、微调性能好，是小功率液压系统常用的一种调速方法。

节流调速回路根据流量阀在回路中的位置不同，分为进油路节流调速回路、回油路节流调速回路和旁油路节流调速回路三种形式。

① 进油路节流调速回路　节流调速回路一般采用定量泵供油。进油路节流调速回路的节流阀安装在执行元件的进油路上，即串联在定量泵和执行元件之间，采用溢流阀作为分流元件，如图6.17所示。调节节流阀开口大小，改变进入液压缸的流量即可调节液压缸的活塞运动速度。溢流阀从开启压力到调定压力，变化较小，起到稳定压力的作用。在调速时，溢流阀一般处于溢流状态，将泵多余的流量流回油箱。

a. 速度负载特性　缸在稳定工作时，其受力平衡方程式为

$$p_1A=F+p_2A$$

式中　p_1，p_2——缸的进油腔和回油腔压力，由于回油腔通油箱，p_2 可视为零；

F，A——缸的负载和有效工作面积。

所以

$$p_1=\frac{F}{A}$$

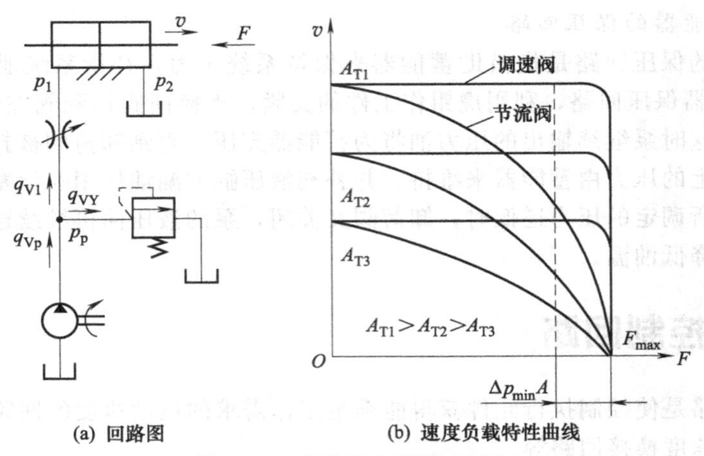

图 6.17　进油路节流调速回路

泵的供油压力 p_p 由溢流阀调定为恒值，故节流阀两端的压力差为

$$\Delta p=p_p-p_1=p_p-\frac{F}{A}$$

经节流阀进入液压缸的流量为

$$q_{V1}=CA_T\Delta p^{\varphi}=CA_T\left(p_p-\frac{F}{A}\right)^{\varphi}$$

故液压缸的速度为

$$v=\frac{q_{V1}}{A}=\frac{CA_T}{A}\left(p_p-\frac{F}{A}\right)^{\varphi} \tag{6.1}$$

式（6.1）即为本回路的速度负载特性方程。由该式可见，液压缸速度 v 与节流阀通流面积 A_T 成正比，调节 A_T 可实现无级调速，这种回路的调速范围较大。当 A_T 调定后，速度随负载的增大而减小，故这种调速回路的速度负载特性较软。

若按式（6.1）选用不同的 A_T 值作 v-F 坐标曲线图，可得一组曲线，即为本回路的速度负载特性曲线，如图 6.17（b）所示。速度负载特性曲线表明速度随负载变化的规律，曲线越陡，说明负载变化对速度的影响越大，即速度刚度越低。由速度负载特性曲线可知，当节流阀通流面积 A_T 不变时，轻载区域比重载区域的速度刚度高；在相同负载下工作时，节流阀通流面积小的比大的速度刚度高，即速度低时速度刚度高。

b. 最大承载能力　由图 6.17（b）还可以见到，三条特性曲线汇交于横坐标轴上的一点，该点对应的 F 值即为最大负载。这说明最大承载能力 F_{max} 与速度调节无关。因最大负载时缸停止运动，令式（6.1）为零，得 F_{max} 值为

$$F_{max}=p_pA \tag{6.2}$$

c. 功率和效率　液压泵的输出功率值为

$$P_p=p_pq_{vp}=\text{常量}$$

液压缸的输出功率为

$$P_1=Fv=F\frac{q_{V1}}{A}=p_1q_{V1}$$

回路的功率损失为

$$\Delta P=P_p-P_1=p_pq_{vp}-p_1q_{V1}=p_p(q_{V1}+q_{VY})-(p_p-\Delta p)q_{V1}=p_pq_{VY}+\Delta pq_{V1}$$

式中　q_{VY}——通过溢流阀的溢流量，$q_{VY}=q_{vp}-q_{V1}$；

　　Δp——节流阀两端的压力差。

由上式可知，这种调速回路的功率损失由两部分组成，即溢流损失 $\Delta P_{Y}=p_{p}q_{VY}$ 和节流损失 $\Delta P_{J}=\Delta p q_{V1}$。

回路的效率为

$$\eta=\frac{P_{1}}{P_{p}}=\frac{Fv}{p_{p}q_{Vp}}=\frac{p_{1}q_{V1}}{p_{p}q_{Vp}} \tag{6.3}$$

由于存在两部分功率损失，故这种调速回路的效率较低。有资料表明，当负载恒定或变化很小时，$\eta=0.2\sim0.6$；当负载变化较大时，回路的最高效率 $\eta_{max}=0.385$。机械加工设备常有“快进—工进—快退”的工作循环，工进时泵的大部分流量溢流，回路效率极低，而低效率导致温升和泄漏增加，进一步影响了速度稳定性和效率。回路功率越大，问题越严重。

d. 特点　在工作中液压泵输出流量和供油压力不变。而选择液压泵的流量必须按执行元件的最高速度和负载情况下所需压力考虑，因此泵输出功率较大。但液压缸的速度和负载却常常是变化的，当系统以低速轻载工作时，有效功率却很小，相当大的功率损失消耗在节流损失和溢流损失上，功率损失转换为热能，使油温升高。特别是节流后的油液直接进入液压缸，由于管路泄漏，影响液压缸的运动速度。

由于节流阀安装在执行元件的进油路上，回油路无背压，负载消失，工作部件会产生前冲现象，也不能承受负值负载。为提高运动部件的平稳性，常常在回油路上增设一个0.2～0.3MPa的背压阀。由于节流阀安装在进油路上，启动时冲击较小。节流阀节流口通流面积可由最小调至最大，所以调速范围大。

e. 应用　进油路节流调速回路适用于轻载、低速、负载变化不大和对速度稳定性要求不高的小功率液压系统。如车床、镗床、钻床、组合机床等机床的进给运动和一些辅助运动。

② 回油路节流调速回路　回油路节流调速回路的流量阀安装在执行元件的回油路上，即在执行元件和油箱之间串联流量阀，如图6.18所示。调节节流阀开口大小，改变液压缸的回油流量，也就控制了其进油流量，从而调节液压缸的速度。同样，也采用了溢流阀作为分流元件，调速时，溢流阀一般处于溢流状态，将泵多余的流量流回油箱。

重复式（6.1）的推导步骤，可以得出本回路的速度负载特性方程。只是此时背压 $p_{2}\neq 0$，且节流阀两端压差 $\Delta p=p_{2}$，而缸的工作压力 p_{1} 等于泵压 p_{p}。所得结果与式（6.1）相同。可见进、回油路节流调速回路有相同的速度负载特性，进油路节流调速回路的前述一切结论都适用于本回路。

回油路节流调速回路与进油路节流调速回路的不同点：

a. 回油路节流调速回路的节流阀使液压缸回油腔形成一定的背压，因而能承受一定的负值负载，并提高了缸的速度平稳性。

b. 进油路节流调速回路较易实现压力控制。因为当工作部件在行程终点碰到止挡块（或压紧工件）以后，缸的进油腔油压会立即上升到某一数值，利用这个压力变化，可使接于此处的压力继电器发出电气信号，对系统的下一步动作（例如另一液压缸的运动）实现控制。而在回油路节流调速时，进油腔压力没有变化，不易实现压力控制。虽然在工作部件碰到止挡块后，缸的回油腔压力下降为零，可以利用这个变化值使压力继电器实现降压发信，但电气控制线路比较复杂，且可靠性也不高。

c. 若回路使用单杆缸，无杆腔进油量大于有杆腔回油流量，故在缸径、缸速相同的情况下，进油路节流调速回路的流量阀开口较大，低速时不易阻塞。因此，进油路节流调速回路能获得更低的稳定速度。

d. 回油路节流调速广泛用于功率不大、有负值负载和负载变化较大的情况下，或者要

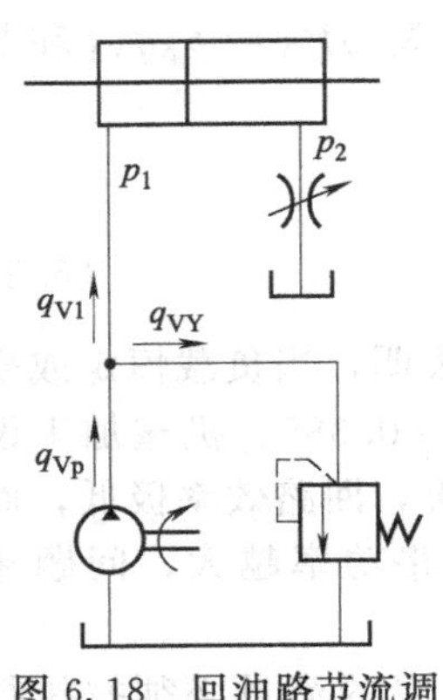

图 6.18　回油路节流调速回路

求运动平稳性较高的液压系统中，如铣床、钻床、平面磨床、轴承磨床和进行精密镗削的组合机床。从停车后启动冲击小和便于实现压力控制的方便性而言，进油路节流调速比出口节流调速更方便，又由于出口节流调速以轻载工作时，背压力很大，影响密封，加大泄漏。故实际应用中普遍采用进油路节流调速，并在回油路上加一背压阀以提高运动的平稳性。

③ 旁油路节流调速回路　将流量阀安放在和执行元件并联的旁油路上，即构成旁油路节流调速回路。如图 6.19（a）所示为采用节流阀的旁油路节流调速回路。节流阀调节了泵溢回油箱的流量，从而控制了进入缸的流量。调节节流阀开口，即实现了调速。由于溢流已由节流阀承担，故溢流阀用作安全阀，常态时关闭，过载时打开，其调定压力为回路最大工作压力的 1.1～1.2 倍。故泵压 p_p 不再恒定，它与缸的工作压力相等，直接随负载变化，且等于节流阀两端压力差，即

$$p_p=p_1=\Delta p=\frac{F}{A}$$

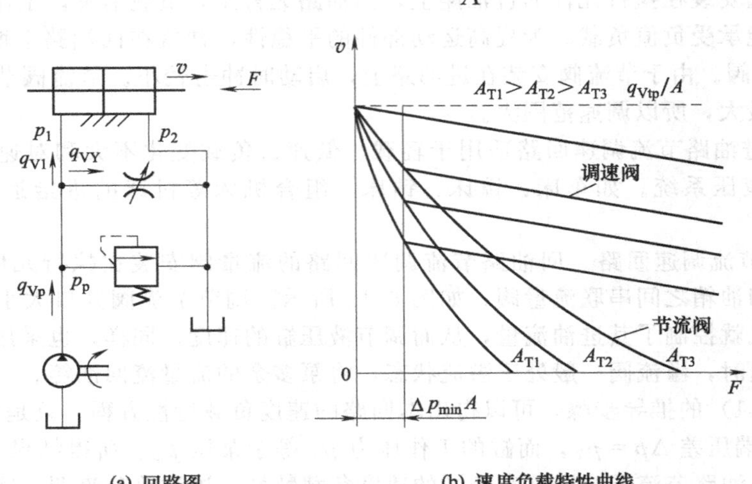

图 6.19　旁油路节流调速回路

a. 速度负载特性　重复式（6.1）的推导步骤，可得本回路的速度负载方程。特殊点主要是进入缸的流量 q_{V1} 为泵的流量 q_{Vp} 与节流阀溢走的流量 q_{VT} 之差，而且泵流量中应计入泵的泄漏流量 Δq_{Vp}（缸、阀的泄漏相对于泵可以忽略）。这是因为本回路中泵压随负载变化，泄漏正比于压力也是变量（前两回路皆为常量），对速度产生了附加影响，故

$$q_{V1}=q_{Vp}-q_{VT}=(q_{V_{tp}}-\Delta q_{Vp})-q_{VT}=(q_{Vtp}-k_1p_p)-CA_T\Delta p^{\varphi}=q_{Vtp}-k_1\frac{F}{A}-CA_T\left(\frac{F}{A}\right)^{\varphi}$$

式中，q_{Vtp} 为泵的理论流量；k_1 为泵的泄漏系数。故液压缸的工作速度为

$$v=\frac{q_{V1}}{A}=\frac{q_{Vtp}-k_1\dfrac{F}{A}-CA_T\left(\dfrac{F}{A}\right)^{\varphi}}{A} \tag{6.4}$$

据上式选取不同的 A_T 值作图，可得一组速度负载特性曲线，如图 6.19（b）所示。由曲线可见，负载变化时速度变化较上两回路更为严重，即特性很软，速度稳定性很差。同时，由曲线还可看出，本回路在重载高速时速度刚度较高，这与上两回路恰好相反。

b. 最大承载能力　图 6.19（b）中的三条曲线在横坐标轴上并不汇交，最大承载能力随节流口 A_T 的增加而减小，即旁油路节流调速回路的低速承载能力很差，调速范围也小。

c. 功率与效率　旁油路节流调速回路只有节流损失而无溢流损失；泵压直接随负载变化，即节流损失和输入功率随负载而增减，因此，本回路的效率较高。

d. 应用　本回路的速度负载特性很软，低速承载能力又差，故其应用比前两种回路少。由于旁油路节流调速回路在高速、重负载下工作时，功率大、效率高，因此适用于动力较大、速度较高，而速度稳定性要求不高且调速范围小的液压系统中，如牛头刨床的主运动传动系统，锯床进给系统等。

④ 采用调速阀的节流调速回路　采用节流阀的节流调速回路在负载变化时，缸速随节流阀两端压差变化。如用调速阀代替节流阀，速度平稳性便大为改善，因为只要调速阀两端的压差超过它的最小压差值 $\Delta p_{\min}$，通过调速阀的流量便不随压差而变化。资料表明，进油和回油节流调速回路采用调速阀后，速度波动量不超过±4%。旁油路节流调速回路则因泵的泄漏，性能虽差一些，但速度随负载增加而下降的现象已大为减轻，承载能力低和调速范围小的问题也随之得到解决。采用调速阀和节流阀的速度负载特性对比见图 6.17（b）和图 6.19（b）。

在采用调速阀的节流调速回路中，虽然解决了速度稳定性问题，但由于调速阀中包含了减压阀和节流阀的损失，并且同样存在着溢流损失，故此回路的功率损失比节流阀调速回路还要大些。

⑤ 三种节流调速回路的比较（见表 6.1）

表 6.1　三种节流调速回路的比较

<table>
<tr><th colspan="2">项目 ＼ 节流形式</th><th>进油路节流调速回路</th><th>回油路节流调速回路</th><th>旁油路节流调速回路</th></tr>
<tr><td colspan="2">基本形式</td><td>见图 6.17</td><td>见图 6.18</td><td>见图 6.19</td></tr>
<tr><td rowspan="5">主要参数</td><td>液压缸进油压力 p_1</td><td>$p_1=\frac{F}{A_1}$（随负载变化）</td><td>$p_1=$常数</td><td>$p_1=\frac{F}{A_1}$（随负载变化）</td></tr>
<tr><td>泵的工作压力 p_p</td><td>$p_p=$常数</td><td>$p_p=$常数</td><td>$p_p=p_1$（变量）</td></tr>
<tr><td>节流阀两端压差 Δp</td><td>$\Delta p=p_p-p_1$</td><td>$\Delta p=p_2=\frac{p_pA_1-F}{A_2}$</td><td>$\Delta p=p_1$</td></tr>
<tr><td>活塞运动速度 v</td><td>$v=\frac{q_{V1}}{A_1}$</td><td>$v=\frac{q_{V2}}{A_2}=\frac{q_{V1}}{A_1}$</td><td>$v=\frac{q_{V1}}{A_1}=\frac{q_{Vp}-q_{VT}}{A_1}$</td></tr>
<tr><td>液压泵输出功率 P</td><td>$P=p_pq_{Vp}=$常数</td><td>$P=p_pq_{Vp}=$常数</td><td>$p=p_1q_{Vp}$（变量）</td></tr>
<tr><td colspan="2">溢流阀工作状态</td><td>$\Delta q_{VY}=q_{Vp}-q_{V1}$
$=q_{Vp}-vA_1$（溢流）</td><td>$\Delta q_{VY}=q_{Vp}-q_{V1}$
$=q_{Vp}-vA_1$（溢流）</td><td>作安全阀用（不溢流）</td></tr>
<tr><td colspan="2">调速范围</td><td>较大</td><td>比进油路稍大些</td><td>较小</td></tr>
<tr><td colspan="2">速度负载特性</td><td colspan="2">速度随负载而变化，速度稳定性差</td><td>速度随负载而变化，速度稳定性很差</td></tr>
<tr><td colspan="2">运动平稳性</td><td>运动平稳性较差</td><td>运动平稳性好</td><td>运动平稳性很差</td></tr>
<tr><td colspan="2">承受负值负载能力</td><td>不能</td><td>能</td><td>不能</td></tr>
<tr><td colspan="2">承载能力</td><td colspan="2">最大负载由溢流阀调整压力决定，能够克服的最大负载为常数，不随节流阀通流面积的改变而改变</td><td>最大承载能力随节流阀通流面积增大而减小，低速时承载能力差</td></tr>
<tr><td colspan="2">功率及效率</td><td colspan="2">功率消耗与负载、速度无关，低速轻载时效率低、发热大</td><td>功率消耗随负载增大而增大，效率较高，发热小</td></tr>
</table>

⑥ 采用换向阀的节流调速回路　采用换向阀的节流调速回路，是靠控制换向阀的开度来实现节流调速的。在车辆和工程机械中很少采用节流阀或调速阀调速，而是通过控制手动换向阀或先导控制换向阀进行节流调速。

手动换向阀直接用操纵杆来推动滑阀移动，劳动强度较大，速度微调性能差，但结构简单，常用于中小型液压机械。先导控制换向阀，在目前的大型工程机械中得到越来越广泛地应用，多采用节流式先导控制或减压阀式先导控制的多路换向阀进行换向和调速，操纵省力，方便使用。

(2) 容积调速回路

容积调速回路是通过改变液压泵或液压马达的排量来实现无级调速的，它不需要节流和溢流，所以效率高、发热少、功率利用合理，但调速范围比节流调速小，微调性能不如节流调速好，且结构复杂、造价高。为了提高调速效率，在大功率液压系统中，如大型机床、工程机械、矿山机械和农业机械等，普遍采用容积调速。

液压泵或马达的排量，既可以人工调节，也可自动调节。在大功率场合往往采用自动调节。

容积调速回路按油液循环方式不同，可分为开式回路和闭式回路。开式回路中液压泵从油箱吸油，经控制阀到执行元件，执行元件排出的油返回油箱，回路的油液在油箱中，便于沉淀杂质和析出气体，并得到良好的冷却，是常用的容积调速方式；缺点是空气易侵入油液，致使运动不平稳，并产生噪声。闭式回路中液压泵将油液输入执行元件进油口，执行元件排出的油液直接供给液压泵的吸油口，多采用变量泵换向，油气隔绝，结构紧凑，运行平稳、噪声小；但散热条件差，需设补油回路以补充回路中的泄漏。

按照泵和马达（或液压缸）组合方式的不同，容积调速回路分为三种形式：

① 变量泵和定量执行元件调速回路［图 6.20（a）、图 6.20（b）］。

② 定量泵和变量马达调速回路［图 6.20（c）］。

③ 变量泵和变量马达调速回路［图 6.20（d）］。

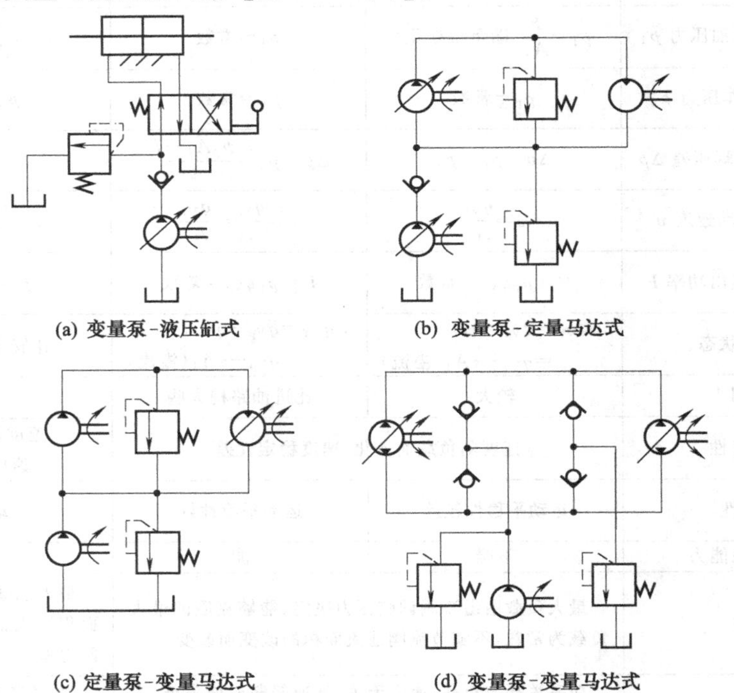

图 6.20　容积调速回路

三种容积调速回路的速度负载特性曲线见图 6.21。

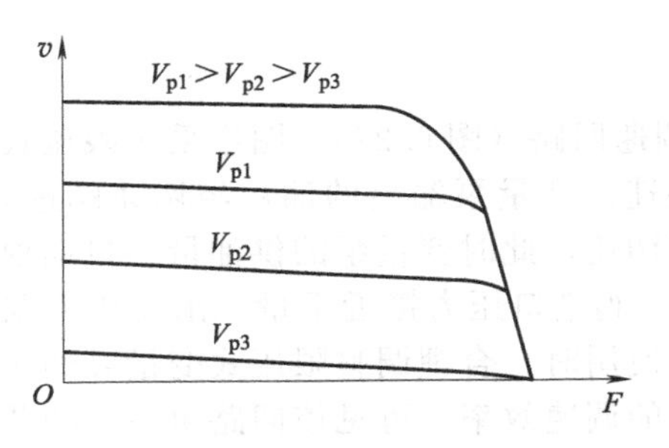

(a) 变量泵和液压缸调速速度负载特性曲线

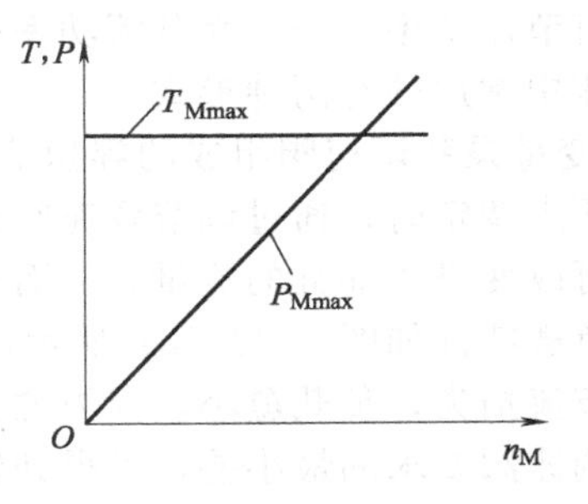

(b) 变量泵和定量马达调速速度负载特性曲线

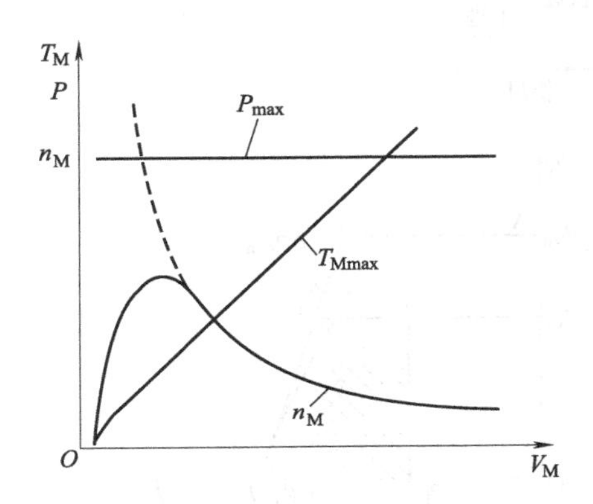

(c) 定量泵和变量马达调速速度负载特性曲线

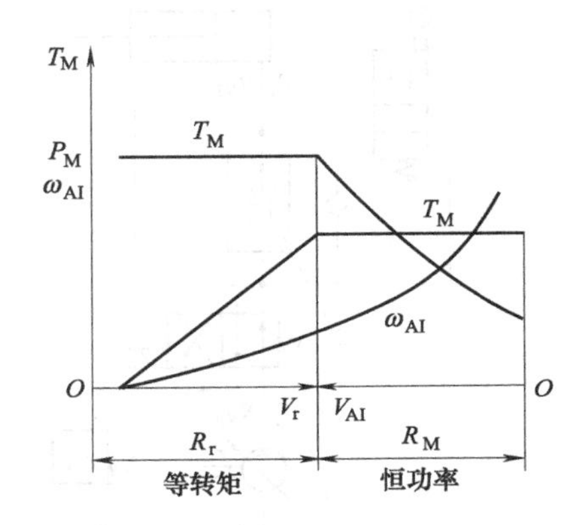

(d) 变量泵和变量马达容积调速特性曲线

图 6.21 容积调速回路的速度负载特性曲线

三种容积调速回路的特点见表 6.2。

表 6.2 三种容积调速回路的主要特点

种类	变量泵-定量马达（或液压缸）调速回路	定量泵-变量马达调速回路	变量泵-变量马达调速回路
特点	1. 马达转速 n_M（或液压缸速度 v）随变量泵排量 V_p 的增大而加快，且调速范围较大 2. 液压马达（液压缸）输出的转矩（推力）一定，属恒转矩（推力）调速 3. 马达的输出功率 P_M 随马达转速 n_M 的改变呈线性交化 4. 功率损失小，系统效率高 5. 元件泄漏对速度刚性影响大 6. 价格较贵，适合于功率大的场合	1. 马达转速 n_M 随排量 V_M 的增大而减慢，且调速范围较小 2. 马达的转矩 T_M 随转速 n_M 的增大而减小 3. 马达的输出最大功率不变，属恒功率调速 4. 功率损失小，系统效率高 5. 元件泄漏对速度刚性影响大 6. 价格较贵，适合于大功率场合	1. 第一阶段，保持马达排量 V_M 为最大不变，由泵排量 V_p 调节 n_M，采用恒转矩调速；第二阶段，保持 V_p 为最大不变，由 V_M 调节 n_M，采用恒功率调速 2. 调速范围大 3. 扩大了 T_M 和 P_M 特性的可选择性，适用于大功率且调速范围大的场合

（3）容积节流调速回路

容积节流调速回路是利用改变变量泵排量和调节调速阀流量配合工作来调速的回路。采用容积调速，提高了效率，但速度稳定性和低速承载能力不如用调速阀的节流调速好。采用容积节流调速的方法，可兼顾这些特性。容积节流调速，采用变量泵供油，由节流元件调节泵的排量，只有节流功率损失，无分流功率损失。

在组合机床中常用的有两种形式：

① 限压式变量泵和调速阀组成的容积节流调速回路（图 6.22）。图中采用限压式变量叶片泵供油，当压力调定时，通过调节调速阀来调速。变量泵输出的油液经调速阀进入油缸，调节调速阀即可改变进入油缸的流量，从而实现调速，此时变量泵的供油量会自动地与之相适应。其速度负载特性如图 6.22（b）所示，调速阀进口压力接近常量，出口压力取决于负载，故始终有节流损失，负载愈小，损失愈大。使用时，合理调整限压式变量泵的压力，使最小压差等于调速阀要求的最小差，可得到较高的调速效率。可见该回路由一定的节流能量损失换取了良好的低速性能和速度稳定性。

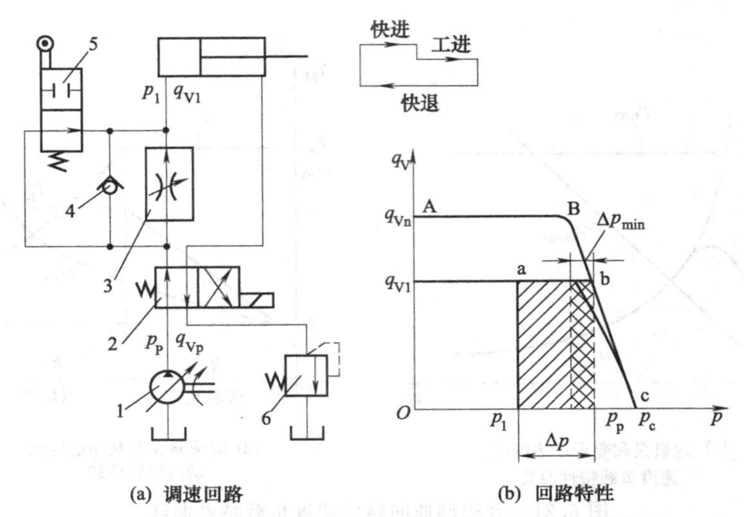

图 6.22 限压式变量泵和调速阀组成的容积节流调速

1—变量泵；2—换向阀；3—调速阀；4—单向阀；5—行程阀；6—背压阀

② 差压式变量泵和节流阀组成的容积节流调速回路（图 6.23）。图中变量泵 3 的定子在两边柱塞和弹簧力作用下平衡，保持定子与转子的偏心距 e，由于柱塞缸 1 的柱塞面积 A_2 等于活塞缸 2 的活塞杆面积 A_3，故通过节流阀的流量可保持不变。改变节流阀 4 的开口面积，泵的输出流量就随之变化。

图 6.23（b）所示为回路的调速特性曲线。节流阀与泵的曲线交点，是调速回路的工作点（图中 c 点）。若液压泵输出流量大于 q_c时，节流阀压力损失增大，迫使变量泵偏心距减小，输出流量随之减小。调节节流阀开口面积，就可改变泵输出的流量，开口面积愈大，流量愈大。

当回路调速时，换向阀 9 断电。换向阀 9 通电时，定子两端压差等于零，在弹簧力作用下泵的排量最大，实现快速运动。阻尼孔 7 是防止变量泵定子移动过快发生振荡，6 和 8 分别是背压阀和安全阀。

回路中泵的出口压力为负载产生的压力和节流阀产生的压力损失，可见泵的出口压力是随负载变化的。该回路的效率比前述容积节流调速回路高，适用于调速范围大、速度较低的中小功率液压系统，常用在某些组合机床的进给系统中。

6.3.2 快速回路

快速运动回路又称增速回路，其功用是使执行元件获得必要的高速，以提高系统的工作

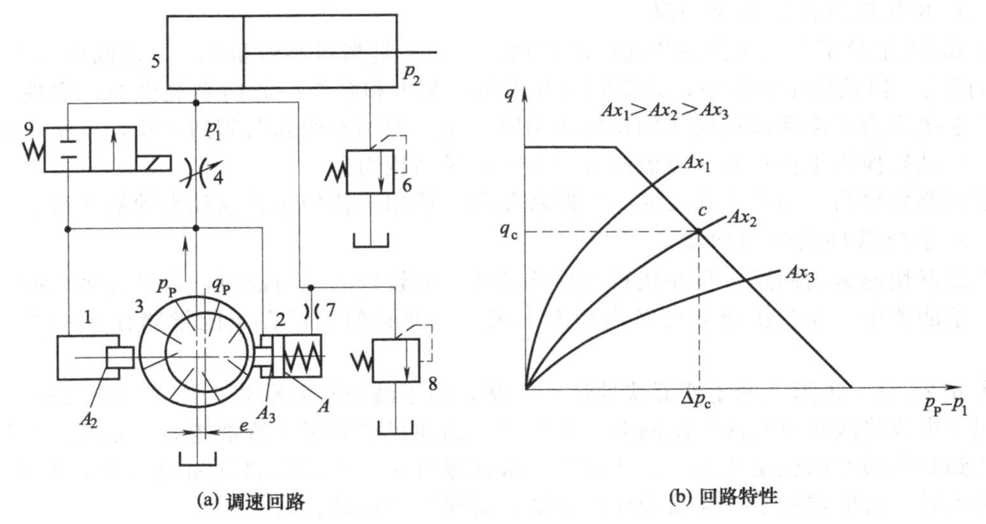

图 6.23　差压式变量泵和节流阀组成的容积节流调速

1—柱塞缸；2—活塞缸；3—变量泵；4—调速阀；5—液压缸；6—背压阀；7—阻尼孔；8—安全阀；9—换向阀

效率或充分利用功率。实现快速运动视其设计方法不同有多种回路形式。下面介绍几种常见的快速运动回路。

(1) *差动快速回路*

对单杆活塞式液压缸，将缸的两个油口连通，就形成了差动回路。差动回路减小了液压缸的有效作用面积，使推力减小，速度增加。

图 6.24 是差动回路的一种形式。换向阀 2 左位时，活塞向右运动，空行程负载小，液压缸 4 右腔排出的油经单向阀 1 进入液压缸无杆腔，形成差动回路。当活塞杆碰到工件，左腔压力升高，外控顺序阀 3 开启，液压缸右腔油液排回到油箱，自动转入工作行程。属压力信号控制动作换接。

该回路结构简单，易于实现，应用普遍，增速约两倍左右，在组合机床中常和变量泵联合使用。

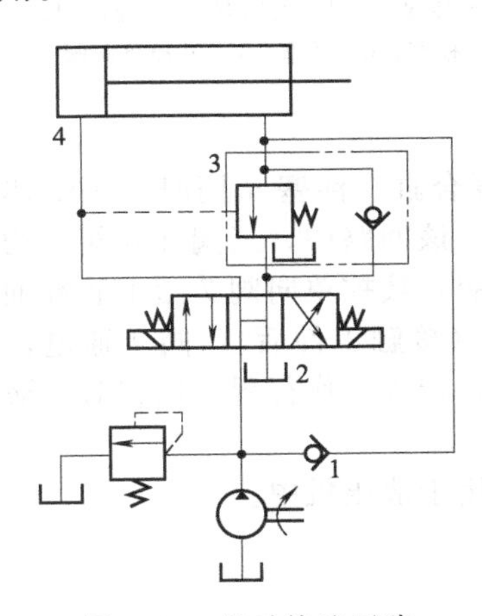

图 6.24　差动快速回路

1—单向阀；2—三位四通换向阀；3—外控顺序阀；4—液压缸

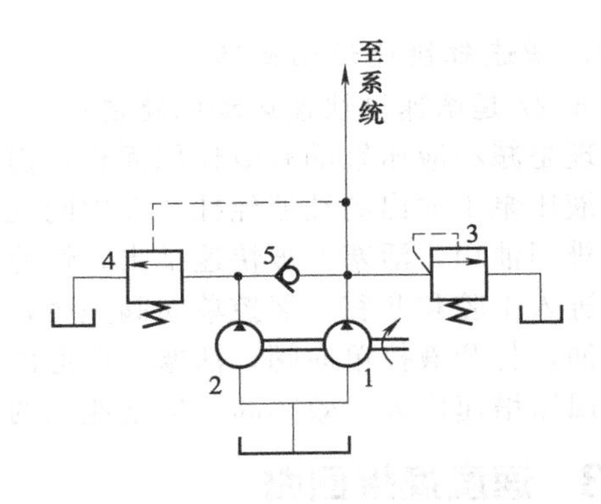

图 6.25　双泵供油快速运动回路

1—高压小流量泵；2—低压大流量泵；3—溢流阀；4—卸荷阀；5—单向阀

(2) 双泵供油快速运动回路

图 6.25 是常用的双泵供油快速运动回路。一般 1 是高压小流量泵，2 是低压大流量泵，4 是卸荷阀。当系统压力较小，卸荷阀未开启时，泵 1 和泵 2 一起向系统供油，实现快速运动。当系统压力升高到卸荷阀 4 的调定压力时，泵 2 的油液经卸荷阀回油箱，仅泵 1 给系统供油，自动转换为工作行程。溢流阀 3 限制系统最高压力。

该回路效率高，转换方式灵活，回路较复杂，适用于快慢速差别较大的液压系统。

(3) 蓄能器快速运动回路

蓄能器快速运动回路，是在执行元件不动或需要较少的压力油时，将系统多余的压力油储存在蓄能器中，需要快速运动时再释放出来。该回路的关键在于能量储存和释放的控制方式。

图 6.26 是一种形式的蓄能器快速运动回路，用于液压缸间歇式工作。当液压缸不动时，换向阀 5 中位将液压泵与液压缸断开，液压泵 1 的油经单向阀 3 给蓄能器 4 充油。当蓄能器压力达到卸荷阀 2 的调定压力，阀 2 开启，液压泵卸荷。当需要液压缸动作时，阀 5 换向，阀 2 关闭后，蓄能器和泵一起给液压缸供油，实现快速运动。

该回路可减小液压装置功率，实现高速运动。

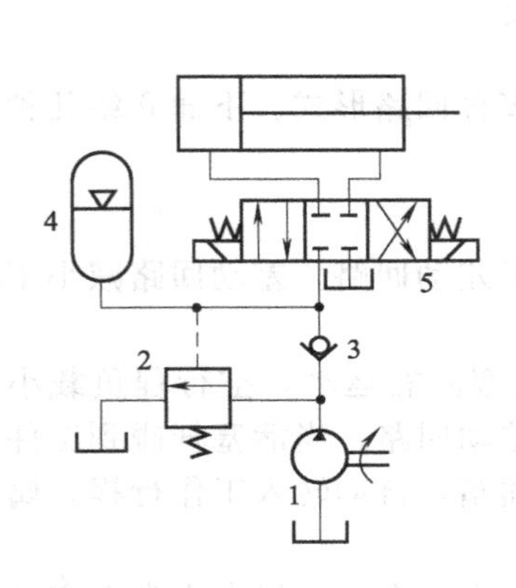

图 6.26 蓄能器快速运动回路

1—液压泵；2—卸荷阀；3—单向阀；4—蓄能器；5—换向阀

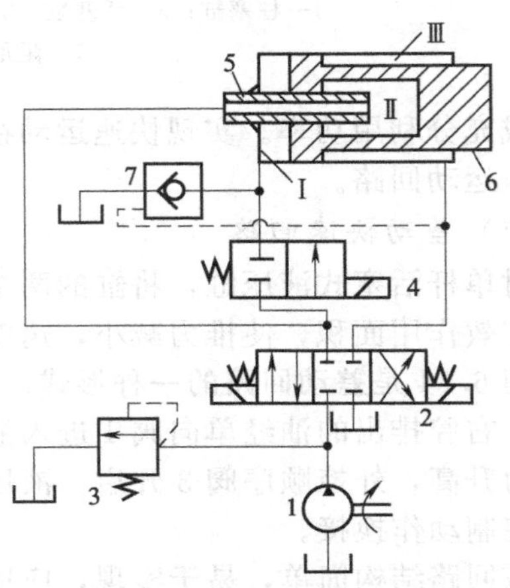

图 6.27 增速缸快速运动回路

1—液压泵；2,4—换向阀；3—溢流阀；5—柱塞；6—活塞；7—液控单向阀

(4) 增速缸快速运动回路

图 6.27 是增速缸快速运动回路之一。增速缸是一种复合缸，活塞 6 同时还是缸体。增速的原理是减小液压缸的有效作用面积，提高了运动速度。该回路中，当阀 2 和阀 4 均在左位时，液压泵 1 输出的油液经柱塞 5 中间孔供给液压缸Ⅱ腔，液控单向阀 7 给Ⅰ腔补油，Ⅲ腔油液排回油箱，活塞 6 被快速推出。快速运动的行程末（接触工件后），阀 4 通电，压力油同时进入Ⅰ腔和Ⅱ腔，液控单向阀关闭，活塞速度减小，转入工作行程。回程时，液压缸Ⅲ腔进油，打开液控单向阀，活塞快速退回。

该回路增速比大、效率高，但增速缸的结构复杂，常用于液压机中。

6.3.3 速度换接回路

速度换接回路的功用是使液压执行元件在工作循环中，从一种运动速度换接到另一种运动速度。例如，机床的二次进给工作循环为快进—第一次工进—第二次工进—快退，就存在着由快速转换为慢速（快进—第一次工进）和两个慢速（第一次工进——第二次工进）之间的换接。速度换接回路应该具有较高的速度换接平稳性。

(1) 液压回路中动作换接控制方式

动作换接控制方式，是指执行元件从一个动作转换为另一个动作时的控制方法。动作换接主要采用方向阀、行程阀和液控顺序阀等液压元件。按照执行元件动作转换时的控制方式可分为人工控制、压力信号控制、位置信号控制和其他方式控制。

① 人工控制方式　执行元件的动作换接由人工直接进行控制，如手动换向阀的控制，电磁换向阀采用按钮或脚踏开关等控制。该控制方式简单、直观，在工程机械中应用较多，许多机械制造设备的调整动作和大多数设备的启动与停止也多采用该控制方式，特点是不易实现自动化。

② 压力信号控制方式　随着执行元件负载的变化，系统中各部分的压力的变化，可使压力继电器、电接点压力表动作，发出电信号，控制电磁换向阀动作，实现动作转换。也可利用变化的压力信号使顺序阀开启，实现下一个动作，如多缸顺序动作和卸荷动作的实现。此外，采用外控顺序阀和液控换向阀也能实现动作换接。

利用压力信号在回路中进行动作换接，控制方式较多，应用灵活，能自动切换，易于实现自动化，是自动化机械中常用的方式之一。但回路较复杂，设计难度较大。采用压力继电器和电接点压力表控制换时，应注意防止系统中液压冲击使压力继电器产生误动作。

③ 位置信号控制方式　位置信号主要来自设备的运动部件或执行元件的运动。常采用行程开关将位移信号转变成电信号，通过电液转换元件（电磁阀、比例阀等）对液压系统进行控制。另一种常见的方式，就是在运部件上安装撞块，直接推动行程换向阀换向，或推动行程节流阀使运动部件减速。

④ 其他控制方式　其他控制方式，如时间控制就是用延时阀或时间继电器，使执行元件延时动作，满足设备延时动作的要求。采用计算机预编程对比例阀、伺服阀进行开环控制，也是近年来发展较快的一种控制方式。

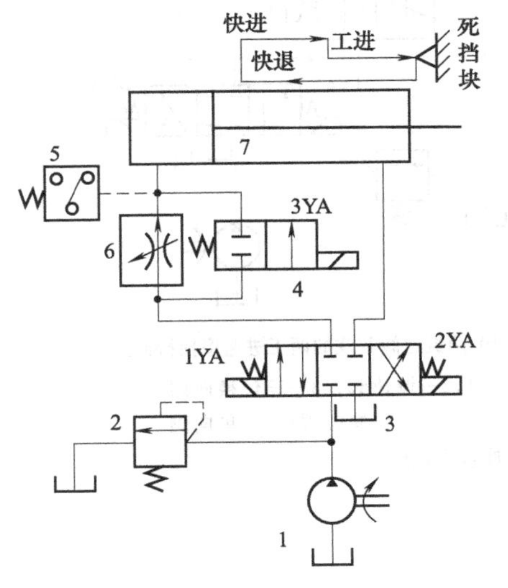

(a) 压力控制的快慢速换接回路

1—液压泵；2—溢流阀；3—换向阀；4—二位电磁阀；5—压力继电器；6—调速阀；7—液压缸

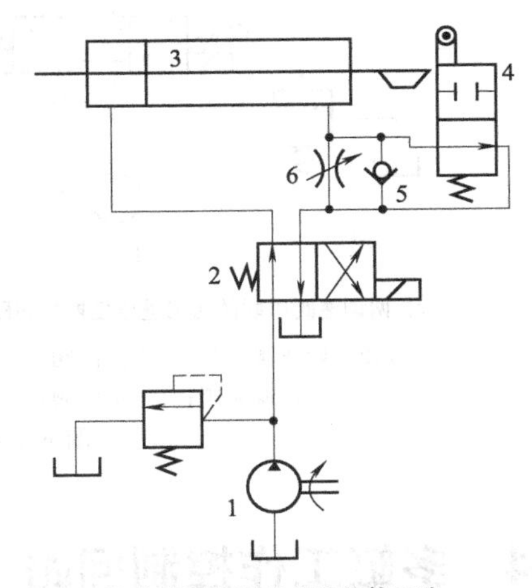

(b) 行程控制的快慢速换接回路

1—液压泵；2—换向阀；3—液压缸；4—行程换向阀；5—单向阀；6—节流阀

图 6.28　快慢速换接回路

(2) 快慢速换接回路

图 6.28 (a) 是压力控制的快慢速换接回路。回路中，液压缸 7 的压力信号，通过压力继电器 5，控制二位电磁阀 4，进而控制调速阀 6 的通断，实现液压缸 7 快速运动与工作进给速度换接。该回路是机床液压系统中常用的一种回路，换接方法平稳性及定位精度较差。

图 6.28 (b) 是行程控制的快慢速换接回路。利用行程换向阀 4 速度换接回路，实现液压缸 3 快速运动与工作进给速度换接。该回路的换接过程平稳、冲击小、定位精度高，常用于自动钻床等机床上。

(3) 两工进速度换接回路

图 6-29 (a) 是采用两调速阀串联的两工进速度换接回路。当阀 4 在左位工作，控制阀 3 的通断，使油液过调速阀 1，或既过调速阀 1 又过调速阀 2，进入液压缸的左腔，从而实现第一次工进或第二次工进。但调速阀 2 的开口需调的比调速阀 1 小，即第二次工进的速度必须比第一次工进的速度低。该回路换接较平稳，因阀 1 始终处于工作状态，压力损失较大，常用于组合机床。

图 6-29 (b) 是采用两调速阀并联的两工进速度换接回路。当阀 3 在左位工作，控制阀 4 的通断，使油液过调速阀 1 或过调速阀 2，进入液压缸的左腔，从而实现第一次工进或第二次工进。两调速阀可单独调节，两种速度互无限制。但是一个阀工作时，另一阀无油液通过，一旦换向工作时，液压缸会出现前冲现象。该回路不宜用于在加工过程中实现速度换接，只可用在速度预选的场合。有些调速阀采用限制减压阀最大开口度的方法来减缓换接冲击。

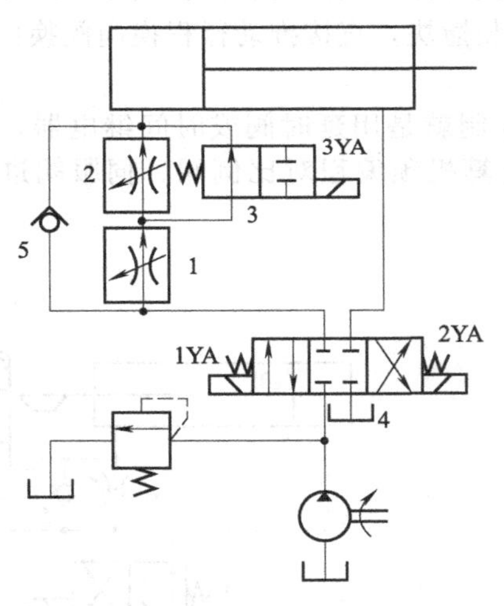

(a) 两调速阀串联的两工进速度换接回路

1,2—调速阀；3—二位换向阀；

4—三位换向阀；5—单向阀；

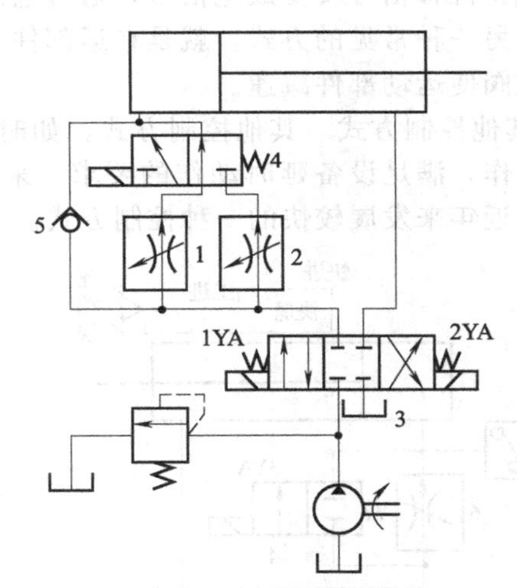

(b) 两调速阀并联的两工进速度换接回路

1,2—调速阀；3—三位换向阀；

4—二位换向阀；5—单向阀

图 6.29 两工进速度换接回路

6.4 多缸工作控制回路

复杂的液压系统中，往往有几个执行元件，按照系统的要求，这些缸（或马达）或顺序动作，或同步动作，多缸之间要求能避免压力和流量上的互不干扰。把满足这些要求的回路称为多缸工作控制回路。这类回路常见的主要有：顺序动作回路、同步动作回路和互不干扰回路三种。

6.4.1 顺序动作回路

多缸顺序动作中，常见的是双缸顺序动作。常见的顺序动作回路按控制方式分为压力控制和行程控制，也有用延时阀或时间继电器延时实现顺序动作的。

（1）压力控制的顺序动作回路

图 6.30 是顺序阀控制的顺序动作回路。为了保证顺序动作，顺序阀的调定压力应比先一动作最大工作压力高 0.8～1MPa。换向阀 5 在左位时，缸 1 先动作，实现动作①，动作完成后；压力升高，单向顺序阀 4 开启，缸 2 才动作，实现动作②。同样，阀 5 换向至右位，缸 2 先退回，实现动作③；然后缸 1 退回，实现动作④。

图 6.31 是压力继电器控制的顺序动作回路。当夹紧缸 5 夹紧工件后，压力升高，压力继电器 4 发出信号，控制换向阀 6 换向，缸 7 开始运动，为了保证顺序动作可靠，压力继电器 4 调整压力应比减压阀 1 的调整压力低 0.3～0.5MPa。单向阀 2 是夹紧后防干扰的。液压冲击易使压力继电器误动作，该回路适用于压力冲击较小及夹紧力大小要求不严的系统中。

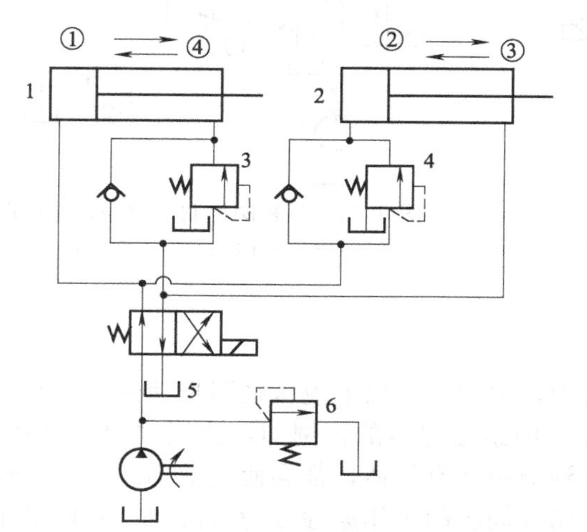

图 6.30 顺序阀控制的顺序动作回路

1,2—液压缸；3,4—单向顺序阀；

5—二位换向阀；6—溢流阀

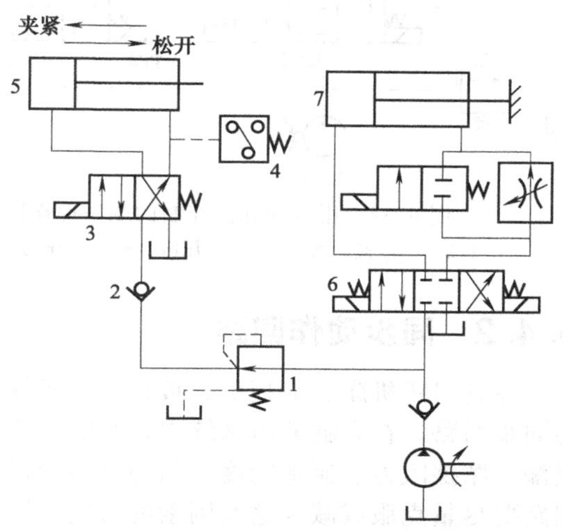

图 6.31 压力继电器控制的顺序动作回路

1—减压阀；2—单向阀；3—二位换向阀；

4—压力继电器；5,7—液压缸；6—三位换向阀

（2）行程控制的顺序动作回路

图 6.32 是用行程开关控制的顺序动作回路。该回路由液压缸上的撞块触动行程开关来控制电磁换向阀换向，实现顺序动作。图中行程开关 6 控制 1YA 断电、3YA 通电，使液压缸 4 的活塞杆伸出，实现动作①。同样，4 个行程开关（5、6、7 和 8）可循环控制，实现液压缸上所标注的顺序动作。液压缸的工作循环与行程开关、电磁铁的动态可列成表格，如表 6.3 所示。

图 6.33 是行程阀控制的顺序动作回路。图示状态下，1、2 两缸的活塞皆在左位。使阀 3 左位工作，缸 1 左腔通油，其活塞杆伸出，实现动作①；当撞块压下行程阀 4 后，缸 1 停止运动，缸 2 进油开始动作，实现动作②；换向阀 3 复位后，缸 1 先复位，实现动作③；随着撞块后移，行程阀 4 复位，缸 2 才能退回，实现动作④。

行程控制的顺序动作回路，换接位置准确，动作可靠。特别是行程阀控制的顺序动作回路换接平稳，常用于对位置精度要求较高处，但行程阀需要布置在缸附近，要改变动作顺序

比较困难。相比之下，行程开关控制的顺序动作回路，只要改变电气线路即可改变动作顺序，故应用广泛。

表 6.3 工作循环与行程开关、电磁铁动态表

工作循环	电磁铁动态表				行程开关
	1Y	2Y	3Y	4Y	
①	+	—	—	—	行程终点，触动 6
②	—	—	+	—	行程终点，触动 8
③	—	—	—	+	行程终点，触动 7
④	—	+	—	—	行程终点，触动 5
停止	—	—	—	—	

注：“+”表示电磁铁通电，“−”表示电磁铁断电。

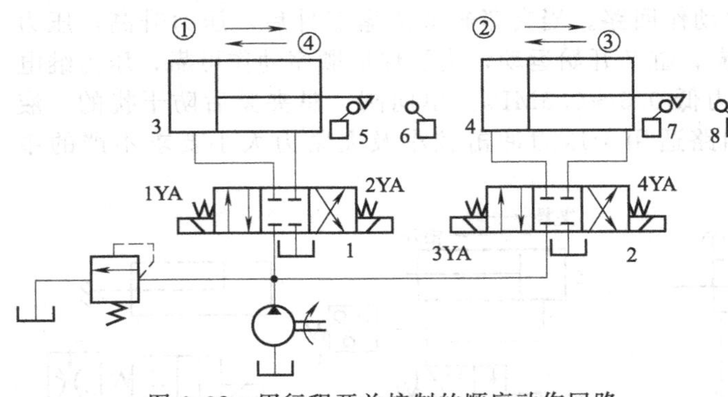

图 6.32 用行程开关控制的顺序动作回路

1，2—三位换向阀；3，4—液压缸；5～8—压力继电器

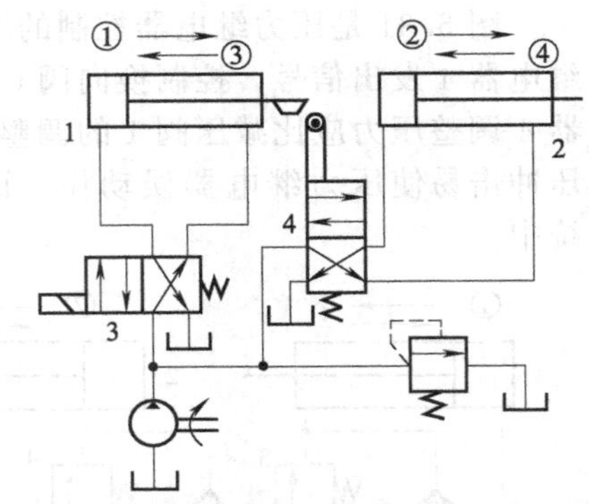

图 6.33 行程阀控制的顺序动作回路

1，2—液压缸；3，4—换向阀

6.4.2 同步动作回路

在龙门式机床、剪板机、板料折弯机等设备中，要求两个以上液压缸同步动作，一般采用同步回路。在多缸液压系统中，影响同步精度的因素是很多的，例如，液压缸的外负载、泄漏、摩擦阻力、制造精度、结构弹性变形以及油液中含有气体，都会使运动不同步。同步回路要尽量克服或减少这些因素的影响。同步回路按同步的工作原理分为节流型、容积型和复合型三种。节流型结构简单，压力损失大、效率低；容积型效率高，但是设备复杂、精度低。

（1）节流型同步回路

节流型同步回路主要有调速阀同步回路、等量分流阀同步回路和伺服阀或比例阀同步回路。

等量分流阀是标准件，结构简单，对负载适应能力强，等量分流阀同步回路的同步精度为 2%～5%。

图 6.34 是并联缸调速阀同步回路，调节调速阀 2 和 4，使液压缸的运动速度相等。负载增加、压力升高时，导致缸的泄漏增加，并受油温变化以及调速阀性能差异等影响，同步精度约为 5%～7%，同步调节困难。

采用伺服阀或比例阀，可不断消除不同步误差，精度高。伺服阀同步双缸绝对误差不超过 0.2～0.05mm。图 6.35 是采用比例调速阀的双向同步回路。两路均采用单向阀桥式整流，一路采用普通调速阀 1，另一路采用比例调速阀 2，利用放大了的两缸偏差信号控制比例调速阀，不断消除不同步误差，达到双向同步的目的，可使绝对误差小于 0.5mm。该回路费用低，使用维护方便。

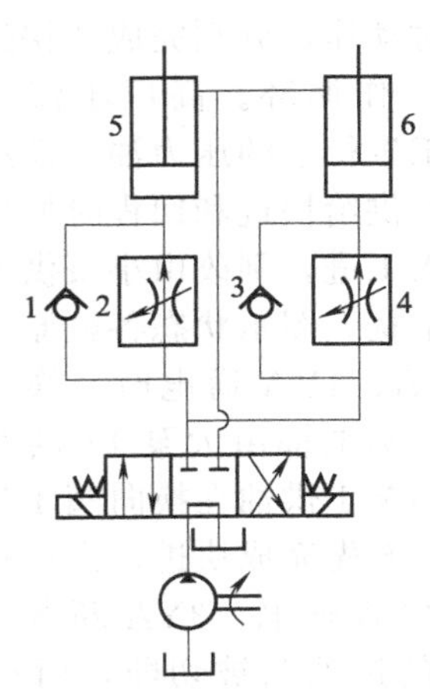

图 6.34 并联缸调速阀的同步回路

1,3—单向阀；2,4—调速阀；5,6—液压缸

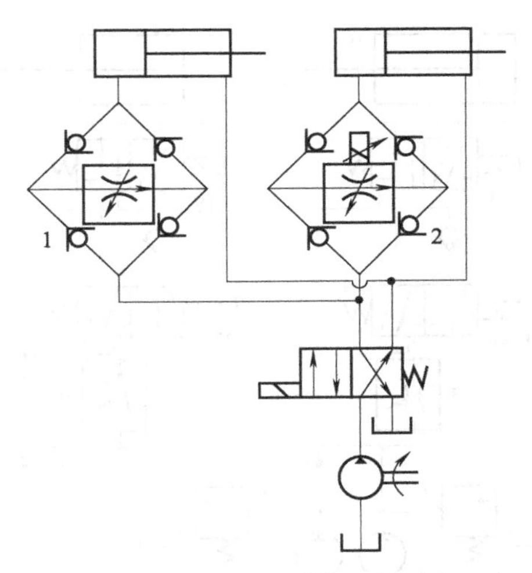

图 6.35 用比例调速阀的双向同步回路

1—普通调速阀；2—比例调速阀

（2）容积型同步回路

容积型同步回路采用等容积原理。常见的有串联缸同步、同步缸同步及等排量液压泵同步等。

图 6.36 是带补油装置的串联液压缸同步回路。缸 5 活塞下腔的有效作用面积与缸 7 活塞上腔的有效作用面积相等，两腔连通，流量相等，故两缸以相同速度运动。每次行程中产生的误差，若不消除，会愈来愈大。而补偿装置使同步误差在每一次下行运动中都可消除。例如，阀 2 在右位工作时，缸下降，若缸 7 的活塞先运动到底，它就触动电气行程开关 8，接通其控制的电磁铁 2YA，压力油便通过换向阀 3 的右位，打开液控单向阀 6 的反向通道，缸 5 的下腔通过液控单向阀 6 回油，其活塞即可继续运动到底。若缸 5 的活塞先运动到底，它就触动电气行程开关 4，接通其控制的电磁铁 1YA，压力油便通过换向阀 3 的左位和液控单向阀 6 向缸 7 的上腔补油，推动活塞继续运动到底，误差即可消除。该回路结构简单，对偏载有自适应能力，但供油压力高、同步精度低，只适用于负载较小的液压系统，如常用于剪板机上。

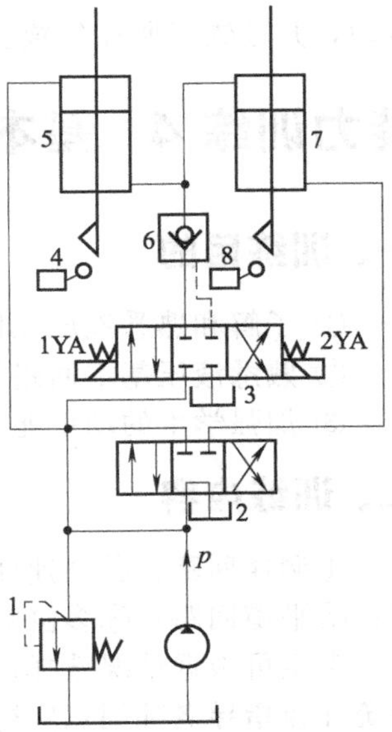

图 6.36 带补油装置的串联液压缸同步回路

1—溢流阀；2,3—三位换向阀；4,8—压力继电器；5,7—液压缸；6—液控单向阀

6.4.3 互不干扰回路

在多缸液压系统中，往往由于一个液压缸的快速运动，吞进大量油液，造成整个系统的压力下降，干扰了其他缸的慢速工作（进给运动）。因此，对于工作进给稳定性要求较高的多缸液压系统，需要采用互不干扰回路。若各缸不同时动作，可在各支路入口安装单向阀，防止回路压力下降带来的影响；也可采用换向阀的 O 型、Y 型等滑阀机能将压力油进口封闭，将支路与主油路断开。总之，可采用换向阀、单向阀复合控制和双泵供油的回路，实现多缸在不同的速度和负载下要求同时动作。

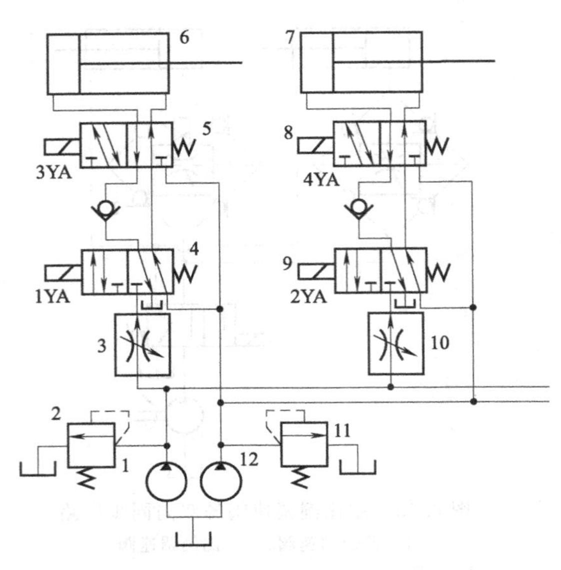

图 6.37　双泵供油多缸互不干扰回路

1—小泵；2,11—溢流阀；3,10—调速阀；4,5,8,9—二位五通电磁换向阀；6,7—液压缸；12—大泵

图 6.37 是双泵供油多缸互不干扰回路。各缸可同时动作，分别完成“快进→工进→快退”的工作循环。高压小流量泵 1（小泵）供给工进行程的压力油，低压大流量泵 12（大泵）供给快进和回程时的压力油，任意一缸进入工进，则改由小泵供油，彼此无牵挂互不干扰。图示状态各缸原位停止。当电磁铁 3YA、4YA 通电时，换向阀 5 和 8 左位工作，两缸都由大泵 12 供油做差动快进，此时小泵 1 供油在换向阀 4 和 9 处被堵截。如果缸 6 先完成快进，由行程开关控制使电磁铁 1YA 通电、3YA 断电，此时大泵 12 对缸 6 的进油路被切断，而小泵 1 的进油路打开，缸 6 由调速阀 3 调速做工进，缸 7 仍做快进，互不干扰。当各缸都转为工进后，它们全都由小泵 1 供油。此后，如果缸 6 又率先完成工进，行程开关控制应使电磁铁 1YA 和 3YA 都通电，缸 6 由大泵 12 供油快退。当各电磁铁都断电时，各缸皆停止运动，并被锁于所在位置上。

能力训练 4　基本回路的设计与安装

一、训练目的

① 了解和熟悉液压元件的工作原理。

② 熟悉液压基本回路的功能、组成和工作原理。

③ 加强学生的动手能力和创新能力。

二、训练内容

①调速回路；②增速回路；③速度换接回路；④调压回路；⑤泵卸荷回路；⑥减压回路；⑦平衡回路；⑧多缸顺序回路；⑨多缸同步回路。

学生可根据情况选择训练以上内容，也可根据液压教学系统所提供的元件自己设计液压系统并经指导老师同意实行，未经指导老师检查同意，学生不得随意更改系统开机。

三、设备及工具

① 液压教学仿真软件。

② 液压教学实验台。

四、操作步骤

① 通过参考相关资料，正确设计相关液压系统的基本回路。

② 在实验室用液压系统设计软件做出液压系统回路。

③ 通过仿真实验，进一步完善、修改液压系统设计并完成模拟分析等工作。

④ 仿真通过后，在 Festo 液压教学实验台连接系统完成测试等工作，获得实验数据并分析，获得实验结果。

⑤ 液压系统的连接。以图 6.38 为例，说明液压系统的连接。

a. 熟悉该液压回路的工作原理图，理解 PLC 程序。

b. 按照原理图连接好回路，确认回路连接无误，将程序传输到 PLC 内，接近开关①、接近开关②、接近开关③插入 PLC 相应的输入端口，电磁阀 1YA、2YA、3YA 的电磁线插入 PLC 相应的输出端口。

c. 打开溢流阀，开启电源，启动泵站电机。调节系统压力，1YA 电磁铁通电时，三位四通电磁阀左位开始工作，液压缸有杆腔的油直接从二位二通电磁阀快速回到油箱，当活塞杆运动到接近开关②时，3YA 电磁铁通电，二位二通电磁阀右位接回路，回油经调速阀 4 进入油箱，液压缸做工进运动。当活塞杆运动到接近开关③时，三位四通电磁阀右位工作，液压缸快速复位。调节溢流阀，让回路在不同的系统压力的情况下反复运行多次，观测它们之间的运动情况。

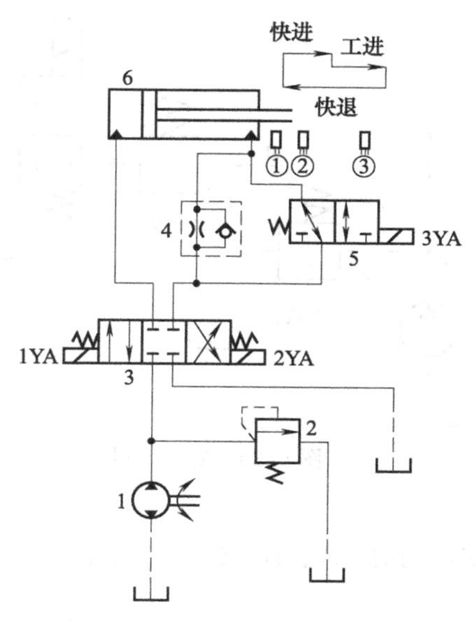

图 6.38　液压基本回路

1—泵；2—溢流阀；3—三位四通电磁阀；4—调速阀；5—二位三通电磁阀；6—液压缸

⑥ 实验完毕之后，清理实验台，将各元器件放入原来的位置。

⑦ 明确操作要求：

a. 实验系统要能够符合设计规范，安全可靠。

b. 每组一题，不能重复。

c. 注意系统设计压力和流量要求，不得超过其压力和流量。

d. 安装完毕后，仔细校对回路和元件，经指导教师同意后方可开机。

五、提交成果

① 设计题目及参数。

② 液压系统原理图。

③ 电气控制原理图或 PLC 原理控制原理图。

④ 进行相关计算，绘制相关曲线。

思考与练习

6.1　液压基本回路按其功用可分为哪几种类型？各种类型包括哪些回路？

6.2　简述卸荷回路的功用。

6.3　速度控制回路主要有哪些调速方式？

6.4　节流调速回路有哪几种形式？

6.5　进油调速回路、回油调速回路各有哪些特性？主要应用在什么场合？

6.6　如何使液压泵在原动机不停的情况下自动卸荷？

6.7　如何实现两个液压缸的同步动作？

6.8　如何实现两个液压执行机构的顺序动作？

6.9　实现快速运动的基本回路有哪些？

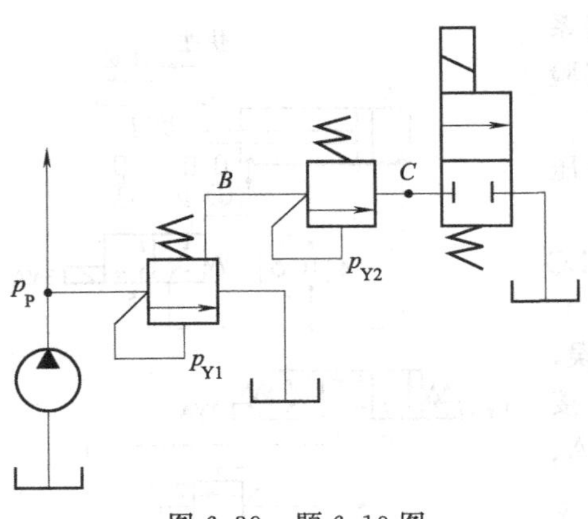

图 6.39 题 6.10 图

6.10 在图 6.39 所示的回路中，若溢流阀的调整压力分别为 $p_{Y1}=6\text{MPa}$，$p_{Y2}=4\text{MPa}$，泵出口处的负载阻力为无限大，不计管道损失和调压偏差，试问：

(1) 换向阀下位接入回路时，泵的工作压力为多少？B 点和 C 点的压力各为多少？

(2) 换向阀上位接入回路时，泵的工作压力为多少？B 点和 C 点的压力又是多少？

6.11 在图 6.40 所示的回路中。已知活塞运动时的负载 $F=1.2\text{kN}$，活塞面积为 $15\times10^{-4}\text{m}^2$，溢流阀调整值为 5MPa，两个减压阀的调整值分别为 $p_{J1}=3.5\text{MPa}$ 和 $p_{J2}=2\text{MPa}$，油液流过减压阀及管路时的损失忽略不计，试确定活塞运动时，A、B、C 三点的压力。

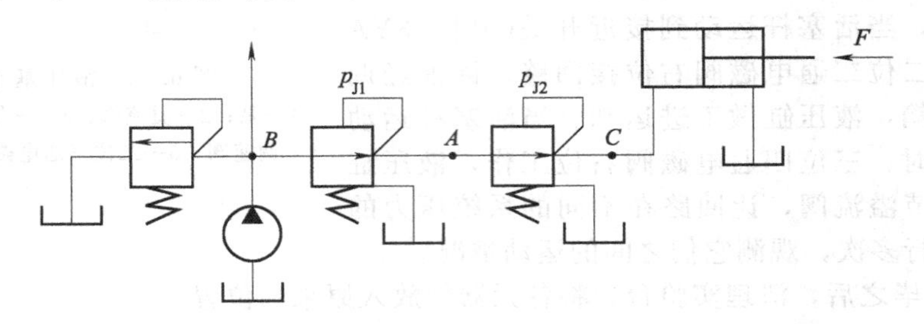

图 6.40 题 6.11 图

6.12 如图 6.41 所示为由双泵驱动的液压系统，活塞快速前进时负荷 $F_L=0$，慢速前进时负荷 $F_L=20000\text{N}$，活塞有效面积为 $40\times10^{-4}\text{m}^2$，左边溢流阀及右边卸荷阀调定压力分别为 7MPa 与 2.5MPa。低压大排量泵（大泵）流量 $Q_{大}=20\text{L/min}$，高压小排量泵（小泵）流量 $Q_{小}=5\text{L/min}$，摩擦阻力、管路损失、惯性力忽略不计，试求：

(1) 活塞快速前进时，小泵的出口压力是多少？进入液压缸的流量是多少？活塞的前进速度是多少？

(2) 活塞慢速前进时，大泵的出口压力是多少？小泵出口压力是多少？如果要改变活塞前进速度，应该用哪个元件来调节？

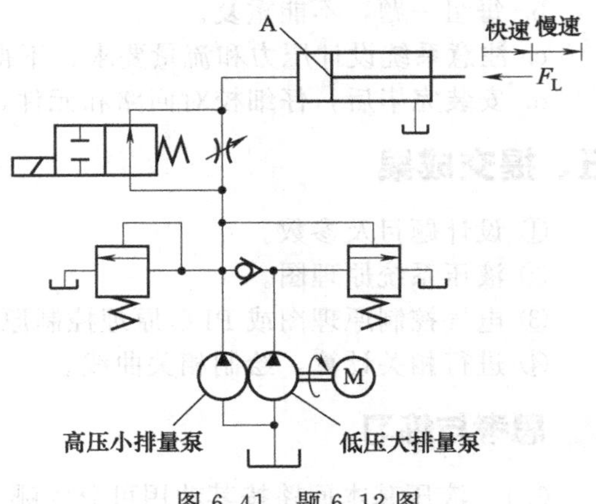

图 6.41 题 6.12 图

6.13 如图 6.42 所示，已知两液压缸的构造尺寸相同，无杆腔的面积 $A_1=20\times10^{-4}\text{m}^2$，负载分别为 $F_1=8000\text{N}$，$F_2=4000\text{N}$，溢流阀的调整压力为 4.5MPa，试分析当减压阀压力调整值分别为 1MPa、2MPa、4MPa 时，液压缸 1 和 2 的动作情况。

6.14 根据图 6.43 所示，填写当实行下列工作循环时的电磁铁动态表（题表 6.1）。

6.15 如图 6.44 所示的液压系统能实现："A 夹紧→B 快进→B 工进→B 快退→B 停止→A 松夹→泵卸荷" 等顺序动作的工作循环。

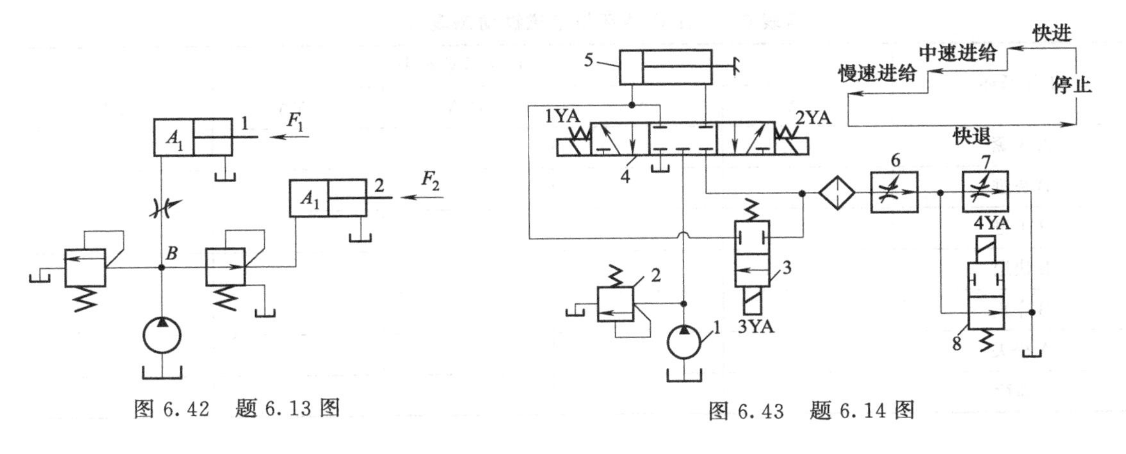

图 6.42　题 6.13 图

图 6.43　题 6.14 图

题表 6.1　工作循环与电磁铁动态表（一）

工作循环	电磁铁动态表			
	1YA	2YA	3YA	4YA
快进				
中速进给				
慢速进给				
快退				
停止				

(1) 试填写工作循环的电磁铁动态表（题表 6.2）。

(2) 说明系统是由哪些基本回路组成的？

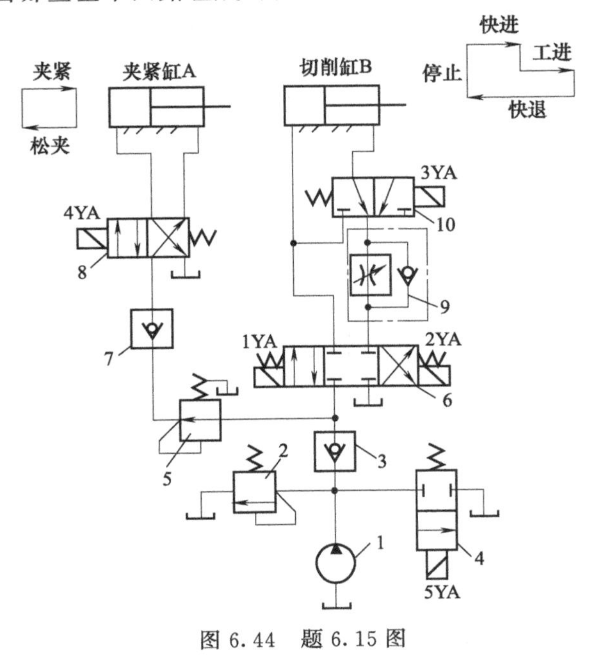

图 6.44　题 6.15 图

题表 6.2 工作循环与电磁铁动态表（二）

工作循环	电磁铁动态表				
	1YA	2YA	3YA	4YA	5YA
A 夹紧					
B 快进					
B 工进					
B 快退					
B 停止					
A 松夹					
1 卸荷					

第7章 液压传动系统

液压传动系统是根据液压传动的设备的工作要求，选用适当的基本回路构成的，其原理一般用液压系统图来表示。本章列选了6个典型液压系统实例，分析了其工作原理和特点，并阐述了液压系统的使用与维护。通过学习和分析，加深理解液压元件的功能、基本回路的合理组合，熟悉阅读液压系统图、液压传动系统的正确使用与故障诊断分析的基本方法，为设计、分析和使用液压传动系统奠定必要的基础。本章重点是阅读液压系统图和分析液压系统的方法，典型液压系统的工作原理和特点，液压传动系统的正确使用与维护。难点是液压传动系统的故障诊断。

液压传动系统是由各种不同功能的基本回路组成的，用来实现机械设备执行机构的工作要求。其工作原理一般用液压系统图表示。在液压系统图中，各个液压元件及其之间的连接与控制方式，均按标准图形符号或半结构式符号画出。阅读一个较复杂的液压系统图，大致可按以下步骤进行：

① 根据系统图的名称及说明，了解液压系统的用途和机械设备工况对液压系统的要求。

② 初读液压系统图，了解系统中的组成元件，并以执行元件为中心，将系统分解为若干个子系统。

③ 先单独分析每一个子系统，了解其执行元件与相应的阀、泵之间的关系和含有的基本回路。然后再根据执行元件的动作要求，参照电磁铁动态表等，阅读此系统，理清其液流路线。

④ 根据系统中对各执行元件间的互锁、同步、防干扰等要求，分析各子系统之间的联系以及如何实现这些要求。

⑤ 在全面读懂液压系统的基础上，根据系统中基本回路的性能，对系统作综合分析，归纳总结整个液压系统的特点。

7.1 组合机床动力滑台液压系统

7.1.1 概述

组合机床如图7.1所示，是由一些通用和专用零部件组合而成的专用机床，广泛应用于成批大量的生产中。组合机床上的主要通用部件——动力滑台是用来实现进给运动的，只要配以不同用途的主轴头，即可实现钻、扩、铰、镗、铣、刮端面、倒角及攻螺纹等加工。动力滑台有机械滑台和液压滑台之分。液压动力滑台是利用液压缸将泵所提供的液压能转变成滑台运动所需的机械能，它对液压系统性能的主要要求是速度换接平稳，进给速度稳定，功率利用合理，效率高，发热少。

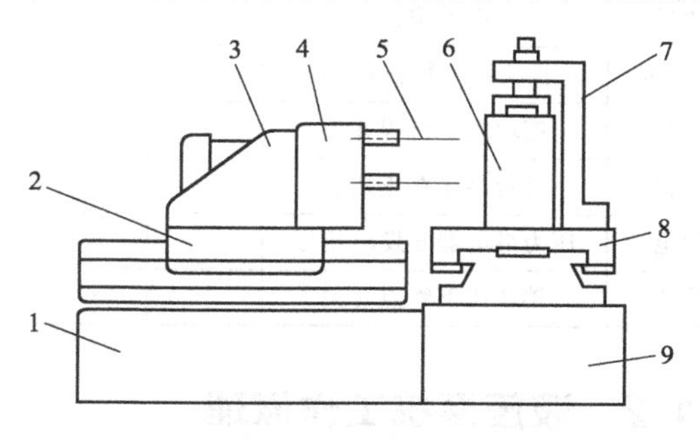

图7.1 组合机床

1—床身；2—动力滑台；3—动力头；4—主轴箱；5—刀具；6—工件；7—夹具；8—工作台；9—底座

现以YT4543型液压动力滑台为例，

分析组合机床动力滑台液压系统的工作原理和特点。该液压动力滑台由液压缸驱动，在电气和机械装置的配合下实现各种自动工作循环。要求进给速度范围为6.6～600mm/min，最大进给力为4.5×10^4N。图7.2所示为YT4543型动力滑台的液压系统，该系统用限压式变量泵供油，用电液换向阀换向，用液压缸差动连接来实现快进。用行程阀实现快进与工进的转换，用二位二通电磁换向阀进行两个工进速度之间的转换，为了保证进给的尺寸精度，用止挡块停留来限位。系统的动作循环如表7.1所示，实现的工作循环为快进→第一次工作进给→第二次工作进给→止挡块停留→快退→原位停止。

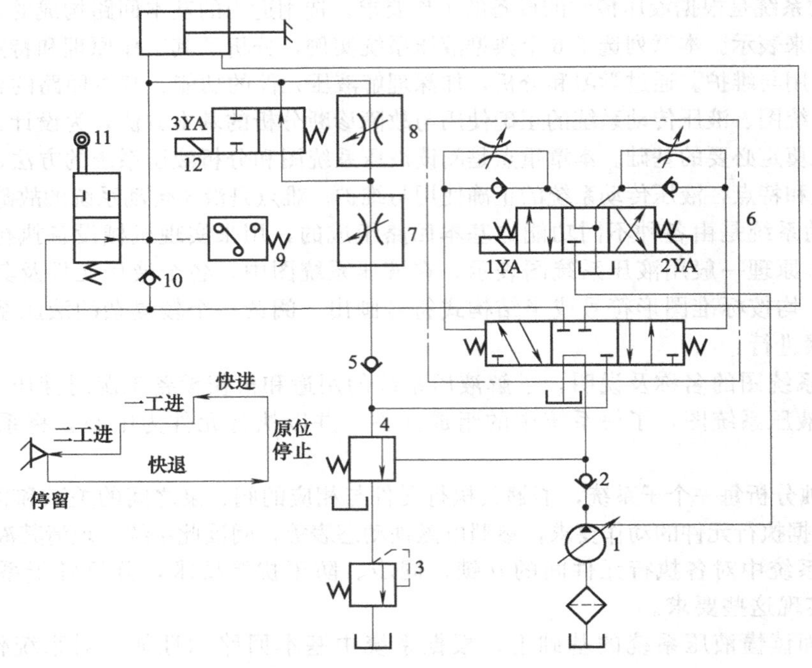

图7.2　YT4543型动力滑台的液压系统

1—液压泵；2,5,10—单向阀；3—背压阀；4—液控顺序阀；6—电液换向阀；7,8—调速阀；9—压力继电器；11—行程阀；12—电磁阀

表7.1　YT4543型动力滑台液压系统的动作循环表

<table>
<tr><th rowspan="2">动作名称</th><th rowspan="2">信号来源</th><th colspan="3">电磁铁工作状态</th><th colspan="4">液压元件工作状态</th></tr>
<tr><th>1YA</th><th>2YA</th><th>3YA</th><th>顺序阀4</th><th>换向阀6</th><th>电磁阀12</th><th>行程阀11</th></tr>
<tr><td>快进</td><td>启动按钮</td><td>+</td><td>−</td><td>−</td><td>关闭</td><td rowspan="4">左位</td><td rowspan="2">右位</td><td>下位</td></tr>
<tr><td>一工进</td><td>挡块压下行程阀11</td><td>+</td><td>−</td><td>−</td><td rowspan="4">打开</td><td rowspan="3">上位</td></tr>
<tr><td>二工进</td><td>挡块压下行程开关</td><td>+</td><td>−</td><td>+</td><td rowspan="3">左位</td></tr>
<tr><td>停留</td><td>滑台靠压在止挡处</td><td>+</td><td>−</td><td>+</td></tr>
<tr><td>快退</td><td>压力继电器5发出信号</td><td>−</td><td>+</td><td>+</td><td>右位</td><td>上位或下位</td></tr>
<tr><td>停止</td><td>挡块压下终点开关</td><td>−</td><td>−</td><td>−</td><td>关闭</td><td>中位</td><td>右位</td><td>下位</td></tr>
</table>

7.1.2　液压系统工作原理

（1）快进

如图7.2所示，按下启动按钮，电磁铁1YA通电，电液换向阀6的先导阀阀芯

向右移动从而引起主阀芯向右移，使其左位接入系统，形成差动连接。其主油路如下：

进油路：泵 1→单向阀 2→换向阀 6 左位→行程阀 11 下位→液压缸左腔。

回油路：液压缸的右腔→换向阀 6 左位→单向阀 5→行程阀 11 下位→液压缸左腔。

(2) 第一次工作进给

当滑台快速运动到预定位置时，滑台上的行程挡块压下了行程阀 11 的阀芯，切断了该通道，压力油须经调速阀 7 进入液压缸的左腔。由于油液流经调速阀，因此系统压力上升，液控顺序阀 4 被打开。此时，单向阀 5 的上部压力大于下部压力，所以单向阀 5 关闭，切断了液压缸的差动回路。回油经液控顺序阀 4 和背压阀 3 流回油箱，从而使滑台转换为第一次工作进给。其主油路如下：

进油路：泵 1→单向阀 2→换向阀 6 左位→调速阀 7→换向阀 12 右位→液压缸左腔。

回油路：液压缸右腔→换向阀 6 左位→液控顺序阀 4→背压阀 3→油箱。

工作进给时，系统压力升高，限压式变量泵 1 的输油量便会自动减小，以适应工作进给的需要。其中，进给量大小由调速阀 7 调节。

(3) 第二次工作进给

第一次工进结束后，行程挡块压下行程开关，使电磁铁 3YA 通电，二位二通换向阀将通路切断，进油必须经调速阀 7 和调速阀 8 才能进入液压缸。此时，由于调速阀 8 的开口量小于调速阀 7 的，所以进给速度再次降低，其他油路情况同一工进。

(4) 止挡块停留

当滑台工作进给完毕之后，碰上止挡块的滑台不再前进，停留在止挡块处，同时，系统压力升高，当升高到压力继电器 9 的调整值时，压力继电器动作，经过时间继电器的延时，再发出信号使滑台返回。滑台的停留时间可由时间继电器在一定范围内调整。

(5) 快退

滑台停留时间结束后，时间继电器经延时发出信号，使电磁铁 2YA 通电，电磁铁 1YA、电磁铁 3YA 断电，这时电液换向阀 6 的左位接入系统。滑台退回时负载小，系统压力低，限压式变量泵 1 输出流量又自动恢复到最大，快速退回。其主油路如下：

进油路：泵 1→单向阀 2→换向阀 6 右位→液压缸右腔。

回油路：液压缸左腔→单向阀 10→换向阀 6 右位→油箱。

(6) 原位停止

当滑台退回到原位时，行程挡块压下行程开关，发出信号，使 2YA 断电，换向阀 6 处于中位，液压缸失去液压动力源，滑台停止运动。泵 1 输出的油液经换向阀 6 直接回到油箱，泵卸荷。

7.1.3 液压系统特点

YT4543 型动力滑台的液压系统由下列一些基本回路所组成：限压式变量叶片泵、调速阀、背压阀组成的容积节流加背压的调速回路，液压缸差动连接式快速运动回路，电液换向阀式换向回路，行程阀、电磁阀和顺序阀等组成的速度换接回路，调速阀串联的两次工进回路，电液换向阀 M 型中位机能的卸荷回路等。

YT4543 型动力滑台液压系统具有如下特点：

① 系统采用了限压式变量叶片泵-调速阀的进油调速回路，能保证稳定的低速运动（进给速度最小可达 6.6mm/min），较好的速度刚性和较大的调速范围。

② 限压式变量泵加上差动连接式快速回路，可获得较大的快进速度，能量利用比较合

理。当滑台停止运动时，换向阀使液压泵在低压下卸荷，减少了能量损耗。同时，滑台快退时，系统没有背压，也减少了压力损失。

③ 采用行程阀和顺序阀实现快进转工进的换接，不仅简化油路和电路，而且使动作可靠，转换的位置精度也较高。采用止挡块作限位装置，定位准确，重复精度高。

④ 可以根据换向时间要求调节电液换向阀，使换向平稳，冲击和噪声小。

7.2 自卸车液压系统

7.2.1 概述

自卸车是指通过液压或机械举升而自行卸载货物的车辆，又称翻斗车。由发动机、汽车底盘、液压举升机构、货厢和取力装置等部件组成。

自卸车在土木工程中经常与挖掘机、装载机、带式输送机等工程机械联合作业，构成装、运、卸生产线，进行土方、砂石、散料的装卸运输工作。

自卸车的车厢分后向倾翻和侧向倾翻两种，通过操纵系统控制活塞杆运动，后向倾翻较普遍，推动活塞杆使车厢倾翻，少数双向倾翻。

自卸车的发动机、底盘及驾驶室的构造和一般载重汽车相同。

高压油经分配阀、油管进入举升液压缸，车厢前端有驾驶室安全防护板。

发动机通过变速器、取力装置驱动液压泵，车厢液压倾翻机构由油箱、液压泵、分配阀、举升液压缸、控制阀和油管等组成。

发动机通过变速器、取力装置驱动液压泵，高压油经分配阀、油管进入举升液压缸，推动活塞杆使车厢倾翻。以后向倾翻较普遍，通过操纵系统控制活塞杆运动，可使车厢停止在任何需要的倾斜位置上。车厢利用自身重力和液压控制复位。

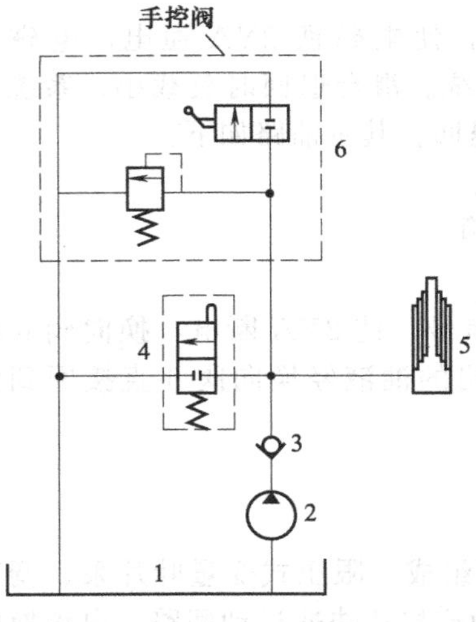

7.2.2 液压系统工作原理

图 7.3 所示是某自卸车液压系统工作原理图，相比其他车辆和工程机械等机电设备的液压系统，该液压系统比较简单，以下是其工作原理。

(1) 举升动作油路

当需要举升翻斗时，驾驶员扳动手动阀，使手控阀 6 里的换向阀的右位（常闭位）接入油路中，使上行油路被切断。油泵工作，将油从油箱中吸出，流经齿轮泵 2 和单向阀 3 进入举升液压缸 5，从而顶起翻斗，达到卸料的目的。当举升到一定高度时，限位阀 4 启动（行程开关控制），限位阀 4 上位接入油路，液压油通过单向阀 3 后直接经限位阀 4 回到油箱内。防止举升高度过高，发生意外事故。

手控阀
6
4
5
3
2
1

图 7.3　自卸车液压系统图
1—油箱；2—油泵；3—单向阀；4—限位阀；5—液压缸；6—手控阀

(2) 翻斗复位油路

当卸料完成，需要让翻斗复位时，驾驶员扳动手控阀 6，使手控阀里的换向阀的左位（常通位）接入油路中，上行油路接通。液压油经过单向阀 3 和手控阀 6 回到油箱，使举升缸失去油压，举升缸推杆在翻斗重力作用下开始下降。之后，限位阀 4 的下位复位，切断油路。

7.2.3 液压系统特点

① 液压系统结构简单，易于维护和修理。

② 溢流阀和限位阀，使整个液压系统较为安全。

③ 手控阀，可一定程度上控制举升和翻斗复位的速度。值得注意的是，手动换向阀是工程机械中最普遍的控制方式，它能控制换向、卸荷以及节流调速和微动等。

7.3 推土机液压系统

7.3.1 概述

推土机是一种自行式铲土运输机械，前面装有金属推土铲（俗称铲刀），使用时放下推土铲，向前铲削并推送泥、沙及石块等，推土铲位置和角度可以调整。推土机能单独完成挖土、运土和卸土工作，具有操作灵活、转运方便、所需工作面小、行驶速度快等特点。其主要适用于一至三类土的浅挖短运，如场地清理或平整，开挖深度不大的基坑以及回填，推筑高度不大的路基等。在建筑、交通、采矿、水利、农业、国防建设等领域的土石方工程施工中被广泛应用。

图 7.4 是小松 D355A 推土机的液压系统，在熟知液压系统主要元件的前提下，可直接对系统工作循环和工作回路进行分析。

小松 D355A 型推土机的液压系统，主要控制推土铲升降缸 15、松土器升降缸 16、铲刀垂直倾斜缸 17、松土器倾斜缸 21 及松土器齿杆闭锁缸 22 的液压回路，使各缸能够按所需动作顺序进行动作，从而满足工作和设计要求。该液压系统图中涉及了换向回路、调速回路、锁紧回路、调压回路、卸荷回路、快速回路及浮动回路等（注意：换向阀 23 下方所画向上的箭头，代表进油方向，进油路中的油依旧是由油泵 2 提供）。

溢流阀 3 控制系统工作压力，防止过载，起到安全阀的作用。

溢流阀 8 控制通往换向阀 25 的油路压力，用于防止当松土齿在固定位置作业时突然过载，也是起安全作用。

溢流阀 11 与滤油器 10 并联，是用来确保回油路畅通的，即当回油中杂质堵塞滤油器 10 时，通过油压将溢流阀 11 的油路接通，使回油路上的油回到密封油箱 9 中。这里，溢流阀 11 也是起安全作用。

单向阀 4、5 和 6 用以保证任何工况下压力油不会倒流，避免作业装置意外反向动作。

单向阀 7 和 18 是补油单向阀，用以防止当铲刀和松土齿下降时，由于自重作用下速度过快可能引起供油不足行程液压缸仅有强局部真空。在压差作用下单向阀 7 和 18 打开，从油箱补油到液压缸进油腔，避免真空，使液压缸动作保持平稳。

7.3.2 液压系统工作原理

（1）推土铲升降缸油路

进油路：密封油箱 9→油泵 2→单向阀 4→四位五通换向阀 12 的右位→防坠阀 19 中的单向阀→15 缸的大腔。

回油路：15 缸的小腔→四位五通换向阀 12 的右位→三位五通换向阀 13 的中位→三位五通换向阀 14 的中位→滤油器 10→密封油箱 9。

四位五通换向阀 12 控制进回油路的转换。

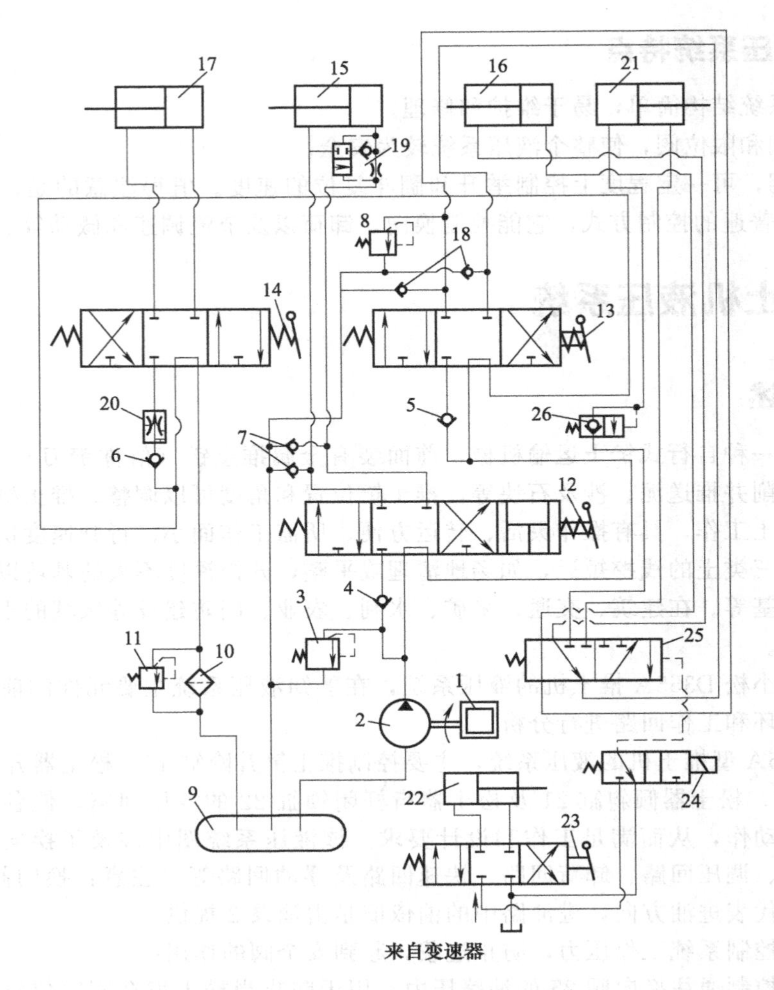

图 7.4　小松 D355A 推土机液压系统

1—柴油机；2—油泵；3,8,11—溢流阀；4～7,18—单向阀；9—密封油箱；10—滤油器；12～14,23～26—换向阀；15—推土铲升降缸；16—松土器升降缸；17—铲刀垂直倾斜缸；19—防坠阀；20—节流阀；21—松土器倾斜缸；22—松土器齿杆闭锁缸

(2) 松土器升降缸油路

进油路：密封油箱 9→油泵 2→四位五通换向阀 12 中位→单向阀 5→三位五通换向阀 13 左位→二位六通换向阀 25 的左位→16 缸大腔。

回油路：16 缸小腔→二位六通换向阀 25 的左位→三位五通换向阀 13 的左位→三位五通换向阀 14 的中位→滤油器 10→密封油箱 9。

三位五通换向阀 13 控制进回油路的转换。

(3) 铲刀垂直倾斜缸油路

进油路：油泵 2→四位五通换向阀 12 的中位→三位五通换向阀 13 的中位→单向阀 6→节流阀 20→三位五通换向阀 14 的左位→17 缸的大腔。

回油路：17 缸的小腔→三位五通换向阀 14 的左位→滤油器 10→密封油箱 9。

三位五通换向阀 14 控制进回油路的转换。

(4) 松土器倾斜油缸油路

① 伸出推杆时的进油路：油泵 2→四位五通换向阀 12 的中位→单向阀 5→三位五通换

向阀 13 的左位→二位六通换向阀 25 的右位→换向阀 26 的左位→21 缸的大腔。

回油路：21 缸的小腔→二位六通换向阀 25 的右位→三位五通换向阀 13 的左位→三位五通换向阀 14 的中位→滤油器 10→密封油箱 9。

② 收回推杆时的进油路：油泵 2→四位五通换向阀 12 的中位→单向阀 5→三位五通换向阀 13 的右位→二位六通换向阀 25 的右位→21 缸小腔。

回油路：21 缸大腔→换向阀 26 右位→二位六通换向阀 25 的右位→三位五通换向阀 13 的右位→三位五通换向阀 14 的中位→滤油器 10→密封油箱 9。

三位五通换向阀 13 控制进回油路的转换。

(5) 松土器齿杆闭锁缸油路

进油路：油泵 2→三位四通换向阀 23 的左位→22 缸大腔。

回油路：22 缸小腔→三位四通换向阀 23 的左位→油箱。

三位四通换向阀 23 控制进回油路的转换。

7.3.3 液压系统特点

该液压系统主要有以下几个特点：

① 多采用手动换向阀，便于使用者根据实际情况灵活控制换向工作，还可以利用换向阀进行调速，从而控制各个工况下动作的快慢。

② 该回路利用了多种液压回路，例如换向回路、调速回路、锁紧回路、调压回路、卸荷回路、快速回路及浮动回路等，保证了工作的稳定性和安全性。另外，还设有单向阀组 7、18，用来进行补油。

③ 该系统采用了多路换向阀，使得各缸的动作可以彼此独立进行，彼此之间没有局限，提高了效率和安全。

7.4 装载机液压系统

7.4.1 概述

装载机是一种广泛用于公路、铁路、建筑、水电、港口、矿山等建设工程的土石方施工机械，它主要用于铲装土壤、砂石、石灰、煤炭等散状物料，也可对矿石、硬土等作轻度铲挖作业。由于装载机具有作业速度快、效率高、机动性好、操作轻便等优点，因此它成为工程建设中土石方施工的主要机种之一。

ZL50 装载机行走系统采用德国力士乐先进的静液压驱动技术。作业液压系统和转向液压系统，采用德国力士乐先进的负荷传感液压技术，系统能量损失小，发热量少。铲斗具有自动平放功能，动臂具有高度限位器，减少了驾驶人员的劳动强度，延长了机器使用寿命。具有任意可调活动操纵台，驾驶更加舒适方便。与 5T 同级别装载机相比节能达 30%以上。

ZL50 装载机的整机性能参数：铲斗容量 3t，装载质量 5000kg，铲斗举斗时间 6.6s，最大爬坡能力 30°，最大行驶速度 36km/h，转弯半径 5650mm，崛起力 155kN，最大卸载高度 3050mm，最大卸载高度时的卸载距离 1250mm，最大卸载高度时铲斗最大卸斜角 45°，铰接转向角度 40°，外形尺寸整机全长 7720mm，整机宽度 2900mm，整机高度 3370mm，轴距 3300mm，轮距 2200mm，发动机型号 WD615.6763-36，最大功率 147kW，最大额定转速 2150r/min，最大扭矩 779N·m，最大扭矩转速 1500r/min，整机质量 16500kg。

7.4.2 液压系统主要元件

ZL50 装载机工作装置液压系统，如图 7.5 所示。主要由双联泵、分配阀、流量转换阀、双作用安全阀、动臂缸、转斗缸、油箱和管路等组成，主要起过载保护和快速补油作用。改进后避免了双联泵、分配阀、流量转换阀、双作用安全斗缸活塞杆弯曲事故发生，提高了整机利用率。液压系统主要由阀、动臂缸、转斗缸、油箱和管路等组成，系统工作压力 14.7MPa，双作用安全阀调整压力 78.4MPa，转向系统工作压力 117.6MPa，系统工作压力 14.7MPa。

装载机工作装置液压系统由以下部分组成：转斗液压缸、动臂液压缸、动臂液压缸换向阀、转斗液压缸换向阀、单向阀、液压泵、滤油器、溢流阀、缓冲补油阀、油箱等。

① 方向控制阀。设有动臂液压缸换向阀和转斗液压缸换向阀，用来控制转斗液压缸的和动臂液压缸的运动方向，使铲斗和动臂能停在某一位置，并可以通过控制换向阀的开度来获得液压缸的不同速度。转斗液压缸换向阀 5 是三位六通滑阀，它可控制铲斗前倾、后倾和固定在某一位置等三个动作，动臂液压缸换向阀 6 是四位六通滑阀，它可控制动臂上升、下降、固定和浮动等四个动作。动臂浮动位置可使装载机在平地堆积作业时，工作装置能随地面情况自由浮动。

② 缓冲补油阀（双作用阀）。由过载阀和单向阀组成，并联装在转斗液压缸的回路上，其作用有两个：a. 当转斗液压缸换向滑阀在中位时，转斗液压缸前后腔均闭死，如铲斗受到额外冲击载荷，引起局部油路压力剧升，将导致换向阀和液压缸之间的元件、管路的破坏，设置过载阀即能缓冲该过载油压；b. 在动臂升降过程中，使转斗液压缸自动进行泄油和补油。

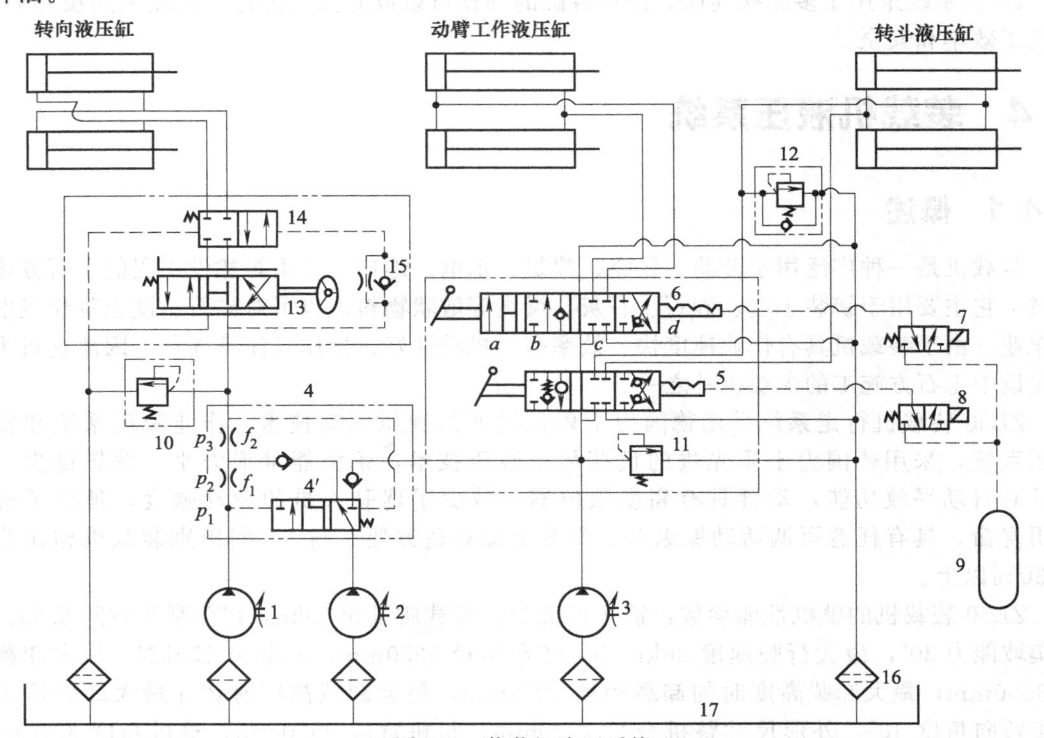

图 7.5 装载机液压系统

1～3—油泵；4—流量转换阀；5，6—换向阀；7，8—电磁阀；9—储气罐；10—顺序阀；11—溢流阀；12—双作用安全阀；13—转向换向阀；14—转向随动阀；15—单向节流阀；16—滤油器；17—油箱

7.4.3 液压系统工作原理

(1) 动臂液压缸工作回路

动臂液压缸的进油路由工作液压泵和辅助液压泵供油。分配阀采用串并联油路的多路阀，其中控制动臂的阀为四位阀。当四位阀处于图示中位时，液压缸锁紧而液压泵卸荷。此外，还能实现空斗迅速下降，甚至在发动机熄火的情况下也能降下铲斗。

油路分析：

进油路：油泵 3→换向阀 5 的中位→换向阀 6 的右位→动臂液压缸的大腔。

回油路：动臂液压缸小腔→换向阀 6 的右位→滤油器 16→油箱 17。

(2) 转斗液压缸工作回路

装载机在铲取物料时一般要求先转斗后提升动臂，所以转斗液压缸与动臂液压缸采用串并联油路连接，并将控制转斗液压缸的三位阀放置在动臂液压缸的四位阀之前，以保证转斗液压缸能优先动作。在转斗液压缸的小腔油路中设有双作用安全阀，它的作用是在动臂升降过程中，转斗的连杆机构由于动作不相协调而受到某种程度的干涉，双作用安全阀可起到缓冲补油作用。

进油路：油泵 3→换向阀 5 的右位→转斗液压缸的大腔。

回油路：转斗液压缸小腔→换向阀 5 的右位→滤油器 16→油箱 17。

(3) 自动限位装置

在工作装置和分流阀上装有自动复位装置，以实现工作中铲斗自动放平，动臂提升自动限位动作。在动臂后铰点和转斗液压缸处装有自动复位行程开关，当行程开关脱开触点，电磁阀断电而复位，关闭进气通道，阀体内的压缩空气从放气孔排出。

(4) 转向液压缸工作回路

装载机要求具有稳定的转向速度，也就是要求进入转向液压缸的油液流量恒定，转向液压缸的油液主要来自转向泵 1，通过流量转向阀保证进入转向液压缸的油液流量恒定。装载机转向机构要求转向灵敏，因此随动阀采取负封闭的换向过渡形式，这样还防止突然换向时系统压力瞬时升高。同时还加了一个锁紧滑阀来防止转向液压缸窜动。锁紧滑阀的作用是在装载机直线行驶时防止液压缸窜动和降低关闭油路的速度，减少液压冲击，避免油路系统损坏。另一个作用是当转向泵和辅助泵管路发生破损或油泵出现故障时，锁紧滑阀能自动回到关闭油路位置，从而保证机器不摆头。

进油路：油泵 1→流量转换阀 4 的右位→换向阀 13 的右位→阀 14 的右位→转向液压缸上缸的大腔和下缸的小腔。

回油路：转向液压缸上缸的小腔和下缸的大腔→换向阀 14 的右位→换向阀 13 的右位→滤油器→油箱 17。

7.4.4 液压系统特点

装载机在铲取物料时一般要求先转斗后提升动臂，所以转斗液压缸与动臂液压缸采用串并联油路连接，并将控制转斗液压缸的三位阀放置在动臂液压缸的四位阀之前，以保证转斗液压缸能优先动作。

在转斗液压缸的小腔油路中尚设有双作用安全阀。它的作用是在动臂升降过程中，转斗的连杆机构由于动作不相协调而受到某种程度的干涉，双作用安全阀可起到缓冲补油作用。

7.5 汽车起重机液压系统

7.5.1 概述

在汽车底盘上装上起重设备，完成吊装任务的汽车称为汽车式起重机。汽车式起重机广泛地在运输、建筑、装卸、矿山及筑路工地上应用，是一种行走式起重机。这里以 QY-8 型汽车起重机为例介绍汽车起重机液压系统。

QY-8 型汽车起重机，其最大起重量为 80kN（幅度为 3m 时），最大起重高度为 11.5m，起重装置可连续回转。它具有较高的行走速度，可与装运工具的车辆编队行驶。

它经常在有冲击、震动和高低温环境下工作，要求系统具有完全的安全可靠性。又因其中负荷较大，要求输出力或转矩也较大，所以系统工作油压采用中高压。汽车起重机要求液压系统实现车身液压支承、调平、稳定，吊臂变幅伸缩，升降重物及回转等作业。

7.5.2 QY-8 型汽车起重机的主要液压元件

QY-8 汽车起重机由汽车 1、回转机构 2、前后支腿 3、吊臂变幅缸 4、吊臂伸缩缸 5、起升机构 6 和基本臂 7 组成，见图 7.6。能较高速度行走，机动性好；又能用于起重。

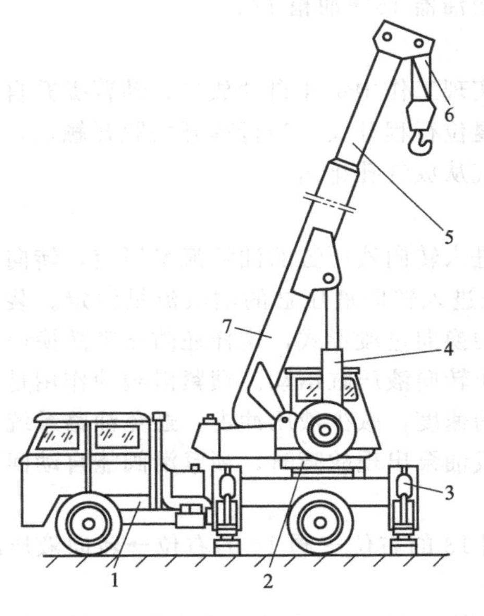

图 7.6 QY-8 型汽车起重机结构简图

1—汽车；2—回转机构；3—前后支腿；4—吊臂变幅缸；5—吊臂伸缩缸；6—起升机构；7—基本臂

起重时，动作顺序为：放下后支腿→放下前支腿→调整吊臂长度→调整吊臂起重角度→起吊→回转→落下载重→收前支腿→收后支腿→起吊作业结束。

QY-8 型汽车起重机液压系统如图 7.7 所示。

动力元件为 ZBD-40 型轴向柱塞泵。

执行元件包括两对支腿液压缸 8、9，一对稳定器液压缸 5，吊臂液压缸 14，一对变幅液压缸 15，回转液压马达 17，起升液压马达 18，一对制动器液压缸 19。

控制元件有方向阀和压力阀。

方向阀：包括Ⅰ组三联多路阀和Ⅱ组四联多路阀。Ⅰ组三联多路阀中的阀 23 控制油液分别供给Ⅰ、Ⅱ多路阀组，阀 24、25 控制支腿液压缸及稳定器液压缸；Ⅱ组四联多路阀控制吊臂变幅、伸缩液压缸和回转、起升马达；液压锁 6、7 用以锁紧前后支腿液压缸。

压力控制阀：安全阀 13 控制支承、稳定工作回路免于过载，其调定压力为 16MPa；安全阀 11 控制吊臂伸缩、变幅、回转、起升工作回路免于过载，调定压力为 25～26MPa。两安全阀分别装于两多路阀组中。平衡阀 12、16、20 分别控制吊臂伸缩、变幅、起升马达工作平稳及单向锁紧。

7.5.3 液压系统工作原理

QY-8 型汽车起重机液压系统的油路分为两部分。伸缩变幅机构、回转机构和起升机构的工作回路组成一个串联系统；前后支腿和稳定器机构的工作回路组成一个串并联系统。两

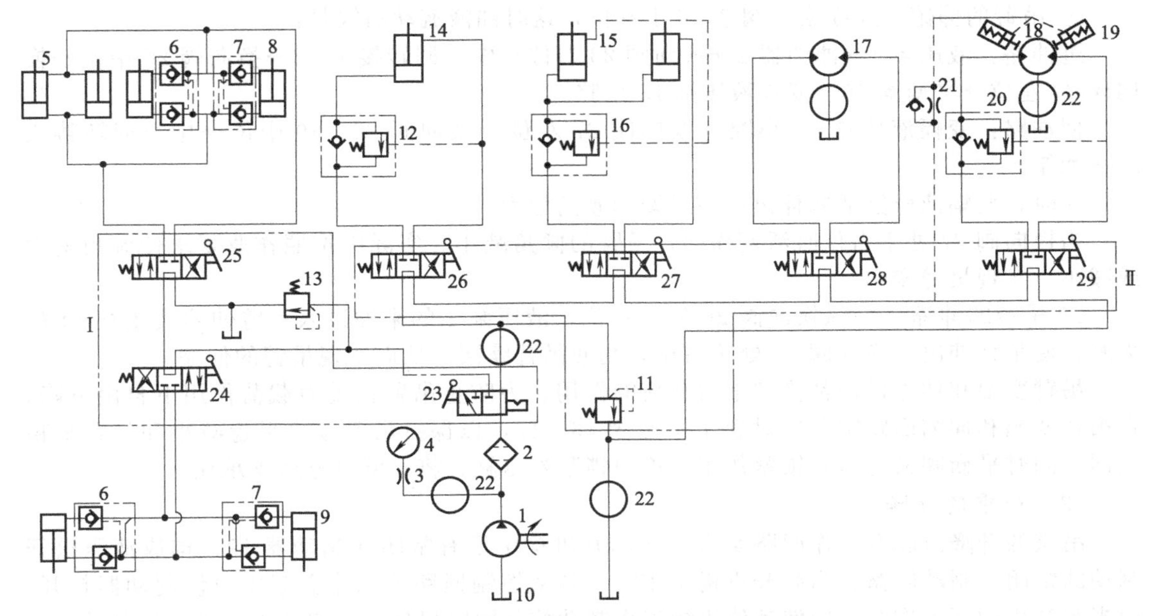

图 7.7　QY-8 型汽车起重机液压系统

1—液压泵；2—滤油器；3—阻尼器；4—压力表；5—稳定器液压缸；6,7—液压锁；8，9—前后支腿液压缸；10—油箱；11,13—安全阀；12,16,20—平衡阀；14—吊臂液压缸；15—变幅液压缸；17—回转液压马达；18—起升液压马达；19—制动器液压缸；21—单向节流阀；22—中心回转接头；23～25—Ⅰ组多路阀；26～29—Ⅱ组多路阀

部分油路不能同时工作。整个液压系统除液压泵 1、滤油器 2、前后支腿和稳定机构以及油箱外，其他工作机构都在平台上部，因而有的称上车油路和下车油路。上部和下部的油路通过中心回转接头连接。

根据汽车起重机的作业要求，液压系统完成下述工作循环：车身液压支承、调平、稳定、吊臂变幅伸缩，吊钩重物升降和回转。

(1) 车身支承

车身液压支承、调平和稳定由支腿和稳定器工作回路实现。

操纵Ⅰ组多路阀中的换向阀 23 处于左位，换向阀 24、25 处于左位。这时油液流动路线是：

进油路：液压泵 1→滤油器 2→换向阀 23 左位→换向阀 24 左位→液压锁 6、7→后支腿液压缸 9 的大腔。

后支腿液压缸 9 小腔→液压锁 6、7→换向阀 25 左位→稳定器液压缸 5 大腔或液压锁 6、7→前支腿液压缸 8 大腔。

回油路：稳定器液压缸 5 小腔（后支腿液压缸 8 小腔）→换向阀 25 左位→油箱。

此时，前、后支腿液压缸活塞杆伸出，支腿支承车身。同时稳定器液压缸活塞伸出，推动挡块将车体与后桥刚性连接起来稳定车身。

场地不平整时分别单独操纵换向阀 24、25，使前后支腿分别单独动作，可将车身调平。

(2) 吊臂变幅、伸缩

吊臂变幅、伸缩是由变幅和伸缩工作回路实现。操纵Ⅰ组多路阀中的换向阀 23 处于右位时，泵的油液供给吊臂变幅、伸缩、回转和起升机构的油路。当这些机构均不工作即当Ⅱ组多路阀中所有换向阀都在中位时，泵输出的油液经Ⅱ组多路阀后又流回油箱，使液压泵卸荷。Ⅱ组多路阀中的四联换向阀组成串联油路，变幅、伸缩、回转和起升各工作机构可任意组合同时动作，从而可提高工作效率。

① 吊臂的仰俯　操纵换向阀 27 处于左位，这时油液流动路线是：

进油路：液压泵 1→滤油器 2→换向阀 23 右位→中心回转接头 22→换向阀 26 中位→换向阀 27 左位→平衡阀 16→变幅液压缸 15 大腔。

回油路：变幅液压缸 15 小腔→换向阀 27 左位→换向阀 28、29 中位→中心回转接头 22→油箱。

此时，变幅液压缸活塞伸出，使吊臂的倾角增大。

当换向阀 27 处于右位时活塞缩回，吊臂的倾角减小。实际中按照作业要求使倾角增大或减小，实现吊臂变幅。

② 吊臂的伸缩　操纵换向阀 26 处于左位，液压泵 1 的来油进入吊臂伸缩液压缸 14 的大腔，使吊臂伸出；换向阀 26 处于右位，则使吊臂缩回。从而实现吊臂的伸缩。

吊臂变幅和伸缩机构都受到重力载荷的作用。为防止吊臂在重力载荷作用下自由下降，在吊臂变幅和伸缩回路中分别设置了平衡阀 16、12，以保持吊臂倾角平稳减小和吊臂平稳缩回。同时平衡阀又能起到锁紧作用，单向锁紧液压缸，将吊臂可靠地支承住。

(3) 吊重的升降

吊重的升降由起升工作回路实现。在起升机构中设有常闭式制动器 19，构成液压松开制动的常闭式制动回路。当起升机构工作时，制动控制回路才能建立起压力使制动器打开；而当起升机构不工作时，即使其他机构工作制动控制回路仍建立不起压力，则保持制动。此外，在制动回路中还装有单向节流阀 21，其作用是使制动迅速，而松开缓慢。这样，当吊重停在半空中再次起升时，可避免液压马达因重力载荷的作用而产生瞬时反转现象。

当起升吊重时，操纵换向阀 29 处于左位。从泵出来的油经单向节流阀 21 进入制动液压缸 19，使制动器松开；同时，来油经换向阀 29 左位、平衡阀 20 进入起升液压马达 18。而回油经换向阀 29 左位和中心回转接头 22 流回油箱。于是起升液压马达带动卷筒回转使吊重上升。

当下降吊重时，操纵换向阀 29 处于右位。液压泵 1 的来油使起升液压马达反向转动，回油经平衡阀 20 和换向阀 29 右位和中心回转接头 22 流回油箱。这时制动器液压缸 19 仍通入压力油，制动器松开，于是吊重下降。由于平衡阀 20 的作用，吊重下落时不会出现失速状况。

(4) 吊重回转

吊重的回转由回转工作回路实现。操纵多路阀组Ⅱ中的换向阀 28 处于左位或右位时，液压马达即可带动回转工作台做左右转动，实现吊重回转。此起重机回转速度很低，一般转动惯性力矩不大，所以在回转液压马达的进、回油路中没有设置过载阀和补油阀。

7.5.4　液压系统特点

① 系统中采用平衡回路、锁紧回路及制动回路，使主机工作可靠，操作安全。

② 利用多路换向阀，各机构既可独立动作，轻载工作时，也可两个机构同时动作，从而提高工作效率。

③ 采用手动换向阀，既便于根据作业实际情况人工灵活控制换向动作，还可通过手柄操作控制流量，以实现调速。

7.6　挖掘机液压系统

7.6.1　概述

挖掘机主要用来开挖堑壕、基坑、河道与沟渠以及用来进行剥土和挖装矿石。它在筑路、建筑、水利施工、露天采矿作业中都有广泛的应用。

对于挖掘机的液压系统要求能实现工作装置完成挖掘、满斗提升回转、卸料和返回等动作；同时整机行走也由液压系统驱动。

7.6.2 液压系统工作原理

图 7.8 为 W2-100 型全液压挖掘机的液压系统原理图。在熟知液压系统主要元件作用的情况下，可直接对系统工作循环和工作回路进行分析。

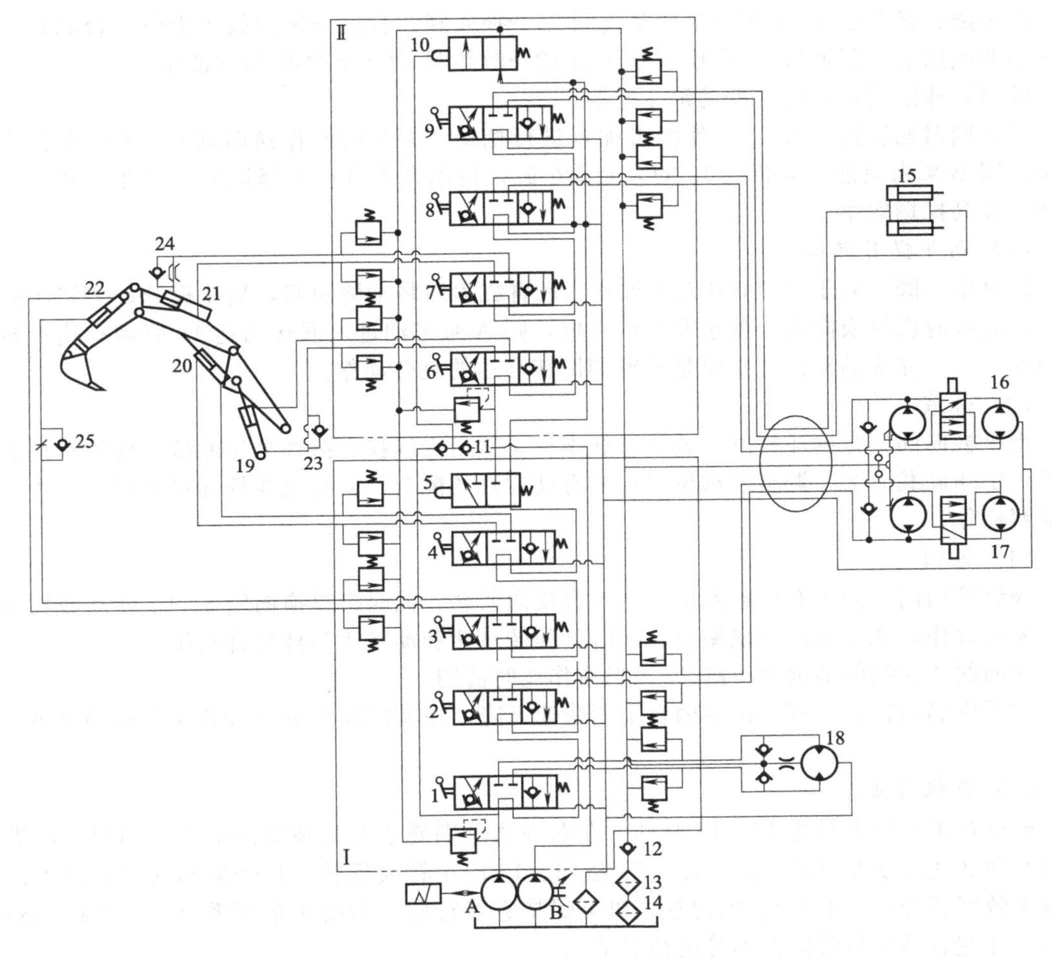

图 7.8　W2-100 型履带挖掘机液压系统

A,B—液压泵；1～4—第Ⅰ组四联换向阀；5—合流阀；6～9—第Ⅱ组四联换向阀；10—限速阀；11—梭阀；12—背压阀；13—散热器；14—滤油器；15—推土液压缸；16—左行走马达；17—右行走马达；18—回转马达；19—动臂液压缸；20—辅助液压缸；21—斗杆液压缸；22—铲斗液压缸；23～25—单向节流阀

W2-100 型全液压挖掘机的液压系统为双泵双路定量系统。系统中所用的是曲轴式径向柱塞泵。它有两个出油口，相当于 A、B 两台泵向外供油，其流量均为 $1.667\times10^{-3}\,m^3/s$ (100L/min)。A 泵输出的压力油进入多路阀组Ⅰ（带合流阀 5）驱动回转马达 18、铲斗缸 22 和辅助缸 20 动作，并经中央回转接头驱动右行走马达 17。泵 B 输出的压力油进入多路阀组Ⅱ（带限速阀 10）驱动动臂缸 19、斗杆缸 21，并经中央回转接头驱动左行走马达 16 和

推土缸 15。每组多路阀中的四联换向阀组成串联油路。

根据挖掘机的作业要求，液压系统应完成挖掘、满斗提升回转、卸载和返回工作循环。上述工作循环由系统中的一般工作回路实现。

（1）挖掘

通常以铲斗缸或斗杆缸或两者配合进行挖掘；必要时配以动臂动作。操纵多路阀Ⅰ中的换向阀 3 处于右位，这时油液的流动路线是：

进油路：A 泵→换向阀 1、2 的中位→换向阀 3 右位→铲斗缸 22 大腔。

回油路：铲斗缸 22 小腔→单向节流阀 25→换向阀 3 右位→换向阀 4 中位→合流阀 5 右位→多路阀组Ⅱ→限速阀 10 右位→单向阀 12→散热器 13→滤油器 14→油箱。

此时铲斗缸活塞伸出，推动铲斗挖掘。

或者同时操纵换向阀 3、7 使两者配合进行挖掘。必要时操作换向阀 6，使处于右位或左位，则 B 泵来油进入动臂缸 19 的大腔或小腔，使动臂上升或下降以配合铲斗缸和斗杆缸动作，提高挖掘效率。

（2）满斗提升回转

操纵换向阀 6 处于右位，B 泵来油进入动臂缸大腔将动臂顶起，满斗提升；当铲斗提升到一定高度时操纵换向阀 1 处于左位或右位，则 A 泵来油进入回转马达 18 驱动马达带转台转向卸土处。完成满斗回转主要是动臂和回转马达的复合动作。

（3）卸载

操纵换向阀 7 控制斗杆缸，调节卸载半径；然后操纵换向阀 3 处于左位，使铲斗缸活塞回缩，铲斗卸载。为了调整卸载位置还要有动臂缸的配合。此时是斗杆和铲斗复合动作，兼以动臂动作。

（4）返回

操纵换向阀 1 处于右位或左位，则转台反向回转。同时操纵换向阀 6 和 7 使动臂缸和斗杆缸配合动作，把空斗放到挖掘点，此时是回转马达和动臂或斗杆复合动作。

换向阀 4 控制的辅助液压缸 20 供抓斗作业时使用。

为了限制动臂、斗杆、铲斗因自重而快速下降，在其回路上分别设置了单向节流阀 23、24、25。

（5）整机行走

整机行走由行走马达 16、17 驱动。左右马达分别属于两条独立的油路。如同时操纵换向阀 8 和 2 使处于左位或右位，左右马达 16、17 即正转或反转，且转速相同（在两条油路的容积效率相等的情况下）。因此挖掘机可保持直线行驶。若使用单泵系统，则难以做到这一点（在左右马达行驶阻力不等的情况下）。

在左、右行走马达内设有电磁双速阀，可获得两挡行走速度。一般情况下，行走马达内部两排柱塞缸并联供油，为低速挡；如操纵电磁双速阀，则成串联供油，为高速挡。

系统回油路上的限速阀 10 在挖掘机下坡时用来自动控制行走速度，防止超速溜坡。在平路上正常行驶或进行挖掘作业时，因液压泵出口油压力较高，高压油将通过梭阀 11 使限速阀 10 处于左位，从而取消回油节流。如在下坡行驶时一旦出现超速现象，液压泵输出的油压力降低，限速阀在其弹簧力的作用下又会回到图示节流位置，从而防止超速溜坡。

液压系统的回油经过风冷式冷却器、滤油器后流回油箱，使回油得到冷却和过滤，以保证挖掘机在连续工作状态下油箱内的油温不超过 80℃。

该机根据需要可以安装推土装置。这一装置主要供平整场地及挖沟埋设管道以后回填土方之用。液压缸 15 控制推土铲升降。

7.6.3 液压系统特点

① 利用合流阀，使动臂缸与斗杆缸在需要时快速动作以提高生产率。合流阀在图示位置时，泵A、B不合流。当操纵合流处于左位时A泵输出的压力油经合流阀5的左位进入多路阀组Ⅱ，与B泵一起向动臂缸和斗杆缸供油，以加快动臂和斗杆的动作速度。

② 背压油路：由系统回油路上的背阀所产生的低压油（0.8～1MPa）在制动或出现超速吸空时通过双向补油阀26向液压马达的低压腔补油，以保证柱塞滚轮始终贴紧导轨表面，使液压马达工作平稳并有可靠的制动性能。

③ 排灌油路：将低压油经节流阀减压后引入液压马达壳体，使液压马达即使在不运转的情况下壳体内仍保持一定的循环油量。其目的，一是使液压马达壳体内的磨损物经常得到冲洗；二是对液压马达进行预热，防止当外界温度过低时由主油路通入温度较高的工作油液以后引起配油轴及柱塞副等精密配合部位局部不均匀的热膨胀，使液压马达卡住或咬死而发生故障（即所谓的“热冲击”）。

④ 泄漏油路（无背压）：将多路阀和液压马达的内部漏油用油管集中起来，经过滤油器引回油箱，以减少外泄漏。

7.7 液压系统的使用与维护

液压传动系统的安装、使用及维护是一个实践性很强的问题，液压传动系统的故障判断和排除决定于对液压元件和系统的理解和实践经验的积累。

7.7.1 液压系统的安装调试

（1）液压系统的安装

液压设备在安装前，首先要弄清主机对液压系统的要求及液压系统与机、电、气的动作关系，以充分理解其设计意图；然后验收所有零、部件（型号、规格、数量和质量），并做好清洗等准备工作。

① 液压泵和电动机的安装　泵与电动机的轴线，在安装时应保证同心，一般要求用弹性联轴器连接，不允许使用皮带传动泵轴，以免受径向力的作用，破坏轴的密封。安装基础要有足够的刚性；液压泵进、出口不能接反；有外引泄的泵必须将泄漏油单独引出；需要在泵壳内灌油的泵，要灌液压油；可用手调转，单向泵不能反转。

② 液压缸的安装　首先应校正液压缸外圆的上母线、侧母线与机座导轨导向面的平行；垂直安装的液压缸要防止因重力跌落；长行程缸应一端固定，允许另一端浮动，允许其伸长；液压缸的负载中心与推力中心最好重合，免受颠覆力矩，保护密封件不受偏载；液压缸缓冲机构不得失灵；密封圈的预压缩量不要太大；活塞在缸内移动灵活、无阻滞现象。

③ 液压阀的安装　阀体孔或阀板的安装，要防止紧固螺钉因拧得过紧而产生变形；纸垫不得破损，以免窜腔短路；方向阀各油口的通断情况应与原理图上的图形符号相一致；要特别注意外形相似的溢流阀、减压阀和顺序阀；调压弹簧要放松，等调试时再逐步旋紧调压；安装伺服阀必须先安装冲洗板，对管路进行冲洗；在油液污染度符合要求后才能正式安装；伺服阀进口安装精密过滤器。

（2）液压系统的配管

① 根据通过流量、允许流速和工作压力选配管径、壁厚、材质和连接方式。对管子要进行检验和处理。

② 管路要求越短越好，尽量垂直或平行，少拐弯，避免交叉。吸油管要粗、短、直，

尽量减少吸油阻力，确保吸油高度一般不大于0.5m；严防管接头处泄漏。

③ 安装橡胶软管要防止扭转，应留有一定的松弛量。

④ 配管要进行二次安装。第一次试装后取下进行清洗，然后进行正式安装。

(3) 液压设备的调试

调试前应全面检查液压管路、电气线路是否正确可靠，油液牌号与说明书上是否一致，油箱内油液高度是否在油面线上。将调节手柄置于零位，选择开关置于“调整”、“手动”位置上。防护装置要完好；确定调试项目、顺序和测量方法，准备检测仪表。先进行设备的外观认识，熟悉手柄、按钮、表牌等。

① 空载试车　空载试车的目的是检查各液压元件工作是否正常，工作循环是否符合要求。

先空载启动液压泵，以额定转速、规定转向运转，听是否有异常声响，观察泵是否漏气(油箱液面上有无气泡)，泵的卸荷压力是否在允许范围内。在执行元件处于停位或低速运动时调整压力阀，使系统压力升高到规定值。调整润滑系统的压力和流量；有两台以上大功率主泵时不能同时启动；若在低温下启动泵时，则要开开停停，使油温上升后再启动；一般先启动控制用的泵，后启动主泵，调整控制油路的压力。

然后操纵手柄使各执行元件逐一空载运行，速度由慢到快，行程也逐渐增加，直至低速全程运行以排除系统中的空气；检查接头、元件接合面是否泄漏，检查油箱液面是否下降和滤油器是否露出油面（因为执行元件运动后大量油液要进入油管填充其空腔）。

接着在空载条件下，使各执行元件按预定进行自动工作循环或顺序动作，同时调整各调压弹簧的设定值，如：溢流阀、顺序阀、减压阀、压力继电器、限压式变量泵等的限定压力；电接点压力表上、下限；变量泵偏心或倾角；挡铁及限位开关位置；各液压阻尼开口；保压或延时时间；电磁铁吸动或释放等；检查各动作的协调，如联锁、联动。同步和顺序的正确性；检查启动停止、速度换接的运动平稳性，有无误信号、误动作和爬行、冲击等现象；要重复多次，使工作循环趋于稳定；一般空载运行2h后，再检查油温及液压系统要求的精度，如换向、定位、分度精度及停留时间等。

② 负载试车　一般设备可进行轻负载，最大工作负载、超负载试车。负载试车的目的是检查液压设备在承受负载后，是否实现预定的工作要求，如速度负载特性如何、泄漏是否严重、功率损耗及油温是否在设计允许值内（一般机床液压系统油温为30～50℃、压力机为40～70℃、工程机械为50～80℃）、液压冲击和振动噪声要求低于80dB，是否在允许范围内等。对金属切削机床液压系统要进行试切削，在规定的切削范围内，对试件进行加工，是否达到所规定的尺寸精度和表面粗糙度；对高压液压系统要进行试压，试验压力为工作压力的两倍或大于压力剧变时的尖峰值，并由低到高分级试压，检查泄漏和耐压强度是否合格。

调试期间，对流量、压力、速度、油温、电磁铁和电动机的电流值等各种参数的测试应作好现场记录。如发现液压元件不合要求，在必要或允许的条件下，可单独在试验台上对元件的性能和参数进行测试，测试条件可按有关规定；对元件的主要性能和参数的测试方法，也可按部标或厂标的规定进行。

7.7.2 液压系统的使用与维护

保证液压系统的正常工作性能，在很大程度上取决于正确的使用与及时的维护。

(1) 建立严格的维护保养制度

严格的维护保养制度是减少故障，使设备处于完好状态的保证。液压设备通常采用“日常检查”和“定期检查”的方法，规定出检查的时间、项目和内容，并要求作好检查记录。

(2) 液压系统的故障及其排除方法

① 故障发生的规律。控制油液的污染以及建立严格的维修制度，虽然可以减少故障的发生，但不能完全杜绝故障。液压系统的故障往往是一种随机现象。液压设备出现故障的机会大致分为三个阶段，如图 7.9 所示。

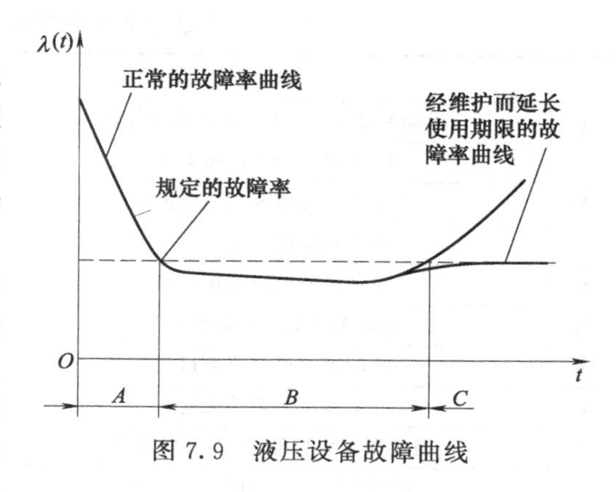

图 7.9 液压设备故障曲线

图中纵坐标为故障发生的频率，横坐标为机械设备运行的时间。曲线的 A 段为初始故障期。这期间故障频率高，但持续的时间不长，这类故障往往由设计、制造和检验中的失误所引起。对液压系统来说，投产前清洗得不够彻底也是产生这类故障的原因之一。曲线的 B 段为随机故障期。这期间故障频率低，但持续时间长，是机械设备高效工作的最佳时期。坚持严格的维护检查制度以及控制油液的污染度，可使这期间的故障率维持在相当低的水平，并使这一时期延长。曲线中 C 段为消耗故障期。此时元件已严重磨损，故障较频繁，应更换元件。掌握这一规律，有助于针对性地做好各时期的使用维护工作。

② 液压系统和主要元件常见的故障及排除方法。由于液压元件都是密封的，故发生故障时不易查找原因。一般从现象入手，分析可能的原因并逐个检查，测试。只要找到故障源，故障就不难排除。能否迅速地找到故障源，一方面决定于对系统和元件的结构，工作原理的理解；另一方面还有赖于实践经验的积累，有时可通过一些辅助性试验来查找故障。有关液压系统中各种故障的现象、原因及排除措施，可参考有关手册。

7.7.3 液压系统的常见故障及其排除

液压系统常见故障主要有：液压系统无压力或压力低，运动部件换向有冲击或冲击大，运动部件爬行，液压系统发热、油温升高，泄漏，振动和噪声。液压系统常见故障产生的原因及排除方法见表 7.2～表 7.7。

表 7.2 液压系统无压力或压力低的原因及排除方法

产生原因		排除方法
液压泵	电动机转向错误	改变转向
	零件磨损，间隙过大，泄漏严重	修复或更换零件
	油箱液面太低，液压泵吸空	补加油液
	吸油管路密封不严，造成吸空	检查管路，拧紧接头，加强密封
	压油管路密封不严，造成泄漏	检查管路，拧紧接头，加强密封
溢流阀	弹簧变形或折断	更换弹簧
	滑阀在开口位置卡住	修研滑阀使其移动灵活
	锥阀或钢球与阀座密封不严	更换锥阀或钢球，配研阀座
	阻尼孔堵塞	清洗阻尼孔
	远程控制口接回油箱	切断通油箱的油路
压力表损坏或失灵造成无压现象		更换压力表
液压阀卸荷		查明卸荷原因，采取相应措施
液压缸高低压腔相通		修配活塞，更换密封件
系统泄漏		加强密封，防止泄漏
油液黏度太低		提高油液黏度
温升过高，降低了油液黏度		查明发热原因，采取相应措施

表 7.3 运动部件换向有冲击或冲击大的原因及排除方法

产生原因		排除方法
液压泵	运动速度过快,没有设置缓冲装置	设置缓冲装置
	缓冲装置中单向阀失灵	修理缓冲装置中单向阀
	缓冲柱塞的间隙太小或过大	按要求修理,配置缓冲柱塞
节流阀开口过大		调整节流阀开口
换向阀	换向阀的换向动作过快	控制换向速度
	液动阀的阻尼器调整不当	调整阻尼器的节流口
	液动阀的控制流量过大	减小控制油的流量
压力阀	工作压力调整太高	调整压力阀,适当降低工作压力
	溢流阀发生故障,压力突然升高	排除溢流阀故障
	背压过低或没有设置背压阀	设置背压阀,适当提高背压力
垂直运动的液压缸未采取平衡措施		设置平衡阀
混入空气	系统密封不严,吸入空气	加强吸油管路密封
	停机时油液流空	防止元件油液流空
	液压泵吸空	补足油液,减小吸油阻力

表 7.4 运动部件爬行的原因及排除方法

产生原因		排除方法
系统负载刚度太低		改进回路设计
节流阀或调速阀流量不稳		选用流量稳定性好的流量阀
液压缸产生爬行	混入空气	排除空气
	运动密封件装配过紧	调整密封圈,使之松紧适当
	活塞杆与活塞不同轴	校正、修整或更换
	导向套与缸筒不同轴	修正调整
	活塞杆弯曲	校直活塞杆
	液压缸安装不良,中心线与导轨不平行	重新安装
	缸筒内径圆柱度超差	镗磨修复,重配活塞或增加密封件
	缸筒内孔锈蚀、毛刺	除去锈蚀、毛刺或重新镗磨
	活塞杆两端螺母拧得过紧,使其同轴度降低	调整螺母,使活塞杆处于自然状态
	活塞杆刚性差	加大活塞杆直径
	液压缸运动件之间间隙过大	减小配合间隙
	导轨润滑不良	保持良好润滑
混入空气	油箱液面过低,吸油不畅	补加液压油
	过滤器堵塞	清洗过滤器
	吸、回油管相距太近	将吸、回油管远离
	回油管未插入油面以下	将回油管插入油面之下
	吸油管路密封不严,造成吸空	加强密封
	机械停止运动时,系统油液流空	设背压阀或单向阀,防止油液流空
油液	油污卡住液动机,增加摩擦阻力	清洗液动机,更换油液,加强过滤
	油污堵塞节流孔,引起流量变化	清洗液压阀,更换油液,加强过滤
	油液黏度不适当	用指定黏度的液压油
导轨	托板楔铁或压板调整过紧	重新调整
	导轨精度不高,接触不良	按规定刮研导轨,保持良好接触
	润滑油不足或选用不当	改善润滑条件

表 7.5 液压系统发热、油温升高的原因及排除方法

产 生 原 因	排 除 方 法
液压系统设计不合理,压力损失过大,效率低	改进回路设计,采用变量泵或卸荷措施
工作压力过大	降低工作压力
泄漏严重,容积效率低	加强密封
管路太细而且弯曲,压力损失大	加大管径,缩短管路,使油流通畅
相对运动零件间的摩擦力过大	提高零件加工装配精度,减小运动摩擦力
油液黏度过大	选用黏度适当的液压油
油箱容积小,散热条件差	增大油箱容积,改善散热条件,设置冷却器
由外界热源引起升温	隔绝热源

表 7.6 液压系统产生泄漏的原因及排除方法

产 生 原 因	排 除 方 法
密封件损坏或装反	更换密封件,改正安装方向
管接头松动	拧紧管接头
单向阀阀芯磨损,阀座损坏	更换阀芯,配研阀座
相对运动零件磨损,间隙过大	更换磨损的零件,减小配合间隙
某些铸件有气孔、砂眼等缺陷	更换铸件或维修缺陷
压力调整过高	降低工作压力
油液黏度太低	选用适当黏度的液压油
工作温度太高	降低工作温度或采取冷却措施

表 7.7 液压系统产生振动和噪声的原因及排除方法

产 生 原 因	排 除 方 法
液压泵本身或其进油管路密封不良或密封圈损坏、漏气	拧紧泵的连接螺栓及管路各管螺母或更换密封元件
泵内零件卡死或损坏	修复或更换
泵与电动机联轴器不同心或松动	重新安装紧固
电动机振动,轴承磨损严重	更换轴承
油箱油量不足或泵吸油管过滤器堵塞,使泵吸空引起噪声	将油量加至油标处或清洗过滤器
溢流阀阻尼孔被堵塞,阀座损坏或调压弹簧永久变形、损坏	可清洗、疏通阻尼孔,修复阀座或更换弹簧
电液换向阀动作失灵	修复该阀
液压缸缓冲装置失灵造成液压冲击	进行检修和调整

能力训练 5 液压系统的设计

一、训练目的

液压系统的设计，是液压传动与气动课程教学中的一个重要实践教学环节，其目的是：

① 加深对所学知识的理解，巩固和消化所学到的理论知识。

② 掌握一般液压传动系统设计的基本方法与步骤，使所学理论知识与生产实践密切结合，为后续课程的学习打下良好的基础。

③ 具备进行液压传动系统设计的基本能力，学会合理地确定液压系统设计方案、拟定液压传动系统图，能进行液压系统主要参数的计算和元件选择。

④ 具有运用有关标准和设计资料的基本技能，并学会编写设计计算说明书。

⑤ 培养学生独立分析和解决问题的能力，提高学生的专业技术素质和创新素质。

二、训练内容

1. 设计项目1

自卸汽车液压系统设计。设计条件：

(1) 原始参数

条件 \ 组别	①	②	③	④	⑤	⑥
载重质量(含车箱的自重)/kg	5000	5000	8000	8000	10000	10000
货箱尺寸(长×宽)/mm	4200×2300	4200×2300	5300×2300	5300×2300	5500×2300	5500×2300
车箱最大举升角度/(°)	50	55	50	55	50	55
系统额定压力/MPa	8	9	9	10	9	10

(2) 工作条件：工程施工（主要用于装卸沙土、碎石等）。

(3) 说明：所设计的液压系统，是将现有载重汽车改装成自卸汽车所需要的。除了上述给定的已知条件外，其他设计所需参数将由设计者合理确定。

2. 设计项目2

设计一台多轴钻孔组合机床的液压系统。设计要求：

(1) 机床完成的工作循环系统是：工件自动定位夹紧→滑台快进→滑台工进→滑台快退→松开工件→退出定位销。

(2) 机床对液压系统的具体参数要求：

液压缸名称	负载/N	运动件重量/N	速度 v/(m/s) 快进	速度 v/(m/s) 工进	速度 v/(m/s) 快退	行程 L/mm 快进	行程 L/mm 工进	启动时间/s	时间/s
定位缸	800	40				10			1
夹紧缸	6000	60				30			2
进给缸	①$12\times10^3$ ②$18\times10^3$ ③$22\times10^3$	20×10^3	0.1	0.0004～0.002	0.1	300	60	0.5	

机床滑台采用平导轨，静摩擦因数为0.2，动摩擦因数为0.1。进出油管均按照2m计算。32号液压油的运动黏度 $\nu=0.2\times10^{-4}\mathrm{m^2/s}$。

(3) 机床自动化要求：机床加工时，要求快进转工进平稳可靠，并能在行程中任意位置停止。

三、设计资料

机械设计手册，液压系统设计手册等。

四、训练步骤

液压传动系统设计没有固定的统一步骤，根据所设计的系统的简繁、参考借鉴的内容不同和设计人员经验的不同，设计的步骤有所差异，并且各部分的设计有时还要交替进行，甚至要经过多次的反复才能完成。其设计的步骤：

① 明确设计要求，搜集有关资料。

② 查阅有关技术文献，通过考察、论证和研讨，拟订液压传动系统方案。

③ 分析液压系统工况，确定执行元件的运动与负载。

④ 选择液压元件，进行液压元件的设计计算。如液压泵、液压阀、液压缸、滤油器、油箱、油管等液压元件，有的液压元件可以根据其主要参数选择标准件，有的则要根据实际情况进行设计计算。

⑤ 进行液压系统的主要技术性能的验算。如系统压力损失验算、系统发热验算以便评判设计的质量，并改进和完善液压系统。

⑥ 绘制液压系统图和零件装配图等。

⑦ 编制设计计算说明书。

⑧ 答辩和总结。

五、训练内容

液压系统的设计是整机设计的一部分，应符合主机动作循环和性能等方面的要求，还应当满足结构简单、工作安全可靠、效率高、寿命长、经济性好、使用维护简便等条件。由于设计的要求和条件不同，液压传动系统设计的内容各不相同。一般包括以下内容：

① 明确设计要求，进行工况分析，绘制工况图。

② 确定执行元件及其主要技术参数。

③ 拟订液压传动系统原理图（草图）。

④ 进行液压系统计算，选择、设计液压元件。

⑤ 验算液压系统的性能。

⑥ 绘制工作图（液压系统图、装配图、零件图等）。

⑦ 编写技术文件（设计计算说明书），准备答辩。

六、提交成果

每个同学应在规定的时间提交以下下设计成果（指导教师也可根据具体的时间安排拟订提交成果）：

① 液压系统图 1 张。

② 液压缸装配图 1 张（A3 或 A4 号）。

③ 零件工作图 1～2 张（A4～A5 号）。

④ 设计说明书 1 份。

能力训练 6　液压系统的故障诊断及其排除

一、训练目的

液压系统的故障诊断及其排除能力训练，是液压传动与气动课程教学中的一个重要实践教学环节，其目的是：

① 理解和巩固所学的理论知识。

② 掌握一般液压传动系统故障诊断及其排除的基本方法与步骤，培养学生解决生产实践问题的能力，为后续课程的学习打下良好的基础。

③ 具备进行液压系统的故障诊断及其排除的基本能力。

④ 具有操作运用液压系统综合实验设备及工具的基本技能，并学会科学编制实验报告。

⑤ 培养学生独立分析和解决实际问题的能力。

二、训练内容

① 液压系统故障诊断油路的安装与调试。
② 对液压系统中的故障进行诊断与排除。

三、设备及工具

液压系统故障诊断实验台，内六角扳手、固定扳手、螺丝刀等。

四、操作步骤

① 认识和分析液压系统故障诊断实验台的回路原理图，明确注意事项。

② 正确安装与调试液压系统故障诊断实验台油路图后，指导老师对故障点进行设置，做好准备工作。

③ 对系统中常见故障进行诊断与排除。

a. 指导老师列举2～4例常见故障现象及诊断方法进行指导说明。

b. 学生分组进行故障诊断与排除实验。

④ 操作注意事项。

a. 液压系统故障诊断实验台的回路原理图准确无误。

b. 故障点的设置由简单到复杂，根据学生的实际情况设置。

c. 安装调试系统时，注意不要损坏元件和节省实验材料。

d. 安装调试系统时，注意人身安全和设备安全。

e. 系统设计压力和流量要在其规定范围以内。

f. 做好实验纪录，以备提交实验成果。

五、提交成果

提交成果为实验报告1份，包括的主要内容：

① 分析故障存在和故障排除后所出现的不同现象。
② 分析故障的原因。
③ 写出故障诊断流程图。

思考与练习

7.1 图7.5中ZL50装载机液压系统由哪些基本回路组成？阀10、12在油路中各起什么作用？阀5、6的油路关系及其作用是什么？

7.2 在QY-8型汽车起重机液压系统中，为什么采用弹簧复位式手动换向阀控制各执行元件动作？

7.3 液压系统常见故障有哪些？分析故障产生的原因。

7.4 设计一个液压系统一般应有哪些步骤？要明确哪些要求？

7.5 设计液压系统要进行哪些方面的计算？

第2篇 液力传动

液力传动在汽车、工程机械和航空航天以及其他工业生产部门得到了越来越广泛的应用。它主要是利用油液的动能来传递运动和动力的。液力传动的元件包括液力偶合器、液力变矩器和液力机械变矩器等。本篇主要讲述液力传动基础，液力元件的结构、工作原理和特性，液力机械变矩器的方案形式及其性能特点，液力机械传动的应用等。

第8章 液力传动基础

本章是学习液力传动技术的基础。主要介绍液力传动的定义、基本原理、分类和特点、应用概况和流体力学基础等液力传动的基础知识。重点是液力传动的基本原理和特点。

8.1 液力传动概述

8.1.1 液力传动的基本原理

液压传动主要靠液体（油液）的压力能来传递能量，而液力传动则主要靠液体（油液）的速度对转轴的动量矩来传递能量，也就是主要利用液体的动能来传递运动和动力，所以液力传动必然有带叶片的工作轮，即泵轮和涡轮等。泵轮与原动机相连，其功能是把原动机的机械能传递给工作液体，其作用类似于水泵的叶轮。流体流经泵轮以后能量增加，而涡轮则与工作机相连，它使工作液体的能量转变为机械能输出，经过涡轮以后工作液体的能量减少，涡轮类似于水轮机的工作轮。如果工作机的转矩变化较大，为增加涡轮的转矩，通常采用液力变矩器，有的在涡轮轴之后还增加变速机构。而在液力变矩器中，除了有泵轮、涡轮外还有与机座固定的导轮。导轮的作用是改变泵轮进口处流体的动量矩，起着水轮机导向轮的作用。

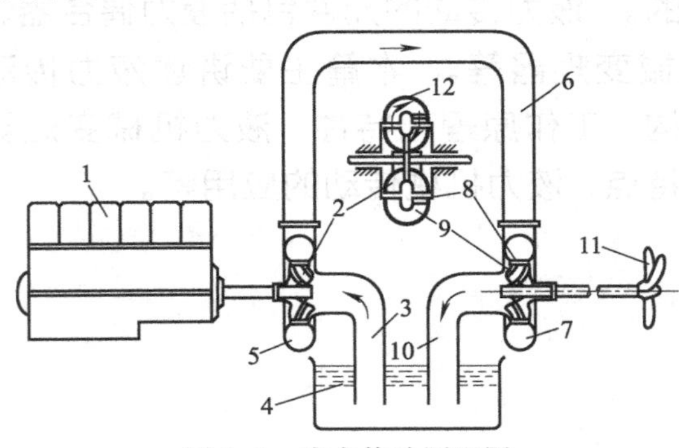

图 8.1 液力传动原理图

1—柴油机；2—离心泵叶轮；3—离心泵吸水管；4—水槽；5—泵的蜗壳；6—连接管路；7—水轮机壳；8—水轮机导轮；9—水轮机叶轮；10—水轮机尾水管；11—螺旋桨；12—液力变矩器模型

液力传动是将叶片泵与水轮机组合起来实现能量传递的。液力变矩器的流体是在泵轮、涡轮和导轮所组成的工作腔流道中流动，如图 8.1 所示。原动机带动泵轮使流体流经泵轮后能量增加，因此泵轮是原动机的直接负载。从泵轮流出的高速流体推动类似水轮机的涡轮转动，从而带动与涡轮轴相连的工作机，实现能量的传递。流体流经泵轮后，其机械能（流体的动能和压力能）是增加的，而流经涡轮后，其能量减少。流体在工作腔中的循环流动实现了能量从原动机到工作机的传送。如图 8.1 所示，水轮机有导流器，它是一个固定在机座上的叶片部件，因此流过它的流体对导流器叶片有作用力。如果液力元件中有导轮，其作用与水轮机的导流器作用相同，具有变矩作用；而如果没有导轮，则不能变矩，那么就称之为液力偶合器。

8.1.2 液力传动的分类

通常液力传动包括液力偶合器、液力变矩器和液力机械传动。液力偶合器只有泵轮和涡轮而没有导轮，不考虑各种损失，泵轮的转矩与涡轮的转矩相等，故称之为液力偶合器，亦称之为液力联轴器。液力偶合器根据其结构和功能的不同，分为牵引型偶合器、限矩型偶合器和调速型偶合器等不同类别。

液力偶合器如果加上固定在支座上又不转动的导轮，则泵轮与涡轮上的转矩就不相等，这种液力元件称之为液力变矩器。液力变矩器的泵轮一般是原动机的直接负载，这一点与偶合器相同。但液力变矩器中由泵轮、涡轮和导轮组成的流道为封闭流道，流体在流道中的流动为有压流动，而在偶合器中，由于流体一般不能完全充满由泵轮和涡轮组成的工作腔，即工作腔中含有一定的充气空间，因此，在偶合器中流动的流体有自由表面，属于无压流动。液力变矩器中由于有固定在支座上的导轮，所以涡轮的输出转矩与泵轮轴上的转矩不相等，具体有三种情况：涡轮转矩大于、等于和小于泵轮转矩，也就是说液力变矩器具有变矩的功能。

液力机械传动不是液力元件（变矩器、偶合器）与机械传动元件的简单组合，而是指液力元件与行星齿轮的适当组合。可以使原动机的功率进行分流，一部分功率传递给液力元件，另一部分功率则由行星齿轮传递。液力机械传动具有类似于采用液力元件（变矩器或偶合器）传动的特性，因此也属于液力传动。

8.1.3 液力传动的特点

液力传动在汽车和工程机械中得到广泛应用，它有以下的特点。

(1) 液力传动的优点

① 具有良好的自动适应性能。采用液力变矩器的汽车和工程机械等，在条件恶劣和复杂的路面上行驶且外负载增大时，液力变矩器能使车辆自动增大驱动力，同时自动降低行驶速度，以克服增大的外负载；反之，当外负载减小时，车辆又能自动降低驱动力和提高车辆行驶速度，保证发动机能经常在额定工况下工作。既能避免发动机因外负载突然增大而熄火，又能满足车辆牵引工况和运输工况的要求，因而具有自动适应性能。利用这一性能可以简化传动系统操作，易于实现自动控制。

② 具有穿透性能。穿透性指的是泵轮转速（或转矩）不变时，泵轮转矩（或转速）随涡轮转矩和转速变化（载荷变化）而变化的性能。所以它可以防止在负载突然增大时因为内燃机的转速过低而熄火。

③ 提高通过性和具有良好的低速稳定性。装有液力传动装置的车辆可以在泥泞地、沙地、雪地等软路面以及非硬土路面行驶，能提高车辆的通过性并具有良好的低速稳定性。据汽车的对比试验表明，采用液力传动的汽车，在软路面起步和行驶时，下陷量约比未采用液力传动的车辆小25%，滑转小，附着储备大2～3倍。

④ 简化操纵和提高舒适性。采用液力传动的车辆和工程机械，可使起步平稳，并在较大范围内进行无级变速。可以少换挡或不换挡，简化操纵和减轻驾驶员的疲劳。在行驶过程中，液力元件可以吸收和减少振动、冲击，降低了工作噪声，从而提高车辆的乘坐舒适性。

⑤ 提高汽车和工程机械等的使用寿命。液力传动的工作介质是液体，各叶轮之间可相对滑转，故液力元件具有减振作用。液力元件既能对发动机曲轴的扭转振动起阻尼作用，提高传动元件的使用寿命，又能降低来自车辆行走部分或传动系统中的动负载，提高发动机的使用寿命。有试验表明，发动机曲轴的扭转振幅通过液力变矩器后，可降到50%以下。以采用液力传动的载货汽车为例，其最大负载降低18.5%，发动机使用寿命增加47%，齿轮变速器寿命提高40%，后桥差速器的使用寿命为原来的1.9倍。可见，液力传动能提高车辆等的使用寿命，这对经常处于恶劣环境下工作的工程机械尤为重要。

⑥ 有效利用发动机功率。液力传动可以不中断地充分利用发动机的功率，有利于减少排气污染。

(2) 液力传动的缺点

① 效率低。液力传动系统的效率随工况而变化，传动效率偏低。

② 结构复杂、成本高。为了使液力传动能正常工作，需要设置冷却补偿系统，从而使其结构复杂，成本高。

液力传动的优点是它在汽车和工程机械以及其他工业部门得到了广泛的应用。随着科学技术的进步和发展，液力传动的性能将会得到进一步提高，其缺点将会逐步地得到克服，应用领域将会更为广泛。

8.1.4 液力传动的应用概况

(1) 国外液力传动的应用概况

液力传动与其他形式的传动相比问世较晚。19 世纪由于航海事业的发展，船舶吨位不断增加，随之出现大功率高转速的柴油机，1902 年德国的费丁格尔（Föttinger）教授研究出第一台液力传动装置——液力变矩器，并于 1908 年应用到船舶的驱动系统中。1920 年英国人包易尔（Bauer）将费丁格尔变矩器中的导轮去掉，发明了世界上第一台液力偶合器，其效率比液力变矩器大为提高，后来成功地应用到汽车的传动中。

在船舶工业应用液力传动的过程中，人们对液力传动的性能，如涡轮转速随负载的自动变化、液力元件的缓冲与减振作用等有了进一步的认识。这些性能对车辆是极为重要的。在 20 世纪 30 年代，瑞典的阿尔夫豪姆（Alf Lysholm）和英国里兰汽车公司的工程师史密斯（Smith）合作，设计了里斯豪姆-史密斯型液力变矩器，并应用到公共汽车上。此后，又在很多其他车辆上得到了应用，使液力传动获得进一步发展。在第二次世界大战期间，美国制造的坦克和自行火炮都采用了液力传动。以后，液力传动引起了世界各国民用部门的注意。目前，液力传动已广泛地用于军事工业和各民用工业部门，如在坦克、自行火炮、装甲输送车、汽车、拖拉机、工程机械、起重运输机械、矿山机械和内燃汽车等机械中都得到了应用。

在汽车工业中，美国的通用汽车公司、福特汽车公司、克莱斯勒汽车公司，德国的梅塞德斯-奔驰公司、ZF 公司和伦克公司，日本的丰田公司、日产公司，瑞典的斯堪尼亚公司和意大利菲亚特公司等，都先后生产了装有 2 挡、3 挡或 4 挡、5 挡液力自动变速器的汽车。与此同时，液力传动在各类型汽车上的使用率也日趋增多。

如以美国为例，自跨入 20 世纪 70 年代起，每年液力变速器在轿车上的装备率就已高达 90%以上，产量约 800 万台。而在市区公共汽车上，液力变速器的装备率几乎达 100%。在重型载货汽车及非公路车辆上，液力变速器的装备率亦在 70%以上。此外，在大部分坦克、军用车辆以及内燃机车上亦装用了液力变速器。在欧洲，近年来装用液力变速器的车辆也显著增多；以德国为例，1995 年在梅塞德斯-奔驰公司的轿车上，液力变速器的装备率已达 63%；素以生产价格便宜、发动机排量小的轿车著称的日本，在 1986 年装有液力变速器轿车亦已超过 30%，产量约 150 万台。

目前世界上最大的液力元件生产厂家是德国的福伊特（VOITH）公司。该公司生产功率为 0.5～30000kW 的各种液力偶合器及其他各种功率等级的液力变矩器，年产量约 3 万台，转速最高可达 12000r/min。

(2) 国内液力传动的应用概况

我国 20 世纪 50 年代末，在红旗牌轿车、东方红号内燃机车上首次采用液力传动，60 年代才有专业厂生产各种液力元件。

1958 年我国开始自行设计并制造液力传动元件，当时在有关工厂、高等院校和科研单位的共同协作下，为大功率内燃机车“卫星号”（即东方红 I 型）成功地设计和制造了液力传动系统。“卫星号”液力传动内燃机采用了由两套735kW柴油机和两个相同的运行变矩器组成。从此开创了我国独立设计、制造液力传动装置的历史，使我国的液力传动技术得到了迅速地发展。在“卫星号”液力传动内燃机车的基础上，以后又陆续设计并成批生产了作为调车机车DFH1和作为客车机车用的DFH2型液力传动内燃机车。

虽然我国液力传动行业起步很晚，但是发展十分迅速。1958年，我国第一汽车制造厂在原吉林工业大学的协助下设计并成批生产的液力传动红旗牌轿车CA-770，采用了四元件综合式液力变矩器配两挡行星自动变速器和液压操纵的液力传动系统。在此基础上还设计并制造了CA-774型红旗牌轿车，采用了三元件综合式液力变矩器配三挡行星变速器和液压操纵的改进型液力自动变速系统。在上海牌32t自卸载货汽车中也采用了由液力元件配变速器和液压操纵的液力传动系统。在研制的40t、60t矿用自卸载货汽车中也都采用液力传动系统。1970年，又成功地设计制造了4400kW（2×2200kW）“北京号”液力传动内燃机车。1996年开发研制的GY13-100型公共汽车液力机械变速器获得成功，并投入生产。该液力变速器由导轮可反转的DF2FB-323型带锁止离合器的液力变矩器及由电磁阀操纵的两挡动力换挡变速器组成。

目前，我国的液力元件无论规格品种还是功率等级及生产规模都与国外存在一定的差距。尤其是在大功率、高转速方面与世界先进水平差距更大。随着我国经济的快速发展，我们将会更多地了解国外先进的生产技术，改变我国的落后状况，推动我国液力传动事业的快速发展。

液力传动元件——液力变矩器及液力偶合器的应用范围十分广泛，在各种工程机械中应用最多，如挖掘机、推土机、装载机、军用坦克、装甲运兵车、自行火炮、内燃机车和各种汽车。起重运输机械的皮带机、刮板输送机、塔式起重机、门式起重机、挖泥船等也大多采用液力传动。大惯性负载（如球磨机、磨煤机、破碎机等）采用液力传动可大大改善动力机的启动性能。工况需要调节的水泵、风机（如电站锅炉给水泵、锅炉引风机、高炉除尘风机）大多采用调速型液力偶合器。大功率船舶的多机并车也采用液力偶合器。轻纺机械、石化工业中的输油泵、石油钻机等都广泛采用液力传动。尤其是在近代汽车对舒适性要求提高的情况下，采用液力传动将是最经济的选择。总之，随着液力传动的特点被人们所认识，其应用范围也将更加广泛。

8.2 液力传动的工作液

液力传动所用的工作液普遍采用矿物油作为工作液体。由于工作液是传递动力的介质，其工作温度较高，如调速型偶合器允许工作温度为50～80℃，液力变矩器工作油液温度为80～110℃，特殊情况允许油温更高一些（有的可达130℃）。因此对液力传动用的工作油液有些特殊的要求。最常用的为22#汽机油、6#液力传动油。这些油都是在轻质油中再加一些添加剂，如抗氧化剂、消泡剂、增黏剂、抗磨剂等。其性能如表8.1所示。

对于液力元件与自动换挡控制系统共用同一种油的传动装置，一般可采用8#液力传动油。在车辆、工程机械、起重运输机械中，大都用表8.1中的各种工作油液。而对矿山、化工等要求防爆的场所，为安全生产起见，液力元件用的工作液要求具有阻燃性，这种工作液一般为水介质或高水基液。这种含水介质的工作液虽然具有不燃的特性，但其工作液的温度必须小于80℃，以防汽化。

另外，液力元件中的轴承也需要单独润滑。由于液力传动中工作液温度较高，采用的密封件必须能在高温下长期工作。尤其是橡胶密封件，应防止在高温下的快速老化，所以液力元件的密封普遍采用丙烯酸酯橡胶材料或聚四氟乙烯添加铜粉及碳素纤维制成的密封件，这样可以提高液力元件的可靠性和使用寿命。

表 8.1 液力传动用油的性能参数指标

性 能	22# 汽机油	6# 液力传动油	8# 液力传动油	20# 液力传动油
相对密度(20℃)	0.901	0.872	0.860	0.875
黏度/($10^{-6}m^2 \cdot s^{-1}$)	20～23(50℃)	7.5～9(100℃)	—	—
运动黏度比 ν_{50}/ν_{100}	—	<3.6	3.6	<4
闪点(开口)/℃	>180	>150	>150	>190
凝点(不高于)/℃	−15	−60 −25	−50 −25	−23
氧化后酸值/($mgKOH \cdot g^{-1}$)	0.02	0.01	—	—
临界载荷(不小于)/N		824	785	785
颜色	无色透明	淡黄色透明	红色透明	浅黄色透明

注：−50℃适用于长城以北地区，−25℃适用于长城以南地区。

8.3 液力传动基础知识

8.3.1 液力传动的基本概念

以下将以表 8.2 来说明液力传动的基本概念。

表 8.2 液力传动的基本概念和术语

基本概念和术语		解 释
叶轮	泵轮	泵轮与输入轴刚性连接，动力机带动其旋转。泵轮从动力机吸收机械能，并使之转化为液流动能。以字母 B 表示
	涡轮	涡轮与输出轴直接相连，使液体动能转化为机械能并向工作机输出。以字母 T 表示
	导轮	导轮直接或间接(如通过单向离合器)固定在不动的壳体上。导轮不旋转，既不吸收也不输出能量，只是通过叶片对液流的作用来改变液流的流动方向，进而改变液流的动量矩，以改变涡轮转矩，达到“变矩”的目的，可在一定工况区使导轮自由空转。以字母 D 表示
工作腔及其结构参数	轴线和轴面	液力元件各叶轮共同的旋转轴线称为轴线，见图 8.2 中 o'-o'。通过轴线的平面称为轴面。轴面有无穷多个，图 8.2 即为一个轴面
	循环圆	工作腔的轴面投影图称为液力元件的循环圆，如图 8.2 所示。其上部和下部相对于轴线 o'-o' 对称，所以，习惯上只用轴线上一半图形表示。循环圆表示了液力元件的形式、各叶轮的排列顺序、相互位置和相关的几何尺寸，它概括了一个液力元件的几何特性
	工作腔	由叶轮叶片间通道表面和引导液流运动的内、外环间表面所限制的空间构成工作腔。当液力元件工作时，液流在工作腔内循环流动，不断进行机械能和液体动能的转换。工作腔不包括液力偶合器的辅助腔
	辅助腔	在液力偶合器中，用来调节工作腔液体充满度的不传递能量的空腔称为辅助腔
	有效直径	工作腔的最大直径，以字母 D 表示，如图 8.2 所示
	内环和外环	叶轮流道的外壁面称为外环，内壁面称为内环，如图 8.2 所示
	叶片进口边和出口边	叶轮进口处和出口处在轴面上的旋转投影称为叶片进口边和出口边，见图 8.2

续表

基本概念和术语		解释
工作腔及其结构参数	叶片进口半径和出口半径	叶片进口边和出口边与平均流线的交点至轴线的距离称为叶片进口半径和出口半径，分别以 R_1 和 R_2 表示，见图 8.2
	叶轮流道	两相邻叶片与内外环所组成的空间称为叶片流道，叶轮叶片流道的总和称为叶轮流道
	叶片骨线	叶片沿流线方向截面形状的几何中线称为叶片骨线
	叶片角	在平均流线处叶片断面的骨线的切线方向与圆周速度正向间的夹角称为叶片角，以 β_y 表示
	液流角	相对速度与圆周速度正向间的夹角称为液流角，通常以 β 表示
	流面	液力元件中液流的运动非常复杂。通常假定液体质点是沿着无穷多同轴线的旋转曲面而运动，各个旋转曲面上液体质点不能彼此逾越，亦即各液体质点运动的迹线都位于各自的旋转曲面上，这些旋转曲面称为流面
	平均流面	位于叶轮内环和外环流面之间的一个流面。它把叶轮流道分成两部分，使这两部分的流量相等，均等于循环流量的一半，这个特定的流面称为叶轮流道的平均流面
	平均流线	平均流面与轴面的交线称为在轴面上的平均流线，如图 8.2 所示

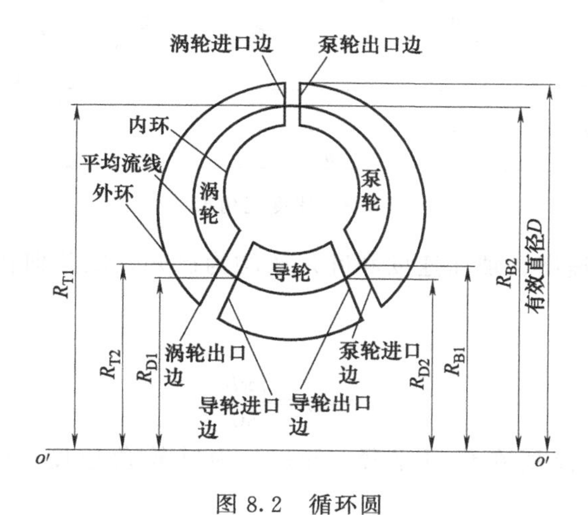

图 8.2 循环圆

8.3.2 液体在叶轮中的流动

液力偶合器叶轮的叶片是对旋转中心呈放射性布置的径向平面直叶片，而液力变矩器的叶片是周向分布同向排列的弯曲叶片。虽然形状有所不同，但它们对液体的流动作用具有相同的属性。液体在叶轮中的运动是一种复杂的空间三维流动，直接进行分析很困难。在分析液体和叶轮的相互作用与液体在叶轮中的运动时作如下假设。

① 叶轮中的总液流由许多流束组成，流动轴对称。

② 叶轮的叶片数无穷多，叶片无限薄，出口液流方向决定于叶片出口角，与进口角无关。即认为工作液体在各个工作流面上的运动是轴对称的，它们的相对运动轨迹与各个流面上叶片骨线相一致。

③ 同一过流断面上各点轴面速度相等。故所有计算可按平均流线进行。

依据以上假设，液体在流道内的三维空间流动被简化为一维束流流动。所以在研究液体在叶轮中的运动时，只要对一个轴面进行讨论即可，不必对流动空间每一个流体质点的运动情况进行分析。

(1) 速度三角形及速度的分解

在叶轮中任一液体质点相对于固定坐标系的运动速度称为绝对速度，以 v 表示。

液体质点在泵轮和涡轮中的运动是一种复合运动，液体既在旋转的叶轮流道中作相对运动，又随叶轮一起作圆周运动，即牵连运动。故绝对速度 v 为圆周速度 u 和相对速度 w 的矢量和。

$$\boldsymbol{v}=\boldsymbol{u}+\boldsymbol{w} \tag{8.1}$$

为简便起见，通常将表示速度的平行四边形简化为速度三角形，见图 8.3，其中 β 为叶片角。

为便于研究和计算，绝对速度 v 分解为两个相互垂直的分速度 v_u 和 v_m，如图 8.3 所示。

$$\boldsymbol{v}=\boldsymbol{v}_u+\boldsymbol{v}_m \tag{8.2}$$

式中，v_u 为圆周分速度（绝对速度在圆周速度方向上的投影，与轴面速度垂直）；v_m 为轴面分速度（绝对速度在轴面上的投影，与轴面流线相切）。

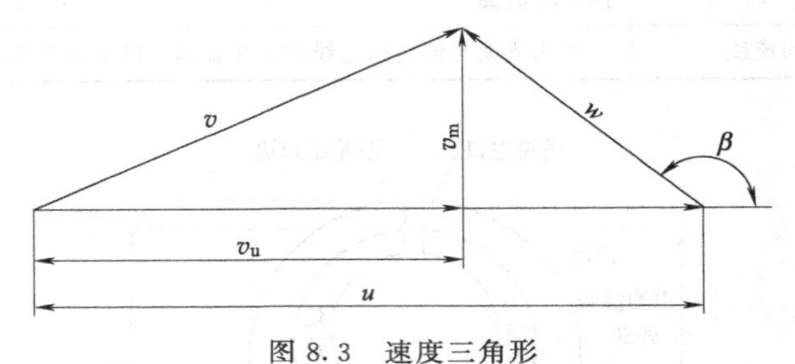

图 8.3　速度三角形

通常情况下，圆周速度、轴面速度和叶片角均为已知，用几何作图法即可作出速度三角形。

圆周速度 u 为

$$u=r\omega=\frac{n\pi R}{30} \tag{8.3}$$

式中，R 为流体质点所在位置半径，m；ω 为叶轮角速度，rad/s；n 为叶轮转速，r/min。

根据假设，同一轴面油液流过流断面上各点的轴面速度相等。因此轴面速度为

$$v_m=\frac{Q}{A_m\psi} \tag{8.4}$$

式中，Q 为循环流量（工作液体在工作腔内循环流动时，单位时间内流过叶轮流道任何过流断面的工作液体的体积称为循环流量），m^3/s；A_m 为垂直于轴面分速度的过流断面的面积，m^2；ψ 为因叶片厚度使过流断面面积减少的排挤系数，$\psi<1$，$\psi=1-\frac{z\delta}{2\pi R\sin\beta}$，其中 z 为叶片数，δ 为叶片法向厚度。

依据速度三角形，按下列各式可求得相对速度 ω、圆周分速度 v_u 和绝对速度 v 的值。

$$\omega=\frac{v_m}{\sin\beta}$$

$$v_u=u+v_m\cot\beta=R\omega+\frac{Q}{A_m\psi}\cot\beta \tag{8.5}$$

$$v=\sqrt{v_u^2+v_m^2}$$

在分析液力元件特性时，用得比较多的是工作液体的轴面分速度和圆周分速度。

(2) 速度环量

在运动的流体内，任意作一封闭曲线，曲线上某点的速度矢量在曲线切线上的投影沿着该封闭曲线的线积分，称为速度矢量沿着封闭曲线的速度环量，以 Γ 表示。

$$\Gamma=\oint v\cos(v\,ds)\,ds$$

对于叶轮，其平均流线上某一点的速度环量为该点的圆周分速度与其所在位置的圆周长度的乘积

$$\Gamma=2\pi R v_u \tag{8.6}$$

式中，R 为平均流线上某点所在位置的圆周半径。

速度环量的大小，与流动特性及封闭曲线形状有关，标志着该处液流旋转运动的强弱程度。

(3) 液体在无叶栅区的流动

为方便讨论，对叶轮进出口位置的下角标作如下规定：a 为叶轮进口处液流即将进入叶片流道的位置；b 为叶轮进口处液流刚刚进入叶片流道的位置；c 为叶轮出口处液流即将流出叶片流道的位置；d 为叶轮进口处液流刚刚流出叶片流道的位置。

显然，在下脚标为 b 和 c 的位置时，工作液体在叶片通道中运动，受到叶片的约束。在下脚标为 a 和 d 的位置时，工作液体处于无叶片栅区，不受叶片的约束，见图 8.4。

液流在无叶片区流动时，因无外力矩的作用，如果不考虑无叶片区的液流损失，单位时间内液流流过任一断面的动量矩不发生变化，即

$$\rho QR_d v_{ud}=\rho QR_a v_{ua}=\text{常数}$$

上式即为无叶片区环量保持定理。

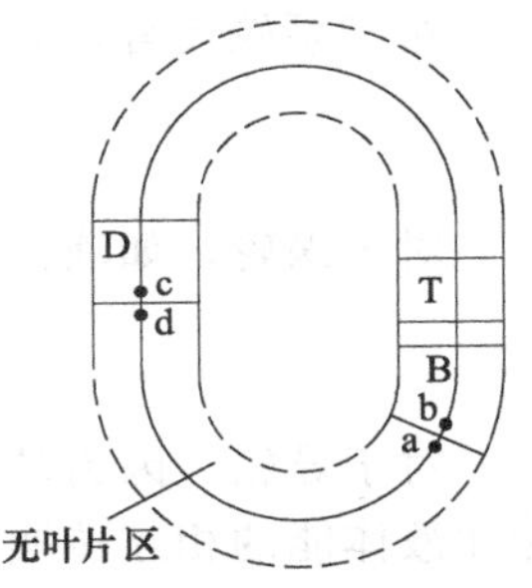

图 8.4 无叶片栅区示意图

在叶轮叶片进口前的 a 处到刚刚进入叶片流道的 b 处，这段距离虽然很短，但工作液流进入 b 处后，因受到叶片的约束作用，迫使工作液体沿着叶片的骨线方向流动，使圆周分速度有很大改变。一般情况下 $v_{ub}\neq v_{ua}$。圆周分速度的突变使工作液流在叶片进口处产生冲击。仅当 $v_{ub}=v_{ua}$时，叶片进口处才无冲击。此时，液流在进口处的流动方向与叶片骨线相一致。

在设计液力元件时，常选无冲击工况为设计工况。在无冲击工况时

$$\Gamma_a=\Gamma_b=\Gamma_c=\Gamma_d=\text{常数}$$

对叶轮排列顺序为泵轮—涡轮—导轮的液力元件，其叶片进口无冲击的条件为：泵轮：$R_{B1}v_{uB1}=R_{D2}v_{uD2}$或 $\Gamma_{B1}=\Gamma_{D2}$；涡轮：$R_{T1}v_{uT1}=R_{B2}v_{uB2}$或 $\Gamma_{T1}=\Gamma_{B2}$；导轮：$R_{D1}v_{uD1}=R_{T2}v_{uT2}$或 $\Gamma_{D1}=\Gamma_{T2}$。

无冲击工况时，叶轮进口的叶片角等于进口的液流角 β_{1y}。分析问题时，认为叶轮出口的叶片角等于出口的液流角，即 $\beta_2=\beta_{2y}$。实际上因为叶轮的叶片数目是有限的，而且叶片具有一定的厚度，液体质点的相对运动方向与大小将受液体惯性力和轴向漩涡的影响，从而产生某种变化，特别是当液体离开工作叶轮时，液流的相对速度方向将与叶片骨线的切线方向有着明显的偏离现象，因此，$\beta_{2y}\neq\beta_2$。在实际计算时，引入有限叶片修正系数 ξ 来对出口的液流偏离进行修正。

8.3.3 欧拉方程

(1) 动量矩方程

叶轮作用在液体上的转矩与液体作用在叶轮上的转矩大小相等方向相反，可依据动量矩

方程求得

$$T=\rho Q(R_2 v_{u2}-R_1 v_{u1}) \tag{8.7}$$

式中，ρ 为工作液体密度，kg/m^3。

动量矩方程如以速度环量表示为

$$T=\frac{\rho Q}{2\pi}(\Gamma_2-\Gamma_1) \tag{8.8}$$

由此可见，液体质点流过叶轮叶片流道的过程，也就是液体速度环量发生变化的过程，由 Γ_1 变到 Γ_2。对于传递给液流能量的叶轮（泵轮），$\Gamma_2>\Gamma_1$，对从液流中吸收能量的叶轮（涡轮），$\Gamma_2>\Gamma_1$，由此可知，液力传动主要是靠液体速度环量的变化来传递能量的。

（2）理论能头

在叶轮中，假设叶片无限多和无限薄的情况下，不考虑液流在叶轮中的液力损失，叶轮的理论能头增量以 $H_{t\infty}$ 表示，它与流速具有如下关系

$$H_{t\infty}=\frac{u_2 v_{u2}-u_1 v_{u1}}{g} \tag{8.9}$$

式（8.9）称为欧拉方程，对于叶片式机械而言，它是一个最基本的方程式。如果用环量来表示，式（8.9）也可写成

$$H_{t\infty}=(\Gamma_2-\Gamma_1)\frac{\omega}{2\pi g} \tag{8.10}$$

对于泵轮而言，如果输入的机械能无损失地全部转化为液体动能，则其理论能头为

$$H_{Bt\infty}=\frac{u_{B2} v_{uB2}-u_{B1} v_{uB1}}{g} \tag{8.11}$$

对于涡轮，如液体动能完全转化为机械能，则理论能头为

$$H_{T\infty}=\frac{u_{T2} v_{uT2}-u_{T1} v_{uT1}}{g} \tag{8.12}$$

对于导轮，因为其固定在壳体上不转动，即角度 $\omega=0$，液流流经导轮时，不存在机械能和液体能的相互转换，因此 $H_{Dt\infty}=0$。实际上，液体流经叶轮时必然产生能量损失，故泵轮的实际能头较 $H_{Bt\infty}$ 为小，涡轮的实际能头较 $H_{Tt\infty}$ 为大。

思考与练习

8.1　简述液力传动的特点和应用。

8.2　液力传动的元件有哪些？

8.3　叶轮有哪几种？作用分别是什么？

8.4　流量方程和伯努利方程是否也适用于液力传动？

第9章 液力元件

液力元件包括液力偶合器、液力变矩器。本章主要介绍液力偶合器和液力变矩器的结构、工作原理及其特性等。重点是液力变矩器的结构、工作原理和特性。

9.1 液力偶合器

液力偶合器是一种广泛的液力传动元件。它置于动力机与工作机之间传递动力，其作用类似于离心式水泵与水轮机的组合。它连接在动力机与工作机两轴之间，有机械传动中联轴器的作用，但是它所具有的改善启动性能、过载保护、无级调速等方面的特性，却是各类联轴器所不具备的。

9.1.1 液力偶合器的结构

典型的液力偶合器结构（图 9.1）是由对称布置的泵轮、涡轮、主轴、外壳以及安全保护装置等构成的。外壳与泵轮固定连接，其作用是防止工作液体外溢。输入轴（与泵轮固定连接）与输出轴（与涡轮固定连接）分别与动力机和工作机相连接。泵轮与涡轮均为具有径向平面直叶片的叶轮，由泵轮和涡轮具有叶片的凹腔部分所形成的圆球状空腔称为工作腔，供工作液体在其中循环流动，传递动力进行工作。

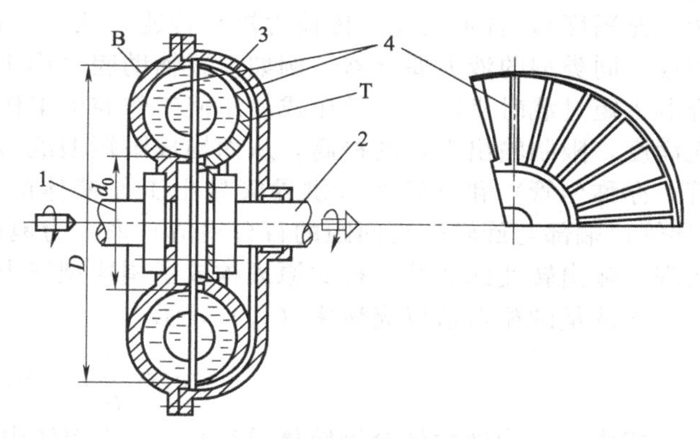

图 9.1 液力偶合器结构

1—输入轴；2—输出轴；3—转动外壳；4—叶片；

B—泵轮；T—涡轮；D—有效直径

9.1.2 液力偶合器的工作原理

当液力偶合器被动力机带动旋转时，填充在液力偶合器工作腔内的工作液体，受泵轮的搅动，既随泵轮做圆周（牵连）运动，同时又对泵轮做相对运动。液体质点相对于叶轮的运动状态由叶轮和叶片形状决定。由于叶片为径向平面直叶片，按照叶片数目无穷多、厚度无限薄的假设，液体质点只能沿着叶片表面与工作腔外环表面所构成的流道内流动。由于旋转的离心力作用，液体质点从泵轮半径较小的流道进口处被加速并被抛向半径较大的流道出口处，从而液体质点的动量矩（$mv_{u}R$）增大，即泵轮从动力机吸收机械能（力矩 T 和转速 n）并转化成液体能 $\left(\frac{p}{\rho g}+\frac{v^2}{2g}\right)$，在泵轮出口处液流以较高的速度和压强冲向涡轮叶片，并沿着叶片表面与工作腔外环所构成的流道做向心流动。液流对涡轮叶片的冲击减低了自身速度和压强，使液体质点的动量矩降低，释放的液体能推动涡轮（即工作机）旋转做功（涡轮将液体能转化成机械能）。当液流的液体能释放减少后，由涡轮流出而进入泵轮，再开始下一个能量转化的循环流动，如此周而复始不断循环。

在能量转化的过程中，必然伴随能量损耗，造成液体发热，同时使涡轮转速 n_T 低于泵轮转速 n_B，形成必然存在的转速差（n_B-n_T）。

在液力偶合器运转过程中，由于泵轮转速始终高于涡轮转速，泵轮出口处压强高于涡轮进口处压强，因而液流能冲入涡轮进行循环流动，且使涡轮与泵轮同方向运转。

泵轮与涡轮转速差越大，则上述压差也越大，由于循环流量（单位时间内流过循环流道某一过流断面的液体的体积）与此压差平方根成正比，因此循环流量也越大（即循环流速增高）。当涡轮转速为零而泵轮转速不等于零时，循环流量最大，叶轮力矩也最大，此时为零速工况。当涡轮与泵轮转速相等时，压差为零，液流停止流动，循环流量为零，此时叶轮力矩等于零，为零矩工况。

液流与叶轮相互作用的力矩遵循如下的力矩方程，即

$$T=\rho Q(v_{u2}R_2-v_{u1}R_1) \tag{9.1}$$

式中，Q 为工作腔内液体的循环流量，m^3/s；R_1、R_2 分别为叶轮液流进、出口半径，m；v_{u1}、v_{u2} 分别为叶轮进、出口处液流绝对速度的圆周分速度，m/s；ρ 为工作液体密度，kg/m^3。

从式（9.1）中可见，叶轮力矩 T 取决于 Q、v_u、R 等参数，而 Q、v_u、R 又取决于泵轮转速、转速差和工作腔充液量。故液力偶合器传递力矩（或功率）的能力与泵轮转速和泵轮与涡轮的转速差（或转速比）大小有关，同时也与工作腔充液量大小有关，在相同情况下工作腔充液量越大，其传递力矩（或转速）的能力也越大，反之亦然。因而调节工作腔充液量（充满度），就可改变其传输力矩和转速。从这一特性出发，采用不同的结构措施，即可构成不同类型的液力偶合器。例如设置辅助腔（用来调节工作腔充满度的空腔），在液力偶合器力矩过载时靠液流的动压或静压使工作腔中工作液体自动地倾泄入辅助腔，减少工作腔充满度，限制输出力矩的提高，从而构成限矩型液力偶合器。在工作腔以外设置导管（导流管，亦称勺管）和导管腔（供导管导出工作液体的辅助腔），依靠调节装置改变导管开度（导管口端部与旋转外壳间距的百分率值）来人为地改变工作腔中的充满度或充液量，从而实现对输出转速的调节，按此原理构成了调速型液力偶合器。

充液量的相对值以充液率（q_e）表示

$$q_e=\frac{q}{q_0}\times 100\% \tag{9.2}$$

式中，q_0 为液力偶合器腔体总容积；q 为腔体中实际充液体积。

充液率直接影响液力偶合器的工作特性，它是液力偶合器应用中的重要参数。

对于限矩型液力偶合器，工作腔的瞬时充满度随载荷而自动变化。对于调速型液力偶合器工作腔充满度与导管开度之间有对应关系，需外部加以调控。由于调速型液力偶合器工作腔充满度在运行中难以测定，通常以导管开度（0%～100%）来代表工作腔充满度（或充液率）。

液力偶合器的工作液一般选 6 号或 8 号（原 YLA-N32 或 YLA-N46）液力传动油以及 HU-20 汽轮机油。

9.1.3 液力偶合器的特性

（1）*液力偶合器的基本特性*

以工作腔中的流体为平衡体来进行分析，如图 9.2 所示，可知，当偶合器处于平衡运行状态时，作用于该平衡体上的外力矩之和必为零，即

$$M_{B\text{-}Y}+M_{T\text{-}Y}=0 \tag{9.3}$$

式中，$M_{B\text{-}Y}$为泵轮对流体的作用力矩；$M_{T\text{-}Y}$为涡轮对流体的作用力矩。

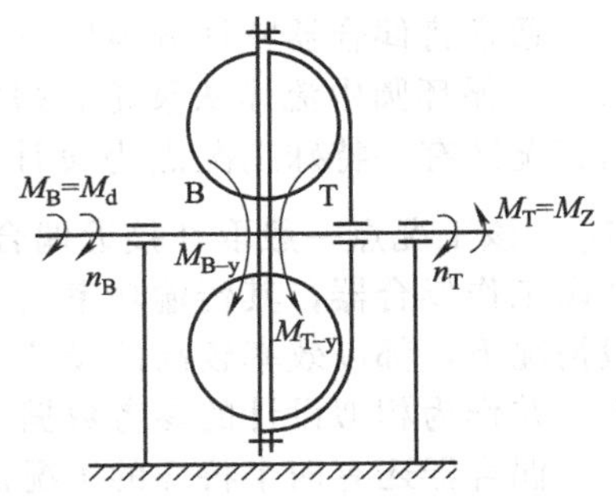

图 9.2　偶合器转矩平衡示意图

如果忽略轴承、密封、空气摩擦等产生的机械摩擦力矩的影响，那么它们与外界（原动机、工作机）作用于偶合器工作轮轴上的力矩 M_B 和 M_T 是相等的，即 $M_B=M_{B\text{-}Y}$；$M_T=M_{T\text{-}Y}$，则有 $M_B+M_T=0$，所以有

$$M_B=-M_T \tag{9.4}$$

式中，$-M_T$为涡轮轴对外的作用力矩。

若以泵轮转向为正向，所有与此相同的转向、转矩为正负值，反向则为负值。同样所有圆周速度方向也以泵轮的圆周速度方向为正向，反之为负。由此，当 M_B为正时，$-M_T$也是正值。这里对这一符号的规定应特别加以注意。

按一般效率的定义，偶合器的效率为

$$\eta=\frac{-M_T n_T}{M_B n_B}=Ki_{TB}=i_{TB} \tag{9.5}$$

式中，K 为变矩系数，$K=\dfrac{-M_T}{M_B}$。对偶合器，$K=1$。

应当指出偶合器的输入、输出转矩相等和传动效率等于转速比，是其特性上最基本的特点。

(2) 液力偶合器的特性

① 液力偶合器的外特性和原始特性　液力偶合器的特性曲线分为外特性和原始特性两类。

外特性曲线是由泵轮（即涡轮）转矩与转速比、效率与转速比关系曲线组成，如图 9.3 所示。这些曲线由转速比不同时测得的转矩、效率求得，而泵轮的转速则为某一定值。

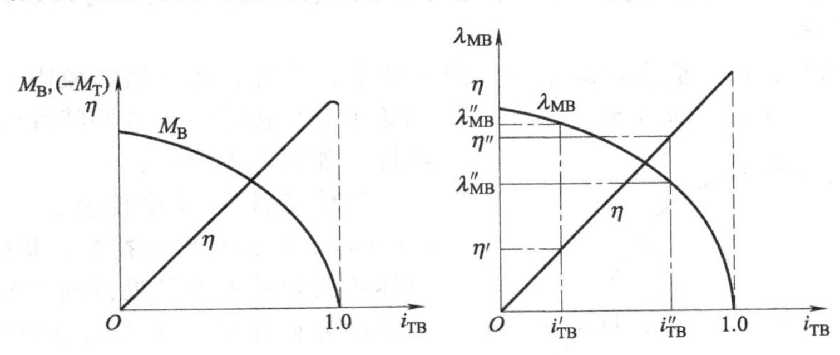

图 9.3　偶合器的外特性及原始特性

对某一系列几何相似的偶合器，当几何尺寸不同时，其外特性曲线显然不同，且泵轮转速不同时，测得的外特性曲线又各不相同，因此常用 λ_{MB}-i_{TB}、η-i_{TB}曲线，它是由外特性曲线换算出来的，又称这为原始特性曲线。由相似理论知，对一系列几何相似的变矩器、偶合器，无论其几何尺寸有多大差异，也不管泵轮转速为多少，当 i_{TB}相同时，有相同的 λ_{MB}值，而 λ_{MB}可以由 $\lambda_{MB}=\dfrac{M_B}{\rho g n_B^2 D^5}=\dfrac{-M_T}{\rho g n_B^2 D^5}$求得，因此原始特性有更广泛的代表性。某一偶合器的外特性及原始特性如图 9.3 所示。无论外特性还是原始特性，因 $\eta=i_{TB}$，在 η、i_{TB}比例尺相同时，则 η-i_{TB}曲线为-从原点起始的 45°线。但当 i_{TB}接近 1.0 时，偶合器传递的转矩很小，而机械摩擦力矩所占的比重急剧增大，因此高转速比时的效率特性便明显偏离 $\eta=i_{TB}$ 直线，并在 $i_{TB}=0.99\sim0.995$ 时急剧下降至 $\eta=0$。

通常将偶合器特性分为以下几个工况。当 $0<i_{TB}\leqslant 1$ 时，偶合器为牵引工况区。此时 $q>0$，循环圆中流体从泵轮获得能量后注入涡轮，并把能量传给涡轮而带动涡轮转动。牵引工况区有一特殊工况点为设计工况点，其参数以角标“＊”表示，即 $i_{TB}=i_{TB}^*$，$\lambda_{MB}=\lambda_{MB}^*$。该工况点一般取在接近偶合器可能达到的实际最高效率点，即 $\eta^*=0.96\sim 0.975$。对间歇工作偶合器，其传输功率又不太大时，设计工况点也可选在效率稍低的工况点处，但一般情况下，都以效率较高的设计工况点的参数 λ_{MB}^* 来评价偶合器性能，确定偶合器能容的大小，并作为相似设计的参考数据。

偶合器还有两个特殊的工况点：

一个特殊工况点是零速工况点，又称制动工况点。该点的涡轮转速为零，即 $i_{TB}=0$。此时 $q=q_{max}$，$H_B>0$；但 $H_T=0$，$\omega_T=0$，故有功率 $P_T=0$，$P_B>0$，这时的涡轮是作为一个固定的流道成为流体流动的阻力而只起到消耗能量作用的。这将使工作腔中流体的温度迅速升高，所以这一工况不能持续太长时间。此工况点处泵轮的力矩系数记为 λ_{MB0}。

另一特殊工况点是零矩工况，此时 $i_{TB}=1$，$M_B=-M_T=0$，循环圆中流量 $q=0$，故 $P_B=P_T=0$。

偶合器性能中一个重要的参数是过载系数 G_0，它是启动工况力矩系数与设计工况力矩系数的比值

$$G_0=\frac{\lambda_{MB0}}{\lambda_{MB}^*} \tag{9.6}$$

当偶合器曲线为上凸型曲线时，则存在最大力矩系数 λ_{MBmax}，且 $\lambda_{MBmax}>\lambda_{MB0}$。称此处的过载系数为瞬时过载系数 G_{0max}，$G_{0max}=\dfrac{\lambda_{MBmax}}{\lambda_{MB}^*}$。$G_0$ 是一个持续的过载系数，它反映在 $\omega_T=0$ 时偶合器力矩是设计工况所传递力矩的倍数。它与动力机的过载能力及工作机的强度计算密切相关。而瞬时过载系数只是在机械系统启动或停止时瞬时出现，对系统影响不大，一般不予考虑。

② 偶合器的全特性　偶合器除第一象限的牵引特性外，还有第二象限的反转特性及第四象限的反传特性。这些特性组成偶合器的全特性。如图 9.4 所示。

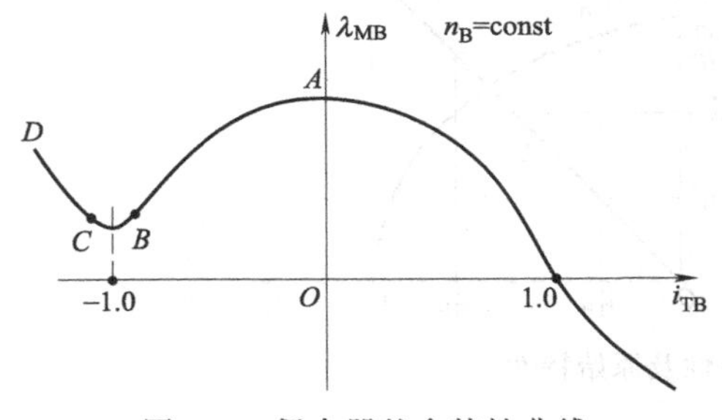

图 9.4　偶合器的全特性曲线

反传特性是涡轮转速大于泵轮转数，即 $\omega_T>\omega_B$ 或 $i_{TB}>1$ 时的特性。其特点是工作腔中流体从涡轮最大外径处流向泵轮，与牵引工况的流动方向相反。此工况下外负载变成动力，即功率从涡轮输入又从泵轮输出，即 $H_T>0$，$P_T>0$；而泵轮处则为 $M_B<0$，$H_B<0$ 和 $P_B<0$。例如当偶合器作为车辆传动装置时，下坡行驶就是这种工况。关于 P_B，P_T 的正负号：数学意义上，正表示与 n_B、M_B 或 n_T、M_T 同号，异号则为负；物理意义上，正表示（P 为正）外界对工作轮做功，负表示（P 为负）工作轮对外做功。

涡轮反转工况（第二象限）在工程实际中也常出现。如液力传动汽车起重机，在起重时为牵引工况，而在下放重物时涡轮反转，泵轮仍然正转，这就是反转制动工况。此工况的特点是：$H_B>0$，$H_T>0$；且 $P_B>0$，$P_T>0$。泵轮涡轮都成为泵轮工作，都向工作液传递能量。在 AB 段，工作液为从泵轮流向涡轮的正循环，而在 BC 段则为反循环，一般来说，AB、CD 段比较稳定，但当 $i_{TB}=-1$ 时，流量 $q\approx 0$，但此时由于圆盘摩擦损失较大，故工作轮轴上转矩并不为零。在涡轮反转情况下，泵轮力矩是涡轮的阻力矩，由于这时泵轮、涡

轮都向工作液输送能量，因此工作液会急剧升温，必须采取冷却措施。

在工程中，有时泵轮停止转动，即 $\omega_B=0$，涡轮由工作机带动旋转，这时涡轮起泵轮的作用，但由于泵轮不转，没有功率输出，偶合器便只起到液力制动器的作用。只要液体的循环冷却得到保证，制动器就可以长时间连续运行。由相似理论可知转矩与涡轮转速的平方成正比，这一情况可以看成泵轮不转反传工况的极限情况，其特性如图 9.5 所示。在重型车辆上装液力制动器，只可以在长距离下坡行驶时实现连续制动作用。但液力制动器是以涡轮的旋转为前提的，且转速越高制动力矩越大，而当转速较低时制动力矩也很小，因此它不能代替机械刹车的停车制动功能。

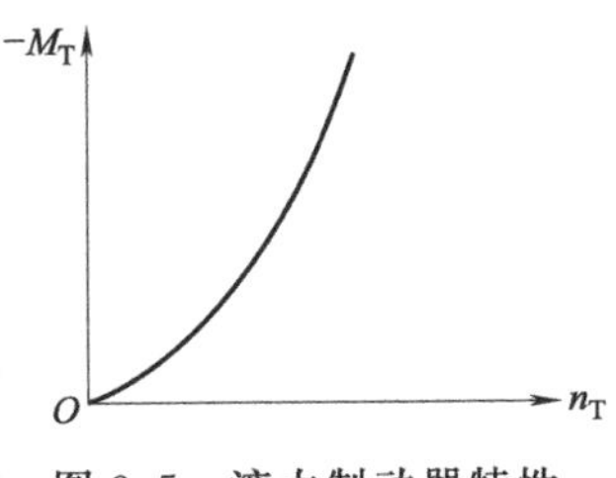

图 9.5　液力制动器特性

③ 偶合器的通用特性　将不同 n_B时的$-M_T$-n_T曲线绘制在同一坐标图上，即得到偶合器的通用特性曲线，这些曲线将覆盖一个平面区域。

由偶合器特性可知，当转速比 i_{TB}一定时，则对应该转速比的 λ_{MB}为一定值。将 $n_B^2=\frac{n_T^2}{i_{TB}^2}$代入泵轮的转矩式

$$M_B=\lambda_{MB}\rho g n_B^2 D^5$$

则有

$$M_B=\lambda_{MB}\rho g\ \frac{n_T^2}{i_{TB}^2}D^5 \tag{9.7}$$

这样我们便可将同一转速比而不同涡轮转速偶合器的转矩特性绘制在同一坐标图上，显然这些抛物线既是偶合器工作时的相似工况抛物线，又是等效线。通用特性如图 9.6 所示。

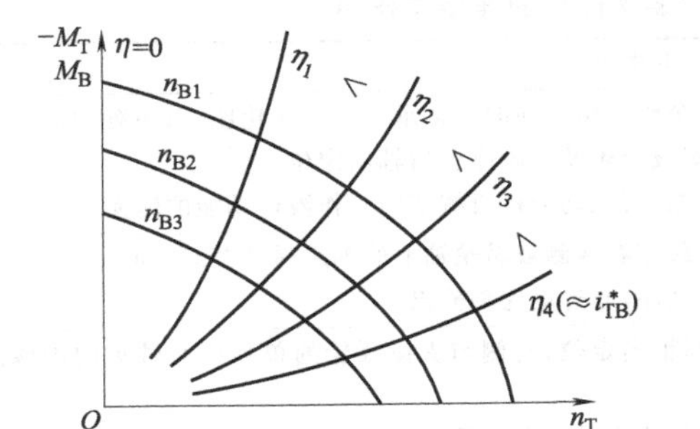

图 9.6　液力偶合器的通用特性

④ 偶合器的透穿性能　透穿性是指当涡轮力矩变化时对泵轮力矩的影响程度，也就是负载变化时对原动机影响的程度。如果负载变化对原动机力矩不产生影响，称其为不可透的，反之则为可透的。由于偶合器的 $M_B=-M_T$，显然为可透穿的。

9.2　液力变矩器

液力变矩器与液力偶合器的相同之处是都有泵轮及涡轮，都是靠流体的动量变化来传递能量。不同之处在于变矩器有一固定不动的导轮，使泵轮转矩与涡轮的输出转矩不相等；从叶片形状看，偶合器为径向平面叶片，而变矩器一般为空间扭曲叶片；偶合器没有内环，工作腔内流体运动为无压流动，而变矩器有内环，工作腔内流体运动为有压流动。除调速型偶合器是用勺管将流体导出，将工作油液接冷却器加以冷却，其他各类偶合器则靠自然风冷，而变矩器必须有单独的循环冷却系统。

9.2.1　液力变矩器的基本结构

简单的液力变矩器是由泵轮、涡轮、导轮三个元件组成的单级单相三元件液力变矩器，基本结构如图 9.7 所示。液力变矩器的工作腔内充满工作液体，利用工作液体的旋转运动和

沿工作叶轮叶片流道的相对运动构成工作液体的复合运动、实现能量的传递和转换。单级三元件液力变矩器主要零部件的连接与作用见表9.1。

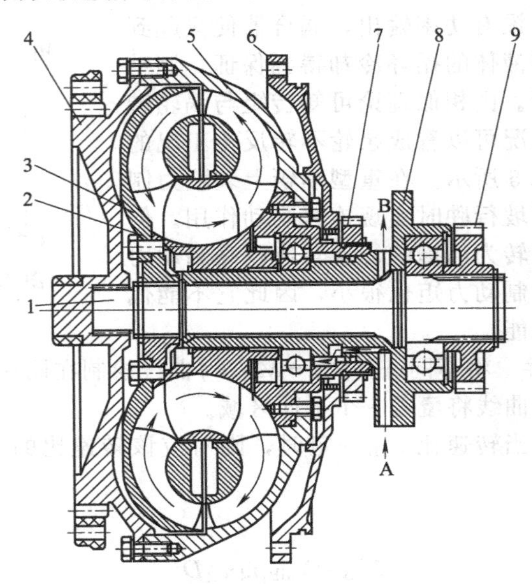

图9.7　单级三元件液力变矩器结构

1—涡轮轴；2—导轮；3—涡轮；4—驱动轮；5—泵轮；6—隔板；7—油泵主动齿轮；8—导轮座；9—变速箱主动齿轮；A—工作液进口；B—工作液出口

表9.1　单级三元件液力变矩器主要零部件的连接与作用

名称	连接及主要作用
泵轮	左端与驱动轮螺栓连接，右端与泵轮毂螺栓连接；泵轮毂用单列向心轴承支撑于导轮座上；单列向心轴承外圈被泵轮毂轴承座及孔用弹性挡圈轴向定位，内圈被导轮及导轮座台肩轴向定位 将传递来的动力机的机械能转变为工作液体的动能，实现动力机机械能向工作液体动能的转换
涡轮	与涡轮毂螺栓连接，涡轮毂与涡轮轴键连接，涡轮毂左右两侧被涡轮轴上的轴用弹性挡圈轴向定位 将泵轮产生的工作液体的动能转换为涡轮旋转机械能，通过涡轮轴输出
导轮	与导轮座键连接，左侧被导轮座上的轴用弹性挡圈轴向定位，右侧与支撑泵轮的单列向心轴承的内圈压紧实现轴向定位 将完成能量转换后从涡轮叶片流道出口流出的工作液体引导流向泵轮，实现工作液体在叶轮流道内的循环，并承受涡轮与泵轮的转矩差
驱动轮	左侧与动力机输出连接，右侧与泵轮螺栓连接 将动力机产生的机械能传递给泵轮
导轮座	右侧与变速箱壳体螺栓连接 支撑和固定导轮，防止导轮旋转和轴向移动；支撑泵轮轴承；开有工作腔内工作液体的进出口通道，保证工作液体在液力变矩器工作时的正常进出循环冷却
涡轮轴	用单列向心轴承支撑于导轮座；单列向心轴承外圈被导轮座的轴承座及孔用弹性挡圈轴向定位，内圈被与涡轮轴键连接的变速箱主动齿、轴用弹性挡圈和涡轮轴台肩轴向定位 将涡轮产生的机械能输出到变速箱主动齿轮

9.2.2　液力变矩器的工作原理

(1) 液力变矩器的工作过程

连接液力变矩器泵轮的驱动轮在动力机带动下旋转，导致泵轮叶片流道内的工作液体产生环绕变矩器轴线的旋转运动和向泵轮叶片流道出口方向的流动，使泵轮叶片流道内的工作液体获得速度和动能，实现动力机机械能向工作液体动能的转换。获得动能的工作液体从泵轮叶片流道出口流向涡轮叶片流道入口，进入涡轮叶片流道冲击涡轮叶片，使涡轮获得转速和转矩，实现工作液体动能向机械能的转换；涡轮带动涡轮轴旋转，将机械能传递至变速箱主动齿轮，从而实现动力机输出能量至变速箱主动齿轮的非机械刚性连接传递过程。能量转换后的工作液体从涡轮叶片流道出口流出，部分流向导轮叶片流道入口，经导轮叶片流道流向导轮叶片流道出口，从泵轮叶片流道入口进入泵轮叶片流道，重新加入工作循环；从涡轮叶片流道出口流出的另外一部分工作液体，经导轮座与涡轮轴之间的间隙，流向导轮座上的工作液体出口，进入冷却循环系统，最后流入变速箱内的工作液池。同时，为保证液力变矩器工作时工作腔内充满工作液体，并保证工作液体具有一定的压力，工作液池内的工作液体被泵吸出，过滤后经导轮座上的工作液体进口进入泵轮叶片流道进口，加入能量转换过程。

(2) 液力变矩器的变矩原理

以循环圆流体为研究对象，当在某一稳定工况点运动时，各工作轮对流体的力矩为

$$\sum M_{L\text{-}Y}=0$$

即

$$M_{B\text{-}Y}+M_{T\text{-}Y}+M_{D\text{-}Y}=0 \tag{9.8}$$

式中，$M_{B\text{-}Y}=M_B\eta_{Bj}$，$M_{T\text{-}Y}\eta_{Tj}=M_T$；$M_B$为动力机传给变矩器泵轮的转矩；$\eta_{Bj}$为泵轮的机械效率；$M_{T\text{-}Y}$为涡轮对流体的作用转矩；$\eta_{Tj}$为涡轮的机械效率。

因为$\eta_{Bj}\approx 1$，$\eta_{Tj}=1$，且一般$M_D\neq 0$（点$K=1$外），故有

$$M_B\neq -M_T \tag{9.9}$$

这就是液力变矩器的变矩原理。

9.2.3 液力变矩器的特性

(1) 变矩器的外特性

由变矩器测试实验台可测得变矩器的外特性曲线，如图 9.8 所示。其特性是在$n_B=$ const 条件下测得的不同n_T时的M_B、$-M_T$、η值。

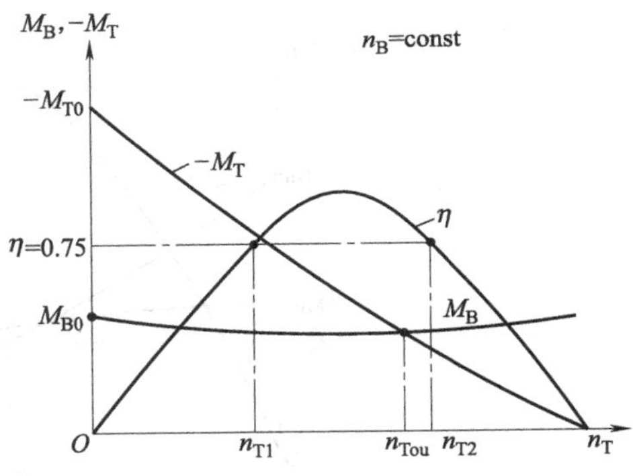

图 9.8 变矩器的外特性曲线

变矩器外特性的特点是：

① 在某一工况下，$M_B=-M_T$，该工况点称之为偶合器工况点，即在该点变矩系数 $K=\dfrac{-M_T}{M_B}=1$，相应的转速比为$(i_{TB})_{K=1}$，此时$M_D=0$。由$M_D=-M_T-M_B$可见，当$n_T>(n_T)_{K=1}$时，$M_B\gg -M_T$，$M_D<0$；当$n_T<(n_T)_{K=1}$时，$M_B<-M_T$，$M_D>0$。

② 效率曲线呈抛物线形状，一般的$\eta_{max}=0.8\sim0.90$，通常选$\eta>0.75$作为工作区间，$\eta=0.75$与效率曲线有两个交点，相应的涡轮转速为n_{T1}、n_{T2}，把$\Pi=\dfrac{n_{T2}}{n_{T1}}$称为高效区范围$(n_{T2}>n_{T1})$。显然$\Pi$值越大，说明变矩器的高效区越宽，变矩器经济运行的相应范围也就越大。而设计工况点一般选在效率最高点处。

③ $-M_T$曲线为一近似于等功率的递降曲线。

④ 穿透性分析：把启动工况与偶合器工况泵轮力矩之比，称为透穿系数Π，即

$$\Pi=\frac{M_{B0}}{(M_B)_{K=1}}=\frac{\lambda_{MB0}}{(\lambda_{MB})_{K=1}} \tag{9.10}$$

它表示涡轮转矩变化对泵轮转矩的影响程度，即外负载变化对动力机的影响程度。若$\Pi \approx 1$，称之为不可透变矩器，实际上$\Pi = 0.95 \sim 1.05$都认为是不可透的。若$\Pi > 1$（或$\Pi > 1.05$）称之为正可透；$\Pi < 1$（或$\Pi < 0.95$）为负可透。一般向心涡轮变矩器为正可透；轴流涡轮变矩器为不可透；而离心涡轮变矩器为不可透或负可透。从透穿性的定义出发，可以看出，当变矩器与动力机共同工作时，它表明外负载变化对动力机的转矩的影响程度。不可透（$\Pi = 1$）表明，无论负载转矩如何变化，发动机的转矩都不受影响；而正可透（$\Pi > 1$）则表明发动机的转矩随负载转矩增大而增大；负可透（$\Pi < 1$）则表明当外负载转矩增大时，发动机转矩反而减小。

穿透性主要是在分析变矩器与动力机共同工作的传动特性时，确定动力机的工作范围。

⑤ 启动工况变矩系数K_0（$K_0 = \frac{-M_{Tu}}{M_{B0}}$）。不同的动力机和不同的工作机要求不同的启动变矩系数值，它是变矩器设计要求中的一个重要参数。

⑥ 与偶合器不同，因变矩器的变矩系数K随转速比i_{TB}而变化，故变矩器的效率$\eta = \frac{-M_T n_T}{M_D n_D} = K i_{TB}$。对偶合器来说，因$K \approx 1$，故$\eta = i_{TB}$。

（2）变矩器的原始特性

变矩器属叶片式流体机械，由相似理论可得

$$M_B = \lambda_{MB} \rho g n_B^2 D^5 \tag{9.11}$$

式中，λ_{MB}为泵轮的力矩系数，$1/[(\mathrm{r \cdot min^{-1}})^2 \mathrm{m}]$。

对一系列几何相似的变矩器，当工况相同（i_{TB}相等）时，则有相同的λ_{MB}。

变矩器的原始特性是由外特性利用上述关系式计算出λ_{MB}，K，η与i_{TB}的关系，画在坐标图上反映的。原始特性消除了泵轮转速不同时对其特性的影响，它也表示一系列几何相似、运动相似及动力相似的变矩器所共同具有的特性，因而更具有普遍意义。原始特性如图9.9所示。

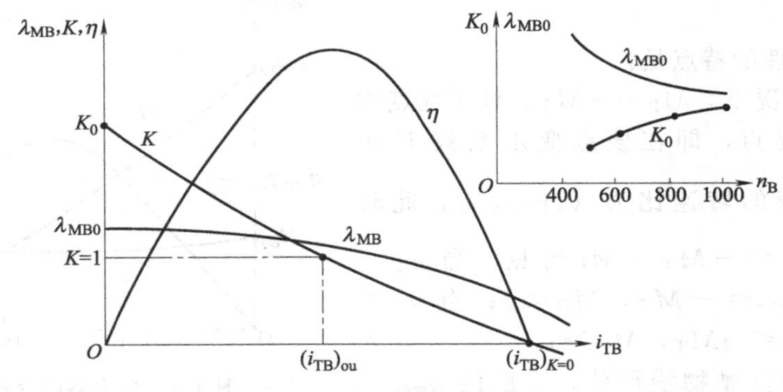

图 9.9 变矩器的原始特性

原始特性曲线上有几个特殊的工况点：

① $i_{TB} = 0$为制动工况点，此处$K = K_0$，且$K_0 = K_{max}$，一般变矩器$K_0 = 3$左右，特殊功能的变矩器$K_0 > 5$，该工况点其他参数用λ_{MB0}和η_0等表示。

② $i_{TB} = i_{TB}^*$称之为设计工况点，相应的其他参数均加角标“*”，如λ_{MB}^*、K^*、η^*，且设计工况点一般为最高效率工况点，即$\eta^* = \eta_{max}$。

③ $K = 1$对应的工况点称为偶合器工况点，此处$i_{TB} = (i_{TB})_{K=1}$，此处$M_B = -M_T$，$M_D = 0$。

④ $K=0$ 对应的工况点称为失矩工况点，相应的转速比为 $(i_{TB})_{K=0}$，此处 $-M_T=0$，$\eta=0$。不同变矩器的 $(i_{TB})_{K=0}$ 有较大的差别，向心涡轮变矩器 $(i_{TB})_{K=0}\approx 1$；轴流涡轮变矩器 $(i_{TB})_{K=0}\approx 1.3$；离心涡轮变矩器情况有所不同，对 K_0 较大的“启动变矩器”，$(i_{TB})_{K=0}<1$，而“运转变矩器” $(i_{TB})_{K=0}>1$。

(3) 变矩器的全特性

变矩器的全特性包括牵引工况特性、超越制动工况特性、反传工况特性和涡轮反转制动工况特性。以下讨论都以正转变矩器为例，且 $n_B=$ const，其全特性曲线如图 9.10 所示。

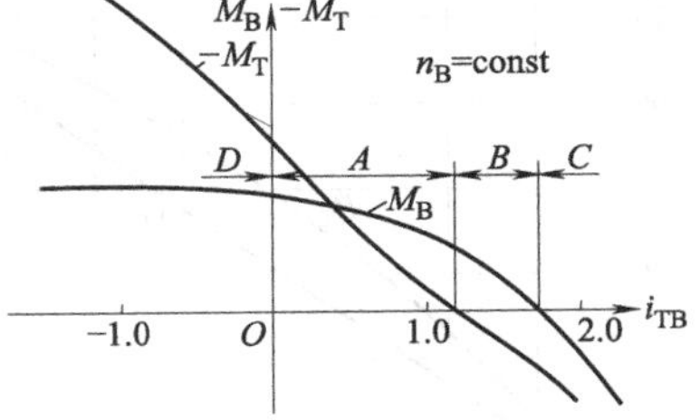

图 9.10 变矩器的全特性曲线

① 牵引工况特性。牵引工况是指动力机带动工作机以相同的方向旋转，功率从原动机通过变矩器传给工作机，见图 9.8 的 A 区间。在此区间 $\omega_B>0$，$\omega_T>0$；$M_B\omega_B>0$；$-M_T\omega_T>0$。这说明原动机带动变矩器的泵轮旋转，使工作液的机械能增加，而经过涡轮后 $M_T<0$，即流体流经涡轮后能量减小，把能量传给了涡轮并带动外负载转动。

② 超越制动工况。如图 9.8 所示的 B 区间，此时 $\omega_T>\omega_B>0$，$M_B\omega_B>0$；$-M_T\omega_T<0$ 即 $M_T\omega_T>0$。说明动力机和工作机都向变矩器输入功率，没有功率输出，此时所有输入变矩器的功率都转变为变矩器工作液的热量，使工作液迅速升温。

③ 反传工况。如图 9.8 所示的 C 区间。在该区间 $M_B<0$，$\omega_B>0$，$M_B\omega_B<0$；$\omega_T>0$，$-M_T<0$，即 $M_T>0$，$-M_T\omega_T<0$。说明工作机向变矩器输入功率，而变矩器的泵轮向外输出功率给动力机，功率流从工作机通过变矩器传给了动力机，与牵引工况的功率流的流向相反，故称之为反传工况。

④ 反转制动工况。此工况为第二象限的 D 区间。此时 $\omega_B>0$，$\omega_T<0$，即涡轮的转动方向与泵轮转动方向相反。$M_B>0$，$-M_T>0$，故有 $M_B\omega_B>0$，$-M_T\omega_T<0$，说明动力机及工作机都向变矩器输入功率，这种工况用于起重机下放重物时，而起吊重物则为牵引工况。

(4) 变矩器的自适应性能

从变矩器的特性可见，无论何种变矩器，也不论其透穿性如何，其牵引特性有一明显的特点，即涡轮输出力矩 $-M_T$ 在启动工况点最大，而且随转速比 i_{TB} 的增大而逐渐减小，是一单调下降近似于等功率的曲线。由于外负载转矩 $-M_z$ 与 $-M_T$ 的交点就是变矩器的工作点，当外负载转矩变化时，其工作点也就要改变，涡轮输出转速会随负载转矩的增大而自动降低，随外负载转矩的减小而自动升高。这就是液力变矩器的一个很重要的特点——自动适应性。这种涡轮转速的变化是无级变速，变矩器广泛应用于工程机械、军用车辆、起重运输机械及汽车和内燃机车传动中。如果启动变矩系数 K_0 设计合理，当外负载突然超过 $-M_{T0}$ 时，涡轮转速为零，但泵轮力矩系数只为 $\lambda_{MB}=\lambda_{MB0}$ 即涡轮突然卡住不动时，泵轮转矩只是一个定值。这样也使变矩器具有良好的过载保护功能。从变矩器与动力机及负载的共同工作中还可以看到，变矩器可以大大改善负载的启动性能及防止柴油机熄火。尤其是现代机械要求运行平稳、舒适性好、操作简单、无级变速，而液力变矩器正好能满足这些要求。

9.2.4 液力变矩器与发动机共同工作的特性

(1) 柴油机的特性

任何液力传动装置，不仅液力元件性能要好、动力机的性能也要好，而且更重要的是两者配合要恰当。两者性能虽好，但配合不恰当，其共同工作的传动特性也不可能好。把动力机与液力元件共同工作时能获得理想性能称之为合理匹配。

运输车辆及工程机械中广泛采用汽油机和柴油机作为原动机。现主要介绍工程机械及车辆中常用的柴油机特性。

柴油机的速度特性主要指当柴油机转速变化时，柴油机的功率 P_f、转矩 M_f，每小时消耗燃料量 G_T 及比燃料消耗 g_e 之间的关系，图 9.11 所示为 6120 型柴油机的特性。

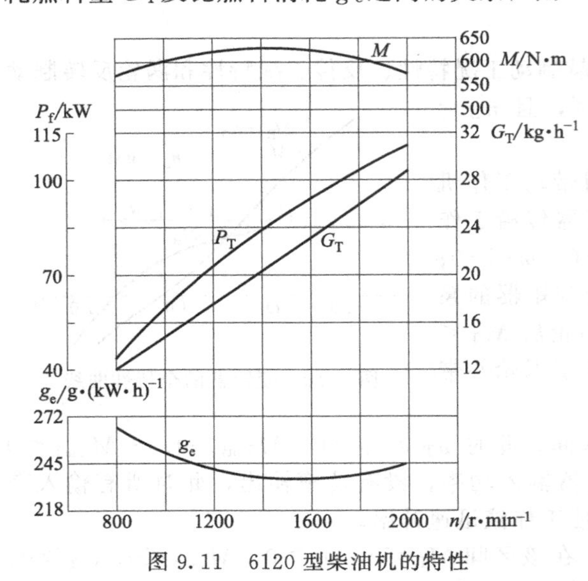

图 9.11　6120 型柴油机的特性

柴油机的动力特性还包括国标规定的对不同用途柴油机所标示的功率应不同，共有四种：

① 15min 功率：允许内燃机连续运行 15min 的最大有效功率。它适用于汽车、摩托车、摩托艇等所用内燃机功率的标定。

② 1h 功率：允许连续运行 1h 的最大有效功率。它适用于拖拉机、工程机械、船舶用的内燃机的标定。

③ 12h 功率：允许连续运行 12h 时的最大有效功率。其中包括超过 12h 功率 10% 的情况下连续运行 1h。它适用于农用拖拉机、推土机、农业排灌用内燃机的标定。

④ 持续功率：允许柴油机长期运行的最大有效功率。

国标中还规定在标出上述一两种功率的同时，还应标出对应于此功率的内燃机相应的转速。

对液力传动用内燃机来说，为分析其与液力元件共同工作的传动特性，必须有厂家提供的如图 9.11 所示的特性曲线。一般在标定功率工况下运行，柴油机是最经济的，因为此时的比燃料消耗最小，但每小时的燃料消耗量则达到最大值。

柴油机最大转矩工况往往不在标定功率工况，此时柴油机的输出转矩最大，用 M_m、n_m、P_m 分别表示该工况下的转矩、转速和功率。

柴油机还有空载最高转速。此时输出转矩及功率几乎为零，所有的功率都用来克服柴油机的内部阻力。此时由于有调速器的作用，其供油量也最低。

柴油机的空转最低转速又称之为怠速工况。此时输出功率为零，发动机在调速器的作用下供油量也最少，以维持发动机的运转，并保证发动机不熄火。该转速以 n_{min} 表示。如发动机的转速低于怠速工况的转速，发动机就会熄火。

目前国内重型汽车及工程机械，大都采用全程调节柴油机。在对柴油机与变矩器共同工作进行分析时，还需要知道动力机辅助设备（如冷却风扇、发电机、空压机、变矩器冷却循环系统油泵等）所消耗的功率。而传给变矩器泵轮轴的功率和转矩则是去掉这些辅助设备所消耗的功率和转矩后余下的功率和转矩。因此要用扣除这些功率和转矩后的特性来做共同工作的传动特性。值得注意的是，柴油机由于采用不同的调速器，因此其特性也就不同。

（2）*液力变矩器与发动机共同工作的输入特性*

动力机有内燃机和电动机，与液力元件共同工作的内燃机以全程调节的柴油机为主，故以这种广泛应用的柴油机为主来进行其共同工作特性分析，其他类型的动力机都可按此方法进行。当动力机与变矩器泵轮轴直连时，变矩器的泵轮便是动力机的直接负载，即有 $M_d=M_B$、$n_d=n_B$。

全程调节柴油机与变矩器共同工作的输入特性的求法如下：

① 在变矩器原始特性上给定若干的工况点，即给出 $i_{TB}=0$，i_{TB1}、$(i^*_{TB})(i_{TB})_{K=1}$、i_{TB2}、$(i_{TB})_{K=0}$。取点数 $j=5\sim6$ 个，其中 i_{TB1}、i_{TB2} 为高效区 $\eta=0.75$ 对应的两个转速比，并从变矩器原始特性上求出相应转速比对应的 λ_{MBj} 值，即 λ_{MB0}、λ_{MB1}、λ^*_{MB}、λ_{MB2}、…。

② 根据所确定的不同工况点的 λ_{MBj} 值及变矩器的有效直径 D、工作液密度 ρ，求出各工况点相应的泵轮转矩抛物线。

$$M_{Bj}=\rho g\lambda_{MBj}D^5n_B^2 \tag{9.12}$$

式中的 λ_{MBj} 可由原始特性相应的转速比得到，而 ρ、D 则为定值，故上式可写成 $M_{Bj}=K_jn_B^2$，其中 $K_j=\rho g\lambda_{MBj}D^5$。给出一系列 n_B 值，即可求出某一工况下泵轮的转矩抛物线，并将该转矩抛物线以相同的比例尺绘制在柴油机净转矩外特性曲线上。各泵轮负载转矩抛物线与动力机特性曲线的交点，就是发动机与变矩器共同工作输入特性工况点。如图 9.12 所示。

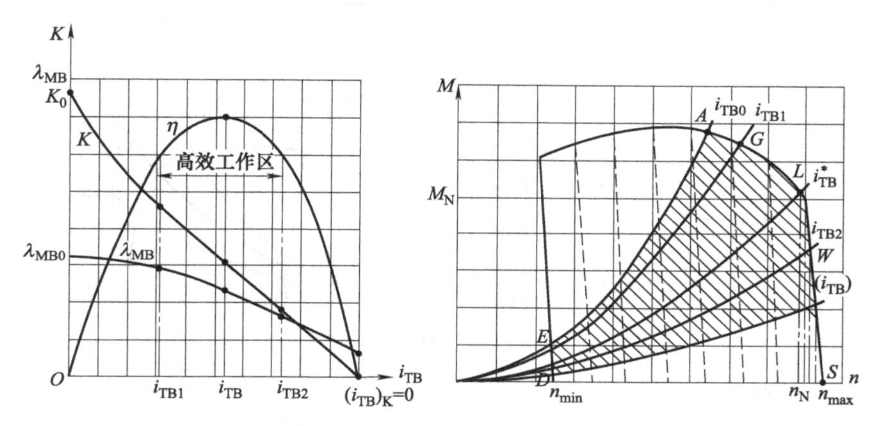

图 9.12 发动机与变矩器共同工作的输入特性曲线的绘制

对输入特性作如下说明：

① 由工况点稳定性的判别准则可以判定，输入特性上所有的工作点都是稳定的。

② 不论变矩器为何种透穿性，其最大泵轮力矩系数和最小泵轮力矩系数所对应的负载抛物线与动力机的特性曲线所围成的面积（如图 9.12 中的阴影部分），为发动机在部分供油时发动机与变矩器的共同工作范围。而这一面积的大小及所处位置，决定了共同工作的基本性能。

③ 影响共同工作范围大小的主要因素是液力变矩器的透穿性。不同透穿性的变矩器与发动机共同工作的输入特性如图 9.13 所示。

对于不可透变矩器 $T\approx1$，在不同工况 i_{TB} 下只有一条泵轮负载抛物线或很窄的共同工作区，如图 9.13（a）所示。

对于正透穿性（$T>1$）变矩器，如图 9.13（b）所示。由于 λ_{MB} 随 i_{TB} 的增加而减小，所以共同工作区间则是一束随 i_{TB} 增加而逐渐趋于水平的抛物线族。工作范围随 T 的增大而增大。

对于具有负透穿性（$T<1$）的变矩器，λ_{MB} 随 i_{TB} 的增大而增大，故其共同工作范围是随 i_{TB} 的增大而向右上方移动的抛物线族，如图 9.13（c）所示。

有的变矩器具有混合透穿性，即 λ_{MB} 随 i_{TB} 的增加先增大然后又减小。其工作范围则是以 λ_{MB} 最大时的负载抛物线为左端、以最小的 λ_{MB} 相应的负载抛物线为右端的抛物线与动力

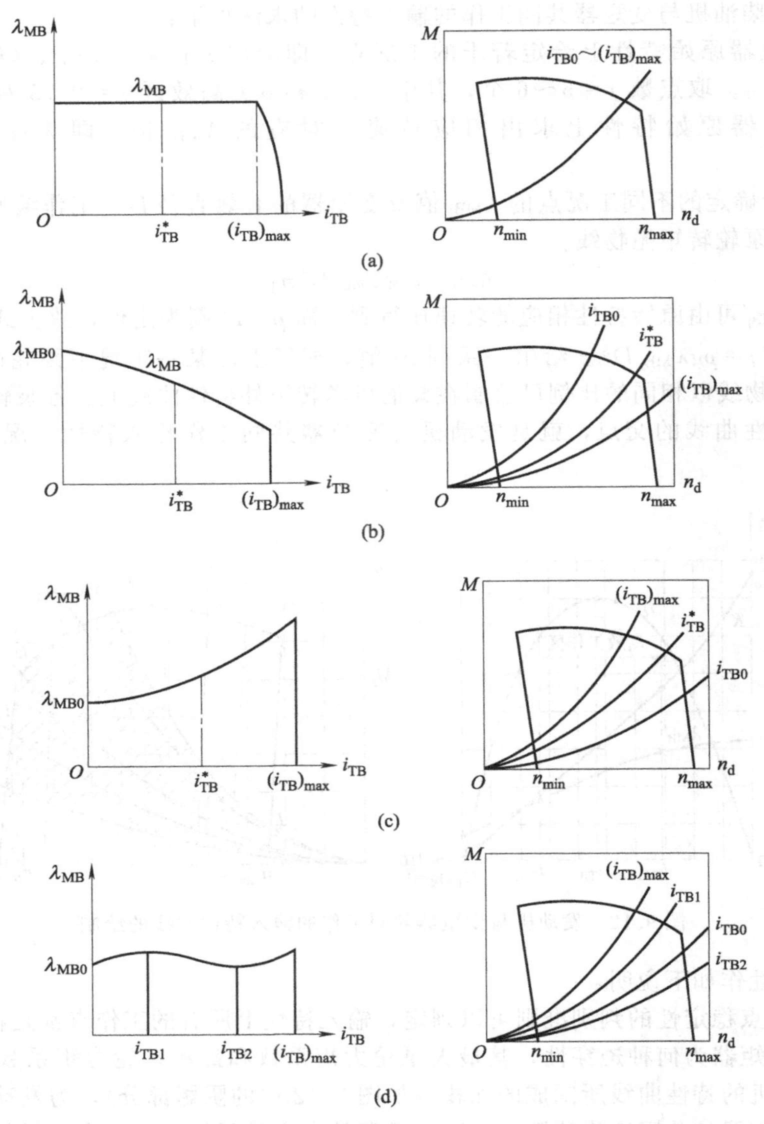

图 9.13　不同透穿性变矩器与发动机共同工作的输入特性

机外特性所围的区间。

以上是对变矩器透穿性影响共同工作范围的分析。还要说明的是在变矩器工作范围内应能充分利用发动机的最大有效功率。即设计工况 i_{TB}^* 对应的负载抛物线最好通过发动机的最大净功率点，且高效区所对应的转速比 λ_{MB1}、λ_{MB2} 应在最大功率点附近。一般最大功率点也对应于比燃料最低点，额定工况点在比燃料最低点处则会节约原料，即动力机在该点运行最经济。为使工程机械、车辆启动快，其启动工况的负载抛物线最好与动力机最大转矩点相交。这样可使变矩器充分利用动力机的最大转矩。由可透性对共同工作范围的影响可见，不可透变矩器不可能同时满足上述要求，而正可透变矩器则有可能满足上述要求。但是若在动力机与变矩器之间加上动力换挡变速箱则有可能使不可透变矩器实现上述要求，但这将使传动装置设计及操作变得复杂。

当动力机为电动机时，其与变矩器共同工作的输入特性、柴油机与变矩器共同工作输入

特性、柴油机与变矩器共同工作输入特性的求法相同。只是应使变矩器启动工况的转矩抛物线过电动机的峰值转矩点；变矩器额定工况即 i_{TB}^* 所对应的负载抛物线应过电动机的额定工况点，以保证电动机在额定工况点运行而不产生过载。

同一柴油机，当配置不同的调速器时，对共同工作输入特性的影响也不同，如图 9.14 所示。

当发动机油门全开时，不论是全程调速器还是两程式调速器，其特性都相同，发动机处于在外特性下工作，由于外特性都相同，因此得到的输入特性也完全相同，即都处于图 9.14 中 A_0BA_m 曲线部分。

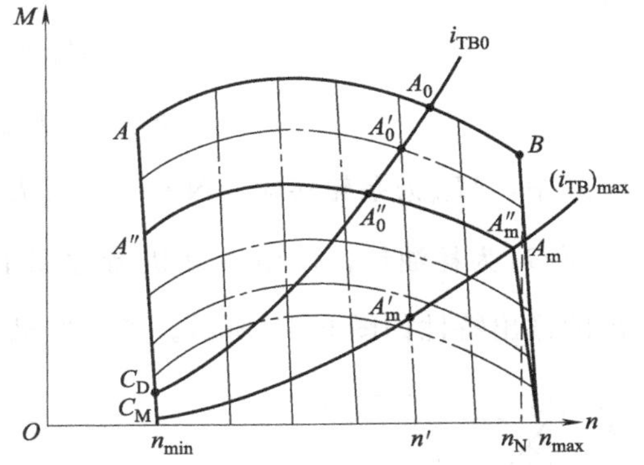

图 9.14 不同调速器对输入特性的影响

当发动机处于部分特性情况下工作时，不同调速器的工作区间将不相同。因在部分特性工作时，主要看变矩器高效区范围的大小。如原始特性上效率 $\eta=0.75$ 对应的转速比为 i_{TB1} 及 i_{TB2}，与动力机共同工作时，对应于 i_{TB1} 负载抛物线与动力机特性曲线交点相应的动力机转速为 n_{d1}，对应于 i_{TB2} 的动力机转速为 n_{d2}，则在共同工作时，其高效区对应的变矩器涡轮输出转速所确定高效区范围 Π 为

$$\Pi=\frac{n_{T2}}{n_{T1}}=\frac{n_{d2}i_{TB2}}{n_{d1}i_{TB1}} \tag{9.13}$$

对已知的变矩器，其高效区对应的转速比 i_{TB1} 及 i_{TB2} 都为定值，因此由式（9.13）可知，高效区的范围主要取决于 $\frac{n_{d2}}{n_{d1}}$。若随 i_{TB} 的增大，$\frac{n_{d2}}{n_{d1}}$ 也增大，则会使共同工作的高效区范围比 i_{TB2}/i_{TB1} 大。由此可见：

① 对不可透变矩器，无论是在全特性还是在部分特性情况下工作，因其泵轮负载抛物线只有一条，所以调速器的形式对共同工作范围没有任何影响。

② 对正可透变矩器，采用两程式调速器在部分充油时，由于其特性为一近似的水平线，可使其高效区范围比 i_{TB2}/i_{TB1} 更加扩大。

③ 对负可透变矩器，当发动机在部分特性下工作时，若采用两程式调速器，因 $n_{d2}<n_{d1}$，则会使高效区范围减小。为使变矩器所确定的 i_{TB2}/i_{TB1} 不至于缩小，因此采用全程调节式的调速器为好。

由以上分析也可得出以下的结论：变矩器为正可透、不可透或负可透，其高效区对应的转速比的比值若相同，即 i_{TB2}/i_{TB1} 相等，则与发动机共同工作又在部分特性下工作时，采用正可透变矩器可能使高效区范围扩大；不可透变矩器高效区范围不变；负可透变矩器可能使高效区范围变窄。

（3）液力变矩器与发动机共同工作的输出特性

动力机与液力变矩器共同工作的输出特性是在做出发动机与变矩器共同工作的输入特性之后，并按与输入特性相同的比例尺画出的。其具体做法如下：

① 根据输入特性时选取的一系列转速比 i_{TBj}，在变矩器原始特性上查出对应的变矩器变矩比 K_j 及效率 η_j 值。

② 根据所选定的 i_{TBj} 及相应的转矩抛物线与动力机特性的交点（注意，泵轮转矩抛物线与柴油机的外特性有两个交点），找出相应的发动机的转速 n_{dj}，因发动机与变矩器的泵轮轴直连，故有 $n_{dj}=n_{Bj}$。由 n_{Bj} 值即可计算各转速比下涡轮的转速 n_{Tj}

$$n_{Tj}=n_{Bj}i_{TBj}=n_{dj}i_{TBj} \tag{9.14}$$

需要指出的是发动机的转速，虽然铭牌上已标出其额定转速，但不同转速比对应的泵轮转矩抛物线与发动机特性交点不同，故对应的发动机转速是不同的。尤其可透变矩器式(9.14)中的n_{Bj}的数值是随i_{TBj}而改变的。这样就可以得到对应于不同转速比i_{TBj}的不同的n_{Tj}值。

③ 以n_{Tj}或以n_T/n_{Tmax}为横坐标，以$-M_T$、P_T、G_T和g_e为纵坐标，画出其输出特性。

$$-M_{Tj}=K_jM_{Bj}(\mathrm{N\cdot m}) \tag{9.15}$$

$$P_{Tj}=\eta_jP_{Bj}=\frac{M_{Bj}n_{Bj}}{9550}\eta_j(\mathrm{kW}) \tag{9.16}$$

式中，M_{Bj}为泵轮转矩，N·m；n_{Bj}为泵轮转速，r/min。

而G_T为耗油量，可由发动机特性图上相应的转速求得，$g_e=\dfrac{G_T}{P}$，以检查其经济性。作出的输出特性如图9.15所示。若工作机的特性已知，则将工作机的转矩、转速特性以相同的比例尺画到共同工作的输出特性图中，则工作机的特性曲线与输出特性曲线的交点，即为工作机的工作点。

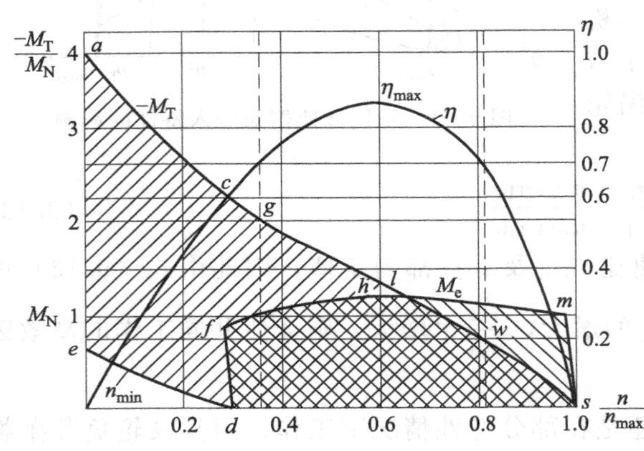

图9.15 柴油机与变矩器共同工作的输出特性

图9.15中“*deaglws*”与图9.12中的“*DEAGLWS*”各工况点相对应。

对共同工作总的要求是：

① 额定工况点应在柴油机的功率最大点。

② 启动工况（$i_{TB}=0$）时，启动转矩越大越好，即最好通过动力机的最大转矩点。

③ 共同工作要求有较宽的高效区，即n_{T2}/n_{T1}比值越大越好，而且在高效区范围内，要有较低的比燃料消耗，即柴油机在该区间运行有较好的经济性。

为了更好地比较柴油机加上变矩器的传动特性与单独使用（即柴油机不加变矩器）的动力特性，将柴油机的特性也画在输出特性中，如图9.15所示。由比较可见：

① 发动机单独工作时其工作范围为发动机外特性曲线“*dfhms*”所围的面积。而加上变矩器后其工作范围是“*acglsdea*”所围的面积。可见加上变矩器以后使其工作范围大大地扩大了。

② 变矩器与柴油机组合后，可提高柴油机稳定工作的转速范围。因由柴油机单独工作时，当工作机转速低于柴油机的最低转速时，柴油机就会熄火。而加上变矩器后，由于其泵轮是柴油机的直接负载。所以即使工作机转速很低甚至为零，变矩器处于制动工况，但柴油机仍然带动变矩器泵轮转动，即柴油机不会熄火。

③ 虽然柴油机单独工作时，对抛物线性负载在任何工况点都是稳定工况点，但对恒转矩型负载则可能出现不稳定工况。而加上变矩器以后，无论是抛物线负载还是恒转矩负载，在任何工况点都是稳定的。

④ 加上变矩器后，虽然拓宽了工作范围，但由于变矩器本身效率不太高，一般$\eta_{max}=0.85$，所以通过变矩器以后输出的功率P_T要比柴油机功率有所下降。但由于液力变矩器具有自适应性，可以无级变速，能免去机械变速等造成的损失，同时也简化了操作，故其损失

掉的功率可相应得到补偿。

对于发动机，其与液力偶合器、液力变矩器的匹配是否合理，则一般以是否能使工作机得到最高的生产效率及发动机运行是否经济来加以衡量和评价。因此不仅要了解动力机与变矩器的输入输出特性，还要了解工作机的工作过程及负载变化范围。通过定量分析来确定其匹配的合理性。

以上是对液力变矩器与动力机共同工作的分析，它也是选用液力变矩器计算的基础。如现有液力变矩器直径 D 或性能不符合要求，可通过相似理论进行尺寸换算或通过与机械变速箱的合理的配合来获得较为理想的匹配。

9.2.5 液力变矩器的分类

变矩器的分类详见表 9.2，主要可分为以下几类：

① 按涡轮数量分，有单级、二级、三级涡轮变矩器。

② 按轴面液流在涡轮中的流动方向分，有离心涡轮变矩器、轴流涡轮变矩器及向心涡轮变矩器。

③ 按牵引工况时涡轮相对于泵轮的转动方向分，当涡轮转动方向与泵轮转动方向相同时，称之为正转变矩器。当涡轮转动方向与泵轮转动方向相反时，称之为反转变矩器。

④ 按变矩器能容是否可调，可将变矩器分为可调变矩器（泵轮或导轮叶片角度可调）及不可调变矩器。

⑤ 按能否实现偶合器工况，将变矩器分为综合式液力变矩器（在偶合器工况点以后，导轮便开始转动，变矩器变成偶合器）及普通型变矩器（导轮始终固定不动）。

表 9.2 液力变矩器的分类

分类方法	类型
工作轮排列顺序	B—T—D(泵轮—涡轮—导轮)(正转)
	B—D—T(泵轮—导轮—涡轮)(反转)
刚性连接涡轮数量	单级
	两级
	三级
	多级
导轮数量	单导轮
	双导轮
泵轮数量	单泵轮
	双泵轮
非刚性连接涡轮数量	单涡轮
	双涡轮

分类方法	类型
可实现的传动形态	单相
	两相
	多相
涡轮形式	轴流式
	离心式
	向心式
泵轮与涡轮能否闭锁	闭锁式
	非闭锁式
变矩器特性是否可调	可调式
	不可调式

思考与练习

9.1 简述液力偶合器的结构和工作原理。

9.2 简述液力偶合器的基本特性。

9.3 简述液力变矩器和液力偶合器的异同。

9.4 简述液力变矩器的结构和工作过程。

9.5 简述液力变矩器的变矩原理。

9.6 什么是液力变矩器的自适应性？穿透性能？输入和输出特性？原始特性？

第10章 液力机械传动（6学时）

液力机械传动，通常是指液力偶合器、液力变矩器与机械变速箱组合在一起而形成的液力传动装置。本章主要介绍液力机械传动中的机械元件的结构、类型和传动分析，液力机械变矩器的方案形式及其性能特点，液力机械传动的应用等。重点是液力机械变矩器的方案形式及其性能特点。

10.1 概述

在采用液力传动的各种机械中，有的传动装置只包含液力元件，如在电机和泵或水机之间，装一台调速型偶合器即可完成必要的传动任务，这是纯液力传动。而在另外一些装置中，除了液力元件外，还包含机械传动部分，以便使整个传动机械的性能得到改善，如提高传动效率、扩大高效工作范围、改善动力匹配情况等等。各种行走机械所使用的液力传动装置几乎都有这种情况。人们常常把液力元件与机械传动装置匹配使用组成的一体化传动装置广义地称为液力、机械传动，把其中机械部分称为机械元件。在这些包含液力和机械两部分的诸多传动装置中，从功率的流向上看，它们有以下几种不同的情况：

第一类传动装置，其传动功率的流向，在输入端（R）与输出端（C）之间存在液力元件和机械元件两条平行的支路，如图 10.1 所示，这种传动装置称为“液力机械传动”，是本章所要重点讨论的内容。图中“Y”、“J”、“YJ”，分别表示液力元件、机械元件和液力机械传动元件。习惯上也称这种传动为外分流式液力机械传动。

第二类传动装置，其功率呈串流式全部通过液力元件和机械元件，具体是在液力传动上串联一个机械变速器，如图 10.2 所示。在工作特性上，它们和上述液力机械传动有质的区别，为区别起见，这里以“液力-机械传动”称谓。由于这类传动装置特性分析比较简单，本章不予更多的讨论。

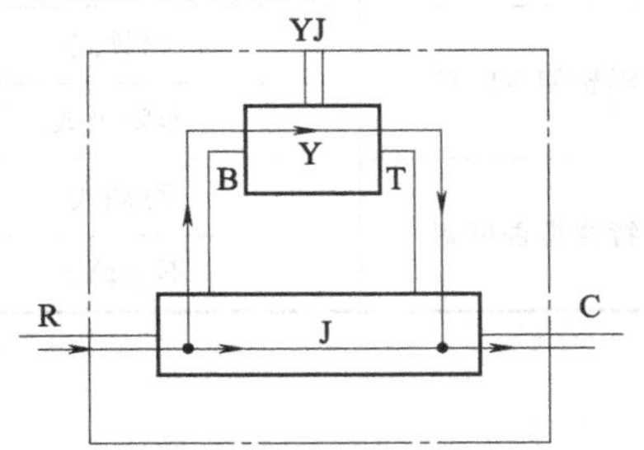

图 10.1 液力机械传动的功率分流示意图

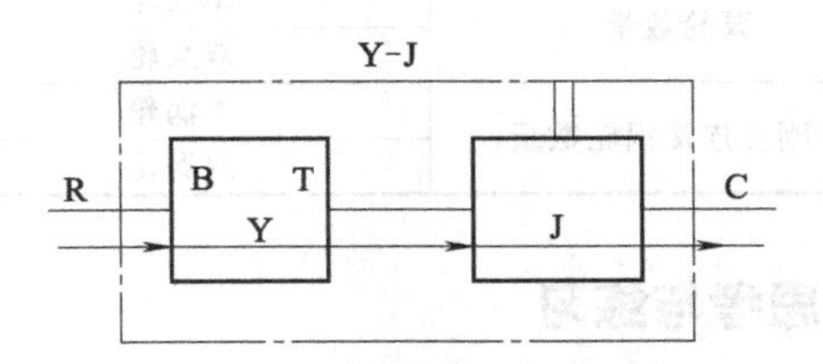

图 10.2 液力-机械传动的示意图

第三类传动装置是在液力元件内部存在功率分流，然后借助于机械元件实现汇流输出，此称之为内分流式液力机械传动。

此外，还有内、外分流兼而有之的液力机械传动系统，读者可参考以上几种传动装置的分析进行讨论。

在液力机械传动中，机械元件都采用行星齿轮装置，从而使它和液力元件十分紧凑地连接在一起，具备一些基本特点，此问题将在下一节专门叙述。在液力-机械传动中，机械元件有采用行星传动的，也有采用定轴式多轴变速器传动的，如图 10.3 上海 32t 自卸汽车传动系统简图所示，该系统有三个前进挡和一个倒车挡，所有传动齿轮都处于经常啮合的状态，每个前进挡只经过一对齿轮传输动力。在每一挡位的啮合齿轮中，都有一个齿轮是用轴承支承着而不与支持轴刚性连接，在需要换入该挡时，操纵液压控制系统，可使相应的多片式离合器接合，齿轮与轴即可一体旋转。离合器松开，该挡退出传动工作状态。在很多工程机械行走系统中广泛采用这类传动装置。

液力机械传动中的液力元件可以是偶合器，也可以是变矩器。它们和机械元件组成的液力机械元件也相应地分别具有类似液力偶合器或液力变矩器的性能特点。所以液力机械传动装置分别被称为“液力机械偶合器”或“液力机械变矩器”。可以认为，液力机械传动装置通过选用适当参数的机械元件及其与液力元件的结构匹配方式，相当于把原有的液力元件改变成一种具有新的特性的偶合器或变矩器。

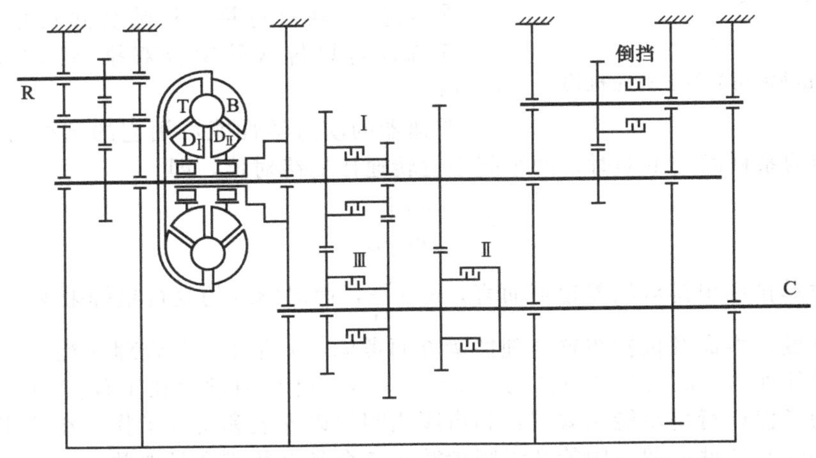

图 10.3　上海 SH380 32t 自卸汽车液力-机械传动系统简图

10.2　液力机械传动中的机械元件

行星齿轮机构结构紧凑，动力传输能力强，尤其是它的工作主构件具有同一个旋转轴线，可以和液力元件的泵轮或涡轮很方便地连接，是理想的机械元件，被应用于液力机械传动装置中。

10.2.1　差速器及其运动学方程

一对正常啮合工作的齿轮装置为一基本齿轮机构。如图 10.4 所示，分属两个齿轮机构的两个齿轮 t 和内齿轮 q，另外两个齿轮 X_1 和 X_2 刚性相连，其几何中心线可绕中心轮轴线旋转，这样的齿轮机构称为行星齿轮机构。这两个刚性相连的齿轮称为行星轮，它们既可绕其自身的中心线旋转，同时也可绕中心轮轴线旋转。行星轮的支持机构 j 称为系杆或行星架。两个中心轮和系杆是行星齿轮机构的主工作构件，它们具有共同的旋转轴线，可以不同的转速同时转动，因此也称差动齿轮机构或差速器。差速器三个主构件中，两个构件的转速可以独立给定，此时，第三构件转速即

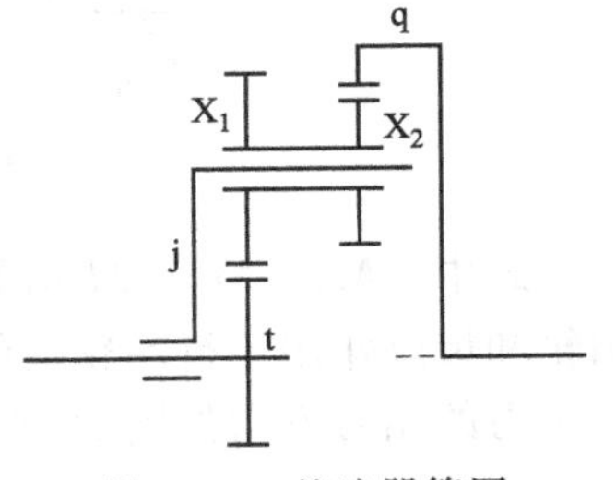

图 10.4　差速器简图

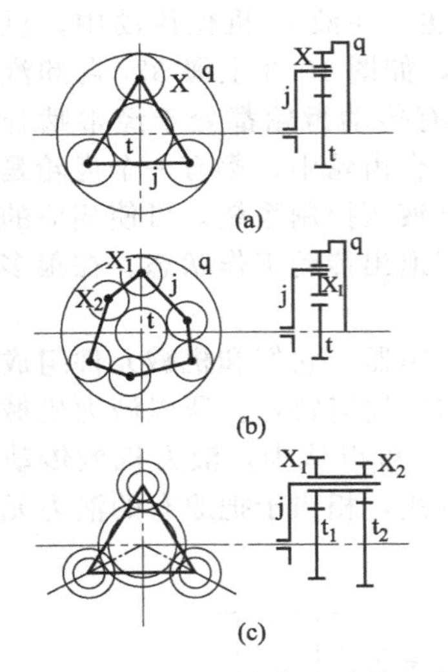

图 10.5　几种常用的行星齿轮机构

被确定，因此是一个二自由度机构。行星轮一般都在两组以上（图中 X_1、X_2 为一组），它们均匀地布置在圆周方向上，以使机构具有良好的工作刚度。

液力、机械传动中常用的行星齿轮机构有如图 10.5 所示的三种。

① 单排、单行星内外啮合式行星齿轮传动机构，简称行星排或单排差速器，如图 10.5（a）所示。单排差速器是由图 10.4 中差速器的两个行星轮 X_1、X_2 合并而成的，小中心轮 t 称太阳轮，大中心轮 q 称齿圈，j 表示行星架，以后都将以此符号作为相应的角标。

② 单排、双行星内外啮合式行星齿轮传动机构，简称双行星排或双星差速器，如图 10.5（b）所示。

③ 双排并联双行星、外啮合式行星齿轮传动机构，简称复行星排或外啮合双排差速器，如图 10.5（c）所示。

差速器的动力学性能可用它的结构特性参数 a 表示。a 为机构的系杆固定不动时，两个同心轮转速比的绝对值，即

$$a=\left|\frac{\omega_t}{\omega_q}\right|_{\omega_j=0}$$

这样，对单排和单排双星差速器而言，$a=\frac{z_q}{z_t}$，而对图示的复行星排来说，$a=\frac{z_{t2}z_{X1}}{z_{t1}z_{X2}}$。

从结构强度、寿命及机构布置合理性诸方面考虑，a 存在一个合理的范围。对于应用最多的单排差速器而言，a 的合理范围为 4/3～4（5），过小和过大在工程实用上都是不可取的。此外，为了保证行星轮能在太阳轮和齿圈之间得以安装和良好工作，在差速器齿轮的选用上还有一些限制条件，即太阳轮和齿圈齿数应该全是奇数或全是偶数；这两个中心轮的齿数和能被行星轮齿数整除；行星轮的顶圆直径应小于两个相邻行星轮轴间的距离。

差速器的运动学方程可由机构及构件的平衡工作条件求得。在平衡工作时，通过轴作用于各主构件上的外力矩（图 10.6）之和必为零，即

$$\sum M_i=M_t+M_q+M_j=0 \tag{10.1}$$

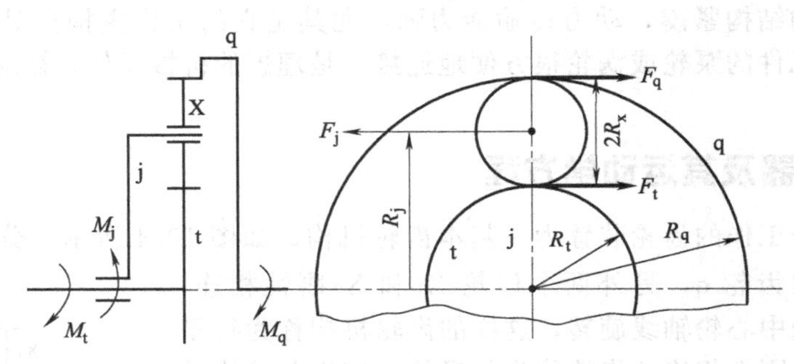

图 10.6　作用于单排差速器上的外力矩平衡

式中，M_t、M_q、M_j 分别表示作用于太阳轮、齿圈和系杆上的外力矩。设 F_t、F_q 为太阳轮和齿圈作用于行星轮上的力，F_j 为系杆作用于行星轮上的力，则行星轮在平衡运动时，三个力的相对方向如图 10.6 所示，此时，各力矩值为

$$M_t=R_tF_t$$

$$M_q = R_q F_q = a R_t F_t$$

$$M_j = i(1+a) R_t F_t \tag{10.2}$$

其中，设M_t方向为正，M_j可由式（10.1）或$F_j = -(F_t + F_q) = -2F_t$，$R_j = \frac{a+1}{2}Rt$得到。

图10.6中假定力的作用只发生在一个行星轮上，显然，这时圆周方向上分布有多个行星轮时对分析结果不会带来影响。

由能量守恒可以知道，若不计损失，可有

$$\sum P_i = P_t + P_q + P_j \tag{10.3}$$

式中，P_t、P_q、P_j分别表示作用于太阳轮、齿圈和行星架上的外功。若三构件转速分别为n_t、n_q、n_j，$P_t = M_t n_t$，$P_q = M_q n_q$，$P_j = M_j n_j$。M和n同方向，P为正值，外力对构件做功，反之为负，构件对外做功，输出机械能，将上面关系代入式（10.3），可得

$$M_t n_t + M_q n_q + M_j n_j = 0 \tag{10.4}$$

将式（10.4）化简，可得

$$n_t + a n_q - (1+a) n_j = 0 \tag{10.5}$$

式（10.5）就是表示单排差速器三个构件（或相应轴）间运动学关系的特性方程式。这是一个三元一次平衡方程，系数之和为零。比较式（10.4）和式（10.5），也可知道

$$a = \frac{M_q}{M_t} \quad -(1+a) = \frac{M_j}{M_t}$$

这里也反映了a的动力学含义，且可以看到，太阳轮和齿圈上的力矩方向是相同的，其中绝对值较小的为太阳轮，较大的是齿圈。行星架上力矩方向与其他两构件相反，且其绝对值是最大的。

同样也可以推知，对图10.5（b）、（c）所示的双星单排差速器和复行星排差速器，特性方程形式为

$$n_t - a n_q - (1-a) n_j = 0 \tag{10.6}$$

$$n_{t1} - a n_{t2} - (1-a) n_j = 0 \tag{10.7}$$

与式（10.5）比较可知，单排差速器的特性方程中a代之以（$-a$），便是相应的特性方程。这一原则也可应用到类似的其他动力学分析中去。

10.2.2 液力机械传动系统中的机械元件

液力元件中的泵轮和涡轮轴各自具有独立的运动学参数，工作点是由动力平衡条件确定的，因而在传动特性上具有负荷自动适应和无级变速的特点。液力机械传动的机械元件可由一个或几个差速器匹配连接组成。单个差速器是二自由度的，可以互不关联地独立给出两个转速。如果行星传动机构包含多个差速器，只要各差速器间构件连接适当，或通过一些操纵元件对差速器的某些构件施加运动约束，仍可使机构成为二自由度的，行星传动机构的自由度数F可以表示为

$$F = 2m - (g+s) + l \tag{10.8}$$

式中，m为参加作用的行星排数；g为参与相互刚性连接的主构件系数；l为构件间发生刚性连接的次数；s为固定主构件数。

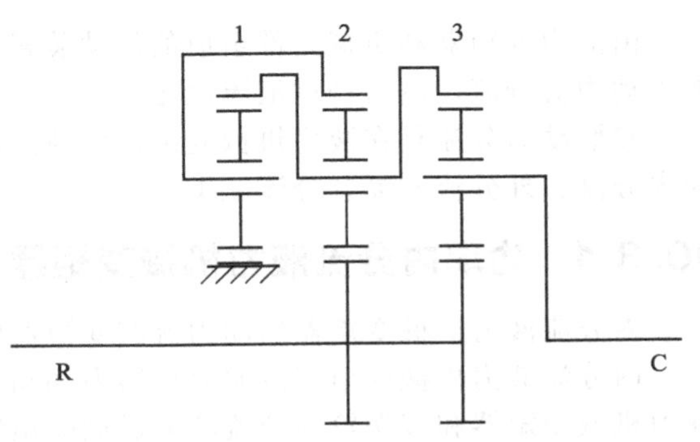

图10.7　行星传动机构的自由度

以图10.7为例，此行星传动机构三个行星排都参与动力传输，$m=3$，$g=7$（J_1、

q_2、q_1、j_2、q_3、t_2、t_3），$l=3$（j_1-q_2、$q_1-j_2-q_3$、t_2-t_3），$S=1$（t_1），故 $F=1$。这是一个单自由度行星传动机构。在这个机构中有固定件存在，因此是存在外部力矩支点的机械元件。

图 10.8 是液力机械传动装置液力元件与机械元件匹配连接的示意简图，其中图 10.8（a）的机械元件和液力元件都有外力矩支点，图 10.8（b）则没有。可以看到，这里机械元件都是两个自由度的，如图 10.8（a）中，$m=3$，$g=6$，$l=3$，故 $F=2$。图 10.8（b）中，$m=2$，$g=4$，$l=2$，故 $F=2$。

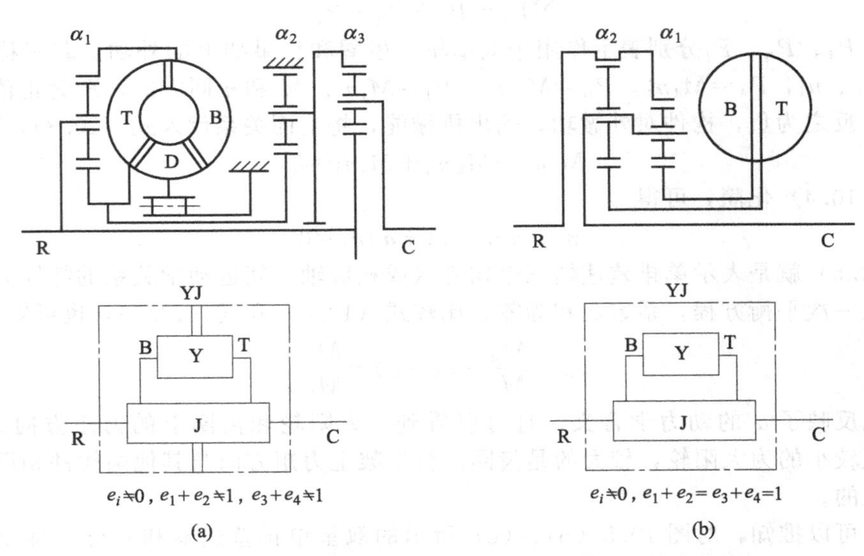

图 10.8　液力机械传动机械元件与液力元件的连接示意图

这一点与前面所举的液力-机械传动装置中所用的机械元件明显不同。泵轮、涡轮和差速器构件连接只对构件施加作用力矩，并不产生运动约束，所以并不影响机械元件的自由度。该图上部为构件间的连接示意，下部为原理简图，单实线为动力传输线，双实线则表示只有力的作用。

由于液力机械传动装置使用二自由度的机械元件，使它的输入和输出轴可以具有独立的运动学参数，从而可以利用液力元件的动力学特性，实现整个传动装置的无级传动和对负荷自动适应的动力特性。

10.3　液力机械传动

由液力变矩器和机械元件组成的传动装置称为液力机械传动，即液力机械变矩器，它把输入动力流分流，然后经过汇流后输出。

按照动力分流是在液力机械变矩器的液力元件内部实现、外部实现或内外复合实现，分为内分流、外分流和复合分流三类。

10.3.1　功率内分流液力机械变矩器

内分流液力机械变矩器的动力流在变矩器内部的叶轮中分流，在机械元件中汇流。

内分流液力机械变矩器按照变矩器内部动力分流结构形式的不同，分为导轮反转内分流液力机械变矩器和多涡轮内分流液力机械变矩器两类。

(1) 导轮反转内分流液力机械变矩器

导轮反转内分流液力机械变矩器目前应用较多的有单级和二级两种，它们分别是以单级和二级液力变矩器为液力元件与机械元件组成。

① 单级导轮反转内分流液力机械变矩器　单级导轮反转内分流液力机械变矩器是在单级三相液力变矩器的基础上，改变叶栅系统设计并增加齿轮汇流机构组成。图 10.9（a）为单级导轮反转内分流液力机械变矩器的简图，图 10.9（b）表示不同工况下第一导轮入口液流的来流方向，图 10.9（c）为其无量纲特性。第一导轮 D_1 通过单向离合器 C，齿轮组 C_3、C_4、C_5 与输出轴 2 连接，涡轮 T 通过齿轮副 C_1、C_2 与输出轴连接。转速比在 $i=0\sim i_x$ 工况区时，外载荷大，涡轮转速低，从涡轮出流的液流流向第一导轮的作用力使它朝与泵轮转向相反的方向旋转，此时单向离合器楔紧，第一导轮和涡轮按一定的速比 $\left(\frac{z_5}{z_3}\times\frac{z_1}{z_2}\right)$ 旋转，第一导轮转矩通过齿轮组放大 2～3 倍后加到涡轮轴上。与此同时，液流作用在涡轮上的转矩使涡轮朝着与泵轮转向相同的方向旋转，并通过齿轮副叠加到输出轴上。在此工况区，功率流分为两流，一流通过反转的第一导轮传递，另一流通过涡轮传递，最后两流在输出轴上汇流。当外载荷减小，涡轮转速提高，转速比在 $i>i_x$ 的工况区时，从涡轮流出的液流流向第一导轮叶栅（叶栅是指同一叶型的叶片以相等的间距排列而成）叶型的背面，液流对它的作用使它朝着与泵轮转向相同的方向旋转，此时单向离合器松脱，第一导轮在液流中自由旋转。在此工况区中，通过第一导轮的功率流终止，仅存在通过涡轮的功率流，动力没有分流。

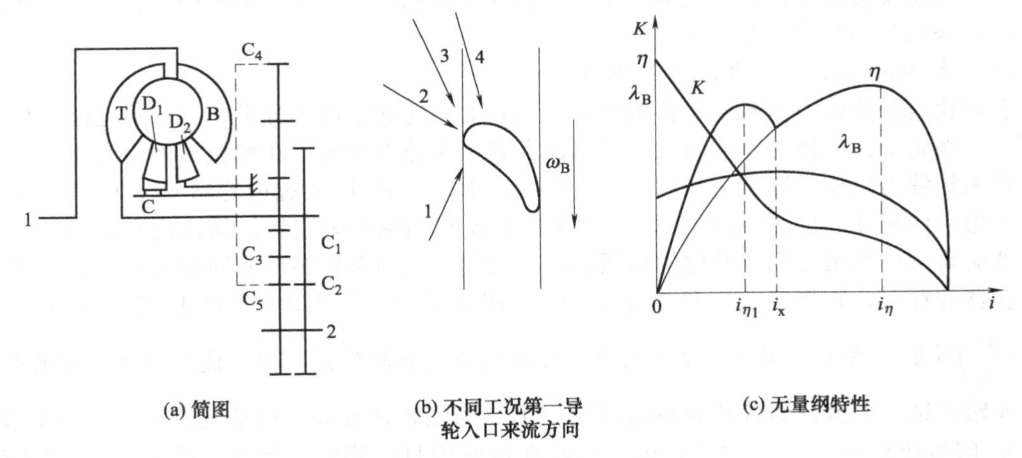

图 10.9　单级导轮反转内分流液力机械变矩器

1～4—相应 $i=0$、$i=i_{\eta1}$、$i=i_x$ 和 $i>i_x$ 工况的液流方向

这种内分流液力机械变矩器从动力分流的第一相到没有分流的第二相的过渡，是随外载荷的变化单向离合器楔紧或松脱而自动转换的，因此零速变矩系数大（4.5～6.0），动力范围宽（3.0～4.0），可以简化串联在它后面的变速器的挡位数，简化司机的操纵。此外，由于单向离合器安装在齿轮机构之前，受力小，润滑充分，可靠性高。这种液力机械变矩器在工程机械上得到广泛的应用。

② 二级导轮反转内分流液力机械变矩器

二级导轮反转内分流液力机械变矩器是在二级单相液力变矩器的基础上，增加行星差速汇流机构及其操作系统组成。

图 10.10（a）为二级导轮反转液力机械变矩器简图，图 10.10（b）为其无量纲特性。导轮 D 与制动器 Z_D 和行星汇流机构的太阳轮 t 连接，行星架 j 与制动器 Z_h 连接，齿圈 q 与

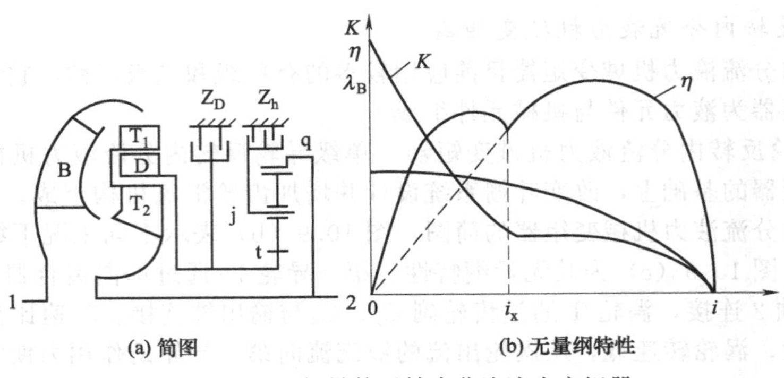

图 10.10　二级导轮反转内分流液力变矩器

输出轴 2 连接，而二级涡轮 T_1、T_2与输出轴直接连接。

转速比在 $i=0\sim i_x$工况区，制动器 Z_D分离而 Z_h接合，液流对导轮叶栅的作用转矩，经过行星汇流机构放大后，施加在输出轴上；而液流对二级涡轮的作用转矩则直接叠加到它上面。在此工况区，动力流在变矩器内部分流，一流通过二级涡轮传递，另一流通过导轮、行星机构传递，两流在输出轴上汇流。转速比在 $i>i_x$工况区，制动器 Z_h接合而 Z_D分离，通过导轮的动力流终止仅存在于通过二级涡轮的动力流。从双动力流变换到单流是由电子控制系统根据车速和油门踏板位置而自动实现的。

二级导轮反转内分流液力机械变矩器，主要应用在中型、重型和特种车辆上，也用在旅游车、公共汽车和长途汽车等上面。

(2) 多涡轮内分流液力机械变矩器

多涡轮内分流液力机械变矩器根据独立运转的涡轮的个数来分类，有双涡轮液力机械变矩器和三涡轮液力机械变矩器两类。功率流在若干涡轮中分流，在机械元件中汇流。

双涡轮液力机械变矩器，如图 10.11 所示。第二涡轮 T_2通过齿轮副 C_1、C_2与输出轴 2 连接，第一涡轮 T_1通过轮副 C_3、C_4和超越离合器 C 与输出轴连接。转速比在 $i=0\sim i_x$工况区，液流对第一和第二涡轮叶栅的作用转矩使它们均朝与泵轮转向相同的方向旋转，由于超越离合器的存在，它楔紧，于是齿轮 C_4和 C_2同速旋转，而涡轮 T_1和 T_2按一定的转速比 $\left(\frac{z_4}{z_3}\times\frac{z_1}{z_2}\right)$旋转。在此工况区，动力流有一流通过第二涡轮传递，另一流通过第一涡轮传递，两流在输出轴上汇流。随着外载荷的减小，第二涡轮转速提高，转速比在 $i\geqslant i_x$ 的工况区，齿轮 C_2的转速超过 C_4、C 脱开，第一涡轮在液流中自由旋转。此时，通过 T_1的功率流终止，仅存在通过 T_2的功率流。

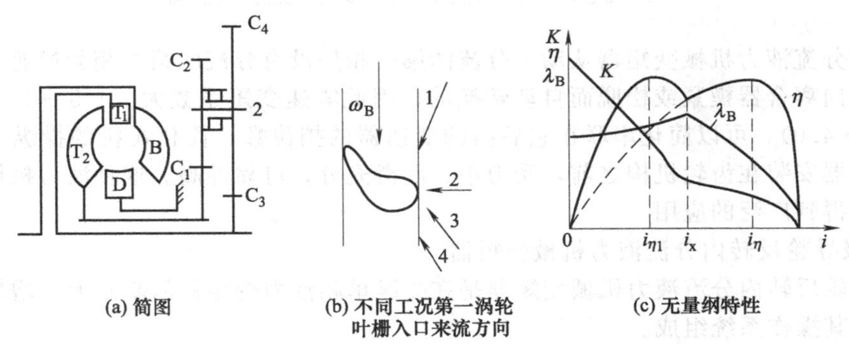

图 10.11　双涡轮液力机械变矩器

1~4—相应 $i=0$、$i=i_{\eta1}$、$i=i_x$和 $i>i_x$工况的夜流方向

这种液力机械变矩器的特性类似单级导轮反转液力机械变矩器的特性，只是超越离合器承受的转矩是第一涡轮经过齿轮机构放大后的转矩（放大 z_4/z_3 倍），而且它位于变矩器的外部，润滑条件不太好，因此超越离合器可靠性较差。

双涡轮液力机械变矩器，在轮式装载机上得到广泛应用。

10.3.2 功率外分流液力机械变矩器

外分流液力机械变矩器按照动力流在差速器中的分流或汇流，分为分流差速液力机械变矩器和汇流差速液力机械变矩器两类。

分流差速液力机械变矩器按照差速器的三构件与输入构件、变矩器泵轮和涡轮的不同连接组合，可实现六种（$C_3^1C_2^1=6$）方案，如图 10.12 所示。汇流差速液力机械变矩器按照差速器与输出构件、变矩器泵轮和涡轮的不同连接组合，也可实现六种方案，如图 10.13 所示。

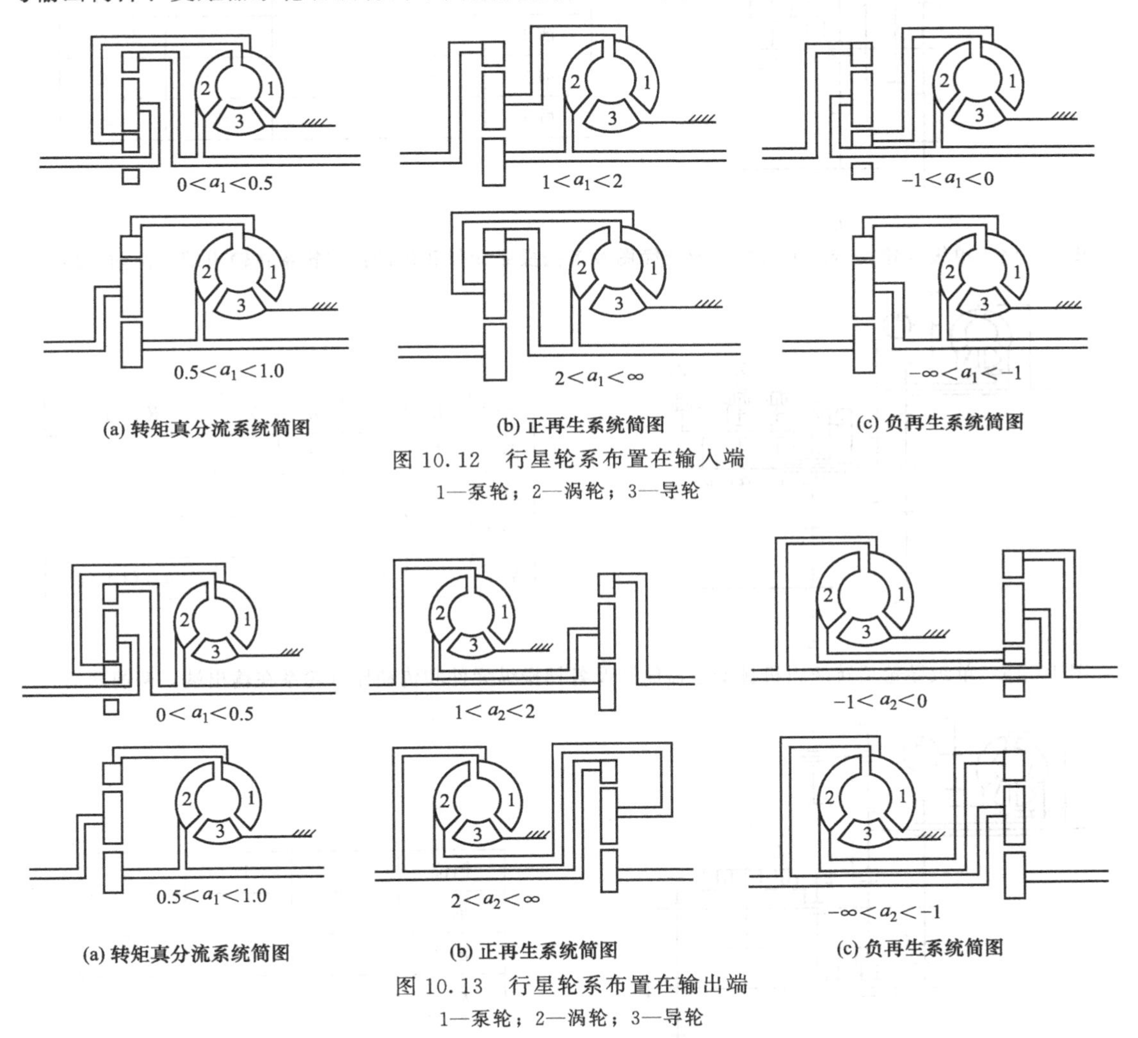

图 10.12 行星轮系布置在输入端

1—泵轮；2—涡轮；3—导轮

图 10.13 行星轮系布置在输出端

1—泵轮；2—涡轮；3—导轮

10.3.3 液力机械变矩器的应用

（1）功率内分流液力机械变矩器的应用

① 导轮反转内分流液力机械变矩器

a. 单级导轮反转内分流液力机械变矩器　单级导轮反转内分流液力机械变矩器和二自由度、三自由度的行星变速器或定轴变速器组成的液力传动装置在工程机械上得到广泛的应用。其运动简图和各挡所结合的操纵元件及传动比的计算式如图 10.14～图 10.17 所示。根据机器不同作业的要求，提供不同排挡数和不同传动比的选择。图 10.14～图 10.17 为行星变速器，图 10.14 有两个前进挡，一个后退挡；图 10.15 前进、后退各有两个挡；图 10.16 前进、后退各有三个挡。图 10.17 为定轴变速器，有两个前进挡，一个后退挡。

单级导轮反转液力机械变速器（两前一后）的液压换挡操纵系统见图 10.17。

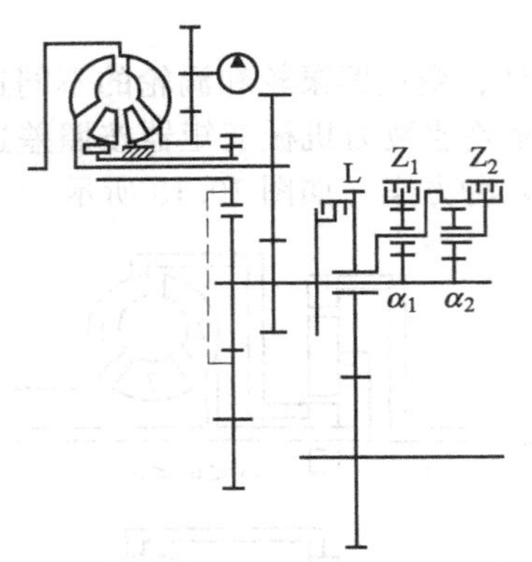

挡位	L	Z_1	Z_2	传动比
前 1		—		$1+\alpha_1$
前 2	+			1.0
后 1			+	$-\alpha_2$

图 10.14　单级导轮反转液力机械变速器简图及各挡操纵元件和传动比（轮系在输出端，两前一后）

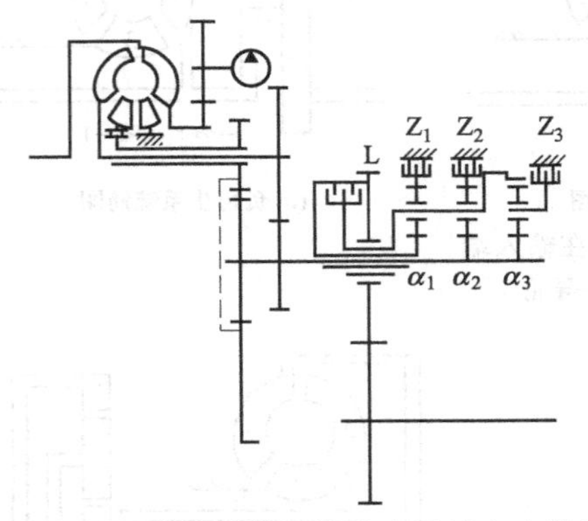

挡位	L	Z_1	Z_2	Z_3	传动比
前 1	+		+		$1+\alpha_2$
前 2		+	+		$(1+\alpha_2)/(1+\alpha_1)$
后 1	+			+	$-\alpha_3$
后 2				+	$-\alpha_3/(1+\alpha_1)$

图 10.15　单级导轮反转液力机械变速器简图及各挡操纵元件和传动比（轮系在输出端，两前两后）

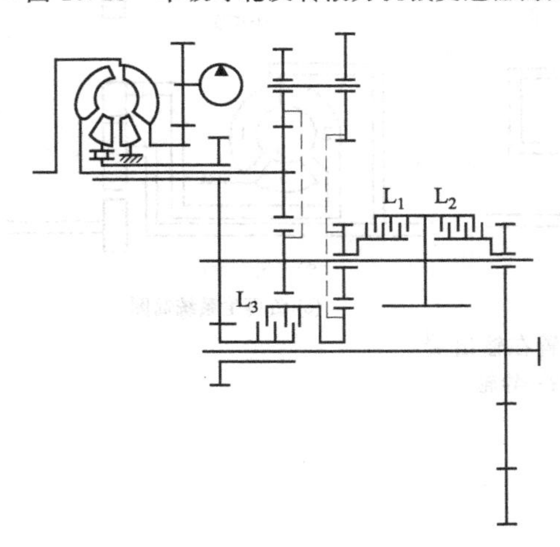

挡位	L_1	L_2	L_3
前 1		+	
前 2			+
后 1	+		

图 10.16　单级导轮反转液力机械变矩器简图和挡所接合的操纵元件（定轴式）

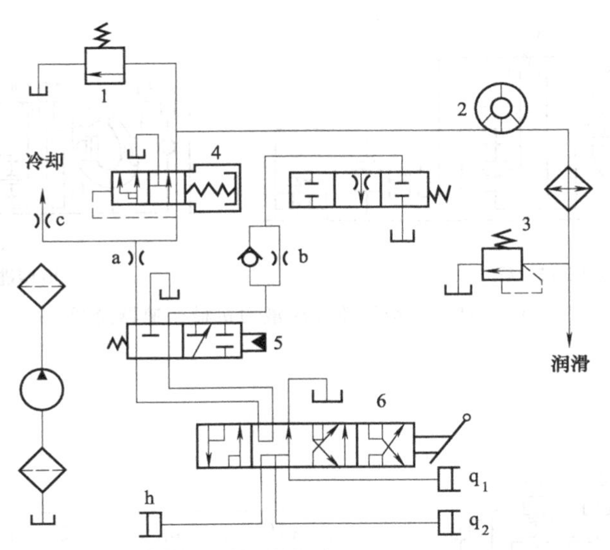

图 10.17 单级导轮反转液力机械变速器（两前一后行星变速器）的液压换挡操纵系统

1—安全阀；2—变矩器；3—润滑压力阀；4—调压阀；5—切断阀；6—换挡阀；

a,b,c—阻尼孔；h—后退离合器油缸；q_1,q_2—前进离合器油缸

b. 二级导轮反转内分流液力机械变矩器　二级导轮反转内分流液力机械变矩器与二自由度行星变速器（或换向器）组成的液力传动装置广泛地应用于长途汽车、公共汽车、载货汽车和中小型内燃机车。其简图见图 10.18。图 10.18（a）有三个前进挡位，一个后退挡位；图 10.18（b）有四个前进挡位，一个后退挡位。后者各挡所结合的操纵元件和传动比的计算式见表 10.1。

表 10.1　二级导轮反转内分流液力机械变矩器（四前一后）各挡操纵元件及传动比

挡位	L_S	L_B	Z_D	Z_h	L_Z	Z	L	变矩系数	传动比
中位						+			
前 1		+		+		+		$K+\alpha_1(K-1)$	$(1+\alpha_3)/\alpha_3$
2		+	+			+		K	$(1+\alpha_3)/\alpha_3$
3	+					+			$(1+\alpha_3)/\alpha_3$
4	+								1.0
后 1		+		+	+			$K+\alpha_1(K-1)$	α_2
	+	+	+					一级液力减速(高速范围)	
	+			+				一、二级液力减速(中、高速范围)	
	+			+		+		一、二级液力减速(低、中速范围)	
	+	+		+				二级液力减速(中速范围)	
	+	+		+		+		二级液力减速(低速范围)	

变矩器的叶轮起液力减速的作用。图 10.18（b）有五个减速运转工况。不同的减速运转工况组成两个液力减速级，适合不同的行驶状况使用。这种液力减速的作用平缓、均匀、无磨损。

② 双涡轮内分流液力机械变矩器　双涡轮内分流液力机械变矩器与二自由度、三自由度的行星变速器组成的液力传动装置广泛地应用在轮式装载机上。其简图和各挡所接合的操纵元件及传动比的计算式见图 10.19～图 10.21。

图 10.19 有两个前进挡，一个后退挡。图 10.20 和图 10.21 前进、后退各有两个挡，前者高挡为降速挡，后者高挡为超速挡。变速器各挡传动比可以根据用户的要求做适当的调整。

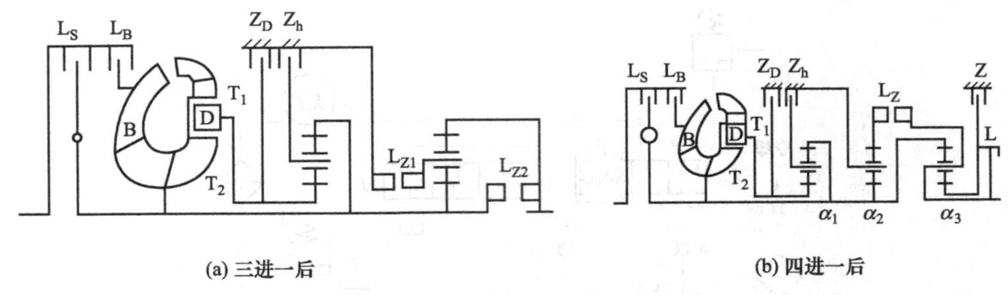

(a) 三进一后　　(b) 四进一后

图 10.18　二级导轮反转液力机械变速器简图

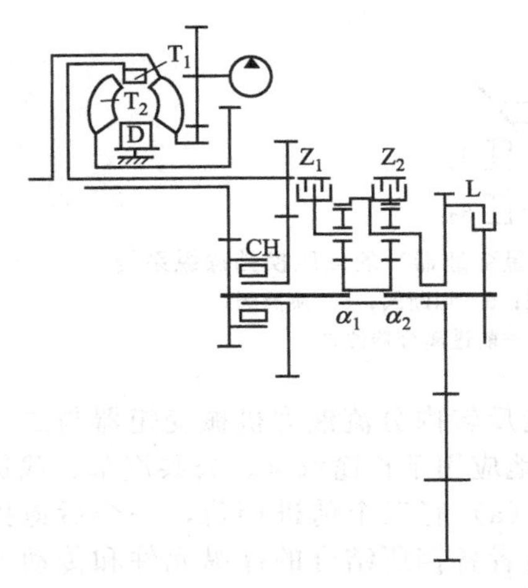

挡位	Z_1	Z_2	L	传动比
前 1		+		$1+\alpha_2$
前 2			+	1.0
后 1	+			$-\alpha_1$

图 10.19　双涡轮内分流液力机械变速器简图及各挡操纵元件和传动比（两前一后）

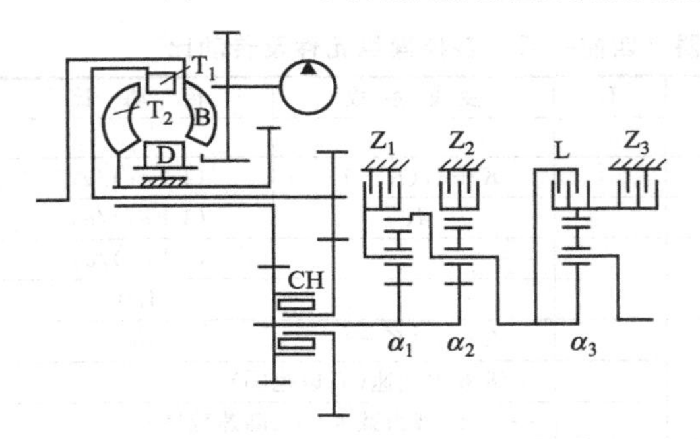

挡位	Z_1	Z_2	L	Z_3	传动比
前 1		+		+	$(1+\alpha_2)(1+\alpha_3)$
前 2		+	+		$1+\alpha_2$
后 1	+			+	$-\alpha_1/(1+\alpha_3)$
后 2	+		+		$-\alpha_1$

图 10.20　双涡轮内分流液力机械变速器简图及各挡操纵元件和传动比（二前二后，高速挡为降速挡）

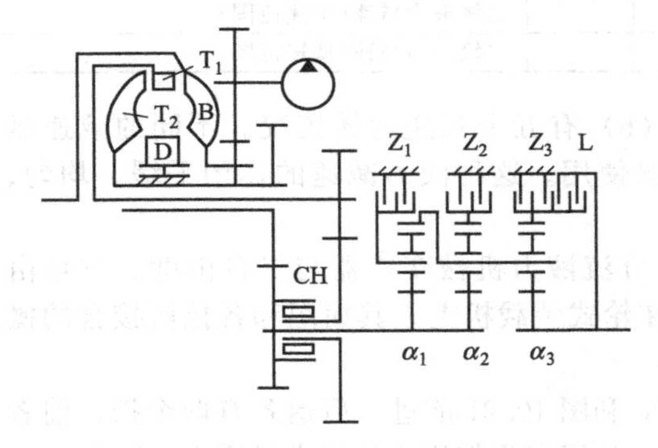

挡位	Z_1	Z_2	Z_3	L	传动比
前 1		+			$1+\alpha_2$
前 2		+	+		$(1+\alpha_2)/(1+\alpha_3)$
后 1	+			+	$-\alpha_1$
后 2	+		+		$-\alpha_1/(1+\alpha_3)$

图 10.21　双涡轮内分流液力机械变速器简图及各挡操纵元件和传动比（二前二后，高速挡为超速挡）

双涡轮液力机械变速器（二前一后）的液压换挡操纵系统见图 10.22。

（2）功率外分流液力机械变矩器的应用

功率外分流液力机械变矩器的应用，以下仅以分流差速液力机械变矩器的应用为例说明。

① 具有正转液力变矩器的分流差速液力机械变矩器　具有正转液力变矩器的分流差速液力机械变矩器与换联式三自由度行星变速器组成的液力传动装置，多用于公共汽车和越野载货汽车。其简图和各挡所接合的操纵元件及传动比的计算式见图 10.23。车辆原地起步时，齿圈 q 不动，太阳轮 t 与泵轮以 $1+\alpha$ 倍的发动机机转速与发动机同向旋转，此时机械功率流不发生，而液力功率流的相对功率最大（$|\overline{P_B}|=1.0$）。随着车速的提高，泵轮转速降低，液力流减小，机械功率流增大（$|\overline{P_q}|$增大）。车速提高的同时，变矩器的转速比增大，当达到换挡点时，相应换入高挡。

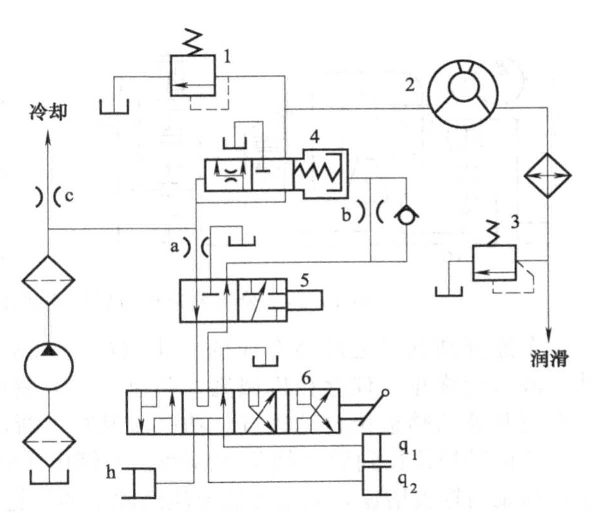

图 10.22　双涡轮液力机械变速器（二前一后）的液压换挡操纵系统

1—安全阀；2—变矩器；3—润滑液力阀；4—调压阀；5—切断阀；6—换挡阀；a,b,c—阻尼孔；h,q_1，q_2—相应后退、前 1、前 2 离合器油缸

车速进一步提高，制动器 Z_B 接合，泵轮和太阳轮被制动。此时液力流终止，全部动力通过机械流传递，差速器成为增速器，速比为$\frac{\alpha_1}{1+\alpha_1}$。为避免中心轴驱动涡轮而产生液力制动，在涡轮与中心轴之间有超越离合器。

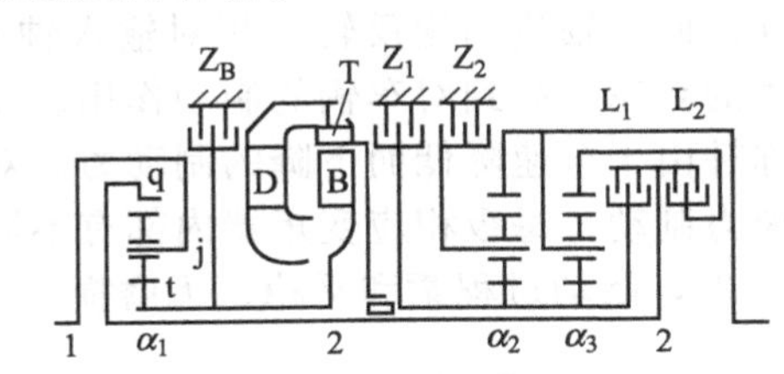

挡位	Z_B	Z_1	Z_2	L_1	L_2	变矩系数	传动比
前 1			+		+	$(K+\alpha_1)/(1+\alpha_1)$	$(1+\alpha_2+\alpha_3)/\alpha_3$
2		+			+	$(K+\alpha_1)/(1+\alpha_1)$	$(1+\alpha_3)/\alpha_3$
3				+	+	$(K+\alpha_1)/(1+\alpha_1)$	1.0
4	+			+	+		$\alpha/(1+\alpha_1)$
后 1			+	+		$(K+\alpha_1)/(1+\alpha_1)$	$-\alpha_2$

图 10.23　分流差速液力机械变矩器简图和各挡所接合的操纵元件及传动比的计算式

② 具有反转液力变矩器的分流差速液力机械变矩器　具有反转液力变矩器的分流差速液力机械变矩器与二自由度双行星换向器组成的液力传动装置，多应用于小吨位轮式装载机和叉车，其运动简图和各挡所接合的操纵元件及传动比的计算式见图 10.24。

在车辆起步和低速范围$\left(0\leqslant i_{be}<\frac{a}{1+a}\right)$，滑差离合器 L_h 接合、泵轮反转（相对输入轴），而涡轮正转、传动装置处于液力机械变矩器的双流运转工况。

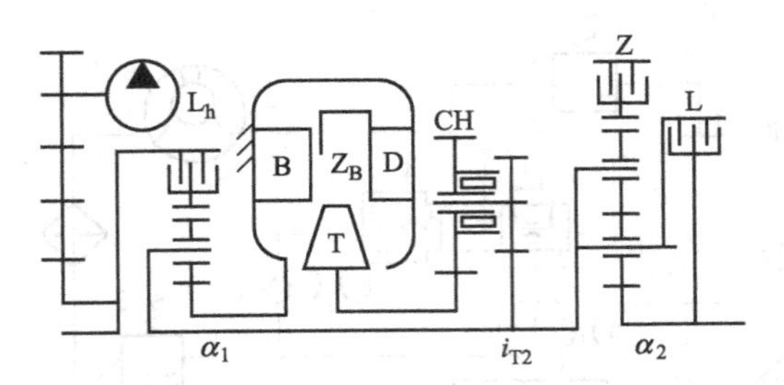

挡位	L_h	Z_B	Z	L	传动比
前1	+			+	1.0
2	+	+		+	$(1+\alpha_1)/\alpha_1$
后1	+		+		$-(\alpha_2-1)$
2	+	+	+		$-(\alpha_2-1)\times(1+\alpha_1)/\alpha_1$

图 10.24　分流差速液力机械变速器简图和各操纵元件及传动比

车速提高到接近最高车速的一半（$i_{be}=0.36\sim0.46$），制动器 Z_B 自动接合，泵轮被制动，液力流终止，仅存在机械流，差速器成为减速器，传动比为 $(1+\alpha_1)/\alpha_1$。泵轮制动根据车速和油门踏板位自动进行。功率流没有中断，由一台计量泵控制。

从前进挡位挂到后退挡位的瞬间，车辆由于惯性继续前进，中心轴反转，超越离合器锁止，轴流涡轮被增速，泵出的液流流经固定的导轮，起到对车辆的制动作用。反之，从后退挡挂到前进挡亦然。换向可以在任何车速和任何油门下进行（称为全动力换挡）。车辆在长坡向下行驶时，反转液力变矩器可提供无级控制持续作用的制动力矩，这种液力制动无磨损。

这种分流差速液力机械变矩器的其他几个传动方案（其简图见图 10.25～图 10.27）广泛地应用于公共汽车。有前进三个挡位和四个挡位之分，分别用于市内、机场公共汽车和城市间、长途公共汽车。后者有两种不同传动简图，提供不同的速比，以适应不同的道路状况。

各种方案各挡所接合的操纵元件及传动比的计算式见图 10.25～图 10.27。

换挡的控制系统为电子液力控制。自动换挡的换挡点取决于变速器输出轴转速和油门踏板位置。

车辆在某一挡位前进行驶时，松开油门踏板，踩下制动踏板，后退挡动离合器即被接合，得到相应挡位的液力制动。此时轴流涡轮反转（相对输入轴），作为轴流泵，泵出的液流流经制动的泵轮和固定不动的导轮，起到对车辆的制动作用。在某一挡位制动时根据车速可以自动下挂到低一挡，以弥补由于车速降低而下降的制动力。对于长坡的连续制动，另有一个手动操纵杆，提供三级液力制动，每级相应变矩器内部有不同的调节压力。这种液力制动反应迅速，反应时间约为 0.3s，制动过程柔和平稳、无磨损。

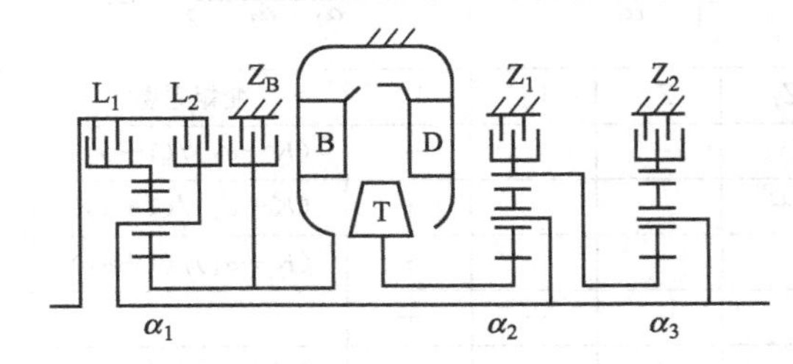

挡位	L_1	L_2	Z_B	Z_1	Z_2	变矩系数	传动比
前1	+				+	$1+[1-(1+\alpha_2)K]/\alpha_1$	
2	+			+			$(1+\alpha_4)/\alpha_1$
3			+				1.0
前3减速		+					
2减速	+				+		
1减速							
后1							

图 10.25　分流差速液力机械变矩器简图和各挡操纵元件及传动比（三前一后）

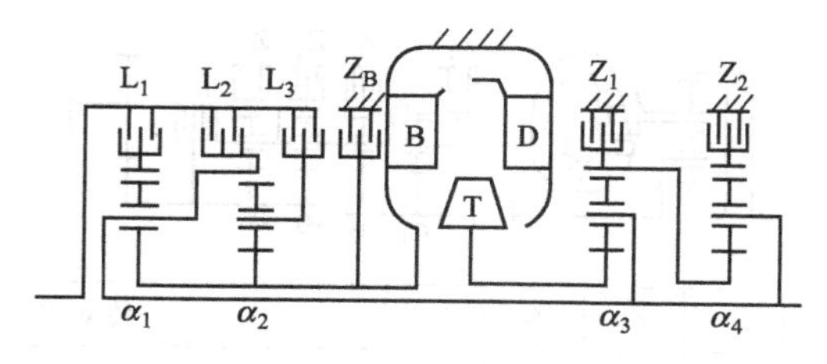

挡位	L_1	L_2	L_3	Z_B	Z_1	Z_2	变矩系数	传动比
前 1	+				+		$1+[1-(1+\alpha_2)K]/\alpha_1$	
2	+			+				$(1+\alpha_1)/\alpha_1$
3		+		+				1.0
4			+	+				$\alpha_2/(1+\alpha_2)$
前 4 减速			+	+		+		
3 减速		+		+		+		
2 减速	+			+		+		
1 减速				+		+		
后 1	+					+		

图 10.26　分流差速液力机械变矩器简图和各挡操纵元件及传动比（四前一后高挡为降速挡）

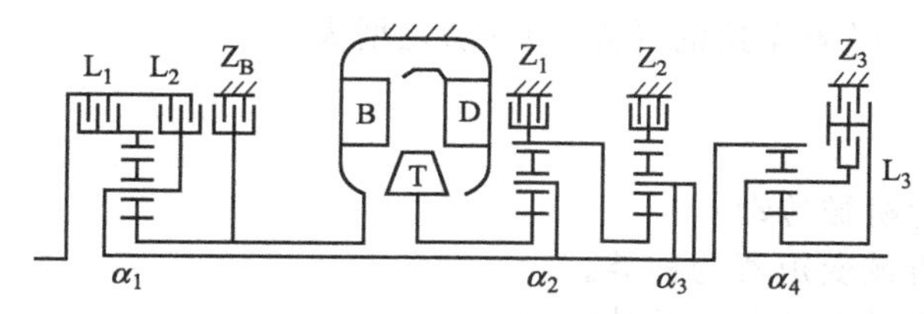

挡位	L_1	L_2	L_3	Z_B	Z_1	Z_2	Z_3	传动比
前 1	+				+		+	
2	+			+			+	$(1+\alpha_1)(1+\alpha_4)/\alpha_1\alpha_4$
3		+		+			+	$(1+\alpha_4)\alpha_4$
4		+	+	+			+	1.0
前 4 减速		+	+	+		+		
3 减速		+		+		+	+	
2 减速	+			+		+	+	
1 减速				+		+	+	
后 1	+					+	+	

图 10.27　分流差速液力机械变矩器简图和各挡操纵元件及传动比（四前一后高挡为直接挡）

(3) 汇流差速液力机械变矩器的应用

汇流差速液力机械变矩器与串联在其后的三自由度行星变速器，在履带式推土机上得到了广泛应用，其简图以及各挡所接合的操纵元件和传动比的计算式见图 10.28。

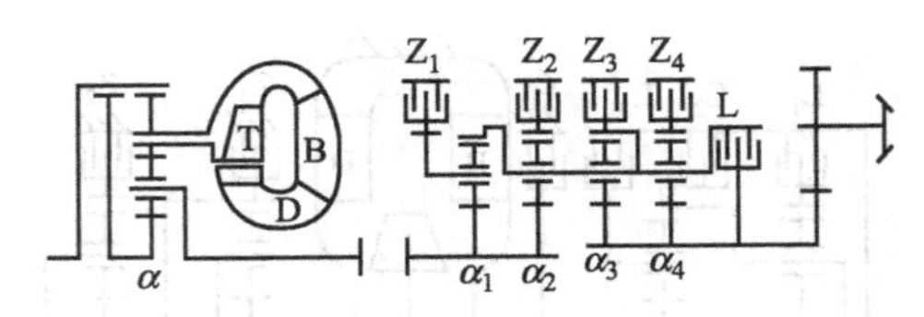

挡位	Z_1	Z_2	Z_3	Z_4	L_4	传动比
前 1		+			+	$1+\alpha_2$
前 2		+		+		$(1+\alpha_2)(1+\alpha_3+\alpha_4)/(1+\alpha_3)(1+\alpha_4)$
前 3		+	+			$(1+\alpha_2)/(1+\alpha_3)$
后 1	+				+	$-\alpha_1$
后 2	+			+		$-\alpha_1(1+\alpha_3+\alpha_4)/(1+\alpha_3)(1+\alpha_4)$
后 3	+		+			$-\alpha_1/(1+\alpha_3)$

图 10.28 汇流差速液力机械变矩器简图和各挡操纵元件及传动比

车辆原地起步和处于低速范围时，液力机械变矩器在 $0\leqslant i_{be}\leqslant\frac{\alpha}{1+\alpha}$ 工况区运转，在此工况区变矩器的涡轮与泵轮反向旋转，变矩器处于反转制动工况，相对功率 $\overline{P_T}$ 为负（从汇流差速机构输入功率）。随着车速的提高，液力机械变矩器运转在 $\frac{\alpha}{1+\alpha}\leqslant i_{be}\leqslant 1.0$ 工况区，在此工况区涡轮与泵轮同向旋转，液力变矩器处于牵引工况区，相对功率 $\overline{P_T}$ 为正（向汇流差速机构输出功率），并且随着车速的提高，$\overline{P_T}$ 随之增大。

思考与练习

10.1 什么是液力机械传动？

10.2 简述液力机械变矩器的种类。

10.3 简述液力机械传动方案及其应用。

附录 常用液压元件图形符号（摘自GB/T 786.1—2009）

附表1　基本符号、管路及连接图形符号

名称	符号	名称	符号
工作管路		组合元件框线	
控制管路		带单向阀快换接头（断开状态）	
连接管路		不带单向阀快换接头（断开状态）	
交叉管路		三通路旋转接头	1 2 3　1 2 3
软管管路			

附表2　控制机构和控制方法图形符号

名称	符号	名称	符号
带有分离把手和定位销的控制机构		双作用电磁铁控制	
带有定位装置的推或拉控制机构		单作用电磁铁控制（动作背离阀芯，连续控制）	
手动锁定控制机构		单作用电磁铁控制（动作指向阀芯，连续控制）	
单向滚轮杠杆机械控制		双作用电磁铁控制，连续控制	
步进电动机控制机构	M	电气操纵的带外部供油的液压先导控制机构	
单作用电磁铁控制（动作背离阀芯）		电气操纵的气动先导控制	
单作用电磁铁控制（动作指向阀芯）			

附表 3　泵、马达和缸图形符号

名　称	符　号	名　称	符　号
变量泵	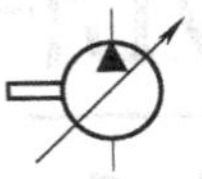	单作用液压缸	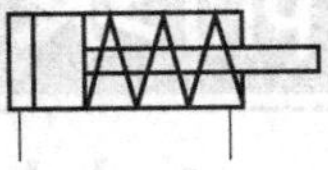
双向流动单向旋转变量液压泵	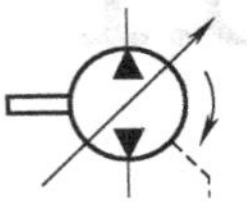	双作用液压缸	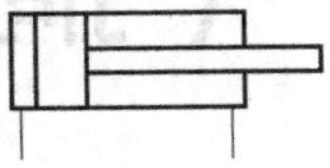
双向变量液压泵-马达	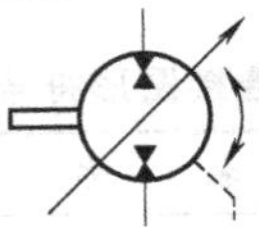	柱塞缸	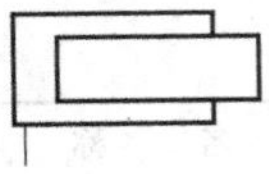
摆动马达	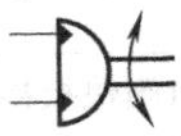	单作用伸缩缸	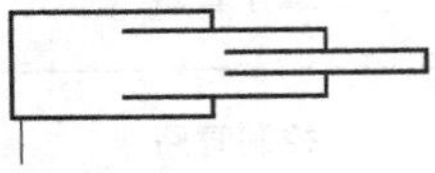
定量液压泵-马达	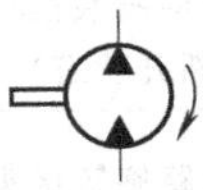	双作用伸缩缸	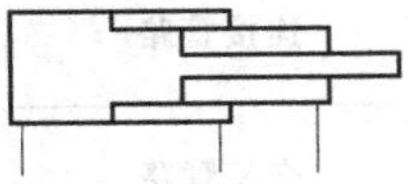

附表 4　控制元件图形符号

名　称	符　号	名　称	符　号
直动型溢流阀	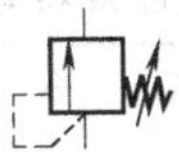	单向阀	
顺序阀	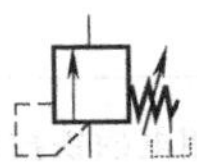	带复位弹簧的单向阀（常闭）	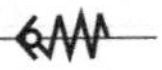
先导型顺序阀	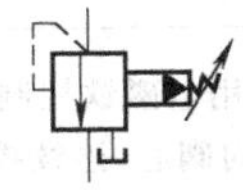	先导式液控单向阀	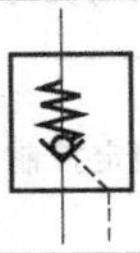
单向顺序阀	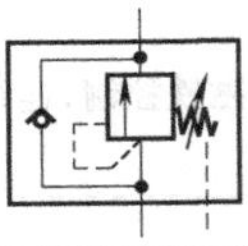	双单向阀	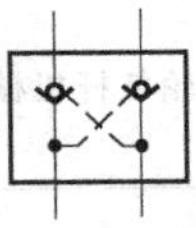
直动式减压阀	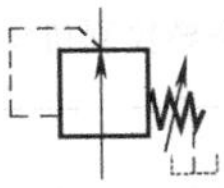	或门型梭阀	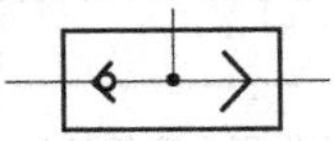
先导式减压阀	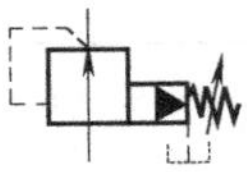	二位二通换向阀	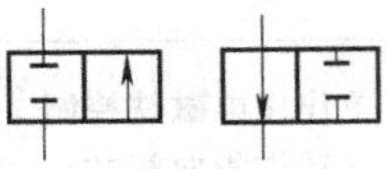

续表

名　　称	符　　号	名　　称	符　　号
不可调节流阀		二位三通换向阀	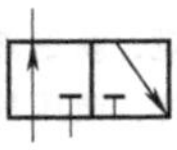
可调节流阀		二位四通换向阀	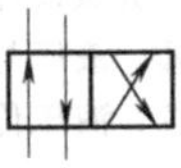
可调单向节流阀		二位五通换向阀	
调速阀	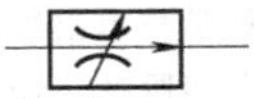	三位四通换向阀	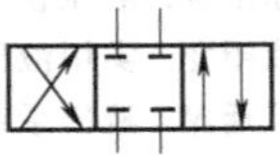
分流阀	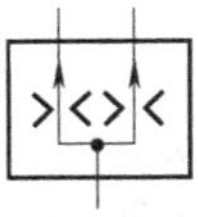	三位五通换向阀	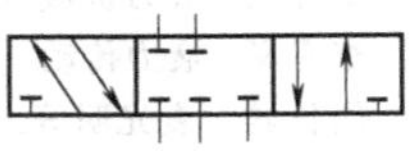
集流阀	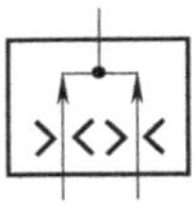		

附表 5　辅助元件图形符号

名　　称	符　　号	名　　称	符　　号
过滤器		加热器	
压力计		温度调节器	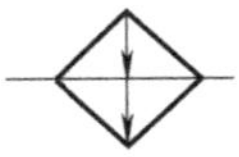
流量计	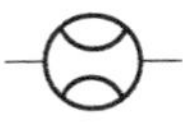	囊式蓄能器	
冷却器		活塞式蓄能器	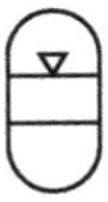

参考文献

[1] 雷天觉. 新编液压工程手册 [M]. 北京：北京理工大学出版社，1998.
[2] 路甬祥. 液压气动技术手册 [M]. 北京：机械工业出版社，2002.
[3] 张利平. 液压气动系统设计手册 [M]. 北京：机械工业出版社，1997.
[4] 徐灏. 机械设计手册 [M]. 第2版. 北京：机械工业出版社，2000.
[5] 郑兰霞. 液压与气压传动 [M]. 北京：人民邮电出版社，2008.
[6] 丁树模. 液压传动 [M]. 北京：机械工业出版社，1999.
[7] 左健民. 液压与气压传动 [M]. 第2版. 北京：机械工业出版社，2003.
[8] 刘士平. 液压与气压传动 [M]. 郑州：黄河水利出版社，2002.
[9] 袁承训. 液压与气压传动 [M]. 第2版. 北京：机械工业出版社，2007.
[10] 俞启荣. 液压传动 [M]. 北京：机械工业出版社，1990.
[11] 李芝. 液压传动 [M]. 北京：机械工业出版社，2001.
[12] 陈榕林. 液压技术与应用 [M]. 北京：电子工业出版社，2002.
[13] 陆望龙. 实用液压机械故障排除与修理大全 [M]. 长沙：湖南科学技术出版社，1997.
[14] 荣廷藻. 液压系统故障诊断与排除100例 [M]. 北京：机械工业出版社，1997.
[15] 唐银启. 工程机械液压与液力技术 [M]. 北京：人民交通出版社，2003.
[16] 罗邦杰. 液力机械传动 [M]. 北京：人民交通出版社，2012.
[17] 李有义. 液力传动 [M]. 哈尔滨：哈尔滨工业大学出版社，2004.
[18] 周长城，袁光明等. 液压与液力传动 [M]. 北京：北京大学出版社，2010.
[19] 秦大同，谢里阳等. 液力传动设计 [M]. 北京：化学工业出版社，2013.

肾病居家饮食与中医调养

广东省中医院 邓丽丽 刘旭生 主编

化学工业出版社

·北京·

“不治已病治未病”，“养生之道，莫先于食”。本书旨在帮助读者有效预防肾脏病，并介绍了常见肾脏病的保健及养生。第一篇介绍肾病的基本知识，以问答形式简要介绍了肾脏日常生活保健，肾脏病基础知识，肾脏病诊断、治疗、预防等相关知识，使广大读者知道什么是肾病、肾病是如何发生的、怎样及早发现肾病、肾病如何预防及治疗。第二篇介绍常见肾脏病的保健及养生。介绍了慢性肾炎、肾病综合征、泌尿系感染、泌尿系结石、慢性肾功能衰竭、糖尿病肾病、急性肾功能衰竭、狼疮肾炎、腹膜透析、血液透析、痛风性肾病、肾病合并症等常见肾脏病的保健及养生。这部分主要从饮食原则、保健食谱、每周食谱举例、中医调养方面介绍肾病患者的配餐常识，以及肾病患者的营养需求，如何制订合理配餐方案，为特殊肾病推荐了各种肾病的食疗食谱。

本书适用于肾病患者居家养护时阅读使用。

图书在版编目（CIP）数据

肾病居家饮食与中医调养/邓丽丽，刘旭生主编．—北京：化学工业出版社，2016.3（2024.2重印）

ISBN 978-7-122-26341-4

Ⅰ.①肾…　Ⅱ.①邓…②刘…　Ⅲ.①肾疾病－食物疗法　Ⅳ.①R247.1

中国版本图书馆CIP数据核字（2016）第032669号

责任编辑：陈燕杰　　　　装帧设计：刘丽华
责任校对：吴　静

出版发行：化学工业出版社（北京市东城区青年湖南街13号　邮政编码100011）
印　　刷：北京云浩印刷有限责任公司
装　　订：三河市振勇印装有限公司
710 mm×1000mm　1/16　印张12　字数195千字　　2024年2月北京第1版第12次印刷

购书咨询：010-64518888　　　　售后服务：010-64518899
网　　址：http：//www.cip.com.cn
凡购买本书，如有缺损质量问题，本社销售中心负责调换。

定　　价：58.00元

本书编审人员

主　　编　邓丽丽　刘旭生

副 主 编　林静霞　邹　川　刘　惠　吴一帆
郭丽娜　邓特伟

编写人员（以姓名笔画为序）

王怡琨　王荣荣　邓丽丽　邓特伟
卢富华　刘　惠　刘　曦　刘旭生
吴一帆　吴巧媚　吴秀清　邹　川
邹　涛　张洁婷　张晓春　陈敏军
林静霞　赵代鑫　郭丽娜　唐　芳
彭　鹿　曾　珊

主　　审　张广清

前言

肾脏病是一类严重危害人类健康的疾病，随着糖尿病和高血压病发病率的增高，继发性肾病也越来越多。据统计，美国的慢性肾病患者约占全国人口的10.9%，而我国每年有近百万人死于各种肾病及其并发症。且近年来肾病发病呈上升及年轻化的趋势。

肾脏病多属于终身治疗性疾病，虽然肾功能衰竭是所有慢性肾病的最终发展方向，但并非所有的肾病患者最终都会发展成尿毒症，只要患者认真对待，积极治疗，消除或控制一切导致肾功能损害的危险因素（如高血压、高血脂、高血糖、慢性炎症感染、吸烟、过劳等），多数患者是可以避免发生肾功能不全的。

本书的第一篇介绍肾病的基本知识，以问答形式简要介绍了肾脏日常生活保健、肾脏病基础知识、肾脏病诊断、治疗、预防等相关知识，使广大读者知道什么是肾病、肾病是如何发生的、怎样及早发现肾病、肾病如何预防及治疗。第二篇为常见肾脏病的保健及养生。古云："不治已病治未病"，本篇旨在树立读者对肾脏病的预防意识、健康意识，树立防胜于治的观念，介绍了慢性肾炎、肾病综合征、泌尿系感染、泌尿系结石、慢性肾功能衰竭、糖尿病肾病、急性肾功能衰竭、狼疮肾炎、腹膜透析、血液透析、痛风性肾病、肾病各种合并症等常见肾脏病的保健及养生。"养生之道，莫先于食"，这部分主要从饮食原则、保健食谱、每周食谱举例、中医调养方面让读者知道肾病患者的配餐常识，介绍了肾病患者的营养需求，如何制订合理配餐方案，为特殊肾病推荐了各种肾病的食疗食谱。

本书依托广东省中医院肾病科——全国中医肾病重点专科及国家中医临床研究基地“慢性肾脏病”重点病种建设单位，在中医药防治肾脏病多年以来的诊疗及护理经验，特别为肾脏病患者介绍了如何进行中医调养，通过图文并茂的讲解，读者可以轻松进行中医调养，体现了中医药在肾脏病治疗预防方面的特色及优势。书中深入浅出，通俗易懂，针对性强，信息量大，内容选取近年来肾病患者关注的热点问题。衷心希望肾病患者能够在了解肾病基本知识的同时，更多地了解饮食原则，生活中做到健康合理配餐，并且能运用中医药方法进行自身调护，我们期待本书能成为肾病患者的良师益友。

本书在编写过程中得到了广东省中医院肾病中心的帮助和支持，在此表示感谢。书中如有不足之处，诚恳希望广大读者予以批评和指正。

编者于　广东省中医院

2016年1月

目录

第一篇 肾脏的日常保养

第二篇
常见肾病如何吃　如何调养

附录

参考文献 / 179

第一篇

肾脏的日常保养

1. 肾脏形似两个豆瓣，位于身体的后腰部

每个人都有两颗肾，肾脏像豆瓣形，约与你的拳头一样大小。肾脏位于身体的后部，大约在腰的部位，脊柱的两侧，每个人出生时就有两个功能健全的肾脏。

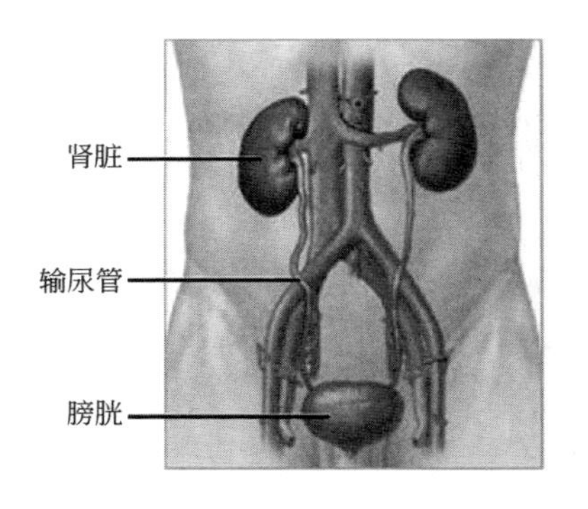

2. 肾脏是如何工作的?

肾脏是由成千上万个小滤网组成的。血液通过动脉进入肾脏。经过上述小滤网后血液得到净化，净化后的血液只保留对身体有益的物质，然后再回到血液循环中。身体里的废物和多余的水分随血液经肾脏过滤后被清除。这种多余的水和废物就是所谓的尿。尿从肾脏排出，通过输尿管存入膀胱。尿存留在膀胱内直至排出体外，正是由于肾脏的过滤功能才使血液中的废物和多余水分从血液中清除并排出体外。

3. 肾脏是净化人体血液的重要器官

肾脏的工作是净化血液。血液中含有各种物质，随动脉和静脉流至全身。血液不仅携带人体所需要的养分，也携带着需要清除的废物和多余的水分。肾脏把血液中的废物与人体所需要的养分分开，保证体内和血中的物质处于“平衡”状态。

4. 出现哪些症状预示肾出问题了?

（1）水肿　肾脏发生病变，肾功能受到损害，最常见和最直观的体征是人体面部或全身出现水肿。这是因为水钠潴留、水分排泄出现问题的原因。

（2）肾区疼痛　最常有的感受是肾脏部位的疼痛，包括单侧或双侧的肾绞痛或肾区痛，肾脏病变导致的尿异常主要是出现血尿、蛋白尿等。

（3）部分肾病患者可能会因为肾血管或肾实质损坏导致高血压，或伴有贫血、低蛋白血症等。

肾脏的储备单位较多，部分肾单位损坏时肾功能受损并不明显，如果能及时注意肾病的早期症状，及早发现肾脏病变，及时去看医生进行治疗，对肾病的预后将大有益处。

5. 肾病检查有哪些项目?

肾病检查的项目很多，除一般查体外，还可从以下几方面检查。

（1）尿常规检查　尿液的留取最好是清晨第一次尿的中段尿，并应在1h内化验。妇女月经期一般不验尿。验尿的目的主要是了解尿中有无蛋白、红细胞、管型、比重及酸碱度等数值。

（2）尿蛋白定量　能较准确地反映体内尿蛋白的排出量。方法是留取24h的尿液（记录总量），取一部分送检。如果每100ml尿液中蛋白超过0.5g，在尿常规检查中的蛋白定性往往为（++++）。

（3）血清免疫球蛋白（IgG、IgA、IgM、IgD、IgE）　各数值的升高或降低对鉴别各种肾病和估计预后均有较大的意义。

（4）血清补体（总补体、C3、C4、C19）　其数值的变化有助于鉴别不同类型的肾炎，定期检查能估计肾炎预后的好坏。

（5）用于了解肾病的严重程度和估计预后的主要检查项目包括：血肌酐清除率（Ccr）、血肌酐（Scr）、尿素氮（BUN）、尿肌酐、B超扫描、肾盂造影、肾穿刺活体组织检查等。以上这些项目不一定都要做，能达到诊断目的即可。另外，肾脏的代偿能力很强，一旦肾功能如Ccr、Scr、BUN等出现异常时，说明肾病已较严重。

6. 肾病可分为哪几类?

① 原发性肾脏疾病，包括急性肾小球肾炎、慢性肾小球肾炎、隐匿性肾小球肾炎、肾病综合征、膜性肾病、IgA肾病、肾小管性酸中毒。

② 继发性肾脏疾病，包括糖尿病性肾病、狼疮性肾炎、紫癜性肾炎等。

③ 感染性肾脏疾病，包括尿路感染、肾盂肾炎、肾结核等。

④ 遗传性肾脏疾病，如先天性多囊肾等。

⑤ 肾功能不全，包括急性肾功能衰竭、慢性肾功能衰竭、尿毒症。

7. 生活细节中如何保护好肾？

要想健康长寿，必须有一个健全的、功能良好的肾脏。肾脏非常娇嫩，对许多毒物敏感性强。

▶▶ 饮食宜清淡、易于消化　不宜过多地进食高蛋白、高钠饮食，适当控制盐、蛋白质的摄入量。过咸是许多疾病的危险因素，特别是心脑血管疾病。中医认为，五味之中，咸入肾，适度的咸可以养肾，过咸则伤肾。理想的食盐摄入量为每日 6g。调查表明，我国绝大多数地区饮食过咸，北方最严重。北京人每日食盐摄摄入量为 14 ～ 15g，东北人每日食盐摄摄入量为 18 ～ 19g，广东人比较符合健康标准，每日食盐摄摄入量为 6 ～ 7g。经常吃咸菜是盐摄入过量的重要原因，故应少吃咸菜。高蛋白饮食是加速肾功能损害的重要因素，老年人应格外注意。正常体重者可按下述标准大致估算蛋白质的摄入量：每日 1 个鸡蛋、1 份鲜奶、100g 肉食、100g 豆腐、300 ～ 400g 主食，加上蔬菜水果。

▶▶ 水不宜喝得太多，每日尿量保持在 1500 ～ 2000ml 就可以了。提倡喝白开水。

▶▶ 戒烟忌酒。

▶▶ 避免感染。年轻人患感冒、肺炎等，一般不会对身体有大影响，也很容易治愈。而已出现肾功能减退的老年人一旦发生感染，则难以应付这种额外负担，常可导致肾功能进一步损伤，甚至危及生命。所以，老年人平素要加强锻炼，积极预防各种感染。

▶▶ 妇女月经期、妊娠期、产褥期等尤其要注意个人卫生，预防尿路感染。养成规律性定期习惯，切忌强忍小便。

▶▶ 定期检查身体，特别是尿液化验、肾功能化验，早期发现，及时诊治各种肾脏疾病。

▶▶ 提倡健康性生活，洁身自爱，预防性病危害肾脏。

▶▶ 体格瘦弱修长者，宜加强锻炼，提高腰腹肌收缩力，预防肾下垂。

▶▶ 尽量不用或少用肾脏毒性强的药物，最常见的肾毒性药物，如庆大霉素、链霉素等氨基糖苷类抗生素及抗结核药利福平、磺胺类药物、造影剂等都有不同程度的肾毒性，应尽量避免使用。必须用时，一定要在医生的指导下用药。尽量避免或减少与肾毒性强的各种毒物接触。

8. 哪些生活习惯伤肾?

很多人都通过各种药物保护肾脏，其实，生活中的不良饮食和生活习惯也可伤害你的肾。

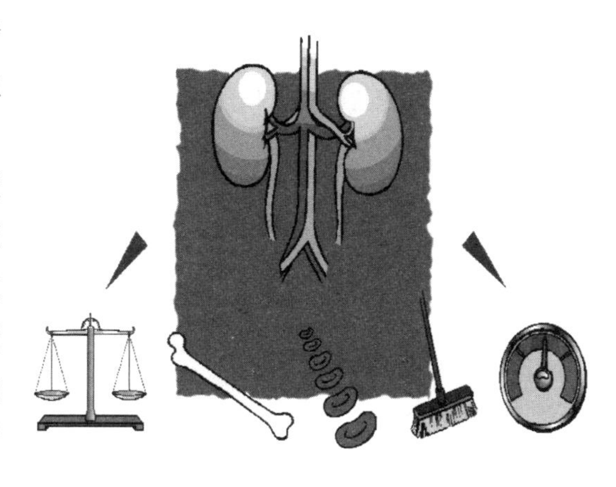

▶▶▶ 不爱喝水　体内新陈代谢的废物主要是由肝脏和肾脏处理，肾脏主要负责调节人体内水分和电解质的平衡，代谢生理活动所产生的废物，并排于尿中，但在其进行这些功能的时候，需要足够的水分进行辅助。

解决方法　多喝水可以冲淡尿液，让尿液快速排出，不仅能预防结石，也可使摄食太多盐时有利于尿液变淡，从而保护肾脏。

▶▶▶ 爱喝啤酒　如果已经患了肾脏疾病，又大量喝啤酒，会使尿酸沉积导致肾小管阻塞，造成肾脏衰竭。

解决方法　如果在验血的时候，发现肾脏有问题，恐怕此时肾功能已严重受损，与其等验血来了解肾脏，还不如平时定期进行尿检，因为验尿是了解肾脏最为简便快捷的方法。

▶▶▶ 食用蔬菜水果不当　多吃蔬菜水果有益健康，这是一般人的观念，不过对于有慢性肾功能障碍的人来说，蔬菜水果这些平常被认为有天然降血压作用的食物中含高钾，长期食用反而会造成肾功能损坏。

解决方法　如果患有慢性肾功能障碍，就应该注意适当食用蔬果，避免影响肾脏。不喝太浓的蔬果汁、火锅汤、菜汤，饮食以清淡为宜。

▶▶▶ 用饮料代替开水　大部分人不爱白开水的平淡无味，相比之下，汽水、可乐等碳酸饮料或咖啡等饮品成为白开水的最佳替代者。但是，这些饮料中所含的咖啡因往往导致血压上升，而血压过高是伤肾的重要因素之一。

解决方法　尽量避免过多地喝饮料，以白开水取而代之，保持每日饮用8大杯水以促进体内毒素及时排出。

▶▶▶ 吃太多肉　美国食品协会曾建议，人类每日每千克体重的蛋白质摄取量为0.8g，也就是说一个体重50kg的人，每日只能摄入40g蛋白质，因此一天不能吃多于300g的肉，从而避免对肾脏造成伤害。

解决方法 应控制每餐肉类和豆制品的摄入量，慢性肾炎的患者，这个量应该再减少。

▶▶▶ 吃太多盐 盐是让肾负担加重的重要元凶。饮食中的盐分95%由肾脏代谢，摄入太多，肾脏负担加重，再加上钠会导致人体水分不易排出，又进一步加重肾脏负担，从而导致肾脏功能减退。

解决方法 每日摄盐量应该控制在6g以内，其中3g可以直接从日常食物中获得，因此，食物调味时应该保持在3～5g以内。值得注意的是，方便面中的盐分特别多，经常吃方便面的人最好减量食用。

▶▶▶ 食用来路不明的药食 因为食用蛇胆或草鱼胆等奇特食物而引发急性肾衰竭的情况屡见不鲜，还有许多人盲目服用中药来壮阳。其实很多中药都含有马兜铃酸等肾毒性成分，不仅会给肾脏带来巨大伤害，有的甚至会对全身造成危害。

解决方法 鱼胆或蛇胆虽然常常被宣称具有壮阳、清热解毒或治疗青春痘的疗效，但都必须经过特殊炮制才能清除它的毒性，切勿盲目服食。

9. 吃哪些食物易伤肾?

▶▶▶ 肾病患者忌吃油煎熏炸类不易消化的食物;忌吃辛、辣、咸的刺激性食品，以免加重肠道及肾脏负担。

▶▶▶ 肾病患者忌吃草酸含量较多的菠菜、竹笋、苋菜等；忌吃动物内脏、浓鸡肉汤、海鲜和火锅汤等含有大量嘌呤的食物;不要饮酒，以免产生过多尿酸，引起肾脏损伤。

▶▶▶ 肾病患者忌盐及含盐多的食物，尤其是肾功能障碍，对钠的调节能力明显不良，出现浮肿、少尿、血压升高时，忌盐更是十分必要的。

▶▶▶ 每100g常用食物含钠量在200mg以上的食物有豆腐、蘑菇、紫菜、榨菜、茴香、冬菜、虾米、酱等。

▶▶▶ 肾病伴有高钾血症的患者忌吃含钾高的食物。

▶▶▶ 每100g常用食物含钾量在300mg以上的食物有肉类、动物内脏、鸡、鱼、虾米、海蜇、鳝鱼、花生、豆类、土豆、红薯、油菜、菠菜、水芹、芫荽、榨菜、蘑菇、海带、大枣、柿饼等。

荸荠（马蹄）、柿子、生萝卜、生菜瓜、生黄瓜、生红薯、西瓜、甜瓜等性寒的食物，对脾肾虚寒的肾病患者来说应忌吃或少吃。

10. 吃哪些食物可以强肾?

山药　性平，味甘，为中医“上品”之药，除了具有补肺、健脾作用外，还能益肾填精。煎汤服用或调制山药粥，能补肾益精、固涩止遗，经常食用可防治阳痿、早泄、遗精、腿软。

干贝　又称江珧柱。性平，味甘咸，能补肾滋阴，故肾阴虚者宜常食之。

鲈鱼　又称花鲈、鲈子鱼。性平，味甘，既能补脾胃，又可补肝肾、益筋骨。

栗子　性温，味甘，除有补脾健胃作用外，更有补肾壮腰之功，肾虚腰痛者最宜食用。

枸杞子　性平，味甘，具有补肾养肝、益精明目、壮筋骨、除腰痛、久服益寿延年等功用。尤其是中年女性肾虚之人食之最宜。

何首乌　有补肝肾、益精血的作用，历代医家均用于肾虚之人。凡是肾虚之人头发早白，或腰膝软弱、筋骨酸痛，或男子遗精，女子带下者，食之皆宜。

11. 憋尿对肾脏的危害很大

除了做某些检查需要短时间憋尿外，其他任何情况都不应憋尿。

尿是肾脏代谢的产物，肾脏以产生尿的方式调节人体内多余的水分，排泄体内新陈代谢所产生的废物和毒物。每日饮食以及体内代谢所产生的水，在体内随血液流动进入肾脏。肾脏内有许许多多名叫肾小球的“过滤器”，专门过滤水分和代谢废物。当血液流入“过滤器”后，血液中多余的水分连同体内的代谢废物一起过滤出来形成尿。尿通过输尿管进入膀胱贮存起来，达到一定量时，这会产生排尿感，通常情况下成年人每24h产生的尿量是1000～2000ml。

尿是人体的代谢产物，其中大部分是人体所不需要的，它不断形成，如果憋尿，潴留在膀胱中的尿会越来越多，膀胱增大，导致膀胱肌肉因扩张而损伤。有人憋尿一段时间后，即使排出还会自觉小腹胀痛，这是膀胱扩张后未完全收缩的缘故。另外，憋尿过久，膀胱内压力增大，势必损伤肾脏的代谢功能，使水和代谢废物在人体内堆积，造成尿毒症，引起肾功能衰竭，危及生命。

12. 哪些药物对肾脏有损害？

对肾脏有损害的药物主要有以下几类。

▶▶ 损害肾功能的药物　甲氧氟烷、乙琥胺、苯琥胺、氯化铵、维生素D、链霉素、氨苄西林、头孢噻吩钠、青霉胺、门冬酰胺酶、甲氨蝶呤、多黏菌素B、头孢噻啶等。

▶▶ 造成肾小管损害的药物　磺胺类、四环素。

▶▶ 可造成肾坏死的药物　阿司匹林、对乙酰氨基酚、非那西丁、甲氨蝶呤、甘露醇、右旋糖酐、头孢噻吩钠、头孢噻啶、依地酸钠、两性霉素B、环磷酰胺等。

▶▶ 可致急性或慢性肾功能衰竭的药物　阿司匹林、保泰松、右旋糖酐、碘化钾、青霉素、新霉素、多黏菌素B、苯丁酸氮芥、白消安、铋剂、X线造影剂等。

▶▶ 可引起肾炎的药物　磺胺类、青霉素。

▶▶ 可引起尿变化的药物　保泰松、苯唑西林、卡那霉素、庆大霉素、灰黄霉素、丝裂霉素等。

13. 常年服用中药会加重肾脏损害吗?

用之得当就不会加重肾脏损害。肾脏病患者由于其病程时日较长，在病机上以本虚标实、寒热夹杂为特点，中医治疗时往往采用扶正祛邪、攻补兼施的治疗方法，扶正药物多为补益之品，用之得当，对机体只会有益而绝无害处。至于祛邪药物，一般只选祛风散寒解表药、利水渗湿药、清热解毒药、活血化瘀药，这些药品一般没有毒副作用。

14. 经常喝酸奶会不会得尿结石?

如果是添加了“三聚氰胺”的奶制品（含酸奶），常食用会患结石。

15. 睡前大量饮水会加重眼睑水肿，是否会引起肾脏损害?

脸部水肿经常发生在血液循环代谢能力差的人身上，包括习惯在睡前大量喝水的人、经常久坐不动的人、平常口味重的人、经常熬夜的人以及天生体质差的人。使人的血液循环效果变差，来不及将体内多余的废液排出，水分滞留在微血管内，甚至回渗到皮肤中，便产生了膨胀水肿现象。起床后活动一会儿，水肿就会慢慢自动消退。

白天过量饮水是不会发生水肿的，不过饮水过多对身体不是很好。睡前大量饮水可能导致水肿，且会增加肾脏负担，一般建议睡前不要大量饮水。

16. 黑眼圈与肾病有联系吗?

从中医角度讲，黑眼圈可能是气虚血瘀引起，与肾脏损害没有直接关系，平时可食用一些补气活血的食物，如淮山药、当归、枸杞子等。

17. 女人肾虚有哪些表现?应该吃什么食补?

女人肾虚比男人肾虚的比例要高，特别是上班的白领女性更容易肾虚。肾虚一般分为肾阳虚和肾阴虚。

（1）女性肾阴虚的症状

① 月经量减少，白带减少及色质发黄。

② 女性不孕，出现卵泡发育不正常、黄体生成不足、黄体萎缩不全等。

③ 烦躁、口干、失眠、盗汗等。

④ 月经周期延长或者缩短。

宜吃什么调养?

补肾阴的药物多是甘寒药，如石斛、玉竹、山茱萸、西洋参、枸杞子、黑芝麻、山药、猪肾、猪皮、黑鱼等。中成药可服用六味地黄丸。

（2）女性肾阳虚症状

① 子宫、卵巢、乳房易生肌瘤、囊肿及增生。

② 易导致更年期提前。

③ 面色苍白或黧黑，腰膝酸冷，四肢发凉，精神疲倦，浑身乏力。

④ 舌白胖大或有齿痕，月经总是向后推，量少质薄。

⑤ 宫寒不孕，白带清稀，月经延后量少，色暗，有块或痛经。

宜吃什么调养?

阳虚者怕冷，四肢发凉，面色苍白。补肾阳的药物多是热性药，如附子、肉桂、鹿茸、羊肉、韭菜等。中成药可选用金匮肾气丸、右归丸等。

食疗方

- **当归生姜羊肉汤** 当归 20g，生姜 30g，羊肉 500g，黄酒、调料适量。将羊肉洗净、切块，加入当归、生姜、黄酒及调料，炖煮 1 ～ 2h，吃肉喝汤。
- **鹿茸枸杞猪腰子汤** 鹿茸 10g，枸杞子 25g，猪腰 2 个（去内膜，切碎），生姜适量。将猪腰放入锅中，加生姜小炒至熟，与鹿茸、枸杞子放入锅内隔水炖熟，调味即成（进食时可加半匙白酒）。每星期可食用 1 ～ 2 次。功效：补肾阳。适于因肾阳亏损而导致的头晕、耳鸣、疲倦无力、怕冷等。
- **冬虫夏草淮山药鸭汤** 冬虫夏草 15g，淮山药 20g，鸭 1 只。将鸭和冬虫夏草、淮山药放入锅内隔水炖熟，调味即可。每星期可食用 1 ～ 2 次。功效：滋阴补肾。适用于肾阴不足而导致的失眠、耳鸣、腰膝酸痛、口干咽燥等。

18. 男人肾虚有什么表现？男人肾虚应该吃什么食补？

男性肾虚一般分为肾阳虚和肾阴虚。

（1）男性肾阴虚症状

腰膝酸软，头昏目眩耳鸣，失眠多梦，健忘，精泄梦遗，阳强易举，内热盗汗，阵发燥热，五心烦躁，咽干颧红，皮肤干枯，尿少便干，不育，舌红少津，脉细数。肾阴虚多由久病伤肾或禀赋不足、房事过度或过服温燥劫阴之品所致。

宜吃什么调养？

- 肾阴虚者，可选用海参、枸杞子、甲鱼、银耳等进行滋补。
- 饮食中宜多吃清凉食品，如山药、芡实、金银花、绿豆、决明子、鱼汤等。
- 中成药可服用六味地黄丸。

（2）男性肾阳虚症状

腰膝酸软，畏寒肢冷，尤以下肢为甚，神疲乏力，前列腺病，尿频清长，或夜尿多、尿急，或尿少水肿，自汗，阳痿、早泄、性冷，舌质淡，舌苔薄，脉迟缓等。肾阳虚多由素体阳虚或年老肾亏或久病伤肾，以及房事过度等因素引起。

宜吃什么调养？

- 肾阳虚者，杜仲腰花、茴香炖煮肾、杞地山药粥都是不错的补肾食疗方。
- 肾阳虚者可以吃狗肉、羊肉、韭菜、泥鳅。
- 中成药可用肾宝、玉苁蓉、金匮肾气丸、右归丸等。

食疗方

- **核桃粥**　核桃仁20g，粳米75g。先把核桃仁捣烂如泥，加水研汁去渣，然后将洗净的粳米加水同入锅中，用小火烧至稠浓成粥即可。喜食甜者也可加入冰糖。煮粥时一定要用小火熬制，至稠浓时食用。注意：核桃仁有小毒，用量不宜过大。有时溏时泄、便意频频或便如水样等症状的病人不宜服用。
- **大枣白果炖乌骨鸡**　乌骨鸡1只，大枣50g，白果50g，姜、葱、盐、味精、料酒少许。将白毛乌骨鸡宰杀、去内脏、洗净，放入大锅中，放水500ml，大枣、去壳白果、生姜块、葱结、料酒等，用旺火烧沸后撇去浮沫，改用小火长时间炖烧（约1h），至鸡肉骨能脱开，加入盐、味精、拣去葱、姜即成。乌骨鸡不宜腹部开膛，烹调时才能保持皮肉收缩一致。注意：鸡尾部不宜食用。

19. 哪些运动和按摩方法可健肾?

太极拳　是以腰部为枢纽的一项缓慢运动，非常适合体质虚弱的中老年人锻炼。经常活动腰部，能使气血通畅，从而起到补肾的作用。

自我按摩腰部　腰眼穴位于背部第3腰椎棘突左右各开3～4寸的凹陷处。中医认为，腰眼穴居“带脉”（环绕腰部的经脉）之中，为肾脏所在部位。肾喜温恶寒，常按摩腰眼处，能温煦肾阳、畅达气血。

腰为肾之府，常做腰眼按摩，可防治中老年人因肾亏所致的慢肌劳损、腰酸背痛等症，腰部按摩操有以下两种做法。

① 两手掌对搓至手心热后，分别放至腰部，手掌向皮肤，上下按摩腰部，至有热感为止，早晚各1次，每次约200下，可温补命门、健肾纳气。

② 两手握拳，手臂往后用两拇指的掌关节突出部位，自然按摩腰眼，向内做环形旋转按摩，逐渐用力，以有酸胀感为好，持续按摩10min左右，早、中、晚各一次。

自我按摩丹田穴　丹田位于肚脐下1～2寸处。方法是将手搓热后，用右手中间三指在该处旋转按摩50～60次，能健肾固精，并改善胃肠功能。

按肾俞穴。肾俞穴位于第2～3腰椎间水平旁开1寸处，两手搓热后用手掌上下来回按摩50～60次，两侧同时或交替进行。对肾虚腰痛等有防治作用。

刺激脚心经常按摩　中医认为，涌泉穴直通肾经，位于脚心的涌泉穴是浊气下降的地方。经常按摩涌泉穴，可益精补肾、强身健体，防止早衰，并能舒肝明目，促进睡眠，对肾亏引起的眩晕、失眠、耳鸣、咯血、鼻塞、头痛等有一定的疗效。

脚心按摩方法是：每日临睡前用温水泡脚，再将手互相擦热后，右手中间三指按摩左足心，左手中间三指按摩右足心，左右交替进行，各按摩60～80次，至足心发热为止。此法有强肾滋阴降火之功效，能强筋健步、引虚火下行，对心悸失眠、双足疲软无力等有防治作用，对中老年人常见的虚热证效果甚佳。

▶▶▶ **经常按摩双耳** 中医理论认为，肾主藏精，开窍于耳，医治肾脏疾病的穴位很多在耳部。所以经常进行双耳按摩，可起到健肾壮腰、养身延年的作用。

① 双手掩耳。两手掌掩两耳郭，手指托后脑壳，用示指压中指弹击24下，可听到“隆隆”之声，称之为“击天鼓”。此刺激可活跃肾脏，有健脑、明目、强肾等功效。

② 手摩耳轮。双手握空拳，以拇、食二指沿耳轮上下来回推摩，直至耳轮充血发热。此法有健脑、强肾、聪耳、明目之功，可防治阳痿、尿频、便秘、腰腿痛、颈椎病、心慌、胸闷、头痛、头昏等病症。

③ 搓弹双耳。两手分别轻捏双耳耳垂，再搓摩至发红发热。然后揪住耳垂往下拉，再放手让耳垂弹回。每日2～3次，每次20下。此法可促进耳部血液循环，有健肾壮腰之功效。

④ 双手拉耳。左手过头顶向上牵拉右侧耳朵数十次，然后右手牵拉左耳数十次。可促进颌下腺、舌下腺的分泌，减轻喉咙疼痛，治疗慢性咽炎。

⑤ 提拉耳尖。用双手拇、食指夹捏耳郭尖端，向上提揪、揉、捏、摩擦15～20次，使局部发热发红。此法有镇静、止痛、清脑明目、退热、抗过敏、养肾等功效，可防治高血压、失眠、咽喉炎和皮肤病。

▶▶▶ 缩肛平卧或直立，全身放松，自然呼吸，吸气时做收腹缩肛动作，呼气时放松，反复进行30次左右。能提高盆腔周围的血液循环，促进性器官康复，对防治肾气不足引起的阳痿早泄、女性性欲低下有较好的功效。

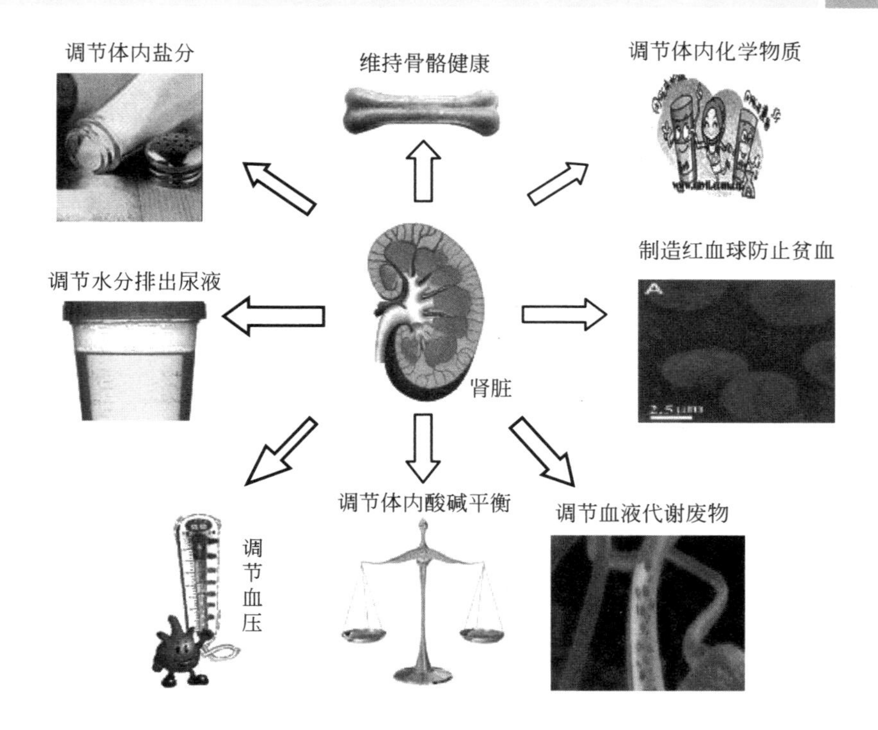

20. 学做强肾健身操

端坐，两腿自然分开，与肩同宽，双手屈肘侧举，手指伸向上，与两耳平。然后，双手上举，以两肋部感觉有所牵动为度，随后复原。连续做 3 ～ 5 次为一遍，每日可酌情做 3 ～ 5 遍。做动作前，宜全身放松。双手上举时吸气，复原时呼气，且力不宜过大、过猛。可活动筋骨、畅达经脉，同时使气归于丹田，对年老、体弱、气短者有缓解作用。

端坐，左臂屈肘放两腿上，右臂屈肘，手掌向上，做抛物动作 3 ～ 5 遍。做抛物动作时，手向上空抛，动作可略快，手上抛时吸气，复原时呼气。可活动筋骨、畅达筋脉。

端坐，两腿自然下垂，先缓缓左右转动身体 3 ～ 5 次。然后，两脚向前摆动 10 余次，可根据个人体力，酌情增减。做动作时全身放松，动作要自然、缓和，转动身体时，躯干要保持正直，不宜俯仰。此动作可活动腰膝、益肾强腰，常练此动作，腰、膝得以锻炼，对肾有益。

端坐，松开腰带，宽衣，将双手搓热，置于腰间，上下搓摩，直至腰部感觉发热为止。此法可温肾健腰，腰部有督脉之命门穴，以及足太阳膀胱经的肾俞、气海俞、大肠俞等穴，搓后感觉全身发热，具有温肾强腰、舒筋活血等作用。

▶▶▶ 双脚并拢，两手交叉上举过头，然后弯腰，双手触地，继而下蹲，双手抱膝，默念“吹”但不发出声音。如此，可连续做 10 余遍。

常练上述功法，有补肾、固精、壮腰膝、通经络的作用。

21. 何谓体检中的尿蛋白?

血液中常有定量的人类生命活动不可或缺的蛋白存在。一部分蛋白会在肾脏的丝球体中过滤进入尿液，但又会在肾小管被吸收而回到血液中。

因此，若肾脏功能正常，尿液中出现的蛋白量极少，但是当肾脏与尿管出现障碍时就会漏出大量的蛋白而变成蛋白尿。尿蛋白是尿液通过酸化加热后浑浊而检出的。

22. 正常人尿液中有无蛋白?

正常人每日尿中排出的蛋白质一般为40 ～ 80mg，上限为150mg，称为生理性蛋白尿。由于量少，常规化验检测为阴性，每日超过150mg，即属于异常蛋白尿。人体在剧烈运动、重体力劳动、情绪激动、过冷、过热及在应激状态时，尿蛋白的排出量可增多，称一过性蛋白尿，在几小时或数天后即可恢复正常。

23. 尿蛋白出现异常值时怎么办?

第一次检查出现尿蛋白时，必须再做检查，不宜以一次检查而下诊断。再检查仍出现异常时，就要接受尿沉淀、红细胞数、白细胞数等检查，也要实施肾脏与泌尿道的精密检查，然后综合全身症状来诊断是否有肾脏疾病或其他疾病。有肾脏疾病时，还要做其他肾功能检查，再做综合诊断。

- 出现肾性蛋白尿时，预示着肾脏有损伤，要注意不宜过多摄入高蛋白饮食。高蛋白饮食会增加肾脏负担，加重肾脏损伤，加速肾脏病进展。因此，要根据蛋白尿的程度和肾功能的情况调整饮食中的蛋白摄入量，以保护肾脏，延缓肾

功能进展。

- 诊断为膀胱炎等泌尿道感染症、肾炎、肾病变时，必须保持平静，在医师指导下服用药物。
- 诊断为肾炎、肾病变时，必须接受肾功能检查。检查结果不良时，要限制运动，并实施饮食疗法。肾功能障碍的治疗根本在于饮食疗法，由此可知饮食疗法是十分重要的，所以必须遵守医师指示，控制每日内的食盐与蛋白质的摄取量。

24. 肾病患者一定要限盐吗?

要分情况：如果有尿少、水肿、高血压的情况要限盐。

一般人正常用盐量：以每半年1kg食盐为标准，限盐的量要具体而定。限盐不等于无盐，所以用中药中的“代盐”是不可取的，长期使用有可能造成严重的低钠血症。

25. 肾病患者需重视监测血压

肾脏疾病往往伴有血压升高，医学上称为肾性高血压，它是引起肾脏病患者心脑血管疾病的重要原因之一。若肾脏病患者血压控制不好，则心脑血管疾病死亡风险明显升高，因此肾病患者宜监测血压，并根据血压情况进行服药、饮食、摄水等调整。

26. 肾病患者留尿化验应注意的问题

收集尿液的时间　任何时间排出尿都可以做常规化验检查。一般肾病患者采用清晨起床第一次尿液送检。

送检尿量　一般5～10ml，如要测尿比重则不能少于50ml。

留尿标本应取中段尿　即先排出一部分尿弃去，以冲掉留在尿道口及前尿道的细菌，然后将中段尿留取送检。

应注意不要把非尿成分带入尿内　如女性患者不要混入白带及月经血，男性患者不要混入前列腺液等。

27. 观察肾功能状况主要看哪几个指标?

有些肾脏病患者看到尿蛋白检查增多或少尿，就以为肾功能不行了，其实这是一种误解。反映肾功能的主要检查指标有以下几种：①内生肌酐清除率；②血尿素氮；③血肌酐；④血红蛋白和红细胞数；⑤尿比重；⑥尿渗透压；⑦尿酚红排泄试验；⑧肾图等。

其中，以前3种最为重要，内生肌酐清除率、血尿素氮、血肌酐主要反映肾小球的滤过功能，慢性肾衰的贫血是由肾实质损伤所致，其程度与肾功能损害程度相平行。而尿比重、尿酚红排泄试验、尿渗透压是检查肾小管功能的主要指标，直接反映肾脏的浓缩功能。

28. 在什么情况下需要行肾穿刺检查?

经皮肤肾穿刺活体组织检查简称肾穿刺，是为了安全获取患者肾脏组织样品，以送病理检查，从而明确诊断，指导治疗。其意义如下。

▶ **明确诊断** 肾脏疾病，尤其是肾小球疾病诊断较复杂，目前常用3种诊断方法——临床诊断、病理诊断（以光学显微镜检查为主，辅以电子显微镜检查及免疫病理检查做出诊断）以及免疫病理诊断（依靠免疫荧光或免疫酶标检查做出诊断）。肾脏病临床与病理之间的关系比较复杂，同一临床表现可来自不同病理类型，同一病理类型又可呈多种临床表现，相互间缺乏固定规律。同一种病，从不同角度（临床、病理、免疫）可下3种诊断。一般而言，病理诊断最有意义。

▶ **制订治疗方案** 如原发性肾病综合征，其病理上可有多种类型、不同病理改变的肾炎，在治疗效果及疾病转归上均不相同。如不进行肾穿刺检查，就不可能做出正确诊断，因此也不可能有针对性地拟订出合理的治疗方案。

▶ 肾穿刺检查可直观地发现肾小球变化情况，提示预后，指导正确的生活方式。

29. 肾病患者出现脱发现象病情加重了吗?

肾病脱发是内分泌紊乱包括性激素紊乱及神经系统异常所致，一般肾病未到肾衰阶段不会出现脱发。脱发原因很多，即使是神经内分泌紊乱也不一定是

严重肾病而引起，精神压力、年龄、忧愁情绪长时波动都会引起神经内分泌失调而导致脱发。

30. 捐赠一个肾后还能和以前一样生活吗?

人体每个肾脏约有100万个肾单位。据研究，每个肾脏实际上只有1/10的肾单位进行工作，9/10的肾单位处于“轮流休息”状态。如果另一侧肾完全正常的话，那么对身体不会有什么影响，因为一个肾就能完全维持一个人的肾脏排泄和分泌功能，比如肾移植患者只是增加一个肾就能正常生活。只是需特别小心保护剩余的一个肾，因此需定期检查尿常规和肾功能情况，增强体质，避免应用肾损害药物。

31. 肾病患者可以结婚吗?

许多肾病患者常常询问医生可以结婚吗？不能一概而论。在病情活动期，如有水肿、中等量以上的蛋白质、血尿、中等度以上的高血压时宜抓紧时间治疗，应暂时不考虑结婚问题，待病情基本缓解或完全缓解后可以考虑结婚。

32. 男性肾炎患者可以行房事吗?

可以。但严重低蛋白血症和贫血、心功能不好的患者应该限制房事。

33. 长期肾虚会引起肾功能衰竭吗?

肾虚和肾衰竭是完全不同的概念。肾虚是中医的讲法，分肾阳虚、肾阴虚、肾气虚等，可伴有某些疾病，也可由于年老体衰、房劳过度、先天不足所致。肾衰竭是西医讲法，往往指肾功能衰竭，预后较差。肾虚并非肾衰竭，肾衰竭患者往往伴有肾虚的表现。

34. 肾病恶化了怎么办?

肾脏病未得到及时诊断或患者不积极治疗，慢性肾病会发展成肾功能衰竭，治疗上多采取血液透析或腹膜透析。当透析无效时，可以争取做肾移植手术，即通过手术将别人的肾脏放入患者体内，来替代患者已衰竭的肾脏。移植后，患者需每日服用抗排异反应的药物，来防止排异反应的发生。

35. 肾脏移植是怎么回事?

肾脏移植是指将健康人（供体）的健康肾脏移入肾衰竭患者（受体）的体内，通常只需移植一个肾，因为一个肾通常可以胜任两个肾的工作。许多人认为肾脏移植是一种治愈慢性肾衰竭的方式，事实上它只是肾脏替代治疗的一种。目前肾脏移植的方式有三种：有血缘关系的活体肾移植、无血缘关系的活体肾移植、尸体肾移植。只要配型相符，哪种移植方式都可行。

36. 谁是尿毒症候选人?

慢性肾小球肾炎占尿毒症病患首位。但多数找不出原因，一般怀疑与机体免疫功能缺陷有很大关系，或是因反复发作的急慢性肾炎、红斑性狼疮、肝炎或血管炎等侵犯肾脏功能，使肾功能缓慢受损、硬化，必须做肾脏病理切片才能确定诊断。

糖尿病、高血压、常吃止痛药以及老人是尿毒症的候选人，在参与美国末期肾病数据比较的数十个国家及地区的统计中，中国台湾45～75岁以上中老年人的尿毒症发生率居世界之冠，而糖尿病、高血压并发尿毒症的人数年年上升，还有好寻偏方吃草药的人，都可能比一般人提早拿到进入洗肾室的通行证。

37. 尿毒症的前兆是什么?

尿毒症是指急性或慢性肾功能不全发展到严重阶段时，即肾功能衰竭晚期所发生的一系列症状的总称。

慢性肾功能衰竭症状主要体现为有害物质积累引起的中毒和肾脏激素减少发生的贫血及骨病。早期常见恶心、呕吐、食欲减退等消化道症状。进入晚期尿毒症阶段后，全身系统受累，出现心力衰竭、精神异常、昏迷等，危及生命。

38. 怀疑自己患有尿毒症时应该做哪些检查？

应做血常规、尿常规、双肾B超、肾功能检查，结合临床症状即可初步诊断。

39. 激素药不能自行随意增减剂量

因为此时人体已对激素产生依赖性，骤然停药会出现病情反跳现象，原来的症状迅速再现或加重。就像用惯了拐杖的人，一下子失去拐杖，必然站不稳，走不动。正确的做法是逐渐减少用量，像下楼梯一样，减量1次维持3～5天，无病情反复才可再下一格楼梯，如此循序减量。此外，每次减量不可超过基量的1/6～1/4，如原先每日服6片泼尼松（强的松），最多只能减少1～1.5片。

40. 肾脏病病程长，治疗要打持久战

肾脏疾病有两个特点：

一是病程绵长，急性肾炎病程长者可达1年，更何况慢性肾炎。

二是容易反复，因为感染、劳累及情绪诱因可以使已经稳定的病情出现反复。鉴于上述因素，对肾脏病的治疗要打持久战，有的甚至要治疗几年或者更长时间。

41. 中医如何对蛋白尿、血尿辨证分型?

根据临床特征，蛋白尿、血尿患者可分为气虚体质、血虚体质、阴虚体质、阳虚体质、湿热体质、气郁体质、瘀血体质、痰湿体质、特禀体质九种体质，依此施行辨证施治、辨证施护。

42. 气虚体质的蛋白尿、血尿患者如何进行饮食调养?

气虚体质患者的临床表现：面水肿，腰背酸软，神疲乏力，气短息弱，声

低息微，面色少华，易感冒，纳差，便溏，舌淡红，舌体胖大、边有齿痕，脉象虚缓。

（1）饮食调养

① 气虚体质者可选用具有健脾益气作用的食物食用，不可食用过于黏腻或难以消化的食物。

② 应选择营养丰富而且易于消化的食品，亦宜选用补气药膳调养身体，如小米、粳米、糯米、扁豆、红薯、牛肉、兔肉、猪肚、鸡肉、鸡蛋、鲢鱼、鲨鱼、刀鱼、黄鱼、比目鱼、菜花、胡萝卜、香菇、豆腐、马铃薯等。

（2）食疗方

① 人参乌鸡汤

【原料】人参切片10g，乌骨鸡1只，调味品适量。

【制作】人参片装入鸡腹内，用沙锅炖至鸡肉烂熟即可。食鸡肉饮汤。

② 人参枣米饭

【原料】人参3g，大枣20g，糯米250g，白糖适量。

【制作】先将人参、大枣放入瓷盆泡发；将人参、大枣置沙锅煮30min以上，捞出人参、大枣，药液待用；糯米置于碗中，隔水蒸熟后扣于盘中，此时将参枣摆放于米饭上，药液加白糖浓煎后，倒在摆放好的参枣米饭上。

③ 芡实粳米粥

【原料】芡实30g，莲子心5～8粒，粳米50g。

【制作】芡实、莲子心及粳米洗净后加水煮粥即可，分1～2次食用。

④ 虫草煲老鸭

【原料】老鸭1只，冬虫夏草5～10g，生姜2片。

【制作】老鸭去毛及内脏；生姜洗净；将冬虫夏草纳入老鸭肚中，置沙锅内，隔水文火炖烂，食肉嚼服冬虫夏草，分数日吃完，一般在冬天数九日服用。

⑤ 草鱼豆腐汤

【原料】草鱼1条，豆腐250g，青蒜10g，咸雪里蕻10g，料酒、酱油、白糖、猪油、鸡汤各适量。

【制作】将草鱼去鳞、鳃和内脏后洗净，切成3段；雪里蕻洗净后切成

小段；豆腐切成长约1cm小块；青蒜洗净后切成段。锅内加入猪油，烧热，把鱼、雪里蕻放入，再加入料酒、酱油、白糖和鸡汤烧煮，至鱼煮熟，放入豆腐，把汤烧开后，改文火焖烧几分钟，待豆腐浮起，放入青蒜和熟猪油即成。

43. 血虚体质的蛋白尿、血尿患者如何进行饮食调养？

血虚体质患者的临床表现：面水肿，腰背酸软，面色萎黄或苍白，口唇淡白，心悸少眠，夜热盗汗，手脚发麻，肌肤枯涩，头晕眼花，眼睛干涩，脱发或毛发干枯易断，妇人经少色淡或闭经。

（1）饮食调养

① 中医学认为人体之血源于水谷精微，因此，对于血虚体质的人进行科学合理的饮食保健是很有价值的。

② 常用于补血的食物有黑米、芝麻、莲子、牛奶、乌骨鸡、羊肉、猪蹄、猪肝、猪血、羊肝、驴肉、鹌鹑蛋、甲鱼、海参、龙眼肉、荔枝、桑椹、蜂蜜、菠菜、金针菜、松子、黑木耳、芦笋、番茄等，这些食物都有补血养血的功效。

③ 可以选用适合自己的药膳进行调养，有补血作用的中药很多，常用的补血中药可选用当归、阿胶、何首乌、枸杞子、白芍、熟地黄、紫河车等。

④ 应忌吃辛辣刺激性食物，多吃常吃，易动火耗血。如忌吃或少吃大蒜、荸荠、海藻、草豆蔻、荷叶、白酒、薄荷、菊花、槟榔等。

（2）食疗方

① 归参鳝鱼

【原料】鳝鱼500g，当归15g，党参15g，黄酒、葱、姜、蒜、味精、盐、酱油各适量。

【制作】将鳝鱼宰杀后，去头骨、内脏，洗净，切片备用；将当归、党参装入纱布袋中；将鳝鱼、纱布袋放入锅内，再放黄酒、酱油、葱、姜、蒜、水适量；用武火烧沸后，撇去浮沫，再用文火煎熬1h，捞出药袋，加盐、味精即成。可分餐食用，吃鱼喝汤。

② 当归生姜羊肉汤

【原料】当归30g，生姜15g，羊肉150g。

【制作】以上材料加水适量煮至羊肉熟烂为止。

③ 何首乌煨鸡

【材料】何首乌30g，母鸡1只（约1250g），食盐、生姜、料酒适量。

【制作】将何首乌研成细末，用纱布包好备用；将母鸡宰杀后，去毛桩和内脏，洗净；将首乌药袋放入鸡腹内，放瓦锅内，加水适量，煨熟；从鸡腹内取出首乌药袋，加食盐、生姜、料酒适量即成。

④ 首乌粥

【材料】何首乌25g，粳米50g，白糖适量。

【制作】先将粳米加水煮粥，粥半熟时调入何首乌粉，边煮边搅匀，至黏稠时即可，加白糖调味。

⑤ 双地黄鸡

【材料】生地黄、熟地黄各120g，饴糖150g，龙眼肉30g，大枣5枚，母鸡1只（约重1250g）。

【制作】将母鸡宰杀后去毛，洗净后由背部颈骨剖至尾部，掏去内脏，剁去爪、翅尖，再洗净血水，入沸水锅内略焯片刻，捞出待用；将熟地黄、生地黄洗净后切成约0.5cm见方的颗粒，桂圆肉撕碎，与生地黄、熟地黄混合均匀，再掺入饴糖调拌后塞入鸡腹内，将鸡腹部向下置于钵子中，大枣去核洗净放在钵子内，灌入米汤，封口后上笼旺火蒸制2～3h，待其熟烂取出，加白糖调味即成。

44. 阴虚体质的蛋白尿、血尿患者如何进行饮食调养?

阴虚体质患者的临床表现：面色潮红、有烘热感，目干涩，视物昏花，唇红微干，皮肤偏干、易生皱纹，手足心热，平素易口燥咽干，鼻微干，口渴喜冷饮，大便干燥，眩晕耳鸣，潮热盗汗，五心烦热，小便短涩，舌红少津，苔少，脉象细弦或数。

（1）饮食调养

① 应多食一些滋补肾阴的食物，以滋阴潜阳为法。

② 常选择的食物有芝麻、糯米、绿豆、乌贼、龟、鳖、海参、鲍鱼、螃

蟹、牛奶、牡蛎、蛤蜊、海蜇、鸭肉、猪皮、豆腐、甘蔗、桃子、银耳、蔬菜、水果等。这些食品性味多甘寒性凉，皆有滋补机体阴气的功效。也可适当配合补阴药膳进行针对性调养。

③ 忌吃辛辣刺激性食品，忌吃温热香燥食品，忌吃煎炸炒爆食品，忌吃性热上火食物，忌吃脂肪、碳水化合物含量过高的食物。

（2）食疗方

① 龟肉百合莲子汤

【材料】龟肉150g，百合30g，莲子15g，葱、料酒、糖适量。

【制作】将龟肉洗净、切成小块，百合、莲子洗净，同放入沙锅中加水及调料适量，小火煮烂即可。

② 沙参养肺汤

【材料】沙参15g，玉竹15g，猪心100g，猪肺100g，葱段、盐。

【制作】将沙参、玉竹用纱布包好，与洗净的猪心、猪肺及葱段同置沙锅内加水，先用武火煮沸后改用文火炖约2h，视猪心、猪肺熟透，稍加盐调味即可。

③ 银耳百合粥

【原料】银耳10g，百合10g，粳米25g，冰糖少许。

【制作】银耳用水泡涨，百合、粳米洗净后同放入锅中，加水适量煮成粥，再加冰糖少许即可。每日1次，配餐温服。

④ 天冬玉竹蒸海参

【材料】玉竹15g，天冬15g，水发海参50g，火腿肉25g，香菇15g，精盐、酱油、鲜汤各适量。

【制作】将水发海参洗净，剖成数段，切成长丝状；火腿肉切成薄片；玉竹、天冬洗净后，分别切成薄片；香菇用温水泡发，洗净后切成细条状；将海参丝装入蒸盆内，抹上精盐、酱油，将香菇条及玉竹片、天冬片分放在四周，火腿片盖在上面，在海参周围顺序码放，加鲜汤适量，上笼用旺火蒸45min即成。

⑤ 三冬乳鸽

【原料】天冬、麦冬各10g，淮山药10g，玉竹10g，冬瓜500g，乳鸽50g，高汤4杯，老姜、盐适量。

【制作】天冬、麦冬、淮山药、玉竹冲洗后，加1500ml水以大火煮开，改小火煮至汤汁剩约1杯时，去渣，汤备用；乳鸽洗净切小块，入沸水锅内焯约2min，除去血水，捞出沥水后备用；冬瓜洗净，去皮、籽，切1cm的厚片；锅内入冬瓜、乳鸽、作料及药汤，以大火煮开，改小火煮至熟透即可。

45. 阳虚体质的蛋白尿、血尿患者如何进行饮食调养?

阳虚体质患者的临床表现：水肿明显，面色㿠白，畏寒肢冷，腰背酸痛或胫酸腿软，足跟痛，神疲，纳呆或便溏，性功能失常（遗精、阳痿、早泄）或月经失调，舌嫩淡胖，舌边有齿痕，脉沉细或沉迟无力。

（1）饮食调养

① 少食生冷黏腻之品，即使在盛夏也不要过食寒凉之品。

② 阳虚体质者宜适当多吃一些温阳壮阳且有安神功效的食品，如鱼头、核桃、莲子、羊肉、猪肚、鸡肉、带鱼、狗肉、麻雀肉、鹿肉、黄鳝、虾（龙虾、对虾、青虾、河虾等）、刀豆、核桃、栗子、韭菜、茴香等。

③ 忌食寒凉食物，如田螺、螃蟹、西瓜、梨、苦瓜、绿豆、海带、蚕豆、绿茶等。

（2）食疗方

① 羊肉枸杞汤

【原料】羊腿肉1000g，枸杞子20g，生姜12g，料酒、葱段、大蒜、味精、花生油各适量。

【制作】羊腿肉去筋膜，洗净切块；生姜切片。待锅中花生油烧热，倒进羊腿肉、料酒、生姜、大蒜、葱段煸炒，炒透后，同放沙锅中，加清水适量，放入枸杞子，用大火烧沸，再改用小火煨炖，至熟烂后，加入味精即可。

② 山药羊肉汤

【原料】羊肉500g，山药150g，生姜15g，葱白30g，胡椒6g，绍酒20g，食盐3g。

【制作】将羊肉剔去筋膜，洗净，略划几刀，再入沸水锅内去掉血水；生姜、葱白洗净后拍破待用；山药用清水适量，投入羊肉、生姜、葱白、胡椒、

绍酒，先用武火烧沸后，撇去浮沫，移文火上炖至熟烂，捞出羊肉晾凉；将羊肉切成片，装入碗中，再将原汤除去姜、葱，略加调味，连山药一起倒入羊肉碗内即成。

③ 肉桂米饭

【原料】大米适量，猪肉200g，桂枝10g，洋葱、精盐、胡椒粉等各适量。

【制作】将大米做成米饭，再将桂枝加水适量煎汁备用；在锅中加油爆锅，放入猪肉炒熟，再加入洋葱续炒，加水适量烧开后再倒入桂枝汁，加入精盐、胡椒粉等调料，沸后即可于米饭一同食用。

④ 当归羊肉羹

【原料】当归25g，黄芪25g，党参25g，羊肉500g，葱节6g，姜片6g，食盐2g，料酒20ml，味精、葱花等适量。

【制作】当归、黄芪、党参装入纱布袋内，扎好口；用水洗净羊肉，去皮脂，切成小块；将羊肉、中药袋、葱节、姜片、食盐、料酒一起投放沙锅内，加清水适量；将锅置大火上烧沸，去浮沫，加料酒，再用小火煨炖，直至羊肉熟烂即成。食时加味精、葱花等调味。

⑤ 冬瓜煲鸭肾

【原料】鸭肾2只，冬瓜900g，干贝3粒，盐适量。

【制作】冬瓜洗净连皮切大块；鸭肾洗净，凉水涮过；将干贝浸软。把适量水煲滚，放入冬瓜、干贝、鸭肾，煲滚，以慢火煲2h，加盐调味。

46. 湿热体质的蛋白尿、血尿患者如何进行饮食调养?

湿热体质患者的临床表现：平素面垢油光，易生痤疮粉刺，容易口苦口干，身重困倦，体偏胖或苍瘦，心烦懈怠，眼睛红赤，大便燥结或黏滞，小便短赤，男易阴囊潮湿，女易带下增多，舌质偏红苔黄腻，脉象多见滑数。

（1）饮食调养

① 湿热体质患者宜食用祛湿安神的食品，如薏苡仁、莲子、茯苓、黄花菜、红小豆、蚕豆、绿豆、鸭肉、鲫鱼、冬瓜、丝瓜、葫芦、苦瓜、黄瓜、西瓜、白菜、芹菜、卷心菜、莲藕、空心菜等。

② 体质内热较盛者，禁忌辛辣燥烈、大热大补的食物，如辣椒、生姜、

大葱、大蒜等；对于狗肉、鹿肉、牛肉、羊肉、酒等温热食品和饮品宜少食和少饮。

（2）食疗方

① 花生叶赤豆汤

【原料】鲜花生叶15g，赤豆30g，蜂蜜2汤匙。

【制作】将花生叶、赤豆洗净，放入锅中，加适量水置火上煎汤，调入蜂蜜即成。睡前饮汤，吃赤豆及花生叶。

② 白茯苓粥

【原料】白茯苓粉15g，粳米100g，胡椒粉、盐少许。

【制作】粳米淘净。粳米、白茯苓粉放入锅，加水适量，用武火烧沸，转用文火炖至熟烂，再加盐、胡椒粉搅匀即成。每日2次，早晚餐用。

③ 山楂降脂饮

【原料】鲜山楂30g，生槐花5g，嫩荷叶15g，草决明10g，白糖适量。

【制作】将前4味同放锅内煎煮，待山楂将烂时，捣碎，再煮10min，去渣取汁，调入白糖。

④ 荷叶粥

【原料】新鲜荷叶1张，粳米100g，冰糖适量。

【制作】取粳米煮粥，待粥熟后加适量冰糖搅匀，趁热将荷叶撕碎覆盖粥面上，待粥呈淡绿色取出荷叶即可食用。

⑤ 鸭肉芡实扁豆汤

【原料】老母鸭1500g，白扁豆90g，芡实60g，黄酒2匙，植物油、细盐适量。

【制作】将老母鸭治净，取肉切块，下热油锅中煸炒3min，调入黄酒，加冷水浸没，上火烧开，放入细盐，慢炖2h，倒入白扁豆和芡实，再煨1h离火。佐膳食，2～3日内吃完。此汤有滋阴补虚、益肾祛湿之功。

47. 气郁体质的蛋白尿、血尿患者如何进行饮食调养?

气郁体质患者的临床表现：平素喜忧郁，神情多烦闷不乐，胸胁胀满，或走窜疼痛，多伴善太息，或嗳气呃逆，或咽间有异物感，睡眠较差，食欲减退，

惊悸怔忡，健忘，痰多，大便多干，小便正常，舌淡红，苔薄白，脉象弦细。

（1）饮食调养

① 气郁体质者应选用具有理气解郁安神作用的食物，如芹菜、大麦、荞麦、高粱、刀豆、蘑菇、豆豉、柑橘、萝卜、洋葱、苦瓜、丝瓜、菊花、玫瑰花等。

② 气郁忌食用香、辣、煎、炸、熏、烤类食品。

③ 气郁体质者应少食收敛酸涩之物，如乌梅、泡菜、石榴、青梅、杨梅、草莓、杨桃、酸枣、李子、柠檬等，以免阻滞气机，气滞则血凝。亦不可多食冰冷食品，如雪糕、冰淇淋、冰冻饮料等。

（2）食疗方

① 柴胡白芍炖乌龟

【原料】乌龟1只，柴胡9g，桃仁10g，白芍10g。

【制作】将乌龟洗净；其他药物煎汤去渣，入乌龟肉炖熟，饮汤。

② 炒黄花菜

【原料】干黄花菜30g，黄豆芽250g，素油、盐、调味品适量。

【制作】前2味洗净后用素油煸炒，加适量盐及调味品，作菜吃。

③ 绿萼梅茶

【原料】绿萼梅5g，冰糖适量。

【制作】用沸水冲泡，代茶饮。

④ 玫瑰花烤羊心

【原料】玫瑰花50g（或干品15g），羊心50g，食盐50g。

【制作】用沸水冲泡，代茶饮。

⑤ 佛手柑粥

【原料】佛手柑10～15g，粳米50～100g，冰糖适量。

【制作】将佛手柑煎汤去渣，再入粳米、冰糖同煮为粥。

48. 瘀血体质的蛋白尿、血尿患者如何进行饮食调养?

瘀血体质患者的临床表现：平素面色晦暗，皮肤偏黯或色素沉着，容易出现瘀斑，易患疼痛，口唇黯淡或紫，眼眶黯黑，发易脱落，肌肤干。舌质黯、有点片状瘀斑，舌下静脉曲张，脉象细涩。

（1）饮食调养

① 瘀血体质者具有血行不畅甚或瘀血内阻之虞，宜选用具有活血化瘀、安神功效的食物，如黑豆、黄豆、山楂、黑木耳、核桃、莲子、玫瑰花、红糖、黄酒、葡萄酒等。

② 凡具有涩血作用的食物都应忌食，如乌梅、苦瓜、柿子、李子、石榴、花生等。高脂肪、高胆固醇食物也不可多食，如蛋黄、虾子、猪头肉、奶酪等。

（2）食疗方

① 丹参灵芝茶

【原料】丹参20g，灵芝9g，川芎9g。

【制作】水煎代茶饮。

② 丹参当归鸭汤

【材料】丹参30g，当归15g，鸭肉100g。

【制作】先将鸭肉洗净切块，炖60min；再将丹参、当归加水适量，煎煮30min，取药汁加入鸭肉汤中，再煮20min即可食用。

③ 灵芝三七山楂饮

【材料】灵芝30g，三七粉4g，山楂汁200ml。

【制作】先将灵芝洗净，放入沙锅中，注入适量清水，微火煎熬1h，去渣取汁，兑入三七粉和山楂汁即成。每日1剂，早晚各1次，服前摇匀。

④ 桃仁粥

【原料】桃仁50g，粳米150g。

【制作】先把桃仁捣烂如泥，加水研汁，去渣，放入粳米煮为稀粥，即可服食。

49. 痰湿体质的蛋白尿、血尿患者如何进行饮食调养?

痰湿体质患者的临床表现：性格内向不稳定、忧郁脆弱、敏感多疑，对精

神刺激适应能力较差，平素忧郁面貌，神情多烦闷不乐，胸胁胀满，或嗳气呃逆，或咽间有异物感，或乳房胀痛，睡眠较差，食欲减退，健忘，痰多，大便多干，小便正常，舌淡红，苔薄白，脉象弦细。

（1）饮食调养

① 饮食宜清淡，少食肥甘厚腻、生冷滋润之品。

② 可选食红小豆、扁豆、蚕豆、花生、枇杷叶、文蛤、海蜇、胖头鱼、橄榄、萝卜、洋葱、冬瓜、紫菜、荸荠、竹笋等。还可以配合药膳调养体质。

（2）食疗方

① 白茯苓粥

【原料】白茯苓粉15g，粳米100g，胡椒粉、盐少许。

【制作】粳米淘净。粳米、茯苓粉放入锅，加水适量，用武火烧沸，转用文火炖至熟烂，再加盐、胡椒粉搅匀即成。每日2次，早晚餐用。

② 豆腐干炒芹菜丝

【原料】芹菜500g，豆腐干100g，精盐、味精、白糖、麻油各适量。

【制作】将芹菜去叶，洗净后切段，入沸水中烫过后略凉。豆腐干沸水烫后切丝。起油锅，待油热后，放入芹菜丝和豆腐干丝，加精盐翻炒至熟，再加味精、白糖适量，出锅装盆，淋麻油适量，拌匀即成。经常佐餐食用。

③ 决明粥

【原料】决明子10g，白菊花15g，粳米100g，冰糖6g。

【制作】将决明子入锅炒至出香味时起锅。白菊花入沙锅煎汁，取汁去渣。粳米淘洗干净，与药汁煮成稀粥，加冰糖、决明子食用。早晚各服1次，3～5天为1个疗程。

④ 灵芝三七山楂饮

【材料】灵芝30g，三七粉4g，山楂汁200ml。

【制作】先将灵芝洗净，放入沙锅中，注入适量清水，微火煎熬1h，去渣取汁，兑入三七粉和山楂汁即成。每日1剂，早晚各1次，服前摇匀。

⑤ 二豆粥

【原料】白扁豆50g，绿豆50g，粳米100g，白糖少许。

【制作】取白扁豆、绿豆、粳米淘净，同煮成粥，加白糖调味。佐餐温热食用。

【效用】清暑和中。适宜于小儿暑湿，脾胃失和，吐泻烦渴者。

【按语】白扁豆清暑化湿、健脾和中，与绿豆同用，既能清暑除烦又可生津解渴，煮粥食用，以增强滋润之性。清香适口，常食无害。

50. 如何计算肾病患者每日摄入总能量和蛋白质的量?

① 肾病患者首先学会如何算着吃?

“食物交换份”是膳食配餐中常用的饮食控制方法。该法是先将常用食物按其所含营养素量的特点归类，计算出每类食物每份所含的营养素值和食物质量，然后将每类食物的内容列出表格供交换使用，最后，根据不同人群及个体能量需要，按蛋白质、脂肪和碳水化合物的合理分配比例，计算出各类食物的交换份数和实际重量制作成模板，并在实际食谱制作过程中按每份食物等值交换表选择食物。

同类食物在一定重量内，所含的蛋白质、脂肪、碳水化合物和能量相似。不同类食物间所提供的能量也大致相等。食物交换法简单易行,易于被非专业人员接受并掌握。早期应用于糖尿病人和需要控制体重的人在家庭营养治疗时使用。食物交换份虽然计算有些粗糙，但使用方便，易于达到膳食平衡，便于控制总能量，可以做到食物多样化。肾脏患者对于热量和蛋白质的控制更为严格，所以食物交换份法根据个体差异运用在肾病饮食中，可以制定不同的膳食配方，达到缓解症状，改善营养状况，延缓慢性肾脏病进展，提高生活质量的功效。掌握方法对选择适合自己身体的食物有好处。

在针对肾病人群的膳食管理中，我们希望控制膳食营养素供给，既能减轻肾脏负担，又能降低患者出现营养不良的风险。符合我国饮食特点和计量习惯的食物交换份，是将食物按蛋白质含量分为3组，0～1g、4g和7g，每组分为3类，每一类中一份食物质量和可提供能量不同，但所含蛋白质量相同。

如20g坚果可提供能量90kcal，50g谷薯可提供能量180kcal，250g绿叶蔬菜可提供能量50kcal，但三者所提供的蛋白质均为4g。

不过这么比较只是一个大概的说明，因为谷薯类、绿叶蔬菜等包含的食物很多，各种食物营养含量也会有差别，下面粗略介绍肾病人群的日常食物的蛋白质含量。

根据最新的肾病食品交换份进行蛋白质及能量分配

蛋白质	种类		
0 ~ 1g	油脂类（10g，90kcal）	瓜果蔬菜（200g，50 ~ 90kcal）	淀粉类（50g，180kcal）
4g	坚果类（20g，90kcal）	谷薯类（50g，180kcal）	绿叶蔬菜（250g，50kcal）
7g	肉蛋类（50g，90kcal）	豆类（35g，90kcal）	低脂奶类（240g，90kcal）

② 具体计算

首先，计算标准体重

标准体重（kg）= 身高（cm）−105

身高低于150 cm者：标准体重（kg）= 身高（cm）−100

实际体重低于正常体重20%为消瘦；大于正常体重20%为肥胖。

然后，区分体力活动分级

- 极轻的体力活动：以坐姿或站立为主的活动，如开会、打字、缝纫、打牌、听音乐、油漆、绘画等。
- 轻体力活动：指在水平面上走动，如打扫卫生、看护小孩、打高尔夫球、饭店服务、实验操作、讲课等。
- 中等体力活动：包括行走、除草、负重行走、打网球、跳舞、滑雪、骑自行车、开车、学生日常生活等。
- 重体力活动：负重爬山、伐木、手工挖掘、打篮球、登山、踢足球、非机械化农业劳动等。
- 极重体力活动：运动员高强度的职业训练或世界级比赛、装卸、采矿等。

一般而言以轻中重三种为主。

开始计算摄入总能量

按轻体力活动正常体重为标准：

每日摄入总能量（kcal）=标准体重（kg）×30kcal/（kg・d）（60岁以上）

每日摄入总能量（kcal）=标准体重（kg）×35kcal/（kg・d）（60岁以下）

肥胖或超重者按20 ～ 25 kcal/（kg・d）；消瘦者按40kcal/（kg・d）。

注：中体力活动则在轻体力活动的基础上增加5kcal/（kg・d）；

　　重体力活动则在轻体力活动的基础上增加10kcal/（kg・d）。

此外，糖尿病肾病考虑到血糖因素，应适当限制能量，较正常降低5kcal/（kg·d）。

计算摄入蛋白质

患者每日蛋白质的摄入量一般按慢性肾脏病K/DOQI分期的蛋白质摄入标准计算。

每日摄入蛋白质量（g）＝标准体重（kg）×下表分期的推荐蛋白质摄入量

慢性肾脏病K/DOQI分期（肾科标准）及推荐蛋白质摄入量

分期	肾小球滤过率（GFR）/（ml/min）	推荐蛋白质入量/［g/（kg·d）］
1期	≥90	0.8
2期	60～89	0.8
3期	30～59	0.6
4期	15～29	0.4
5期	＜15或透析	血液透析：1.2 腹膜透析：1.2～1.3

51. 肾病患者出现水肿如何进行艾灸?

艾灸处方 取肾俞、关元俞、志室穴。

操作方法 回旋灸，每穴5～10min，每日1～2次，灸至皮肤红润灼热，10次为1个疗程。

注意事项 重度水肿宜卧床休息，下肢高度水肿患者，需注意观察双下肢水肿程度是否对称、有无疼痛感、皮温升高等情况发生，同时抬高足部，保持皮肤清洁、干燥，衣着柔软宽松，定时翻身，防止皮肤破损、感染发生。头面眼睑水肿者应将枕头垫高，同时适当控制饮水量。

52. 肾病患者出现神疲乏力如何进行艾灸?

艾灸处方 取涌泉、足三里、肾俞、太溪穴。

操作方法 温和灸每天每部位1次，10min，使局部有温热感，以不感烧灼为度，直到施灸的皮肤温热红晕。

注意事项　注意劳逸结合，早期预防疾病，合理安排生活。如果肾病患者出现神疲乏力等病症，务必要重视，及时休息，可以消除疲劳、恢复精力和体力，增强机体免疫力。

53. 肾病患者出现腰膝酸软如何进行艾灸?

艾灸处方　取肾俞、气海、关元、志室、足三里穴。

操作方法　回旋灸，每穴 5 ～ 10min，灸至皮肤红润灼热，每日 1 ～ 2 次，10 次为 1 个疗程。

注意事项　平常注意保持正确的坐姿，避免淋雨，不要坐在潮湿的地面上，避免房事及劳累过度等，都可以降低肾虚腰部不适的发生概率。除此之外，用热水袋外敷腰部，也可改善局部血液循环，有效缓解腰膝酸软症状。

54. 肾病患者出现恶心呕吐如何进行艾灸?

艾灸处方　取内关、足三里、合谷、膈俞、胃俞、神阙等穴。

操作方法　温和灸每天每部位 1 次，10 ～ 15min，使局部有温热感，以不感烧灼为度，直到施灸的皮肤温热红晕。

注意事项　保持口腔清洁，舌面上放鲜姜片，以缓解呕吐。口中有氨味者，予以冷开水或饮柠檬水漱口。

55. 肾病患者出现皮肤瘙痒如何进行艾灸?

艾灸处方　取曲池、合谷、血海、足三里等穴。

操作方法　温和灸每天每部位 1 次，10 ～ 15min，使局部有温热感，以不感烧灼为度，直到施灸的皮肤温热红晕。

注意事项　勤剪指甲，避免用力搔抓皮肤，避免皮肤破溃，着柔软棉织品，避免化纤、羽绒、羊绒等织品，沐浴或泡脚时水温宜 40℃以下。

56. 肾病患者出现泡沫尿如何进行艾灸?

艾灸处方　取气海、关元、足三里、肾俞、脾俞等穴位。

操作方法 回旋灸，每穴 5 ~ 10min，灸至皮肤红润灼热，每日 1 ~ 2 次，10 次为 1 个疗程。

注意事项 大量泡沫尿（蛋白尿）患者，以卧床休息为主，适度床旁活动，卧床时需定时翻身，做足背屈、背伸等动作，病情缓解后，可逐步增加活动量，同时做好口腔、皮肤、会阴等部位护理，避免因感染致病情反复，蛋白尿增加。

57. 肾病患者出现血尿如何进行艾灸?

艾灸处方 艾灸，取肾俞、关元、足三里与命门、气海、三阴交两组穴位交替、间歇应用。

操作方法 温和灸，每穴 5 ~ 10min，灸至皮肤红润灼热，每日 1 ~ 2 次，10 次为 1 个疗程。

注意事项 定期检查尿液，观察尿红细胞量增减和反复是否是日常生活习惯引起的，如活动、睡眠、疲劳等，以及有无感染等因素影响。

58. 肾病患者出现头晕、血压增高如何进行艾灸?

艾灸处方 取风池、百会、三阴交、太阳等穴位。

操作方法 温和灸，每穴 5 ~ 10min，灸至皮肤红润灼热，每日 1 ~ 2 次，10 次为 1 个疗程。

注意事项 定时监测血压。眩晕发生时，尽量卧床休息。若肾病患者出现头痛剧烈、呕吐、血压明显升高、视物模糊应立即就诊。应用降压药物时，注意监测血压动态变化，避免降压速度过快，保持大便通畅，勿屏气或用力排便。

59. 人体常见的养肾穴位有哪些?

① 涌泉穴　位于足底前部，第二、第三足趾趾缝纹头端与足跟连线的前 1/3 处，即当脚屈趾时，脚底前凹陷处。涌泉穴位于全身俞穴的最下部，是肾经的首穴；涌泉穴在养生保健方面有着重要的作用。涌泉穴养生的方法很多，有按摩、火烘、灸疗、敷贴、意守等。经常按摩涌泉穴，能补肾固元，可以使

人肾精充足、耳聪目明、精力充沛、性功能强盛、腰膝壮实、行走有力。

② 太溪穴 位于足内侧，内踝后方与脚跟骨筋腱之间的凹陷处，跟腱与内踝尖之间的凹陷处，用手指按揉有微微的胀痛感。艾灸时，将艾条的一端点燃，悬于太溪穴2 厘米高处，来回移动熏约10min即可。太溪穴以太溪命名，是因为肾经水液流注于此，可以源源不断为人体提供滋养。

③ 关元穴 位于下腹部前正中线上，神阙下3 寸。将手四指并拢，横着放在脐下，小指的下缘处就是关元。关元穴治疗范围相当广泛，可治疗遗尿、尿频、尿闭、泄泻、阳痿、遗精、疝气、腹痛、月经不调、带下、不孕、中风脱证、虚劳羸瘦等，我们要强身健体、延年益寿，就要更好地守护元气，刺激关元穴就是一个很好的办法，可以使肾气活跃，补充肾气。

④ 命门穴 人体督脉上的要穴，位于后背两肾之间，第二腰椎棘突下，与肚脐前后相对。如果以肚脐为标准围绕腰部画一个圆圈，在背后正中线的交点就是命门穴。按摩或艾灸命门，有温肾壮阳、强壮腰膝、固摄肾气的作用，可以治疗阳痿、遗精、带下、遗尿、尿频、泄泻、月经不调、手足逆冷、腰脊强痛等症。

⑤ 肾俞穴 在腰背部，是足太阳膀胱经上的穴位，在第二腰椎棘突旁开1.5寸处。寻找时可以将腰部挺直，挺胸，吸气，此时在侧胸部我们可以摸到肋骨的下缘，沿着肋骨下缘水平向后面摸去，摸到后腰部的肌肉隆起处，这就是肾俞的部位。按摩肾俞穴可用双手中指按于两侧肾俞穴，用力按揉30 ～ 50次；或握空拳揉擦30 ～ 50 次，至局部有热感为佳。坚持按摩肾俞穴，可增加肾脏的血流量，改善肾功能，对腰痛、肾脏病、高血压、低血压、耳鸣、精力减退、阳痿、早泄、遗精、精液缺失、下肢肿胀、全身疲劳等有一定的缓解作用。

60. 听力下降、耳鸣心烦多梦如何进行调理?

肾虚耳鸣会导致记忆力下降或者减退，注意力不集中，精力不足，工作效率降低，同时还会使肾病患者出现情绪不稳定，经常情绪难以自控、易怒、烦躁、焦虑、抑郁等，并且会影响睡眠，肾病患者出现失眠多梦等症状。此时，患者宜积极参加体育锻炼，强化心血管功能，对肾虚耳鸣的症状也会有所改善。生活要规律，如果睡眠不好，可在睡前用热水泡脚。在饮食方面，多吃含铁丰富的食物，如紫菜、黑芝麻、海蜇皮、虾皮、黄花菜等。另外，还宜多吃些含锌的食物，耳朵内锌的含量远远高于其他器官。缺锌是引起耳鸣的重要原因。含锌丰富的食物有鱼、鸡肝、鸡蛋以及各种海产品等。温燥和辛辣刺激的食物要少吃，忌饮浓茶、咖啡、酒等刺激性饮料。

61. 畏寒肢冷、夜尿频多如何进行调理?

畏寒肢冷、夜尿频多症状是严重的肾气不足所致，患者甚至已经损及肾中阳气。夜间是阴气盛的时候，若阳气不足，就不足以固涩，所以会使肾病患者出现尿频。夜尿频多是一件很烦心的事，会影响睡眠，还会损伤身体健康。心理因素很重要，夜尿频多的人要保持良好的心情，不要有过大的心理压力，因为压力过大会导致酸性物质的沉积，影响代谢的正常进行。适当地调节心情和缓解压力可以保持弱碱性体质，使尿频的症状得以改善。

尿频的人要经常进行户外运动。因为多运动、多出汗有助于排除体内多余的酸性物质，减少发病的概率。同时，生活要规律，生活习惯不规律的人会加重体质酸化，病毒容易入侵。烟、酒都是典型的酸性食品，无节制地抽烟喝酒，极易导致人体内环境的酸化。

泡脚是很好的防寒法，晚上睡觉前用热水烫烫脚，能有效地促进局部血液循环，解除全身疲劳，还能起到御寒的作用。除此之外，饮食的酸碱平衡对于尿频的预防也是非常重要的一个环节。调整好饮食结构，避免酸性物质摄入过量，也可减少肾脏的压力。

62. 脱发、白发如何进行调理?

年轻人预防脱发、白发有一种很好的方法，即十指梳头的办法。十指梳头的操作很简单：松开十指，自然放松，手指不要太僵硬。以十指指肚着力，用中等稍强的力量，从前往后梳，对头发进行梳理，用力的大小及梳理的时间以做完后头皮微感发热为度。

在日常的护发中还要注意一些细节。

① 勤洗发，选用弱酸性的洗发剂，避免经常使用吹风机，少对头发进行烫染。

② 要戒烟、节制饮酒。吸烟会使头皮毛细血管收缩，从而影响头发的生长发育。而饮酒，特别是白酒会使头皮产生热气和湿气，引起脱发。即使是啤酒、葡萄酒也应适量。

③ 在饮食方面，应清淡而多样化，平时应多食新鲜蔬菜，克服偏食等不良习惯，使体内营养均衡。还可以多吃些滋补食品，如核桃、芝麻、木耳等，有助于毛发生长。在肾病患者开始出现白发时，可吃些补肾的中药，如将制首乌冲水代茶饮用。

63. 性功能下降如何进行调理？

想改善性功能，首先要有健康的心态，要有信心，这样才能克服心理疲劳。现代人工作压力较大，对性的欲望容易受情绪等各方面因素所影响，因此，应该做好心理疏导。你可以把自己的心理压力讲给伴旅听。两个人之间建立和谐的交流，培养亲密的感情，这样才能营造良好的气氛，有很放松的心态。在此基础上，才会有较高质量的性生活。同时，性生活应着重于质量，而不是在数量上斤斤计较。只要夫妻能够共同获得身心上的满足，哪怕性生活次数再少，仍然可以感受到情感和身体上的巨大满足。戒除不良的生活习惯，也可以改善性功能。抽烟、酗酒、赌博、熬夜都是一些“伤性”的习惯。坚持参加体育锻炼，也是提高性功能的有效方法。

64. 养肾如何睡好子午觉？

“子午觉”，简单来说，就是在每天的子时和午时都应该睡觉。

子时是从23 时到凌晨1 时，此时是人体经气“合阴”的时候，是一天中阴气最重的时候，也是睡眠的最佳时机。子时之前入睡有利于养阴，可以起到事半功倍的效果。

午时是从11 时到13 时，是人体经气“合阳”的时候，此时阳气最盛，此时午睡有利于养阳。午睡只需30 min即可，午睡时间过长，会扰乱人体生物钟，影响晚上睡眠。有人说，既然如此，那不如不睡了。这种想法是不对的，即使此时睡不着，也宜闭目养神，以利于人体阴阳之气的正常交接，这样可以提高下午的工作效率。

65. 养肾如何把握时节养生?

中医认为，冬季主“藏”，与肾相应。因为肾是一个主“藏”的脏器，养肾也要适应时节变化，在生活上做出一些调整，以收藏能量，养护身体。在冬季，应当好好调整自己的生活作息，适应季节的变化，保暖御寒、合理饮食，只有这样才能更好地养护肾精肾气，给机体贮存足够的能量，等待即将来临的万物复苏的春天。冬天“藏”好了，是为了来年春天更好地“生”。

66. 泡脚对肾脏保健的益处?

中医学认为，足底是人体经络起止的汇聚处，分布着60 多个穴位和与人体内脏、器官相连接的反射区，分别对应人体五脏六腑。热水泡脚可以驱除寒冷、促进血液循环、促进代谢、调节身体各脏腑的功能，有利于消化不良、便秘、脱发落发、耳鸣耳聋、头昏眼花、牙齿松动、失眠、关节麻木等症。时间上，最好选择晚上9 点左右泡脚，因为此时是肾经气血比较衰弱的时辰，在此时泡脚，能使身体热量增加，体内血管扩张，有利于活血，促进体内血液循环。同时，紧张了一天的神经和劳累了一天的肾脏可以得到彻底放松和充分的调节，人会因此感到很舒适。

67. 熬夜会伤肾吗?

长期的过度熬夜耗损了大量的精血，造成了肾精的损伤，长此下去，还会引起体质下降、免疫力下降。若是影响了新陈代谢，体内垃圾不能及时排出体外，会造成血管堵塞，脂肪沉积，内分泌紊乱，形成高血压、糖尿病、肥胖症等。当晚上要加班工作时，可在晚餐时多吃一些有营养的食物，如含胶原蛋白丰富的食物。如果工作容易造成眼睛疲劳，就多吃一些明目的食物。久视伤肝，电脑族特别要注意这一点。工作环境要保持空气清新、流通，湿度、温度适宜。工作完后做做按摩，同时对皮肤进行一些简单的护理。这些措施都能降低熬夜对身体的伤害，但最根本的，还是尽量不要熬夜，遵守规律的作息时间。

68. 过劳过逸对肾脏有影响吗?

人在疲劳状态下工作，加上精神紧张，肾病患者易出现抵抗力下降，给细菌、病毒可乘之机，引发各种疾病，正如一部高速运转的机器是很容易损耗而使肾病患者出现故障的。如今社会竞争日趋激烈，生活压力越来越大，“劳累”已日益成为普遍现象。实验证明，疲劳会降低生物的抗病能力，使其易于受到致病微生物的伤害。所以工作紧张、肾病患者易出现疲劳的时候，要注意劳逸结合，早期预防疾病，合理安排生活。如果肾病患者出现感冒等病症，务必要重视，及时休息。适当休息是人体生理的需要，可以消除疲劳、恢复精力和体力，增强机体免疫力。

“不欲甚劳，不欲甚逸”，过于劳累会危害人的健康，过于安逸同样会使机体发生故障。有些人整天无所事事，同样地也喊累，就是这个道理。用进废退，人体的器官也同样如此，适当的体力劳动和脑力劳动能强健体魄、增强记忆，预防器官老化，这样人才不会很快衰老。若是这些器官长期不用，则会像生锈的机器零件一样，慢慢退化、老化，加速衰老。

69. 水是不是喝得越多越好?

有些人不爱喝水，觉得多喝水，会增加上洗手间的次数，嫌麻烦，而且还怕尿多引起肾亏，这是一种错误认识。因为人体代谢所产生的废物通过肾脏的处理，以尿液的形式排出体外，需要有足够的水分辅助。多喝水能冲淡尿液，让尿液快速排出，有助于体内垃圾的清除。

科学的喝水方法应该是少量、多次、慢饮。有人在大量出汗后，尤其是在夏季活动后，一次性补充大量水分，这样也是不对的。因为出汗除了丢失大量水分，同时也丢失了不少盐分，此时慢慢喝点淡盐水是最好的。大口豪饮能够解一时口渴，让自己痛快，却会使排尿量和出汗量增加，导致更多的电解质丢失，还增加了心血管、肾脏的负担，容易使肾病患者出现心慌、乏力、尿频等症状。而且水喝得太快太急，还容易与空气一起吞咽，引起打嗝、腹胀。

70. 暴饮暴食对肾脏有什么影响?

暴饮暴食时吃进去大量食物，必然会产生大量的垃圾——尿酸及尿素氮等，而善后工作都将由肾脏来承担。肾脏是负责分泌尿液、排泄废物的器官，能调节人体电解质浓度，维持身体酸碱平衡。暴饮暴食会使肾脏的工作量大增，使肾脏超负荷运转。在这种情况下，肾功能衰退加快，肾脏的排泄和调节功能下降。长此以往，当肾功能严重受损时，就会导致很多疾病，使体内的毒素、垃圾排不出去，最后可能发展至尿毒症而危及生命。

第二篇

常见肾病如何吃　如何调养

第一节 慢性肾炎

慢性肾炎是慢性肾小球肾炎的简称，是一种常见的肾脏病。起病缓慢，病程长，临床表现轻重不一。初期只有少数蛋白尿或镜下血尿，后出现水肿、高血压、蛋白尿，最终出现贫血、严重高血压，并发展为慢性肾功能不全。

本病病因尚不十分明确，一般认为与持续存在的溶血性链球菌感染有关，从而引起机体变态反应而影响及肾，部分是由于急性肾炎没有彻底治愈发展而成。

本病各年龄段都可发生，以青壮年为多。本病病情表现轻重不一，轻者可无明显症状，并可自愈；重者发展迅速，可在起病后数月内进入尿毒症阶段。慢性者可持续数十年之久，期间反复发作。病情发展到一定程度，多数患者有不同程度的贫血、高血压、眼底改变。

饮食宜忌

忌高脂食物 慢性肾炎患者有高血压和贫血症状，动物脂肪对于高血压和贫血是不利因素。因为脂肪能加重动脉硬化和抑制造血功能，故慢性肾炎病人不宜过多食用。但慢性肾炎患者如果不摄入脂肪，机体会更加虚弱，故在日常生活中可改用植物油，每日 60g 左右。

限制食盐 水肿和血容量、钠盐的关系极大。每 1g 盐可带进 110ml 左右的水，肾炎患者如食过量的食盐，而排尿功能又受损，常会加重水肿症状，并使血容量增大，造成心力衰竭，故必须限制食物，给予低盐饮食。每日盐的摄入量应控制在 2 ～ 4g 以下，以防水肿加重和血容量增加，发生意外。

限制含嘌呤高及含氮高的食物 为了减轻肾脏负担，应限制刺激肾脏细胞的食物，如菠菜、芹菜、小萝卜、豆类、豆制品、沙丁鱼及鸡汤、鱼汤、肉汤等。因为这些食物中的嘌呤含量高及氮含量高，肾功能不全时，其代谢产物不能及时排出，对肾功能有负面影响。

忌用强烈调味品 强烈调味品如胡椒、芥末、咖喱、辣椒等对肾功能不利，应忌食。由于多食味精后会口渴欲饮，在限制饮水量时，也应少用味精。

限制植物蛋白质 蛋白质的摄入量应视肾功能情况而定。若病人出现少尿、水肿、高血压和氮质滞留时，每日蛋白质摄入量应控制在每日 20 ～ 40g，以减轻肾脏负担，避免非蛋白氮在体内积存。特别是植物蛋白质中含大量嘌呤碱，能加重肾脏的中间代谢，故不宜用豆类及豆制品作为营养补充。豆类及豆制品包括黄豆、绿豆、蚕豆、豆浆、豆腐等。

限制体液量 慢性肾炎患者有高血压及水肿时，要限制液体的摄入。每日摄入量应控制在 1200 ～ 1500ml，其中包括饮料及菜肴中的含水量（800ml）。若水肿严重，则更要严格控制进水量。

中医调养

中医疗法

足底按摩

【取穴】足穴选择基本穴：肾、输尿管、膀胱、上身淋巴、下身淋巴；辅助穴：水肿——脾、肺、心；高血压——肝；贫血——脾、胃；外感——鼻、喉。常选用涌泉（足少阴肾经）、公孙（足太阴脾经）、至阴（足太阳膀胱经）、内庭（足阳明胃经）。

操作方法：在选定的穴位上擦些油膏或凡士林、润肤油等介质，以滋润和保护皮肤。用手指或指节按摩，也可以用光滑的圆形小木棒代替。手法为绕圈揉按和来回滑动两种。力度为先轻后重，逐渐增加力量，直至不能接受的最大限度为止。每个穴位按摩 2 ～ 3min，总时间每次不超过 20min，按摩结束后以温热水浸泡双足 15min，每日 2 ～ 3 次，上午、下午、晚上均可，选择在饭后 1h 后。

点按脾俞、命门 患者坐位，以双手拇指点按脾俞、命门，以补脾益肾。

点按关元、气海　嘱患者仰卧位，点按关元、气海，以调补气机、补肾、益气、温阳固精。

点按足三里、太溪、三阴交　点按足三里、太溪、三阴交，以调补肾气、补中益气。

生活调养

（1）环境　房间要定时开窗通风，避免烟雾、尘土等污染空气，以保证房间内空气新鲜。居住房间一般室温为18～20℃，湿度为40%～60%，过高或过低的温湿度会让患者有不舒适感或引起感冒，而感冒和其他不适感又可能加重患者病情。

（2）情志　保持情绪稳定，积极主动配合医生治疗，这样机体内环境迅速得到调整，增强了抗病能力，起到了“正气在内，邪不可干”的生理作用，因此应该胸怀开阔，思想放松，避免消极悲观，更不要“钻死胡同”，学会调养情志，促进早日康复。

（3）饮食　慢性肾炎患者应食宜消化、富含维生素的食物，恢复期忌食黄鱼、带鱼、虾、蟹等海腥食物，以及生冷、肥甘、刺激性食物及辛辣调味品等，以免助火伤精，宜适量食用鳝鱼、淡菜、鸡、鸭等以补肾填精。

（4）自我护理　一是病后慎起居，要预防和控制感冒，保持足够的睡眠，不要“饮食而卧”，睡前不宜服用刺激性食物。同时要喜怒有节，排除烦恼；切勿过度劳累，形体的过度劳累会导致体内有关脏腑气血损伤，适当锻炼。二是平时保阴精。情欲宜节不宜过；禁忌房事以保阴精；调七情以使阴精勿亏；病后特别要注意心情舒畅，怒则伤肝而相火动，动则疏泄不利，病情可趋于严重。慢性肾炎患者可从事较轻的工作，适当参加体育锻炼，以增强机体防病抗病能力，但要避免过重的体力劳动，并要注意定期进行尿常规和肾功能状况检查。

保健食谱

食谱		做法	功效
饮品	薄荷芦根饮	薄荷5g，芦根1尺。煎水代茶饮用	**利水消肿** 用于慢性肾炎复感外邪，水肿加剧，颜面尤显，恶寒发热，咽痛咳嗽
	草决明茶	取草决明30g。泡茶频频饮服	**利水消肿** 用于慢性肾炎头晕烦躁，口渴面赤
	芝麻核桃饮	黑芝麻500g，核桃仁500g。共研成细末，每次服20g，温开水调服，服后嚼服大枣7枚	**补益肝肾，益精固气** 用于慢性肾炎肝肾不足，病后体弱，大便燥结
	花生蚕豆汤	花生120g，蚕豆200g，红糖50g。共放锅内，加水3碗，微火煮，水呈棕红色浑浊时可服。服时加适量红糖。每日服2次	**益气，除湿，化浊** 用于慢性肾炎，气滞湿浊
	萝卜水	萝卜1根，水适量。将萝卜切成小块，用适量水(以浸没萝卜块为宜)煮烂。每日1次，每次1小碗萝卜水	**益气，除湿，化浊** 用于慢性肾炎，食积胀满，小便不利
	玉米赤豆茶	玉米须10g(或玉米30 ~ 40粒)，西瓜皮、冬瓜皮、赤小豆各30g。煮汤代茶，持续饮用	**利水消肿** 用于慢性肾炎，水肿，小便短少

续表

食谱		做法	功效
汤粥	田鸡冬瓜汤	田鸡1只，冬瓜500g。同煮后服食	**去湿消肿** 用于慢性肾炎四肢肿胀，发热尿赤
	鲤鱼益母汤	取鲜鲤鱼1条，去鳞及内脏，切段；益母草10g，鲜姜3片。水煮1h，去渣，煎汤1200～1500ml。每次服用约200ml，每日2次	**益气，活血，利水** 用于慢性肾炎，小便不利
	鲤鱼冬瓜汤	活鲤鱼1条，冬瓜500g。将鱼开膛去鳞洗净，冬瓜削皮，加水清炖。喝汤并食鱼肉，每日服2次	**益气，活血，利水** 用于慢性肾炎，小便不利
	鲫鱼灯心粥	鲫鱼1～2条，灯心草7～8根，大米50g。将鲫鱼去鳞及内脏，与灯心草加水煮，过滤去渣，下大米煮粥服食。每日1～2次，可长期服用	**益气，活血，利水** 用于慢性肾炎，小便不利
	复方黄芪粥	生黄芪、生薏苡仁各30g，赤小豆15g，鸡内金末9g，金橘饼2个，糯米50g。先以水煮生黄芪，去渣，再煮生薏苡仁、赤小豆半小时，再入鸡内金末及糯米，煮成粥。分2次服，食后嚼金橘饼1个	**补脾益肾，益气固涩** 用于慢性肾炎阳气虚衰，水肿，小便不利
	芡实白果粥	芡实30g，白果10枚，糯米30g，共煮成粥	**健脾固涩** 用于慢性肾炎脾肾不固之泄泻、遗精
	黄芪粥	黄芪60g，粳米100g，红糖少许。黄芪切成薄片后放锅内，加清水用中火煮沸，取其药汁。粳米加药汁及清水适量，用武火烧沸后，转用文火煮至米烂成粥。服用时加红糖少许	**健脾补肾，利尿消肿** 用于慢性肾炎气虚，小便不利，伴有蛋白尿

续表

食谱		做法	功效
汤粥	薏苡仁粥	按生薏苡仁多于粳米2～3倍的比例组成。先将薏苡仁煮烂，后入粳米煮粥，空腹服食	**健脾消肿** 用于慢性肾炎水肿，下肢尤甚，饮食不振，大便溏薄，体疲力乏
汤粥	桂心粥	粳米若干，桂心末5g。以常法煮粥，待至半熟时加入桂心末	**健脾消肿** 用于慢性肾炎面白肢凉，全身水肿，小便不利，不渴
菜肴	乌龟炖猪肚	乌龟1只，猪肚500g。两者洗净切成小块，放入沙锅内加水，用文火炖，不放或放少量盐。早晚各服1次，2天内服完。间隔1天，再服1剂。3剂为1个疗程	**滋阴清热，益肾补脾** 用于慢性肾炎脾肾虚衰，虚烦燥热
菜肴	黄芪烧羊肉	黄芪15g，大枣5枚，羊肉250g，调料适量。将黄芪、大枣煎取汁备用；羊肉洗净、切块，纳入黄芪药汁煮至羊肉熟透，加调料调味。每日1剂，温热服食	**补益脾肾** 用于慢性肾炎脾肾虚衰
菜肴	黄芪炖乌骨鸡	黄芪50g，乌骨鸡(毛色黑的鸡也可)1只，料酒、葱、姜、味精、食盐各适量。黄芪洗净切片，乌骨鸡去毛和肠脏。一是把黄芪放入鸡肚内，加水适量，隔水炖熟；二是将鸡切块，与黄芪加水煮熟。加调味品后吃鸡、喝汤	**益气补肾** 用于慢性肾炎阳气虚衰
菜肴	归参炖母鸡	当归、党参各15g，母鸡1只，葱、生姜、料酒、食盐各适量。鸡宰杀后去毛和内脏，洗净。将当归、党参放入鸡腹内，放沙锅中，加入葱、生姜、料酒、食盐、清水各适量。先以武火烧沸，改用文火煨炖，直至鸡肉煮烂即成。饮汤吃肉	**益气补血** 用于慢性肾炎气血虚弱

每日推荐食谱

	周一	周二	周三	周四	周五	周六	周日
早餐	鲫鱼灯心粥(鱼25g，米25g，灯心草5g) 炒粉丝(粉丝75g，青菜100g)	牛奶130ml 凉粉(粉皮100g，黄瓜50g，海带50g)	黄芪粥(黄芪15g，米25g) 番茄鸡蛋炒粉(粉丝75g，鸡蛋清30g，番茄100g)	苡仁粥(薏苡仁35g，米15g) 肉末青菜炒粉丝(肉末15g，粉丝50g，青菜100g)	牛奶160ml，炒银针粉(银针粉100g，菜100g)	生菜肉末粥(生菜100g，瘦肉25g，米25g) 馒头1个(面粉25g) 马蹄糕1块(约25g)	肉菜包(小麦面粉50g，瘦肉25g，菜100g) 麦淀粉糊(麦淀粉75g，糖10g)
加餐	苹果200g 马蹄糕1块(约25g)	火龙果200g	雪梨200g 马蹄糕1块(约25g)	提子200g 马蹄糕1块(约25g)	柚子200g	香蕉200g	番石榴200g
中餐	米饭(米75g) 黄芪炖乌骨鸡(鸡50g，黄芪15g) 青菜200g	米饭(米50g) 田鸡冬瓜汤(田鸡50g，冬瓜100g) 木耳炒粉丝(粉丝100g，木耳100g)	米饭(米75g) 鲤鱼益母汤(鱼50g，益母草10g) 炒冬瓜200g	米饭(米75g) 归参炖母鸡(母鸡50g，当归5g，人参5g) 青瓜200g 马蹄糕一块(25g)	米饭(米50g) 鲫鱼冬瓜汤(鲫鱼50g，冬瓜100g) 彩椒粉丝(彩椒30g，粉丝50g)	米饭(米50g) 瘦肉烧茄子(瘦肉50g，茄子100g) 炒粉丝(粉丝75g，青菜100g)	米饭(米50g) 香菇鸡(香菇30g，鸡肉60g) 青菜200g 炒粉丝50g
加餐	甜藕粉(藕粉40g，糖10g)	甜荸荠粉(荸荠粉50g，糖10g)	水晶饼2个(约50g)	甜荸荠粉(荸荠粉50g，糖10g)	甜藕粉(藕粉40g，糖10g)	麦淀粉糊(麦淀粉40g，糖10g)	甜藕粉(藕粉40g，糖10g)

续表

	周一	周二	周三	周四	周五	周六	周日
晚餐	澄面(瘦肉50g，青菜200g，澄面75g)	米饭(米50g) 蒸鲈鱼(鱼50g) 蒜蓉生菜200g 水晶饼2个(约50g)	青菜肉汤银针粉(银针粉100g，瘦肉50g，青菜200g)	麦淀粉饺子(麦淀粉100g，瘦肉50g，白菜200g)	米饭(米50g) 南瓜排骨(排骨50g，南瓜100g)青菜100g，水晶饼1个(约25g)	澄面(澄面100g，鸡肉50g，菜200g)	煮银针粉(银针粉100g，瘦肉50g，番茄150g)
每日食用油的量为25ml，食用盐为3g							
能量/kcal	1800	1850	1800	1850	1800	1800	1800
蛋白质/g	38	38	38	38.5	37.5	38	39.5
优质蛋白	59.2%	57.9%	59.2%	53.8%	61.3%	59.2%	61.5%

患者女性，身高155cm，体重49kg，年龄为35岁，职业为文员，诊断为慢性肾炎，血肌酐正常。由以上资料可做如下计算。

第一步：计算标准体重，为50kg，可知患者体重为正常范围，而职业为轻体力劳动；

第二步：计算每日所需热量，该患者每日应摄入的热量为35kcal/kg，那么该患者全天所需热量为1750kcal；

第三步：计算每日蛋白质所需，每千克体重每日蛋白质摄入应为0.8g，所以其每日应摄入的蛋白质量为40g，其中优质蛋白需占一半以上，约为22g；

第四步：按食品交换份的原则，计算食品交换份的份数，该患者的食品交换份数为1750/90= 19.5份

第二节 肾病综合征

肾病综合征（nephritic syndrome，NS）是多种病因所致肾小球基底膜通透性增高，从而大量血浆蛋白由尿中丢失而导致的一种综合征。临床表现为大量蛋白尿、低蛋白血症、水肿、高血脂，常伴有营养不良，出现负氮平衡，严重者并发急性肾功能衰竭。肾病综合征是由各种原发性和继发性肾小球疾病引起的一组临床综合征，主要特征是“三高一低”，即大量蛋白尿、高脂血症、高度水肿和低蛋白血症。

饮食宜忌

慎用高蛋白饮食 尽管肾病综合征患者有大量尿蛋白丢失和低蛋白血症，但不建议使用高蛋白饮食，因为高蛋白饮食不但不能使肾病综合征患者血中白蛋白浓度升高，反而加重蛋白尿，损伤肾功能。在肾病综合征极期［严重低蛋白血症，血浆白蛋白 <20g/L，大量蛋白尿（>10g/d）］，应适当增加饮食中的蛋白质，建议 1.2 ～ 1.5g/（kg·d），同时加用血管紧张素转换酶抑制剂；一般肾病综合征患者推荐用 0.8 ～ 1.0g/（kg·d）蛋白饮食，其中动物蛋白占 2/3，植物蛋白占 1/3；不推荐对肾功能正常的肾病综合征患者给予低蛋白饮食，如必需，则应当加必需氨基酸或α-酮酸 10 ～ 20g/（kg·d）；伴有肾功能不全的肾病综合征患者建议使用低蛋白饮食［0.6 ～ 0.8g/（kg·d）］或极低蛋白饮食［0.3g/（kg·d）］，同时加用必需氨基酸。

限制脂肪摄入 肾病综合征患者常伴有高脂血症，因此限制动物脂肪是有益的。特别是富含胆固醇的食品，如鱿鱼、虾、蟹、肥肉、蹄筋、动物内脏等，应予控制。

足量的碳水化合物 补足能量，防止氨基酸氧化，建议为35kcal/（kg•d），但如患者肥胖，可适当降低碳水化合物。

适当限制盐 建议1g/d。

给予足够的水溶维生素和适当补充微量元素 补肾中药如淫羊藿、仙茅、肉苁蓉、锁阳、狗脊均含有钙、锌等微量元素。因此配合中药治疗，既可补充需要，又能增进食欲，改善体质。

不宜多食酸、甜、苦、咸及生冷之品；少食蛋黄、鱼子、肉皮及动物内脏；忌食虾、蟹、腌制品；不宜饮酒、吸烟。

中医调养

中医疗法

针灸及推拿

【取穴】足三里、气海、关元、肾俞、命门、涌泉。

操作方法：针刺或艾灸，或针刺加艾灸，配合推拿。推拿应在穴位上做轻缓运动，以患者感到微热及舒适为度。每日1～2次，7天为1个疗程。

推拿

【取穴】肾俞、命门、大肠俞、八髎、中脘、气海、太溪、涌泉。

操作方法：运用四指推法、摩法、按法、擦法、揉法。①患者俯卧位，医者施四指推法于肾俞、命门、大肠俞、八髎诸穴约3min，接着揉按肾俞，以酸胀为度；②患者取仰卧位，医者施摩法于中脘、气海约5min，接着按揉太溪和涌泉；③患者坐位，医者施擦法于肾俞、命门、大肠俞、八髎诸穴，自上而下横擦，以透热为度。

中药泡足

【中药组成】益母草、板蓝根、白茅根、车前草、苦参、赤芍、丹参各50g。

方法：水煎后连药渣带药液倒入盆内，将双足浸入药液中浸泡，每日2次，每次20～30min，温度要适宜，不可过热烫伤皮肤，亦不可过凉引起感冒。具有清热解毒、活血化瘀、利水消肿的作用。

生活调养

（1）起居 注意起居有序、劳逸适度、寒暖适宜，避免风寒侵袭，减少病情复发或加重的机会。还应坚持“动静结合”的原则，视病情轻重，进行适当的户外活动，或远眺蓝天白云，或近观花草树木，以养其性，以缓其神。

（2）饮食 肾病综合征患者除坚持必要的药物治疗外，更应重视饮食护理。合理应用限钠饮食与适量摄入蛋白质对本病患者尤为重要。为有效缓解高脂血症，应避免食用富含胆固醇的食物，而多进食富含不饱和脂肪酸的食物。忌食辛辣刺激食物，并戒烟酒。

（3）情志 由于肾病综合征病程长，甚至为终身性疾病，并发症多，易反复发作，常出现悲观恐惧情绪，有时不配合治疗，甚至消极抵制治疗措施，往往使病情长时间不能缓解或加重。家人或照顾者要多了解患者的情绪变化，体贴关心患者，与其进行轻松交谈，充分取得患者的信任，消除其不良情绪，让其树立战胜疾病的信心，积极配合治疗。使患者心情舒畅，才能达到调和气血、恢复正气的目的。

（4）口腔及皮肤护理 口腔和皮肤是外邪侵袭的通道，因此必须每日按时清洁口腔及皮肤，防止口腔及皮肤感染，床单污染后及时更换，保持室内清洁平整，保持空气清新卫生，避免病情加重或复发。

（5）服药护理 按时服药，不可自行用药，以防某些药物如庆大霉素、卡那霉素等对肾脏的损害。

保健食谱

食谱		做法	功效
饮品	玉米赤豆茶	玉米50粒（或玉米须10g），西瓜皮、冬瓜皮、赤小豆各30g。煮汤代茶，每日饮服	**利尿消肿** 用于肾病综合征水肿，小便不利
	乌梅莲子饮	乌梅15g，莲子120g。水3碗煎至2碗，分2次饮服	**益肾固涩止血** 用于肾病综合征血尿者
	黄精沙参山药饮	黄精30g，北沙参40g，核桃仁50g，山药60g，白砂糖（或冰糖）40g。共煎，分2次服用	**滋补肝肾，益气养血** 用于肾病综合征气血虚衰

续表

食谱		做法	功效
汤粥	葫芦壳枣汤	葫芦壳50g，冬瓜皮、西瓜皮各30g，大枣10枚加水煎取150ml，去渣饮汤，每日服1剂，连服至肿消退	**利尿消肿** 用于肾病综合征水肿，小便不利
	红花生姜豆腐汤	红花10g，生姜3片，豆腐500g，红糖适量。将红花、生姜同置锅中，加清水适量煮沸后，下豆腐块煮熟，红糖调味服食。每日2次，早晚分服。连续3～5周	**行气活血，通络止痛** 用于肾病综合征肢体疼痛或合并下肢静脉血栓形成
	黑豆苏木汤	黑豆50g，苏木20g，红糖少许。将黑豆炒熟研末，加苏木同煎取汁，加红糖适量饮服。每日1剂，连续3～6周	**行气活血，通络止痛** 用于肾病综合征肢体疼痛，或合并下肢静脉血栓形成
	泽泻粥	泽泻10g，大米50g。将泽泻切片；大米淘洗干净；先取泽泻水煎取汁，去渣，加大米煮为稀粥服食。每日1剂，连续3～6周	**利水渗湿，化痰降脂** 用于肾病综合征头目眩晕，血脂升高，小便短少，肢体重困，大便溏薄等
	轻身冬瓜粥	冬瓜100g，大米30g。将冬瓜皮用刀刮后洗净，不要把皮削掉，切成小块；将大米淘洗干净，放入锅中，加清水适量，煮沸后下冬瓜，煮至粥熟服食。每日1剂，连续3～5周	**健脾利湿，祛脂消痰** 用于肾病综合征血脂升高，小便短少

续表

食谱		做法	功效
汤粥	参芪粥	党参30g，黄芪60g，粳米100g，红糖少许。党参、黄芪切薄片后加水煮沸，去渣取汁。粳米加清水适量常法煮粥，半稠时加入参芪汁，文火慢煮。粥稠即可饮服	**益气固涩** 用于肾病综合征阳气虚衰
汤粥	山楂粥	山楂30g(鲜者加倍)，大米50g，砂糖10g。将山楂水煎取汁备用；大米用清水淘净。取大米加清水适量煮沸后，转文火煮至粥熟时，调入山楂汁、砂糖，再煮一二沸即成。每日1剂，连续3～5周	**健脾消食降脂** 用于肾病综合征血脂升高，纳差食少，肢软乏力等
菜肴	莲子西瓜盅	西瓜1个，莲子、核桃各30g，火腿、鸡肉、冰糖各50g，薏苡仁20g，调味品适量。将莲子发开，核桃去壳取仁，鸡肉洗净、切丝，冰糖打碎备用。将西瓜洗净从上端1/3处切下，挖出瓜瓤，而后纳入莲子、核桃、火腿、鸡肉、冰糖、薏苡仁及调味品等，再将瓜盖盖上，放蒸锅中蒸熟服食。每日1次，分3次食完，连续3～5周	**清热解毒，利湿消肿** 用于肾病肢体水肿，小便短少
菜肴	茯苓泽泻鸡	茯苓30g，泽泻10g，母鸡1只，调味品适量。将茯苓、泽泻洗干净，布包；母鸡去毛，洗净，将药包置于鸡腹中，扎紧，放于沙锅中，加清水适量，武火煮沸后，转文火煮至鸡肉熟后，去药包，调入葱、姜、椒、盐、味精等，再煮一二沸即成。每周2剂。连续3～5周	**清热利湿** 用于肾病综合征头目眩晕，血脂升高，小便短少，肢体重困，大便溏薄等

续表

食谱		做法	功效
菜肴	薏苡仁冬瓜鸡	薏苡仁30g，冬瓜500g，鸡肉300g，香菇、粉条及调料各适量。将冬瓜去皮、洗净、切块；鸡肉洗净、切块；香菇发开。将薏苡仁、冬瓜、鸡肉、香菇同入汤锅中，加清水适量及葱、姜、椒、蒜、料酒等。文火炖至烂熟后，下粉条，煮熟，用食盐、味精调味后服食。每2日1剂，连续3～5周	**健脾利湿，降脂化浊** 用于肾病综合征血脂升高，小便短少
	竹笋爆鸡片	山鸡脯肉50g，竹笋25g，黄瓜100g，蛋清1只，葱、姜、芫荽、盐、味精、生粉、植物油、鸡汤、黄酒、猪油、麻油各适量。将鸡肉洗净，切片；竹笋洗净，切片；葱、姜切丝；芫荽切段；将鸡肉用盐、味精略腌，再放蛋清、生粉。锅内放植物油烧至五成热时，放鸡片。用炒勺划散，捞出，沥去油：用鸡汤、盐、味精、黄酒兑成汁水；锅内放猪油烧至六成热时，放葱、姜、竹笋片煸炒，再下黄瓜片、鸡肉片、芫荽，烹上兑成的汁水，颠翻几下，浇上麻油即成。每日1剂，连续3～5周	**清热利湿，降低血脂** 用于肾病综合征头目眩晕、血脂升高，小便短少、肢体重困等
	冬瓜香菇菜	冬瓜200g，香菇50g，葱、姜、植物油、食盐、味精各适量。将冬瓜去皮洗净，切成小方块；香菇用水发开，去蒂柄，洗净，切成丝；葱、姜洗净切丝。锅中放植物油适量烧热后，下葱、姜爆香，而后下冬瓜及香菇和泡香菇的水，焖烧数分钟，待熟时调入食盐、味精等，翻炒几下即可。每日1剂，连续3～5周	**利水渗湿，降脂化痰** 用于肾病综合征血脂升高，小便短少

续表

食谱		做法	功效
菜肴	三七炖鸡	三七10g，母鸡1只，葱、姜、椒、盐、味精各适量。将三七切片；母鸡去毛杂，洗净；将三七纳于鸡腹中，置锅内，加清水适量，文火炖沸后，加葱、姜、椒、盐各适量炖至鸡肉烂熟后，加味精调服。每周2剂，连续3～5周	**益气活血，化瘀降浊** 用于肾病综合征并发静脉血栓形成
菜肴	山药香菇炒瘦肉	山药、香菇各50g，猪瘦肉150g，淀粉、酱油、料酒、植物油、葱、姜、椒粉、青椒、麻油、食盐、味精各适量。将山药去皮、洗净、切丝；香菇洗净、切丝；猪瘦肉洗净、切丝，用淀粉、酱油、料酒拌匀。锅中放植物油适量，烧至七八成热时，用葱、姜爆香，下猪肉炒至变色，而后下山药、香菇丝及椒粉、青椒适量，炒至熟后淋上麻油，食盐、味精调味服食。每日1剂，连续3～5周	**益气和血，降脂祛腻** 用于肾病综合征血脂升高，肢体重困，食欲不振，纳差食少，小便短少，大便溏薄
主食	内金山楂面饼	鸡内金5g，山楂10g，小麦面50g，食盐、植物油各适量。将鸡内金、山楂研为细末，与小麦面混合后加清水适量，再加入食盐调匀成稀糊状备用；锅中放植物油适量滑锅后，放鸡内金山楂面糊，摊匀，煎至两面呈金黄色时即可。每日1剂，作中、晚餐服食，连续3～5周	**健脾和胃，消积祛腻** 用于肾病综合征血脂升高，纳差食少，肢软乏力等

每日推荐食谱

	周一	周二	周三	周四	周五	周六	周日
早餐	冬瓜粥(米25g，冬瓜100g) 菜心肉丝炒粉丝(粉丝100g，瘦肉30g，菜50g)	泽泻粥(泽泻5g，米25g) 番茄鸡蛋炒银针粉(银针粉100g，番茄100g，蛋清30g)	山楂粥(米25g，山楂15g，糖约10g) 青瓜肉片粉丝(粉丝100g，青瓜100g，瘦肉30g)	参芪粥(米25g，党参8g，黄芪15g 炒粉丝(粉丝100g，瘦肉30g，青菜100g)	牛奶160ml 馒头1个(面粉25g) 炒银针粉(银针粉75g，瘦肉30g，青菜100g)	麦片(麦片25g，水100ml) 炒粉丝(粉丝100g，番茄100g，蛋清30g)	麦淀粉饺子(麦淀粉100g，瘦肉50g，白菜100g)
加餐	苹果200g 马蹄糕两块(约50g)	火龙果200g马蹄糕两块(约50g)	雪梨200g 马蹄糕两块(约50g)	提子200g 马蹄糕两块(约50g)	柚子200g 马蹄糕两块(约50g)	香蕉200g 水晶饼2个(约50g)	番石榴200g 马蹄糕两块(约50g)
中餐	淮山米饭(米50g，淮山药50g) 茯苓泽泻鸡(鸡肉60g，茯苓15g泽泻5g) 炒青瓜(青瓜150g)	米饭(米50g) 淮山香菇炒肉(瘦肉60g，淮山药25g，香菇25g) 炒大白菜(大白菜150g)	淮山米饭(淮山药50g，米50g) 萝卜丝炒肉片(瘦肉60g，萝卜150g) 青菜100g	米饭(米50g) 苡仁冬瓜鸡(鸡肉60g，薏苡仁10g，冬瓜100g，粉皮25g) 青菜100g	香芋米饭(米50g，香芋50g) 三七炖鸡(三七5g，鸡50g) 青菜150g	米饭(米50g) 红薯50g 红烧鱼(鱼肉60g) 茄子150g	米饭(米75g) 南瓜蒸排骨(南瓜100g，排骨50g) 青菜100g

续表

	周一	周二	周三	周四	周五	周六	周日
加餐	甜藕粉(藕粉50g，糖20g)	内金山楂饼(鸡内金5g，山楂10g，面粉50g)	甜荸荠粉(荸荠粉50g，糖20g)	甜藕粉(藕粉50g，糖20g)	麦淀粉糊(麦淀粉50g，糖20g)	甜荸荠粉(荸荠粉50g，糖10g)	甜藕粉(藕粉50g，糖20g)
晚餐	淮山米饭(米50g，淮山药50g) 豉汁鲈鱼(鱼60g)生菜200g	麦淀粉饺子(麦淀粉85g，瘦肉60g，白菜200g)	米饭(米50g) 马铃薯蒸肉(马铃薯50g，肉60g) 青菜150g	内金山楂饼(鸡内金5g，山楂10g，面粉50g) 淮山炒肉片(淮山药50g，瘦肉60g)青菜150g	香芋米饭(米50g，香芋50g) 冬瓜香菇菜(冬瓜100g，香菇50g) 彩椒炒鱼片(彩椒30g，鱼肉50g)	排骨面(面50g，排骨60g，青菜200g)红薯50g	土豆米饭(土豆50g，米50g) 三七炖鸡(三七5g，鸡50g) 青菜150g
每日食用油的量为25ml，食用盐为3g							
能量/kcal	1850	1850	1800	1840	1810	1975	1820
蛋白质/g	46.4	45	46.5	45.5	47	45	45

续表

	周一	周二	周三	周四	周五	周六	周日
优质蛋白	58.2%	60.0%	58.1%	59.3%	60.4%	60.0%	60.0%

患者女性，身高160cm，体重52kg，年龄为23岁，职业为学生，诊断为肾病综合征，肌酐正常。由以上资料可做如下计算。

第一步：计算标准体重，为55kg，可知患者体重在正常范围，而学生为轻体力劳动；

第二步：计算每日所需热量，该患者每日应摄入的热量为35kcal/kg，那么该患者全天所需热量为1925kcal；

第三步：计算每日所需蛋白质，每千克体重每日蛋白质摄入应为0.8g，所以其每日应摄入的蛋白质量为44g，其中优质蛋白需占60%～70%，约为27g；

第四步：按食品交换份的原则，该患者的食品交换份数为1925/90=21.5份

第三节　泌尿系感染

泌尿系感染是由细菌直接侵犯所引起的泌尿系炎症，包括尿道炎、膀胱炎及肾盂肾炎。儿童患者较成人多，女性患者较男性多，容易反复发作。主要临床表现为：发冷、发热、腰部酸痛、膀胱刺激症状、脓尿和菌尿等，早发现、早治疗以及彻底治疗是预防复发的关键。

饮食宜忌

总的饮食原则为多饮水（每天 1500 ～ 2000ml 以上），保持排尿通畅；饮食有节。忌辛热肥甘之品，或嗜酒太过。

饮食宜忌

- 宜吃清淡、营养丰富、富含水分的食物，多食新鲜蔬菜水果，如西瓜、冬瓜，二者性味甘寒，既可清热利水解毒，又可滋补阴津，西瓜素有“天然白虎汤”之美称。亦可食用健脾利水粥，即薏苡仁、山药、赤小豆、大米同煮，薏苡仁、山药甘淡微寒可健脾祛湿热；赤小豆利下焦之湿热，再加白糖适量，以助清热利湿之功。
- 忌韭菜、葱、蒜、胡椒、生姜等辛辣刺激食物。
- 宜选择有清热解毒、利尿通淋功效的食物，如菊花、荠菜、马兰头、冬瓜等；
- 忌食温热性食物，如羊肉、狗肉、兔肉，防止燥热生长。
- 忌油腻食物，避免脾运失职湿阻中满，湿邪内生，加重病情。

控制每日盐的摄入量，防止过咸伤肾。忌烟酒。

预防泌尿系结石，保持排尿通畅。

中医调养

中医疗法

推拿疗法

① 先用拇、食指提拿小腹部肌肉，后用掌摩之；继用拇指按揉阳陵泉、肾俞、三阴交、太溪，重点按揉膀胱俞、肺俞；最后掌按背部，重点掌按膀胱俞、足三里、腰骶部。适用于热淋。

② 先掌按小腹部，重点为中极、气海、水道；继用拇指按揉肾俞、三阴交；最后掌擦腰背部，重点为气海俞、膀胱俞。适用于气虚淋。

气功疗法（静坐导引功） 平坐在凳子或椅子上，两脚分开，与肩平宽，脚尖向前，大趾、二趾微微内扣按地，小腿垂直，大腿平，大小腿夹角为 90°。臀部坐在凳子、椅子的前 1/3，上身平直，头部百会与臀会阴穴成一直线，使督脉、任脉气血通畅。双目平视、微闭，两手自然放在大腿上离膝盖一拳头处，全身放松，强调顺其自然，轻松舒适，消除紧张状况，摆脱一切外来不良刺激。收功后，犹如深睡初醒，全身轻松，精神爽快。每日练功 4 次，每次 40 ～ 60min。适用于淋证体虚者。

多饮水、勤排尿，注意阴部清洁（尤其是月经期、妊娠期、产褥期），性生活前要洗浴，性生活后要排尿等。在尿路感染治疗期或恢复期，则应尽量避免性生活。另外，患者要加强体育锻炼，调畅情志，以稳定机体内环境，增强机体抵抗力，使“正气存内，邪不可干”，减少外邪再次侵犯人体导致尿路感染复发的机会。

生活调养

（1）环境与休息　病室宜清洁、安静、空气流通。病人应养成良好的饮食起居习惯，饮食宜清谈，忌肥腻辛辣酒醇之品，多运动，以提高机体免疫力。

（2）情志护理　避免纵欲过劳，保持心情舒畅，以提高机体抗病能力。

（3）保持良好的卫生习惯，注意外阴清洁，不憋尿，多饮水，每 2 ～ 3h 排尿一次，房事后即行排尿，防止秽浊之邪从下阴上犯膀胱。妇女在月经期、妊娠期、产后更应该注意外阴卫生，以免虚体受邪。

（4）心理护理　解除思想顾虑，特别是年老体弱、反复发作者容易对治疗失去信心，意志消沉，情绪低落，要增强信心，以愉快的心情接受治疗。

（5）膀胱输尿管反流病人，要养成“二次排尿”习惯，即每一次排尿后数分钟，再重复排尿1次。

（6）对于妊娠晚期合并急性肾盂肾炎的患者，应采用侧卧位或轮换体位，减少妊娠子宫对输尿管的压迫，使尿液引流通畅。

（7）出现血尿、腰痛、排尿困难者及时就诊。

保健食谱

食谱		做法	功效
饮品	玉米须茶	玉米须100g。煎汤代茶饮	**清利湿热** 适用于泌尿系感染
	甘蔗、生藕汁	甘蔗汁、生藕汁各60g，拌匀。每日2次分服	**清热利湿，凉血止血** 治小便疼痛，泌尿系感染，尿频，尿急，尿血等症
	西瓜汁	西瓜榨汁	**清热利尿** 适用于小便短赤等症
	雪梨汁	雪梨榨汁	**清热利尿** 适用于小便短赤等症
汤粥	凤尾草米泔汤	①凤尾草30g（鲜60g），取第2次淘米水3碗，食盐适量。将凤尾草洗净，置锅中加入米泔水3碗，于火上煎至1碗，加适量食盐调味即可 ②青粱米50g，浆水若干。先以青粱米、浆水煮粥，临熟下土苏，搅匀即可 每日2次，空腹服食	**①清热凉血，利尿通淋** 适用于泌尿系炎症、尿急、尿痛、血尿等 **②清热通淋** 治老人五淋、小便秘涩疼痛等
	五爪龙小米粥	五爪龙30g，大枣10g，小米50g，瘦猪肉50g。将猪肉切成薄片；先煎五爪龙去渣，后入猪肉、大枣及小米共煮粥。空腹服食	**补益气血，利尿通淋** 适用于淋症日久、气血虚亏，小便淋涩、疼痛等症

续表

食谱		做法	功效
汤粥	赤小豆粥	赤小豆50g，通草10g，小麦100g。先煎通草，去渣取汁，入小麦、赤小豆煮成粥。空腹服，每日2次	**清热利尿通淋** 治下焦膀胱湿热证。适用于热淋、小便灼热、淋漓涩痛等
	萹蓄粥	萹蓄30～50g，粳米100g。萹蓄入沙锅，加水800ml，煎15min后，去渣留汁，入粳米煮粥。每日3次，温热服食	**清热利湿通淋** 对湿热病重的急性尿路感染有显著疗效
	四鲜粥	鲜藕节、鲜茅根，鲜墨旱莲、鲜小蓟各30g，粳米100g，白糖适量。将前四味药洗净煎煮，取汁去渣，加入淘净的粳米煮粥，粥将熟时入白糖调匀。每日2次，温热服	**凉血止血** 适用于血热或阴虚内热所致的尿血及吐血、衄血
	小蓟栀子粥	生地黄24g，小蓟，木通、淡竹叶、藕节、山栀子、炒蒲黄各9g，当归5g，滑石12g，甘草5g，粳米100g，白糖适量。 先将前10味中药放入沙锅内，加水适量，煎煮2次，取汁混合后，每次取药汁过滤，然后加入洗净的粳米煮粥，粥成后加入白糖调味。每日2次服食	**清热利尿，凉血止血** 适用于下焦热结血淋证，症见血尿、赤涩热痛、小便频繁。血尿日久而虚者不宜服
	加味滑石粥	滑石20～30g，小蓟10g，粳米100g。先将滑石用布包扎，与小蓟同入沙锅煎汁，去渣，煎液与粳米煮为粥。每日2次服食	**清热利尿，凉血止血** 适用于小便热赤带血、色鲜红，心烦口渴，面赤口疮，舌尖红，脉散

续表

食谱		做法	功效
汤粥	莲子六一汤	莲子（去心）60g，生甘草10g。同煮熟，加冰糖适量食用	**祛湿安神** 可治泌尿系感染症见尿频，尿急，小便赤浊，或兼有虚烦，低热
	海带绿豆甜汤	海带60g（浸透，洗净切丝）绿豆80g（洗净），白糖适量。 把海带、绿豆一起放入锅内，加清水适量，武火煮沸后，文火煮至绿豆烂，放适量白糖调甜汤，再煮沸即可	**清热利尿** 治疗尿路感染属膀胱湿热者。症见尿频、尿急、尿痛，淋沥不畅，尿色浑赤，或尿中带血者
	玉米蚌肉汤	新鲜玉米一条，去衣，留须，洗净切段；蚌肉60g洗净。把玉米放入锅内，加清水适量，武火煮沸后，文火煮20min，放入蚌肉，煮半小时，调味即可。随量饮汤，食玉米粒	**清热利湿** 治疗尿路感染属脾肾气虚，湿热内蕴者。症见小便不利，尿频、尿痛，尿少，尿中断，或有水肿等
	黄芪鲤鱼汤	生黄芪60g，鲜鲤鱼1尾（重250～500g）先煎黄芪取汁，入鱼同煮汤，饮汁，食肉	**补益气血，利尿通淋** 治疗尿路感染属气虚者。症见尿痛不著，淋沥不已，余沥难尽，或尿有热感，时轻时重，遇劳则发或加重
菜肴	马蹄炖水鸭	马蹄100g，水鸭肉500g，冰糖30g。①将水鸭去毛去内脏，洗净，切块；马蹄洗净去皮，一切两瓣；冰糖打碎；②将鸭块、马蹄放锅内，加水300ml，放入冰糖，用武火烧沸，文火炖熬1h即成。每日服2次，佐餐或单食	**清热解毒，利尿消肿** 适用于尿路感染

续表

食谱		做法	功效
菜肴	冬瓜鲤鱼盅	冬瓜1只（约500g），鲤鱼1尾（约500g），莲子300g，薏苡仁30g，核桃肉30g，冰糖30g，赤小豆500g。①将冬瓜洗净，从蒂下切下为盖，将冬瓜瓤挖出；鲤鱼洗净，去鳞、去内脏，切下鱼头及鱼尾；赤小豆、莲子、薏苡仁、核桃仁洗净；冰糖打碎。②将鲤鱼、莲子、薏苡仁、核桃肉、赤小豆、冰糖同放入冬瓜盅内，加水500ml，盖上冬瓜盖，放入蒸盒内，置蒸笼内，用武火蒸80min即成。每日2次，吃冬瓜、鱼，喝汤。佐餐或单食	**清热解毒，利尿消肿** 适用于泌尿系感染
	双耳黄花肉片	白木耳、黑木耳各10g，黄花菜50g，瘦猪肉100g，水豆粉30g，盐1g，葱20g，料酒20g，姜10g、素油100g。①将白木耳、黑木耳、黄花菜用温水发透，择去杂质、蒂及泥沙；葱切段，姜切丝，猪肉切片。②炒勺内放素油，置中火上烧热，下入猪肉、木耳、黄花菜、葱，姜翻炒，起锅时，放入水豆粉、盐炒匀即可起锅。每日2次，佐餐食	**清热解毒，利尿止血** 适用于尿路感染
	翠衣炒鱼片	西瓜皮200g，鱼肉250g，白糖25g，绍酒30g，醋30g，素油50g，盐2g，葱适量。①将西瓜皮洗净，切成丝，用纱布绞取汁液；将鱼肉切成薄片。②锅置武火上，放入素油，烧至六成热时，加入葱、鱼肉、西瓜皮汁液、白糖、绍酒、醋、盐，翻炒2min即成。每日服2次，佐餐食	**清热解毒，利尿消肿** 适用于尿路感染

续表

食谱		做法	功效
菜肴	地胆草煲猪肉	鲜地胆草150g，瘦猪肉200g，食盐少许。猪肉洗净放沸水中氽掉血水，捞起切块；地胆草洗净，与猪肉一同入锅，加适量清水，文火煲至肉熟烂，加少许食盐调味。吃肉饮汤	**清热利湿，解毒润燥** 适用于膀胱炎
	牛肉冬瓜羹	水牛肉500g，冬瓜250g，葱白100g，豆豉50g，盐、醋适量。牛肉洗净，冬瓜去皮，两者切碎，加水和豆豉、葱白、盐共煮作羹。蘸醋食牛肉，饮汤，空腹食	**清热解毒，利尿消肿** 适用于膀胱炎
	车前草猫毛草煲田螺	车前草30g，猫毛草15g，田螺（连壳）500g。先用清水静养田螺1天，经常换水以漂去污泥，斩去田螺尾。全部用料放入锅内，加清水适量，武火煮沸后，文火煲1h，饮汤吃田螺肉。每日1料	**利水通淋，清热祛湿** 用于夏天泌尿系感染之小便短赤涩痛、淋沥不畅者
	凉拌莴苣丝	鲜莴苣250g，去皮，用冷开水洗净，切丝，以适量食盐、黄酒调拌即可。随量食用或佐餐	**利水通淋** 治疗尿路感染属湿热郁阻者。症见尿频、尿急、尿痛，小便短赤，或有水肿者
	清炒绿豆芽	绿豆芽250g洗净，起油锅炒熟，下盐调味即可。随量食用或佐餐	**清热凉血** 治疗尿路感染属膀胱湿热者。症见小便赤涩不利，或尿频涩痛
	紫苏炒田螺	鲜紫苏叶5片洗净，切碎；田螺250g（先用清水养2天，并需常换水以除去泥污），斩去田螺尾，洗净干水。起油锅，下紫苏叶炒几番，放田螺炒几番后，放盐炒熟即可	**清热凉血** 治疗尿路感染属膀胱湿热者。症见小便不利，尿频、尿急、尿痛，或有水肿，小便短赤者

每日推荐食谱

	周一	周二	周三	周四	周五	周六	周日
早餐	小蓟栀子甜粥(生地黄8g，小蓟、栀子、藕节、木通各3g，大米25g，白糖10g) 生肉包1个(面粉40g，瘦肉20g) 煮鸡蛋1个	肉片青菜汤面条(瘦肉50g，面条60g，青菜100g)	青小豆粥(青小豆10g，通草5g，小麦15g，大米15g) 菜肉饺子3个(面粉30g，瘦肉25g)	鲜牛奶200ml 肉包子2个(面粉70g，瘦肉25g)	青菜上汤云吞面(面粉20g，干面条40g，瘦肉25g，青菜100g)	加味滑石粥(滑石15g，小蓟5g，大米25g) 煮鸡蛋1个 菜肉包1个(面粉45g，瘦肉20g，菜少许)	豆浆200ml 菜肉饺子4个(面粉20g，瘦肉25g，菜少许) 馒头1个(面粉40g)
午餐	大米饭75g 凉瓜炒肉片(凉瓜250g，瘦肉80g) 地胆草煲猪肉汤(鲜地胆草150g、瘦肉100g，喝汤水不吃汤渣)	大米饭90g 番茄炒蛋(番茄150g，鸡蛋60g) 双耳黄花炒肉片(白、黑木耳各5g，干黄花菜10g，瘦肉50g)	大米饭90g 肉丝炒菜心(瘦肉50g，菜心150g) 牛肉冬瓜羹(水牛肉60g，冬瓜150g)	大米饭90g 肉末炒白菜(瘦肉20g，白菜200g) 芫荽豆腐鱼头汤(芫荽50g，豆腐50g，鱼头100g)	大米饭100g 丝瓜鲩鱼片(鲩鱼肉80g,丝瓜150g) 凤尾草滚米泔肉汤(鲜凤尾草60g、瘦肉50g、第二次淘米水3碗，只喝汤水不吃汤渣)	米饭100g 芹菜炒瘦肉(瘦肉50g，芹菜150g) 炒节瓜150g	大米饭90g 西蓝花炒瘦肉(瘦肉50g，西蓝花100g) 扁豆薏苡仁冬瓜煲田鸡汤(扁豆10g，薏苡仁10g，冬瓜200g，净田鸡肉100g)

续表

	周一	周二	周三	周四	周五	周六	周日
加餐	雪梨200g	香蕉150g	火龙果200g	西瓜250g	雪梨200g	葡萄200g	猕猴桃200g
晚餐	大米饭75g 冬瓜焖鲤鱼(冬瓜250g，赤小豆20g，薏苡仁15g，鲤鱼120g)	大米饭75g 青瓜炒瘦肉(瘦肉25g，青瓜150g) 海带绿豆鲫鱼汤(水发海带100g，绿豆25g，鲫鱼80g)	大米饭90g 节瓜闷排骨(节瓜200g，排骨90g) 地胆草煲猪肉(鲜地胆草150g，瘦肉100g，喝汤水不吃汤渣)	大米饭90g 翠衣炒鱼片(西瓜皮肉150g，鲩鱼肉80g) 凉瓜炒鸡丝(凉瓜100g，鸡肉30g)	大米饭90g 肉丝炒番茄(瘦肉25g，番茄100g) 冬瓜红萝卜马蹄 水鸭汤(水鸭肉100g，冬瓜、红萝卜、马蹄各50g)	大米饭90g 云耳蒸鸡(净鸡肉80g，云耳适量) 凉拌莴苣丝(鲜莴苣200g去皮) 红萝卜玉米煲脊骨汤(红萝卜、玉米各150g，脊骨250g，喝汤水不吃渣)	大米饭90g 苦瓜炒瘦肉(瘦肉25g，苦瓜200g) 车前草猫爪草煲田螺(鲜车前草、猫爪草各25g，田螺连壳250g，只喝汤水不吃汤渣)
能量/kcal	1750	1700	1680	1720	1700	1700	1750
蛋白质/g	66.5	62	62	66.5	62	63	66.5

续表

	周一	周二	周三	周四	周五	周六	周日
优质蛋白	61.0%	58.0%	58.0%	57.0%	58.0%	57.0%	54% ~ 61%
每日菜谱总热量在1650 ~ 1750kcal之间，蛋白质占总热量的15%，蛋白质摄入量为62 ~ 66g，其中优质蛋白占50%以上，食用烹调油量为25ml，食用盐量为6g							

患者女性，身高153cm，体重51kg，年龄为30岁，职业为会计，诊断为泌尿系感染，由以上资料可做如下计算。

第一步：计算标准体重，为48kg，可知患者体重在正常范围，而会计职业为轻体力劳动；

第二步：计算每日所需热量，该患者每日摄入热量以35kcal/kg计，则全天所需热量为1680kcal；

第三步：计算每日所需水量，饮水量在1500 ~ 2000ml以上；

第四步：计算食品交换份数，该患者的食品交换份数为1680/90=18.5份

第四节　泌尿系结石

泌尿系结石系指一些晶体物质（如钙、草酸、尿酸、胱氨酸等）和有机基质（如基质A、酸性黏多糖等）在泌尿系的异常聚集。泌尿系结石包括肾结石、输尿管结石及膀胱结石，中医称为“石淋”。临床表现为从后腰肾区向膀胱及生殖器放射的阵发性剧痛，继而出现血尿。膀胱结石还会有尿频、尿急等症状。美、英、东南亚和印度等地发病率甚高。我国广东、山东、江苏、安徽、河北、陕西、浙江、广西、四川和贵州等地发病率较高。本病多见于20～40岁，男女之比为（4～5）：1。

饮食宜忌

饮食宜清淡，禁辛辣、油腻、烟酒、咖啡等生热助湿食品，多食西瓜、冬瓜、胡萝卜等果蔬。多饮温开水，每日饮水3000～4000ml，使尿液增加，同时多运动，饮水、运动的同时捶打尿路对结石的排出有好处，可促进结石排出。

不宜过度补钙　如果钙摄入增多，从尿中排出钙增加，而高钙尿增加了肾结石的危险性。草酸等摄入量高，容易与钙结合形成结石。但膳食之外补充的钙剂就不会有这种作用了。对于有肾结石史的人补钙要特别慎重。

不宜多吃糖　服糖后尿中钙离子浓度、草酸及尿的酸度均会增加，钙和草酸均可促进结石形成，三者同时增加更易形成结石。因为尿酸度增加，可使尿酸钙、草酸钙易于沉淀，促使结石形成。因此，患有肾、输尿管和膀胱结石的病人不宜多吃糖。

▶▶ 不宜吃菠菜　因为其尿中的草酸钙本身已处于过饱和状态，若再食，就可能加重病情。如果尿路结石病人通过手术已除去结石，忌吃菠菜就可预防复发。健康人食用菠菜时多饮水，可以稀释尿液，降低尿草酸浓度；菠菜多采用烫食法，这对预防结石是有益的。

▶▶ 肾结石病人不宜在临睡前喝牛奶　人在睡眠之后，尿量减少，尿中各种有形物质增加，可使尿液变浓。由于牛奶中含钙较多，肾结石中大部分都含有钙盐。结石形成的最危险因素是尿中钙浓度短时间内突然增高。饮牛奶后2～3h，正是钙通过肾脏排除的高峰，如此时正处于睡眠状态，尿液浓缩，通过肾脏的钙较多，故易形成结石。因此，肾结石患者不要在临睡前饮牛奶。

▶▶ 节制食物中的蛋白质，特别是动物蛋白，这对所有结石患者都是有益的。

▶▶ 多饮水　全天常规饮水3～4L，以增加尿量，保持排尿通畅，降低尿中形成结石物质的浓度，减少晶体沉积。养成良好的排尿习惯，不憋尿，改掉喝生水的不良习惯。

▶▶ 根据结石成分和尿分析结果对饮食进行调护　草酸盐结石者，应少食含草酸过多的食物，如菠菜、浓茶、巧克力、扁豆、豆腐等；尿酸盐结石或尿酸高者，禁食动物内脏，少食家禽、肉类、甲壳动物；吸收性高钙尿者应控制乳制品，减少动物蛋白和糖的摄入，改食一些粗食；磷酸盐结石者宜食乌梅、梅子等酸性物质及核桃等。

中医调养

中医疗法

（1）疼痛发作时，可嘱患者取侧卧位，深呼吸，使肌肉放松，热敷腰部或轻拍腰部，体位排石，促进结石排出。

（2）非手术护理结石直径<8mm，无明显感染梗阻者，鼓励其多饮水，保持尿量在2000～3000ml/d，以金钱草、车前草泡水代茶饮。对肾上盏和中盏结石的患者，可做跳跃运动以助结石排出；对肾下盏结石者，取头低脚高位，轻拍肾区，体位排石。对结石>8mm或不易排出者，结合体外冲击波碎石（ESWL），碎石后口服中药排石汤，观察有无结石排出。

（3）多饮温开水　每日饮水3000～4000ml，使尿液增加，同时多运动，饮水、运动（如跳绳、上下楼梯等）的同时捶打尿路对结石的排出有好处，以促进结石排出。

生活调养

（1）环境与休息 病室宜清洁、安静、空气流通。病人应养成良好的饮食起居习惯，饮食宜清谈，忌肥腻辛辣酒醇之品，多运动，以提高机体免疫力。

（2）情志护理 避免纵欲过劳，保持心情舒畅，以提高机体抗病能力。

（3）保持良好的卫生习惯，注意外阴清洁，不憋尿，多饮水，每2～3h排尿一次，房事后即行排尿，防止秽浊之邪从下阴上犯膀胱。

（4）合理的饮水量应该是以不小于2L/d为宜，而且还需特别注意饮水不可仅限于白天，晚间饮一定量的水非常重要。鉴于此建议每日餐间、就餐时、夜间排尿时各饮250ml无奶液体。推荐每4h饮水250ml，再加每餐250ml。饮用水不必强求其软硬而量是关键，且应昼夜兼顾。

（5）心理护理 解除思想顾虑，特别是年老体弱、反复发作者，容易对治疗失去信心，意志消沉，情绪低落，故要经常与该类患者沟通，指导其正确对待疾病，增强信心，以愉快的心情接受治疗。

（6）若出现血尿、腰痛、排尿困难者及时就诊。

保健食谱

食谱		做法	功效
饮品	玉米须茶	玉米须100g。煎汤代茶饮	**清利湿热** 适用于泌尿系结石
	西瓜汁	西瓜200g。榨汁，去渣饮用或连渣服用	**清热利尿** 适用于小便短赤等症
	车前草、金钱草茶	车前草30g，金钱草30g。煎汤代茶饮	**清热利湿，通淋排石** 适用于泌尿系结石之小便短赤涩痛
	茅根荸荠竹蔗水	茅根30～50g，荸荠5只，竹蔗500g，水适量煲熟，代茶饮	**清热利湿** 适用于小便短赤等症
	冬瓜薏苡仁水	冬瓜250g，生薏苡仁60g，扁豆30g。加水适量煲汤，油盐调味。分多次饮服	**清热利湿** 适用于小便短赤等症

续表

食谱		做法	功效
汤粥	核桃蜂蜜膏	核桃仁、蜂蜜各500g，琥珀60g。将核桃仁、琥珀磨成细粉，加入蜂蜜调成膏状，贮瓶备用。每日早晚各服3汤匙，白开水调服	**利小便、祛结石** 适用于泌尿系结石
	鸡内金散	生鸡内金200g，鱼脑石100g。将鱼脑石置铁锅中武火煅炒，取出后冷却，和鸡内金共研细末。每日服3次，每次10g，以蜂蜜适量调和，开水冲服。服后多饮水，多活动	**通淋、排石、消积** 适用于泌尿系结石伴尿频、尿急
	荸荠三金粥	荸荠150g，鸡内金20g，金钱草30g，海金沙15g，粳米100g。先加水煎金钱草、海金沙，过滤取汁，备用。荸荠捣烂挤汁，鸡内金研细。荸荠汁、鸡内金粉和粳米加水适量煮粥，待半熟时加入药汁，煮至米烂粥稠，代早餐服食	**清利湿热、通利水道、化石通淋、排石** 适用于泌尿系结石
	冰糖胡桃仁糊	胡桃仁、冰糖各125g，香油适量。将胡桃仁用香油炸酥，与冰糖共研成细末，温水调成糊状。每次30～50g，每日3～4次	**清热利湿** 适用于泌尿系结石，小便频，石淋，大便燥结
	金钱草鸡肫（鸡内金）汤	金钱草50g，鸡肫2只，油、盐、酱油各适量。鸡肫除去食渣，留内皮，两者用小火炖1h，油盐调味。分2次喝汤，鸡肫切片蘸酱油佐食	**清热利湿** 适用于泌尿系结石
菜肴	车前草煲猪小肚（膀胱）	车前草60g，猪小肚1只，油、盐各适量，加水适量煲汤，油盐调味，分次饮服。肉汤同服	**清热利湿** 适用于泌尿系结石，小便短赤作痛
主食	茯苓胡桃饼	茯苓60g，鸡内金15g，胡桃仁120g，香油、蜂蜜各适量，将茯苓、鸡内金研成细粉，调糊做成薄层煎饼，胡桃仁用香油炸酥，加蜂蜜适量调味，共研成膏作茯苓饼馅食用	**清热利湿** 适用于泌尿系结石

每日推荐食谱

	周一	周二	周三	周四	周五	周六	周日
早餐	荸荠三金粥［荸荠50g，鸡内金10g，干金钱草15g（扎好），海金沙10g，大米30g］ 煮鸡蛋1只 花卷1个（面粉45g）	青菜上汤云吞面（面粉40g，干面条60g，瘦肉25g，青菜100g）	南瓜燕麦肉末粥（南瓜100g，燕麦、大米各25g，瘦肉25g） 茯苓胡桃饼2个（茯苓20g，鸡内金5g，胡桃仁30g）	番茄鸡蛋汤面条（干面条60g，鸡蛋1只，番茄100g） 馒头1个（面粉40g）	荸荠三金粥［荸荠100g，鸡内金10g，干金钱草15g（扎好），海金沙10g，大米30g］ 花卷1个（面粉45g）	菜心肉丝汤面（菜心100g，瘦肉50g，干面条75g）	皮蛋肉末粥（皮蛋1/3只，瘦肉15g，大米35g） 生肉包（面粉40g，肉20g）
午餐	大米饭125g 肉末焖冬瓜（瘦肉25g，冬瓜200g） 玉米红萝卜荸荠鱼片汤（玉米、荸荠各100g，红萝卜50g，鱼肉80g）	大米饭125g 肉末炒菜心（瘦肉50g，菜心150g） 丝瓜滚鱼滑汤（丝瓜100g，鱼滑肉50g）	大米饭125g 青瓜炒肉片（青瓜200g，瘦肉75g） 玉米须茵陈猪横脷汤［玉米须10g、茵陈10g、猪横脷（即猪胰脏）1条，只喝汤水不吃渣］	大米饭125g 田鸡焖冬瓜（净田鸡100g，冬瓜200g） 鲜荷叶玉米滚鱼片汤（鲜荷叶1张、玉米2条、鱼肉50g，只喝汤水不吃渣）	大米饭125g 金针蒸鱼（金针10g，净鲩鱼80g） 炒小塘菜150g 肉末冬瓜汤（瘦肉50g、冬瓜150g）	大米饭125g 南瓜焖排骨（南瓜200g，排骨140g） 车前草煲猪小肚汤（鲜车前草150g、猪小肚3只，只喝汤水不吃渣）	大米饭125g 青瓜炒肉片（青瓜150，肉片50g） 丝瓜鱼片汤（丝瓜150g，鱼片50g）

续表

	周一	周二	周三	周四	周五	周六	周日
加餐	火龙果200g 玉米须茵陈茶400ml	茯苓胡桃饼(茯苓20g，鸡内金5g，胡桃仁30g) 茅根荸荠竹蔗水400ml	西瓜汁400ml	雪梨200g 赤小豆薏苡仁水400ml	荸荠羹(荸荠粉25g，糖10g) 玉米须鲜荷叶茶400ml	西瓜250g 茅根荸荠竹蔗水400ml	核桃蜂蜜膏(蜂蜜10g，核桃仁45g) 冬瓜薏苡仁水400ml
晚餐	大米饭100g 苦瓜焖排骨(苦瓜200g，排骨140g) 车前草煲瘦肉猪小肚汤(鲜车前草100g、瘦肉20g、猪小肚100g，喝汤不吃渣)	大米饭100g 白瓜炒肉片(白瓜150g，瘦肉75g) 金钱草鸡肫汤(金钱草40g，鸡肫留内衣3只)	大米饭100g 鲜杂菇焖鸡(鲜杂菇150g，鸡肉100g) 炒白菜150g 土茯苓鸡内金煲龟汤(鲜土茯苓200g、鸡内金10g、龟1只，喝汤不吃渣)	大米饭100g 苦瓜炒肉片(苦瓜200g，瘦肉50g) 金钱草石韦鸡内金滚肉片汤(金钱草15g，石韦15g、鸡内金5g、瘦肉50g，只喝汤水不吃渣)	大米饭100g 番茄炒蛋(番茄100g，鸡蛋1只) 豆角焖鸡(豆角100g，鸡肉75g) 金钱草鸡肫汤(金钱草40g，鸡肫留内衣3只)	大米饭100g 小瓜木耳炒鸡片(小瓜150g，干木耳10g，鸡片75g) 红萝卜玉米肉片汤(红萝卜100g、玉米150g、瘦肉50g，只喝汤水不吃渣)	大米饭100g 肉片炒生菜(瘦肉50g，生菜200g) 雪梨雪耳鸡片汤(雪梨150g、干雪耳5g、鸡片50g，只喝汤水不吃渣)
能量/kcal	2000	2050	1950	1950	2000	1900	2100

续表

	周一	周二	周三	周四	周五	周六	周日
蛋白质/g	72.5	67	65.5	68	72	70	66
优质蛋白	56.0%	54.0%	55.0%	53.0%	56.0%	58.0%	55.0%
每日菜谱的总热量在1900～2100kcal，蛋白质占总热量的14%，则摄入量为66～74g，其中优质蛋白占50%以上，饮水量为2500ml以上，食用烹调油量为25ml，食用盐量为6g							

患者男性，身高170cm，体重64kg，年龄为30岁，职业为会计，诊断为肾结石，由以上资料可做如下计算。

第一步：计算其标准体重为65kg，患者体重在正常范围，而会计职业为轻体力劳动；

第二步：计算每日所需热量，该患者每日摄入热量以30kcal/kg计，则全天所需热量为1950kcal；

第三步：计算每日所需水量，饮水量在2000～3000ml；

第四步：计算食品交换份数，该患者的食品交换份数为1950/90=21.5份

第五节　慢性肾功能衰竭

慢性肾功能衰竭（简称慢性肾衰），见于各种慢性肾脏疾病的晚期，是由于各种原因引起的肾脏损害和进行性恶化的结果。特点是病程长，病程呈缓慢进行性发展。临床表现为有不同程度的蛋白尿、血尿，水肿、高血压和肾功能损害。

饮食宜忌

- 限制蛋白质的摄入量[但尿毒症患者蛋白质需要量不应低于 0.5g/(kg•d)]，优质蛋白质的比例占总量的 50% ～ 70%。
- 热能摄入应充分，摄入热量为 30 ～ 35kcal/（kg・d）。
- 膳食中无机盐的供给要随病情的变化而及时调整，出现水肿时应限制钠盐的摄入；当血钾升高，尿量减少（低于 1000ml/d）时，要适当限制含钾高的食物，如各种干货、多数蔬菜、肉类等；当血钾降低或尿量增多时，就要相应补充钾。多食含钙丰富的食物，如牛奶、绿叶蔬菜等补充钙（1000 ～ 1500mg/d），同时限制磷的摄入。
- 维生素供给要充足。
- 保持水平衡，当尿量少于 1000ml/d 时，应适当限制饮水以及食物中水分的摄入。
- 若已行透析治疗，则可根据透析方案调整优质蛋白摄入量，血液透析患者蛋白质摄入量为 1.0 ～ 1.2g/(kg•d)，腹膜透析患者蛋白质摄入量为 1.2 ～ 1.4g/（kg・d）。

中医调养

中医疗法

按压足三里、阴陵泉　患者仰卧，下肢伸直，家人坐其侧，将一手食指弯曲，把食指第一指间关节置于患者足三里处，两腿轮替，按揉 2 ～ 3min。再置于小腿上端内侧阴陵泉处，左右交替，按揉 2 ～ 3min。亦可同侧肢体足三里与阴陵泉同时按揉。注意按揉用力不可过大，以能耐受为度。

横搓肾俞　患者俯卧或坐位，家人于患者腰部肾俞处涂上少许润肤油后横搓腰部肾俞，至患者感觉微热即可。冬天注意保暖。

艾灸涌泉　先用温热水泡足 10 ～ 15min 后仰卧于床，露出双脚 (冬天注意保暖)，施灸者 (非患者) 对涌泉施行温和灸，以患者感觉脚底有温热舒适感但不烫为度。每穴灸 5 ～ 20min。15 天为 1 个疗程。

敷脐疗法　将吴茱萸 100g 洗净，烘干，将烘干的吴茱萸研成细末，装瓶备用。先将肚脐用温水洗净，取药粉将脐窝填满，盖上棉球，贴上胶布固定，3 天换药 1 次。

生活调养

（1）环境与休息　病室宜清洁、安静、空气流通，病室定期用紫外线做空气消毒。患者应注意保暖，根据病情适量活动，以提高机体抵抗能力，避免过度劳累。

（2）情志护理　调畅情志，保持乐观的情绪，防止情绪波动过大。

（3）皮肤护理　皮肤瘙痒者，可用温水擦浴，切忌用手搔抓皮肤，以免皮肤抓伤而致感染。

（4）口腔护理　注意保持口腔清洁、舒适，防止发生感染。

（5）定期复查肾功能、血清电解质等，准确记录每日的尿量、血压、体重。维持性血液透析患者要遵医嘱按时至透析中心进行透析治疗，不可擅自中断。

（6）保护好双上肢血管的完好性，为日后动静脉内造瘘行血液透析治疗做准备。

（7）保持良好的卫生习惯，勤换衣服；根据天气变化及时增减衣服，防止感冒。

（8）避免服用肾毒性药物，如氨基糖苷类、磺胺类及非类固醇类消炎药等，注意药物的副作用。

保健食谱

食谱		做法	功效
饮品	参圆汤	人参6g，桂圆肉10枚。共煮取汁，代茶饮	**养血安神** 适用于慢性肾功能不全患者贫血、心悸怔忡者
	玉米须茶	玉米须100g。煎汤代茶饮	**清利湿热** 适用于慢性肾功能衰竭(CRF)患者尿蛋白定量较多者
	芹菜大枣汤	芹菜200～500g，大枣60～120g。两者加适量水煮汤即可，饮用	**清肝和胃** 适用于CRF患者表现为水钠潴留，血压偏高者
	枣汤	人参6g，大枣6枚。共煮内服	**益气健脾生血** 对慢性肾功能不全贫血者有提高血红蛋白的作用
	桑椹蜜膏	鲜桑椹1000g（或干品500g），浓煎，加蜂蜜250g收膏	**养阴安神** 适用于慢性肾功能不全之肾阴不足、失眠烦躁者
	五汁饮	鲜藕、鲜梨、鲜生地黄、鲜荸荠、生甘蔗各500g。切碎榨汁，分2～3次服	**养阴凉血** 适用于慢性肾功能不全患者有鼻出血者
汤粥	羊肉枸杞汤	羊腿肉1000g，枸杞子20g，生姜12g，料酒、葱段、大蒜、味精、花生油、清汤各适量。羊肉去筋膜，洗净切块；生姜切片。待锅中油烧热，倒进羊肉、料酒、生姜、大蒜等煸炒，炒透后，同放沙锅中，加清水适量，放入枸杞子，用大火烧沸，再改用小火煨炖，至熟烂后，加入调料和匀即可	**健脾养血** 对慢性肾功能不全贫血者有提高血红蛋白的作用

续表

食谱		做法	功效
汤粥	当归羊肉羹	当归25g，黄芪25g，党参25g，羊肉500g，葱节6g，姜片6g，食盐2g、料酒25ml，味精、葱花各适量。当归、黄芪、党参装入纱布袋内，扎好口；用水洗净羊肉，去皮脂，切成小块；将羊肉、中药袋、葱节6g、姜片6g、食盐2g、料酒20ml一起投放沙锅内，加清水适量。将锅置大火上烧沸，去浮沫，加料酒，再用小火煨炖，直至羊肉熟烂即成。食用时加葱花等调味	**补气养血** 尤适用于血虚及病后气血不足和各种贫血
	山药山茱萸粥	鲜生山药100g，山茱萸30g，粳米100g，调味品适量。将山药去皮，切成薄片，与山茱萸同置于锅内，加入淘洗净的粳米，加水适量，煮粥，加入调味品即成。每日1剂，当早饭或晚饭服用	**健脾补肾** 适用于慢性肾衰之脾胃虚弱、消瘦、营养不良
	黄芪山药薏苡仁粥	黄芪、山药、麦冬、薏苡仁、白术各20g，粳米50g，糖适量。先将山药切成小片，与黄芪、麦冬、白术一起泡透后，再加入所有材料，加水用火煮沸后，再用小火熬成粥	**益气健脾消肿** 适用于慢性肾衰之脾胃虚弱、水肿、营养不良
	红豆薏苡仁汤	红豆100g，生薏苡仁100g，冰糖适量。先将薏苡仁、红豆洗净泡水半天，沥干备用。薏苡仁加水煮至半软时，加入红豆煮熟，再加入冰糖，待冰糖溶解后即可食用	**益气养血，利水消肿** 适用于慢性肾衰之气血两虚、水肿、营养不良
	扁豆猪肉汤	白扁豆250g，猪腿肉15g。先将白扁豆洗净泡水2h，后与猪腿肉用大火煮熟即可	**益气健脾养血** 适用于慢性肾衰之脾胃虚弱、水肿、营养不良

续表

食谱		做法	功效
汤粥	芡实莲子苡仁汤	排骨500g，芡实30g，莲子20g，薏苡仁30g，陈皮5g，姜5片，盐适量。首先把芡实、莲子、薏苡仁放在清水里浸泡清洗；然后把排骨剁成小块，水开之后，焯一下；把排骨、芡实、莲子、薏苡仁、陈皮和姜全倒进沙锅里，用大火煮熟，最后加入适量盐，即可食用	**健脾利湿消肿** 适用于慢性肾衰之脾胃虚弱、水肿、营养不良
菜肴	党参炖乌骨鸡	乌骨鸡1只，党参30g，猪肘150g，精盐、料酒、葱、姜、味精等调料各适量。乌骨鸡宰杀后去毛，用沸水烫一下，去毛，斩爪，去头、去内脏，出水；党参用温水洗净；猪肘用刀刮洗干净，出水；葱切段，姜切片备用。沙锅置旺火上，加清水，放入猪肘、葱段、姜片，沸后撇去浮沫，小火慢炖，至猪肘五成烂时，将乌骨鸡和党参加入同炖，纳入调料以调味，至鸡酥烂即可。分数次佐餐服用	**益气养血补肾** 尤适用于慢性肾衰之气血不足和各种贫血
	黄芪蒸鹌鹑	黄芪10～15g，鹌鹑2只。鹌鹑洗净去内脏，纳入黄芪，与水、食用盐共蒸即可。肉、汤同服	**益气健脾填精** 尤适用于慢性肾衰之气血不足和各种贫血
	冬虫夏草炖鸭	冬虫夏草5～10枚，鸭1只，姜、葱、食盐各适量。鸭去毛及内脏，洗净后，冬虫夏草置于鸭腹中，置瓦锅内，加清水适量，隔水炖熟，用姜、葱、食盐等调味服食。佐餐服用。	**补肾利水消肿** 适用于慢性肾衰之蛋白尿、水肿、营养不良

续表

食谱		做法	功效
菜肴	杜仲腰花	杜仲30g，猪腰2个，麻油(菜籽油)、葱、姜、盐、料酒各适量。猪腰剖开，剔除臊腺后，入清水中浸泡；杜仲中加二碗半水煮20 min后沥汁，麻油或菜籽油爆香葱、姜，下腰花炒匀，淋入杜仲水及少许盐、料酒，烧开即可	**补肾壮腰** 适用于慢性肾衰之腰酸、腰痛不适
菜肴	砂仁胡椒肚	砂仁20g，猪肚1000g，胡椒粉、鸡精、油、生姜适量。将猪肚放入沸水中汆透，去内膜，备用；清汤倒入锅中，放入猪肚，加生姜同煮，熟后捞出晾凉，切片；砂仁研末，与胡椒粉调匀，再加鸡精、油少许，与熟肚片同炒拌匀即可	**健脾补胃** 适用于慢性肾衰之脾胃虚弱，症见腹胀、呕吐等不适
菜肴	六月雪煨乌鸡	乌鸡1只，六月雪30～50g。将六月雪布包纳入鸡腹，加水常法炖煮。熟后去药佐餐，每周1剂	**益气补肾，利水消肿** 适用于慢性肾衰之蛋白尿、水肿、营养不良
保健主食	猪肉韭菜包	韭菜200g，猪肉100g，低筋面粉500g，干酵母2g。韭菜洗净切碎，与猪肉混匀做馅。面粉中加入干酵母，用水和匀，揉成面团，分成小块，擀成圆形的皮，包入馅后蒸熟即可	**补益气血** 适用于CRF脾肾阳虚患者，以贫血、乏力、少尿为突出表现者
保健主食	冰糖山药糊	山药粉60g，低筋面粉60g。加水调成稀糊状，放入锅中煮熟，边煮边搅，使之成为半透明的糊状，加入适量冰糖调味即可	**益气养阴健脾** 适合于慢性肾衰脾胃虚弱，口干，乏力等
保健主食	白茯苓粥	白茯苓粉15g，粳米100g，胡椒粉、盐少许。粳米淘净；粳米、茯苓粉放入锅，加水适量，用武火烧沸，转用文火炖至熟烂，再加盐、胡椒粉，搅匀即成。每日2次，早晚餐用	**健脾利湿消肿** 适用于慢性肾衰之脾胃虚弱、水肿、营养不良

每日推荐食谱

	周一	周二	周三	周四	周五	周六	周日
早餐	山药山茱萸粥（山药100g，山茱萸30g，米50g） 马蹄糕2块（约50g）	牛　奶160ml 红薯100g 马蹄糕2块（约50g）	白茯苓粥（茯苓15g，米25g） 炒银针粉（银针粉100g，青菜100g）	冰糖山药糊（山药50g，麦淀粉65g，冰糖20g） 酸奶130ml	生菜肉末粥（菜100g，瘦肉30g，米25g） 炒粉丝（粉丝75g，菜100g）	菜心肉丝煮粉丝（菜心100g，瘦肉25g，粉丝100g）	酸　奶130ml 馒头1个（面粉25g） 青菜银针粉（银针粉75g，青菜100g）
中餐	炒粉丝100g 青瓜炒鸡蛋（青瓜100g，鸡蛋50g） 青菜100g	米饭（米50g） 砂仁胡椒肚（砂仁10g，猪肚50g） 青菜250g 水晶饼2块（约50g）	淮山饭（米25g，淮山药100g） 六月雪煨鸡（六月雪100g，乌骨鸡50g） 青菜200g 马蹄糕2块	淮山饭（米50g，鲜淮山药50g） 冬虫夏草炖鸭（冬虫夏草5枚，鸭50g） 青菜250g 水晶饼1个	米　饭（米25g） 红薯100g 黄芪炖鹌鹑（黄芪10g，鹌鹑50g） 青菜100g 马蹄糕2块	香芋饭（芋头100g，米50g） 蒸鱼（鱼60g） 青菜200g 水晶饼1块	香芋饭（芋头100g，米25g） 杜仲猪腰（杜仲30g，猪腰50g） 藕粉50g 青菜200g
加餐	苹果100g	桃子100g	葡萄100g	雪梨100g	西瓜250g	苹果100g	雪梨100g

续表

	周一	周二	周三	周四	周五	周六	周日
晚餐	麦淀粉饺子(瘦肉50g，韭菜150g，麦淀粉85g) 青菜100g	炒粉丝100g 胡萝卜炒肉片(胡萝卜100g，瘦肉30g) 青菜100g	麦淀粉面(麦淀粉100g，排骨50g，菜200g)	煮银针粉(银针粉100g，番茄150g，鸡蛋清30g，青菜100g)	麦淀粉面(麦淀粉100g，排骨30g，青菜200g)	煮银针粉(银针粉100g，瘦肉25g，青菜200g)	麦淀粉面(麦淀粉100g，鸡肉30g，青菜200g)
每日食用油的量为25ml，食用盐为3g							
能量/kcal	1500	1450	1550	1580	1500	1625	1650
蛋白质/g	30.5	31	30.8	30.7	32	32.5	32
优质蛋白	59%	62.60%	58.40%	60.30%	61.90%	60.90%	60.60%

患者男性，身高157cm，体重49kg，年龄为78岁，退休，诊断为慢性肾衰竭，高血压，血肌酐2.04mg/dL。由以上资料可做如下计算。

第一步：计算标准体重，为52kg；

第二步：计算每日所需热量，该患者每日应摄入的热量为30kcal/kg，那么该患者全天所需热量为1560kcal；

第三步：计算每日所需蛋白质，每千克体重每日蛋白质摄入应为0.6g，所以其每日应摄入的蛋白质量为31g，其中优质蛋白需占一半以上，约为18g；

第四步：按食品交换份的原则，该患者的食品交换份数为1560/90=17.5份

第六节　糖尿病肾病

糖尿病肾病是糖尿病常见并发症，是糖尿病全身性微血管病变表现之一，临床特征为蛋白尿、渐进性肾功能损害、高血压、水肿，晚期出现严重肾功能衰竭，是糖尿病患者的主要死亡原因之一。

饮食宜忌

限制蛋白质　建议有临床症状的肾病患者每日膳食中的蛋白质按 0.6g/kg 标准体重给予（正常人每日蛋白 1.0g/kg 体重）。同时，尽可能选择优质蛋白，如牛奶、鸡蛋、瘦肉。为了限制总蛋白量，还必须降低主食中的蛋白质。具体方法是可以用麦淀粉替代米和面，一般是把总饮食中的 1/3 ～ 1/2 的主食用麦淀粉替代。若有间歇性或持续性蛋白尿产生低蛋白血症，而无明显氮质血症时，其蛋白质供给量除以每日 1g/kg 体重计算外，需再增加尿中所排出的蛋白质质量，此时患者肾功能大多已有减退，故蛋白质用量不宜过高。

限盐　采用低盐饮食，每日食盐量不超过 3g。如果兼有水肿或高血压时，应采用少盐、无盐或少钠饮食，每日食盐量控制在 1 ～ 2g，同时还要停用各种高钠饮食，如咸菜等腌制食物，以防水肿发展和血压增高，烹调时提倡用醋调味。

限水　掌握水的摄入量关键在于掌握液体的出入平衡，要本着量入为出的原则。正确的摄入量应该是用前一日的排尿量加 500ml，再加上吐汗泻的出液量，再减去食物的含水量。应尽量减少粥、汤、水果的摄入，应控制在每日 150 ～ 200g。

限钾 若日尿量大于1000ml，血钾量正常时，可以随意食用蔬菜和水果，但一定要定期监测血钾含量，尿量减少导致血钾增高时，要注意限制钾的摄入。钾含量较高的食物，如油菜、菠菜、韭菜、番茄、海带、香蕉、桃子、菌类），应限制食用。而瓜类蔬菜如南瓜、冬瓜、葫芦及苹果、梨、菠萝、西瓜、葡萄等含钾量比较低可以食用。

补充高钙低磷食物 肾损害时人体利用维生素D_2的能力下降，使得钙吸收减少，同时对磷的排泄减少，此时应该食入高钙低磷的食物，避免发生骨质疏松和高磷血症。一般奶制品含钙较高，还可适当添加钙片和活性维生素D，内脏食品含磷较高，应避免食用。

补充维生素 维生素的适当补充有利于机体维持正常的代谢和内分泌，所以应该适当补充维生素B、维生素C和维生素E。维生素E可用至每日0.3g，维生素C每日0.3g。

补充足够热量 在低蛋白膳食时热量供给必须充足以维持正常生理生活。每日需要摄入30～35cal/kg体重。可以选择一些含热量高而蛋白质含量低的主食类食物，如土豆、藕粉、粉丝、芋头、番薯、山药、南瓜、菱角粉、荸荠粉等，使膳食总热量达到标准范围。

减少动物脂肪摄入 以防加速患者脂肪紊乱，每日进食50g瘦肉，同时禁用各种动物内脏和油炸食物，尽量不吃或少吃坚果类食物。植物油每日摄入量也不超过25g。

氨基酸的供给必须足够，以免人体需要的必需氨基酸来源不够，不利于生长、代谢和康复，必要时可口服含氨基酸的药来补充。

中医调养

中医疗法

按摩肾区 清晨起床后及临睡前，取坐位，两足下垂，宽衣松带，腰部挺直，以两手掌置于腰部肾俞（第2腰椎棘突下旁开1.5寸），上下加压摩擦肾区各40次，再采用顺旋转、逆旋转摩擦各40次，以局部感到温热感为佳。

按摩腹部 清晨起床后及临睡前，取卧位或坐位，双手叠掌，将掌心置于下腹部，以脐为中心，手掌绕脐顺时针按摩40圈，再逆时针按摩

40圈。按摩的范围由小到大，由内向外，可上至肋弓，下至耻骨联合。按摩力量由轻到重，以患者能耐受、自我感觉舒适为宜。

按摩上肢 按摩部位以大肠经、心经为主，手法以直线做上下或来回擦法为主，可在手三里（肘部横纹中点下2寸处）、外关（腕背横纹上2寸，桡骨与尺骨之间）、内关（腕横纹上2寸，掌长肌腱与桡侧腕屈肌腱之间）、合谷（手背，第一、第二掌骨之间，约平第二掌骨中点处）等穴位上各按压、揉动3min。

按摩下肢 按摩部位以脾经、肾经为主，手法以直线做上下或来回擦法为主，可在足三里（外膝眼下3寸，胫骨前嵴外一横指处）、阳陵泉（腓骨小头前下方凹陷中）、阴陵泉（胫骨内侧踝下缘凹陷中）、三阴交（内踝高点上3寸，胫骨内侧面后缘）等穴位上各按压、揉动3min。

按摩劳宫 该穴位于第二、第三掌骨之间，握拳，中指尖下。采用按压、揉擦等按摩方法，左右手交叉进行，每穴各操作10min，每日2～3次，不受时间、地点限制。也可借助小木棒、笔套等钝性物体进行按摩。

按摩涌泉 该穴位于足底（去趾）前1/3处，足趾跖屈时呈凹陷处。采用按压、揉擦等按摩方法，左右手交叉进行，每穴各操作10min，每日早晚各1次。也可借助足按摩器或钝性物体进行自我按摩。

生活调养

（1）要劳逸结合　劳逸要适度，疾病早期应鼓励其进行轻微运动，如练气功、打太极拳、散步等，避免重体力劳动和急剧运动；后期病情日趋严重，应增加卧床休息的时间，卧床有利于改善肾血流量。

（2）精神调养　避免情绪的剧烈波动，保持心胸宽广，遇事要乐观。向患者说明病情，晓以利害，以减轻患者心理负担，稳定情绪，树立战胜疾病的信心。

（3）皮肤清洁　因糖尿病患者皮肤内含糖量增加，适宜细菌繁殖，加上机体形成抗体的能力下降，故常并发皮肤化脓性感染、霉菌感染，应加强皮肤护理，保持皮肤清洁，勤换衣服，皮肤干燥者涂油保护，并及时治疗毛囊炎。糖尿病肾病患者常伴有血管病变，可引起肢体缺血或血管栓塞，在感染和外伤的基础上极易发生组织坏死，易合并糖尿病足。患者应每晚用温水（40℃）泡脚20min，泡后用软毛巾轻轻擦干，防止任何微小的损伤，忌用热水袋，以免烫伤。患者趾甲不宜过短，以免损伤甲沟引起感染。应避免各种外伤，如摔伤、挤压伤，鞋的松紧要适宜，鞋口不要太紧。

（4）预防外感　首先要保持居室空气清新，定时通风换气，排除室内秽浊之气。其次要慎起居，避寒热。春夏之季，天气由寒转暖变热，不要过早地脱去棉衣；养成早睡早起的习惯，多做户外活动，增强身体的适应能力。秋冬之时，气候转凉，应防寒保暖，早睡晚起，顺应四时的变化。在流感流行时期，尽量避免到公共场所。

（5）定期复查肾功能、血清电解质等，准确记录每日的尿量、血压、体重等。要保护好双上肢血管的完好性，为日后动静脉内造瘘行血液透析治疗做准备。

保健食谱

食谱		做法	功效
饮品	胡萝卜根山楂汤	胡萝卜100g，山楂30g。同煎，去渣，饮水	**清利湿热** 适用于糖尿病肾病有蛋白尿，血胆固醇高者
	山药莲子汤	鲜山药100g，莲子10枚，莲须10g。共煮取汁，1次服用，山药及汤均食用。	**益气，健脾，生血** 适用于糖尿病肾病脾胃虚弱、易疲倦者
	芪地茱萸山药饮	生黄芪15g，生地黄30g，生山药30g，山茱萸15g，生猪胰脏10g。将生黄芪、生地黄、生山药、山茱萸放入沙罐中，加水适量，用大火煮沸后，再用小火慢煎1h，将药液滤出，用碗盛第一碗煎液；将剩下的药渣再加水煎，去渣取汁，将两次的煎液混合，加入切碎的生猪胰脏，煮熟即可	**养阴安神补气** 适用于糖尿病肾病之气阴两虚证
	柿叶茶	柿叶10g。柿叶洗净、切碎、晒干，沸水冲泡代茶饮	**养阴生津** 适用于糖尿病肾病之上消口渴多饮症

续表

食谱		做法	功效
饮品	玉米须茶	玉米须30g。将鲜玉米须洗净，晒干备用。需用时，以沸水冲泡代茶饮用	**清利湿热** 适用于糖尿病肾病尿蛋白定量较多者
	玉米车钱饮	玉米须50g，车前子20g，甘草10g。将原料加水500ml煎汁适量，弃渣温服，每日3次	**利尿泻热** 适用于糖尿病肾病湿热内蕴，小便不利者
汤粥	陈皮鸭汤	瘦鸭半只，冬瓜1200g，芡实50g，陈皮10g，盐适量。冬瓜连皮切大块，鸭用凉水涮过；把适量水煮滚，放入冬瓜、鸭、陈皮、芡实，煲滚，再以慢火煲3h，下盐调味	**益肾固精，利湿消肿，降糖，开胃** 适用于糖尿病肾病之水肿、腰痛、蛋白尿等病症
	冬菇豆腐汤	板豆腐2块，冬菇5～6只，葱粒1汤匙，清水2～5杯，蒜茸豆瓣酱1汤匙，油、盐、胡椒粉各适量。板豆腐略冲净，打干，即放入滚油内，炸至金黄捞起，吸干油分，待用。浸软冬菇，去蒂，洗净，沥干水分，待用。烧热油约1/2汤匙，爆香蒜茸豆瓣酱，注入清水，煮至滚，放入冬菇，滚片刻，至出味及汤浓，最后加入脆豆腐，待再度煮沸时，以适量盐及胡椒粉调味，即可盛起，撒上葱粒，趁热食用	**降糖益肾** 适用于糖尿病肾病之气血两虚、营养不良者
	海带冬瓜甜汤	海带200g，紫菜50g，冬瓜250g，无花果20g。冬瓜去皮、瓤，洗净后切成小方块；海带用水浸发，洗去咸味；无花果洗净。用6碗水煲冬瓜、海带、无花果，煲约2h，下紫菜，滚片刻即成	**利湿消肿，降糖益肾** 适用于糖尿病性肾病之水肿、营养不良者

续表

食谱		做法	功效
汤粥	萝卜梨豆汤	梨2个，青萝卜250g，绿豆200g。将梨洗净后去皮和核，切成片；青萝卜洗净后切成片。两者与淘洗干净的绿豆一同放入沙锅中，加适量水煎煮成汤	**清热润肺，生津止渴** 适用于糖尿病性肾病之口干多饮、乏力者
	枸杞子粥	枸杞子35g，糯米50g，豆豉少许。将以上3味原料放入沙锅内，加水500ml，用文火煮沸至汤稠再焖5min即可。可以放入少许盐调味。早晚温服，可长期服用	**滋补肝肾，益精明目** 适用于糖尿病肾病之肝肾阴虚、气血不足者
	鲫鱼灯心粥	鲫鱼1条（去鳞及内脏），灯心草6g，大米50g。上料同煮成粥，去灯心草，食粥吃鱼	**健脾开胃，利湿消肿** 适用于糖尿病肾病之水肿、大量蛋白尿、营养不良者
	莲子芡实粥	莲子50g，芡实15g，大米300g。三味原料一起熬，水要多放一些，不要使粥过稠	**健脾宁心，健脾补肾** 适用于糖尿病肾病之脾肾气虚、失眠烦闷者
	大麦豌豆粥	大麦米200g，绿豌豆200g。加水煮粥	**消渴祛热，益气宽中** 适用于糖尿病肾病之气血两虚、口干者
菜肴	黑豆炖猪肉	黑豆50g，瘦肉100g。先将猪肉于水中煮开，去汤再下黑豆共炖至烂，加适量调味品，食肉饮汤	**补肾，利尿，健脾** 适用于糖尿病肾病之脾肾两虚、小便不利者

续表

食谱		做法	功效
菜肴	苦瓜炖豆腐	苦瓜250g（去瓤）切片，豆腐200g，油、盐、酱油、葱花、香油等作料适量。油烧热后，将苦瓜片倒入锅内煸炒，加盐、酱油、葱花等作料，添汤，放入豆腐一起炖熟。淋香油调味，随饭食用	**益气和中，生津润燥，清热解毒** 适用于糖尿病肾病之气阴两虚、口干、乏力等症
	枸杞子蒸鸡	枸杞子15g，母鸡1只，料酒、姜、葱、调料各适量。将枸杞子、母鸡、料酒、姜葱、调料放在一起煮熟食，吃枸杞子与鸡肉，饮汤	**补益气血** 适用于糖尿病肾病之气血不足，可补肾健脾、消除蛋白尿
	韭菜蛤蜊肉	韭菜250g，蛤蜊肉250g，料酒、姜、盐少许。将韭菜、蛤蜊肉、料酒、姜、盐共同煮熟，饮汤食肉	**滋阴补肾** 适用于糖尿病肾病肾阴不足者
	榨菜炒茭白	茭白200g，榨菜100g，泡椒2个，酱油5ml，鲜汤50ml，植物油30g，精盐、味精、黄酒、葱花、生姜丝、麻油各适量。将茭白削皮、去根后洗净，切成长5cm的细丝，放入沸水锅中略烫，捞出后用冷水过凉，控水。榨菜切成细丝，放入清水中漂洗3次，除去咸味。泡椒去蒂、料，切成丝。炒锅上大火，放油烧至五成热，放入泡椒丝、葱花、生姜丝炝锅，烹入黄酒，放入茭白、榨菜煸炒，再放入精盐、味精、鲜汤、酱油，至原料入味、汁水较少时，淋上麻油，搅匀装盘即成	**健脾开胃** 适用于糖尿病肾病之脾胃虚弱、胃纳差者

续表

食谱		做法	功效
菜肴	白果参杞烧鸡块	净柴鸡1只（约800g），白果20个，党参20g，枸杞子15g，植物油20g，葱段、姜片各10g，料酒15g，盐、五香粉少许。将鸡肉洗净，切成5cm见方的块，用料酒和少许盐抹匀腌渍20min；白果去壳及外皮，放入开水中煮20min，捞出；党参，枸杞子洗净，用清水泡软。锅置旺火上，放油烧热，下入姜片炸香，倒入鸡块炒至断生，加入白果肉再炒几下，烹入料酒，加党参、枸杞子和适量水烧开，放入葱段、五香粉，改用小火加盖焖至鸡肉软烂时加盐调味；若汤汁仍多，则用大火收汁液即可	**平肝潜阳，健脾利水** 适用于糖尿病肾病伴有高血压者
主食	猪肉韭菜包	韭菜200g，猪肉100g，低筋面粉500g，干酵母2g。韭菜洗净切碎，与猪肉混匀做馅。面粉中加入干酵母，用水和匀，揉成面团，分成小块，擀成圆形的皮，包入馅后蒸熟即可	**补益气血** 适用于糖尿病肾病脾肾阳虚患者，以贫血、乏力、少尿为突出表现者
	冰糖山药糊	山药粉60g，低筋面粉60g。加水调成稀糊状，放入锅中煮熟，边煮边搅，使之成为半透明的糊状，加入适量冰糖调味即可	**益气养阴健脾** 适合于糖尿病肾病脾胃虚弱，口干，乏力等
	白茯苓粥	白茯苓粉15g，粳米100g，胡椒粉、盐、少许。粳米淘净。粳米、茯苓粉放入锅，加水适量，用武火烧沸，转用文火炖至糜烂，再加盐、胡椒粉，搅匀即成。每日2次，早晚餐用	**健脾利湿消肿** 适用于糖尿病肾病脾胃虚弱，水肿、营养不良

每日推荐食谱

	周一	周二	周三	周四	周五	周六	周日
早餐	牛奶160ml 番茄鸡蛋炒粉丝(番茄100g，蛋清1只，粉丝75g)	无糖酸奶130ml 煮粉丝(青菜100g，蛋清1只，粉丝75g)	蒸蛋一碗(蛋1只) 炒粉丝(青瓜100g，粉丝75g)	芹菜火腿煮粉丝(芹菜100g，火腿20g，粉丝75g)	淡豆浆100ml 煮鸡蛋1只 炒粉丝(粉丝75g，菜100g)	无糖酸奶130ml 炒粉丝(豆芽100g，蛋清1只，粉丝75g)	牛奶160ml 凉拌粉皮(粉皮100g，海带丝50g，青瓜50g)
加餐	水晶饼25g 苹果200g	水晶饼25g 番石榴200g	水晶饼25g 李子200g	水晶饼25g 草莓300g	水晶饼25g 杏200g	水晶饼25g 火龙果200g	水晶饼25g 柚子200g
中餐	山药饭(山药100g，米饭50g) 枸杞子蒸鸡(鸡50g，枸杞子15g) 炒粉丝(菜200g，粉丝50g)	香芋饭(香芋100g，米饭50g) 南瓜蒸排骨(南瓜100g，排骨50g) 炒粉丝(菜100g，粉丝50g)	米饭50g 苦瓜炖豆腐(苦瓜100g，豆腐50g) 鸡丁炒粉丝(鸡肉50g，菜100g，粉丝75g)	烙饼35g，米饭50g 冬瓜100g 番茄鸡蛋炒粉丝(番茄100g，鸡蛋1只，粉丝50g)	荞麦面25g 芹菜炒瘦肉(芹菜100g，瘦肉50g) 炒粉丝75g 茄子100g	山药蒸饭(山药100g米饭50g) 豉汁鲈鱼50g 炒粉丝(水发木耳50g，胡萝卜50g，粉丝50g)	枸杞子蒸饭(枸杞子20g，米饭65g) 陈皮鸭汤(瘦鸭50g，冬瓜100g，芡实15g，陈皮5g) 炒粉丝(豆芽100g，蛋清1只，粉丝75g)

续表

	周一	周二	周三	周四	周五	周六	周日
晚餐	炒银针粉(银针粉100g，瘦肉50g，青瓜200g)	瘦肉韭菜水晶饺(瘦猪肉50g，韭菜100g，麦淀粉100g)	炒银针粉100g 彩椒芹菜炒鱼片(彩椒100g，鱼片50g) 蒜蓉油麦菜100g	煮澄面(澄面100g，瘦肉丝50g，菜200g)	炒银针粉100g 蒜苗青椒炒鱼片(蒜苗、青椒200g，鱼50g)	瘦肉菜末水晶饺(瘦肉50g，大白菜100g，芹菜100g，麦淀粉100g)	排骨澄面(排骨50g，青菜200g，澄面100g)
加餐	水晶饼25g	水晶饼25g	水晶饼25g	水晶饼25g	水晶饼25g	水晶饼25g	水晶饼25g
每日食用油的量为25ml，食用盐为3g							
能量/kcal	1950	1960	1960	1935	1880	1930	1850
蛋白质/g	41	40.8	41.8	40.5	39	40	40
优质蛋白	67.10%	67.40%	64.60%	66.70%	69.20%	68.80%	68.80%

患者男性，身高170cm，体重55kg，年龄为56岁，职业为会计，诊断为糖尿病肾病，血肌酐为2.5mg/dL，餐后血糖≥13mmol/L由以上资料可做如下计算。

第一步：计算标准体重，为65kg，可知患者体重在正常临界，而会计职业为轻体力劳动；

第二步：计算每日所需热量，该患者每日应摄入的热量为30kcal/kg，那么该患者全天所需热量为1950kcal；

第三步：计算每日所需蛋白质，该患者为CKD3期，每千克体重每日蛋白质摄入应为0.6g，所以其每日应摄入的蛋白质量为39g，其中优质蛋白需占60% ~ 70%，约为26g；

第四步：按食品交换份的原则，该患者的食品交换份数为1950/90=21.5份

第七节　急性肾功能衰竭

急性肾功能衰竭简称急性肾衰，是指因各种原因使肾小球滤过率在数小时至数周内急剧下降，导致出现血尿素氮及血肌酐迅速升高，水、电解质、酸碱平衡失调为主的综合征。特点：发病急、病程短，多有急性诱因。临床表现：有尿量的动态改变，全身各个系统的表现，如消化道出血、精神、神经症状、高血压、急性心衰等。根据美国及欧洲的统计，急性肾衰的发病率为0.03/10000，可发生于任何年龄，11～60岁者占90.03%，男性多于女性，男女之比约为2.27∶1，为内科常见急危重症，而科学合理的饮食调护对促进疾病的康复转归有积极的作用。

饮食宜忌

根据患者的疾病状态进行合理的饮食搭配和调整。

少尿期　“三高三低”饮食原则。

即高热量、高糖、高维生素，低蛋白质、低液量、低电解质。摄入葡萄糖100～150g/(kg·d)，可食用水果、麦片、饼干或麦淀粉点心及小米汤粥等；优质蛋白质0.6～0.8g/(kg·d)，以减轻肾脏负担；还应限制患者的饮水量，每日盐的摄入量不应超过500mg，饮水量为尿量加400ml，患者在少尿及无尿期水肿明显或高血压严重时，更应严格限盐限水。

多尿期　基本原则与少尿期相同，但应根据病情变化进行动态调整。

多尿期刚开始时，由于肾功能尚未恢复，蛋白质仍应按每日20g左右供给。5～7天后，由于氮质血症有所好转，每日蛋白质可提高至45g左右，优质蛋白应大于50%。食盐摄入量可随尿量的增加而增加，每排出1000ml尿，就可给食盐2g。由于多尿期钾丢失很多，应供给含钾丰富的水果、果汁和新鲜蔬菜。

恢复期 逐渐过渡到正常饮食。

首先保证热量的供给，本期一天的总热量可按3000kcal（12600kJ）供给，蛋白质的供给量可随血液非蛋白氮下降而逐渐提高，开始按0.5～1.0g/（kg・d）计算，逐步恢复时则可按1.0g/（kg・d）或更多计算，以高生物价的蛋白质为主，以有利于肌蛋白的合成。恢复期排尿趋于正常，临床症状有所缓解，病情稳定后，可恢复正常饮食。同时注意给予含维生素A、维生素B_2和维生素C丰富的食物。

水盐的摄入方面可以和正常人一样，注意不要脱水，以免肾脏缺血。

中医调养

中医疗法

双拇指点揉三焦俞、肾俞、气海俞、膀胱俞，遇条索状物时用拇指拨揉、按压，以患者能忍受为度，沿膀胱经循行线自上而下逐穴按摩，每穴按至手下有微汗为止。

少尿期 化气利水。主穴：中极、膀胱俞、阴陵泉。配穴：水沟、三阴交。采用平补平泻法。

休克期 益气固脱。主穴：涌泉、人中。配穴：足三里、合谷。选用补法。

多尿期 补肾益气。主穴：气海透中极、肾俞、关元。配穴：大椎、三阴交、足三里。选用补法。

生活调养

（1）情绪 保持乐观的情绪，防止情绪波动过大。

（2）环境与休息 注意保暖，根据病情适量活动，以提高机体抵抗能力，避免过度劳累。房间宜清洁、安静、空气流通，病室定期用紫外线做空气消毒。

（3）保持良好的卫生习惯，勤换衣服，根据天气变化及时增减衣服，防止感冒。并做好口腔、外阴护理，保持口腔清洁、舒适，防止发生感染。

（4）做好皮肤护理 皮肤水肿者，可用硫酸镁外敷，切忌用手搔抓皮肤，以免皮肤抓伤而致感染。

（5）少尿期和多尿期应每日查肾功能、血清电解质等，准确记录每日的尿量、血压、体重。

（6）维持性血液透析患者要遵医嘱按时至透析中心进行透析治疗，不可擅自中断。保护好临时性血液通路，如颈内静脉置管等，定期换药、封管。

（7）避免服用肾毒性药物，如氨基糖苷类、磺胺类及非类固醇类消炎药等，注意药物的副作用。

（8）预防出血，加上有些患者血透时应用肝素等原因，易造成皮下、鼻部、消化道等部位出血。在护理工作中，除应密切观察患者有无呕血、便血、鼻衄、皮下出血点、瘀斑等现象外，还需注意动作轻柔，保持床单平整，嘱患者进食软的、无刺激性食物。

保健食谱

食谱		做法	功效
饮品	红萝卜荸荠白茅根竹蔗水	红萝卜100～150g，白茅根30～60g，荸荠5～10个，竹蔗250g，水约1000ml。煲熟代茶，适量频频口服，若无竹蔗可用少许白糖替代	**清热化湿养阴** 适用于急性肾衰少尿期，症见少尿、口干苦、头身重痛者
	鲜瓜果汁	用西瓜或雪梨或红萝卜或竹蔗或鲜橙等清凉瓜果榨汁代茶饮	**清热泻火养阴** 适用于急性肾衰少尿期，症见发热、口干咽痛、少尿者
	冬瓜扁豆薏苡仁水	冬瓜150g，扁豆30g，薏苡仁60g，水约1000ml。煲熟，油盐调味，适量服食	**健脾和胃** 适用于恢复期，症见纳差、水肿，大便溏泄者
	核桃肉蜂蜜饮	蜂蜜30g，核桃肉10枚。核桃肉加水适量，煮沸后煮15min，调入蜂蜜适量服食	**健脾益气固肾** 适宜于恢复期，症见面色晄白、神疲纳少、尿蛋白长期存在者

续表

食谱		做法	功效
汤粥	车前子粥	先将车前子50g布包煎汁，再入粳米同煮成粥。适量服食	**清热利湿** 适用于急性肾衰尿少者
	山莲葡萄粥	山药15g，莲子15g，葡萄250g。前2味煎煮饮汤，食葡萄	**健脾固肾** 适用于多尿期，小便频数，出现阴伤之证者
	人参核桃煎	人参5～10g，核桃肉50g。两味加水同煎1h，饮汤后将人参及核桃肉食之	**益气固肾** 适用于急性肾衰多尿期，症见乏力、腰酸、夜尿多者
菜肴	淮山药炖猪肾	淮山药5片，枸杞子15g，猪肾或羊肾1只，大枣2枚，生姜2片，水200ml。炖熟，油、盐调味后食用	**益肾健脾** 适用于急性肾衰之贫血、水肿、营养不良者
	六月雪煨乌鸡	乌鸡1只，六月雪30～50g。将六月雪布包纳入鸡腹，加水常法炖煮。熟后去药佐餐适量，每周1剂	**补肾化浊** 适用于急性肾衰各期
主食	冰糖山药糊	山药粉60g，低筋面粉60g。加水调成稀糊状，放入锅中煮熟，边煮边搅，使之成为半透明的糊状，加入适量冰糖调味即可	**健脾益肾** 适用于急性肾衰各期，症见乏力、纳差、营养不良者
	山药面条	山药粉150g，面粉300g，鸡蛋1只，豆粉20g，食盐、猪油、葱、姜、味精各适量。将山药粉、面粉、豆粉、鸡蛋及清水、食盐适量放入盆内，揉成面团，制成面条。锅内放清水适量，武火煮沸后放面条、猪油、葱、姜，煮熟后再放味精。适量服食	**健脾补肺，固肾益精** 适用于急性肾衰恢复期，症见纳差、营养不良者
	猪肉韭菜包	韭菜200g，猪肉100g，低筋面粉500g，干酵母2g。韭菜洗净切碎，与猪肉混匀做馅。面粉中加入干酵母，用水和匀，揉成面团，分成小块，擀成圆形的皮，包入馅后蒸熟即可	**温阳健脾补肾** 适用于急性肾衰恢复期以乏力、少尿为突出表现者

每日推荐食谱

	周一	周二	周三	周四	周五	周六	周日
早餐	车前子粥（车前子50g，粳米50g） 马蹄糕（50g）2块 牛奶160ml	山莲葡萄粥（山药15g，莲子15g，葡萄200g） 馒头50g	黄芪粥（黄芪15g米25g） 番茄鸡蛋炒粉丝（粉丝100g，鸡蛋清30g，番茄100g）	青菜山药面条（青菜100g，山药100g，面条50g，鸡蛋清30g）	牛奶160ml（加糖10g） 烤面包35g	生菜肉末粥（生菜100g，瘦肉25g，米50g） 水晶饼（麦淀粉50g）	肉菜包（小麦面粉50g，瘦肉25g，菜100g） 鲜瓜果汁（果肉200g）
加餐	苹果200g	火龙果200g	人参核桃煎（党参/太子参30g、核桃肉50g，加水同煎，去渣食用）	苹果200g	柚子200g	核桃肉蜂蜜饮（蜂蜜30g，核桃肉10枚）	甜藕粉（藕粉40g，糖10g）
中餐	青菜山药面条（青菜100g，山药150g，面条50g，鸡蛋1只）	冰糖山药糊（山药粉50g，低筋面粉50g） 木耳炒粉丝（粉丝50g，木耳100g）	米饭（米75g） 鲤鱼冬瓜汤（鱼肉50g，冬瓜200g）	米饭（米75g） 六月雪乌鸡汤200ml（可食乌鸡肉50g） 青瓜200g	炒粉丝100g 淮山药炖猪肾（淮山药5片、枸杞子15g、猪肾或羊肾1只，可食50g 淡炒生菜200g	炒粉丝（粉丝100g，菜100g） 瘦肉烧茄子（瘦肉50g，茄子100g）	米饭（米75g） 香菇鸡（香菇30g，鸡肉50g） 青菜200g

续表

	周一	周二	周三	周四	周五	周六	周日
加餐	甜藕粉(藕粉40g，糖10g)	西瓜汁(200g果肉)	山莲葡萄粥(山药35g，莲子15g，葡萄200g)	甜藕粉(藕粉40g，糖10g)	冬瓜扁豆薏苡仁水(冬瓜100g，扁豆30g，薏苡仁50g)	火龙果200g	番石榴200g
晚餐	青菜炒粉丝(粉丝100g，青菜200g) 丝瓜炒肉(丝瓜200g，猪瘦肉50g)	米饭(米100g)蒸鲈鱼(鱼50g)蒜蓉生菜200g 六月雪乌鸡汤(乌鸡1只，六月雪30～50g)	菜肉粉丝汤(粉丝100g，瘦肉50g，青菜200g)	麦淀粉饺子(麦淀粉100g，瘦肉50g，白菜200g)	红薯米饭(红薯100g，米50g) 南瓜排骨(排骨50g，南瓜100g) 青菜100g	淮山药米饭(淮山药100g，米50g) 淮山药炖猪肾(淮山药5片、枸杞子15g、猪肾或羊肾1只，可食50g) 青瓜200g	麦淀粉饺子(麦淀粉100g，瘦肉50g，白菜200g)
每日食用油的量为25ml，食用盐为6g							
能量/kcal	1700		1750	1700	1650	1700	1710
蛋白质/g	41.3		39	41	40.9	39.5	40

续表

	周一	周二	周三	周四	周五	周六	周日
优质蛋白	55.70%		57.70%	54.90%	56.20%	57%	56.30%

患者女性，身高155cm，体重49kg，年龄为35岁，职业为文员，诊断为急性肾衰，血肌酐198μmol/L，未透析。由以上资料可做如下计算。

第一步：计算标准体重，为50kg，可知患者体重为正常范围，而职业为轻体力劳动；

第二步：计算每日所需热量，该患者每日应摄入的热量为35kcal/kg，那么该患者全天所需热量为1750kcal；

第三步：计算每日所需蛋白质，每千克体重每日蛋白质摄入应为0.8g，所以其每日应摄入的蛋白质量为40g，其中优质蛋白需占一半以上，约为22g；

第四步：按食品交换份的原则，该患者的食品交换份数为1750/90=19.5份

第八节 狼疮肾炎

系统性红斑狼疮（systemic lupus erythematosus，SLE）是因免疫失调产生一系列自身抗体导致的自身免疫性疾病。特点：累及多系统、多器官，其中以肾脏受累最为常见。临床表现:有不同程度的蛋白尿、血尿，水肿、高血压和肾功能损害，以及肾外狼疮的表现。据统计，系统性红斑狼疮人群患病率约为0.05%，我国SLE的发病率约为0.07%。本病好发于青年女性，男女之比为1：9。

饮食宜忌

对于狼疮肾炎患者，合理进行饮食调理对于防止疾病复发和促进疾病缓解都有非常重要的意义。

- 有光过敏者应避免食用具有增强光敏感的食物，如无花果、紫云英、油菜、芫荽以及芹菜等。
- 尽量不要食用或少食用刺激性食物和饮料，如咖啡、浓茶、海鲜、蘑菇、香菇等蕈类和某些食物染料及烟酒；再者，辣椒、生葱、生蒜、羊肉、狗肉、桂圆等性温燥，能加重患者内热症状，应控制食用。
- 患者发病初期多以热毒炽盛及阴虚火旺为主，应适时进食有清热解毒、滋阴降火作用的饮料及膳食，如菊花茶、冬瓜茶、夏桑菊、金银花露、绿豆、西瓜、雪梨、莲藕、荸荠、芹菜等；疾病后期则以气阳虚为主要表现，可适当进食具有温补作用的食物，如核桃肉、大枣、西洋参、甲鱼、冬虫夏草等。
- 在膳食制作方面，宜用煮、炖、蒸等中性烹调方法，避免使用煎、炸、烙的方法加工。

系统性红斑狼疮肾炎水肿明显者应采用低盐饮食；表现为肾病综合征者予低盐、低脂、优质蛋白饮食；肾功能不全者，应给予优质低蛋白饮食。

长期使用激素和细胞毒药物者，可适当增加富含蛋白质、氨基酸、高维生素、高营养食物的摄入，以扶助正气，从而提高人体抗病能力。

中医调养

中医疗法

患者仰卧，腹部可稍垫高，家人坐其侧，将一手手掌置于腰部一侧的肾俞、气海俞、大肠俞穴处，先摩动至同侧带脉穴处，然后再反方向摩动至对侧带脉穴止，反复按摩 3 ～ 5min。

旋摩全腹法　取仰卧位，左右两手重叠，右手掌心在下，附于脐上，两手均匀用力，顺时针方向旋转摩动，由脐部开始，逐渐扩大范围至全腹。

洗足法　磁石 30g，菊花 15g，黄芩 15g，首乌藤 15g，淮小麦 10g。加水煎 30min，去渣取汁，每晚临睡前泡足，7 日为 1 个疗程。

外贴法　新鲜生姜切成片，以胶布固定外贴于双侧内关、足三里，且上下肢穴位交叉按摩。具体做法：左侧内关配右侧足三里，右侧内关配左侧足三里，按摩时间约 10min。生姜干燥后可再换新鲜生姜。适用于慢性肾炎因脾肾两亏，湿阻血瘀而致尿蛋白长期不消或肢体水肿患者。

可在足三里、气海、关元、肾俞、命门、涌泉等穴位处推拿。

① 患者空闲时可自己按摩，也可让他人按摩，对系统性红斑狼疮肾炎有一定的辅助治疗作用。按摩手法要轻柔，皮肤上有狼疮斑的地方最好不要按摩，以免擦破引起局部感染。

② 患者仰卧，以拇指点按中脘、水分、气海、阳陵泉、复溜等穴各 20min。

③ 患者俯卧，先以手掌直推腰部脊柱两侧，以透热为度，再点按三焦俞、肾俞、脾俞等各 2min，以酸胀为度，再在腰部两侧施以擦法 1 ～ 2min。

④ 可用两手掌快速有力地上下推动腰部，直到腰部感到发热为止，每日早、中、晚各 1 次。此法有补肾化瘀、行气的功效。

⑤ 两手掌摩擦生热，按压两侧腰部及脊柱两旁，每侧 50 次，每日 2

次。此法有补肾强腰、舒筋活络之功。

⑥ 两手握拳，以食指掌指关节突起处或拇指点按肾俞、命门。该法有健脾益肾、舒筋活络之效，可防治腰酸腰痛。

生活调养

（1）避免强光刺激和日晒（紫外线的照射），感冒、病毒感染、滥用药物（磺胺类、青霉素、异烟肼、口服避孕药等）及过度劳累等可能加重或诱发本病的因素。

（2）同时应注意天气变化，随气温波动加减衣被，预防可能发生的各种感染。

（3）系统性红斑狼疮肾炎活动期要注意休息，避免过劳，因激素及细胞毒类药物等的应用易引起各种感染，故要保持皮肤清洁卫生、多饮水、勤排尿等。缓解期可从事适当的体育锻炼和工作，节制性生活以提高机体抗病能力。

（4）定期至医院随访、复查，接受激素或其他免疫抑制剂治疗的患者应严格遵守规定用量和疗程，切忌骤减骤停，以防止病情反复或恶化，用药过程中应密切观察激素及其他免疫抑制剂的副作用，并及时给予相应的处理。

（5）注意避孕节育，非缓解期的系统性红斑狼疮肾炎患者妊娠生育存在流产、早产、死胎和诱发母体病情恶化的危险，因此病情不稳定时不应怀孕。一般来说，病情稳定1年或1年以上，细胞毒免疫抑制药（环磷酰胺、甲氨蝶呤等）停药半年，激素仅用小剂量维持时方可怀孕，怀孕期间定期至肾内科及产科监测。妊娠期间如病情活动，应根据具体情况决定是否终止妊娠。

保健食谱

食谱		做法	功效
饮品	参圆汤	人参6g，桂圆肉10枚。共煮取汁，代茶饮	**养血安神** 适用于慢性肾功能不全患者贫血、心悸怔忡者
	赤小豆茅根汤	赤小豆120g，白茅根60g。加水煎至赤小豆烂熟，吃豆喝汤	**利水消肿** 可治疗系统性红斑狼疮肾炎水肿者

续表

食谱		做法	功效
饮品	雪羹汤	荸荠30g，海蜇头30g。将荸荠洗净、去皮、切成片，海蜇头洗净、切碎，二者同放入锅中加水烧沸，煮约10余min即可喝汤。每日1次	**滋阴通便** 适用于阴虚燥热，大便干结者
汤粥	茅根莲藕粳米粥	茅根200g，莲藕200g，粳米200g。将鲜茅根切碎入锅加水适量煎煮开，约10min去渣留汁，再将粳米放入鲜茅根汁中煮烂，最后放入莲藕(将莲藕切成似花生米大的小碎块)，微滚即出锅	**清热利湿和胃** 适用于系统性红斑狼疮肾炎热毒炽盛型。对急性发作有发热、红斑、尿少者有效
	薏苡仁绿豆百合粥	薏苡仁50g，绿豆25g，鲜百合100g，白糖适量。将百合掰成瓣，去内膜洗净，绿豆、薏苡仁加水煮八成熟后放入百合，用文火煮烂，加白糖适量	**清热解毒，利湿养阴** 适用于系统性红斑狼疮肾炎急性复发期、早期或合并感冒时
	海带荷叶扁豆粥	水发海带50g，鲜荷叶3张，扁豆50g。将扁豆洗净加水煮八成熟，放入切碎的海带和切碎的鲜荷叶，共同煮烂成粥	**清热解毒和胃** 适用于热毒炽盛型系统性红斑狼疮肾炎早期，有低热少尿、大便干结、胃口不佳的患者
	山萸粥	山萸肉15g，粳米50g。将两者分别淘洗干净，加水适量共煮粥，食之，每日2次	**滋肾和胃** 适用于系统性红斑狼疮肾炎早期，有低热、大便干结、胃口不佳的患者
菜肴	鲤鱼汤	鲤鱼1条，赤小豆15g，薏苡仁10g，茯苓皮10g，冬瓜1000g，大葱白5根。将鲤鱼去鳞及内脏，洗净备用；再将赤小豆、薏苡仁、茯苓皮、冬瓜、大葱白均洗净，加水同鲤鱼一起入锅炖1～2h，吃鱼喝汤	**利水消肿** 可治疗系统性红斑狼疮肾炎水肿者

续表

食谱		做法	功效
菜肴	虫草鸭	鸭1只(约1000g)，冬虫夏草15g，紫苏叶6g，砂仁6g，生姜10g，食盐少许。将鸭去毛及内脏，再将药物填入鸭腹内，煮熟，少加食盐，食肉喝汤	**补肾利水消肿** 适用于系统性红斑狼疮肾炎低蛋白血症水肿，伴有肾功能损害者
	黄芪炖猪腰子	黄芪100g，猪腰子2个，调料适量。将猪腰子切开，去白筋膜后洗净，加适量的调料与黄芪共入沙锅中炖煮，烂熟后，吃肉喝汤	**补肾气消水肿** 适用于肾虚水肿、腰酸乏力等症
	黄芪炖蛇肉	蛇肉1000g，黄芪60g，川断10g，生姜15g，熟猪油30g，各种调料适量。将蛇斩去头尾，去皮及内脏，洗净，加入各种调料后倒入沙锅中，并将浸泡黄芪、川断的冷水带药一起倒入沙锅，用小火炖1h，即可食用	**补肝肾祛风湿** 适用于心悸气短、腰痛腿软、关节疼痛之症。邪实正虚者慎用
主食	枣米饭	糯米200g，大枣50g。加水适量，共煮成粥	**养血和胃** 适用于系统性红斑狼疮贫血者
	淫羊藿山药面	市售干面条适量，淫羊藿10g，山药20g(鲜品100g)，桂圆肉20g，料酒、酱油适量。 将淫羊藿洗净，煎煮取汁，药汁加水、山药、桂圆肉煎煮20min后，下面条，面条熟后加料酒和酱油即可	**补肾益血** 适于本病属肾虚血亏者
	天麻荷叶饭	天麻10g，绿豆30g，淮山药100g，鲜荷叶一大片，大米100g左右。前三味煎水取汁，以汁并加水适量用大米煮饭，放入荷叶煮至饭熟，除去荷叶，1 ~ 2天内吃完	**祛风平肝，清热和胃** 适用于本病属高血压头痛、口干口苦者

每日推荐食谱

	周一	周二	周三	周四	周五	周六	周日
早餐	茅根莲藕粳米粥(茅根100g，莲藕50g，粳米50g) 水晶饼(麦淀粉50g)	牛奶160ml 煮粉丝(青菜100g，粉丝75g)	蒸蛋1碗(蛋1个) 炒粉丝(苦瓜100g，粉丝100g)	山萸粥(山萸肉15g，粳米50g) 水晶饼(麦淀粉50g)	煮鸡蛋1只(去黄) 青菜汤粉丝(粉丝75g，青菜100g)	酸奶130ml 番茄蛋汤银针粉(番茄100g，鸡蛋1只，银针粉75g)	牛奶160ml，加糖10g 马蹄糕50g 馒头70g
加餐	苹果200g 参圆汤(人参6g、桂圆10g，共煎取汁)	火龙果200g	海带荷叶扁豆粳米粥(海带50g，鲜荷叶3张，扁豆50g，粳米25g)	猕猴桃200g	参圆汤(人参6g、桂圆10g，共煎取汁) 番石榴200g	赤小豆茅根汤(赤小豆50g，白茅根60g)不食渣	雪羹汤(荸荠50g，海蜇头30g)
中餐	粉丝100g 鲤鱼豆腐汤(鱼肉50g，豆腐50g) 青菜100g	香芋饭(香芋100g，米饭50g) 南瓜蒸排骨(南瓜100g，排骨50g) 青菜200g	红薯米饭(红薯100g，米饭50g) 黄芪炖猪腰子(黄芪100g，猪腰子2个) 青菜100g	番茄鸡蛋炒粉丝(番茄100g，蛋清30g，粉丝125g) 黄芪炖蛇肉(蛇肉50g，黄芪60g，川断10g，生姜15g)	香芋米饭(芋头100g，米饭50g) 莴笋炒瘦肉(莴笋100g，瘦肉50g) 水煮茄子100g	淫羊藿山药面(淫羊藿10g，山药20g，桂圆肉10g，面条100g) 炒青菜200g	天麻荷叶饭(天麻10g，淮山药100g，鲜荷叶一大片，大米50g) 鲤鱼汤200ml(鲤鱼50g) 青菜200g

续表

	周一	周二	周三	周四	周五	周六	周日
晚餐	红薯米饭(红薯100g，米50g) 瘦肉烧茄子(瘦肉50g，茄子100g)	瘦肉韭菜水晶饺(瘦猪肉50g，韭菜100g，麦淀粉100g)	青菜汤银针粉(青菜100g，银针粉100g) 水煮鱼片(鱼片50g，胡椒少许，生菜50g)	淮山药米饭(淮山药100g，大米50g) 黄芪炖猪腰子(黄芪100g，猪腰子2个) 青菜200g	青菜汤银针粉(青菜100g，银针粉100g) 南瓜排骨(排骨50g，南瓜100g)	青菜炒粉丝(青菜150g，粉丝100g) 马铃薯蒸肉(马铃薯50g，鸡胸肉50g) 虫草鸭汤200ml	青菜汤粉丝(青菜100g，粉丝125g) 丝瓜炒肉(丝瓜200g，猪瘦肉50g)
加餐	海带荷叶扁豆粥(海带50g，鲜荷叶3张，扁豆50g)	山萸粥(山萸肉15g，粳米50g)	参圆汤(人参6g、桂圆10g，共煎取汁) 苹果200g	拌黄瓜200g	茅根粳米粥(茅根100g,粳米50g)	苹果200g	鲜果汁(果肉200g)
每日食用油的量为25ml，食用盐为6g							
能量/kcal	1700	1750	1760	1700	1750	1700	1700
蛋白质/g	42	40	41.5	40	40	39.5	41

续表

	周一	周二	周三	周四	周五	周六	周日
优质蛋白	54.8%	57.5%	65.1%	56.3%	56.3%	58.2%	56.1%

患者女性，身高155cm，体重49kg，年龄为35岁，职业为文员，诊断为狼疮性肾炎，血肌酐正常，无明显水肿。由以上资料可做如下计算。

第一步：计算标准体重，为50kg，可知患者体重为正常范围，而职业为轻体力劳动；

第二步：计算每日所需热量，该患者每日应摄入的热量为35kcal/kg，那么该患者全天所需热量为1750kcal；

第三步：计算每日所需蛋白质，每千克体重每日蛋白质摄入应为0.8g，所以其每日应摄入的蛋白质量为40g，其中优质蛋白需占一半以上，约为22g；

第四步：按食品交换份的原则，该患者的食品交换份数为1750/90=19.5份

第九节 腹膜透析

腹膜透析就是利用患者的腹膜为半透膜，通过手术植入透析管道，将透析液通过透析管道引入腹腔，通过腹膜与患者的血液，利用弥散和超滤功能充分进行交换，透析液所含电解质、代谢产物与血液基本平衡后，再从腹腔放出，如此反复进行，可清除毒素、肌酐，调节水、电解质与酸碱平衡。腹膜透析的方式有间歇性腹膜透析及非卧床持续性腹膜透析两种。腹膜透析无须机器、操作简单、心血管稳定性好，清除中分子物质优于血液透析，可在家中进行，不影响正常工作及生活。

饮食宜忌

- 宜食优质高蛋白饮食，蛋白质的摄入量为 1.2 ～ 1.4g/（kg・d），其中 50% 以上为优质蛋白。
- 限制盐的摄入，防止液体负荷过重，宜低盐饮食；对于少尿和无尿的腹膜透析患者，钠摄入量为 3g/d，一匙盐含钠约 200mg;避免进食含钠高的食物，如榨菜、火腿、酱油、各种腌菜等。限制钾、磷的摄入。
- 保持水平衡，每日摄入的水分 =500ml+ 前 1 天的尿量 + 前 1 天的腹膜透析超水量。如腹膜透析超水量和尿量之和在 1500ml 以上，无明显的水肿、高血压，可正常饮水。少尿或无尿患者进食水分要少些。
- 供给充分的热量，摄入热量应＞ 146kJ/（kg・d）[35kcal/（kg・d）]。
- 注意补充水溶性、脂溶性维生素及微量元素、氨基酸等。
- 多食含丰富纤维素的食物，如全麦面包、糙米、粗面面条和高纤维麦片。

中医调养

中医疗法

晃腰健肾　自然端坐于沙发、凳椅或床边，双手叉腰，呼吸自然，缓慢向左晃动腰身36次，再向右晃动36次，晃动时划大圈，头部亦随之而缓慢晃动，一般早晚各练一次。

摩耳健肾　双手握空拳，以拇指、食指沿耳轮上下来回推摩，直至耳轮充血发热。

生活调养

（1）环境　腹膜透析患者宜居住单间，不宜与多人同住，室内注意定期开窗、通风换气，每日用紫外线照射1～2次，用含氯消毒液拖地、抹室内桌椅1～2次。

（2）休息与活动　注意根据病情适当活动，如散步、打太极拳等，避免参加各种大型聚会及提重物，注意保暖，预防外感，透析期注意卧床休息，透析结束后注意适当运动，但注意妥善固定透析管道。

（3）情志　注意调畅情志，多关心患者，与患者多沟通，增强治疗疾病的信心。

（4）皮肤护理　注意保持皮肤清洁干燥，特别是透析管路周围皮肤，注意勤剪指甲，防止抓伤皮肤，如皮肤瘙痒难忍者可用生何首乌同艾叶煎汤外洗，或遵医嘱使用药物，如插管处出现痂皮，不要强行撕扯痂皮，可用无菌棉签蘸取生理盐水泡软后慢慢取下。

（5）无菌操作　每次透析前注意用流动水洗手3min，戴好口罩，透析时避免人员走动及打扫房间。

（6）管道护理　妥善固定管道，管道近1cm处避免使用刺激性大的消毒液及清洁液，透析短管3～6个月更换一次，疑有污染时及时更换。

（7）注意认真做好透析记录，为下次复诊提供就诊依据。

（8）沐浴　透析管道植入6周后，无感染时可在保护好出口处后正常沐浴，避免盆浴。

（9）保持大便通畅。

（10）避免用力咳嗽、重体力活动等，以免增加腹压。

自我管理

用物准备

① 紫外线灯：紫外线光管或移动式紫外线灯，用于消毒房间。

② 恒温箱：用于给透析液加温。

③ 指针盘秤：用于测量引流液量。

④ 量杯：用于测量每日尿量。

⑤ 剪刀：用于剪开废液袋。

环境管理

① 透析房间安置紫外线光管，每日消毒1～2次，每次照射30min；可用500mg/L有效含氯消毒液擦拭患者的床、桌、椅等用物，注意房间内通风换气。

② 进行腹膜透析操作时，避免人员走动，入室前洗手戴好口罩，关好门窗。

③ 行腹膜透析换液时避免有宠物在场或在放置透析物品的房间里。

引流液管理

① 注意观察引流液颜色和澄清度，正常引流液应为淡黄色澄清液，如发现引流液出现浑浊、有絮状物，可疑腹膜炎，应立即将引流液带回医院检查。

② 每次准确测量引流液量，并做好记录。

症状体征管理

① 注意观察体温、引流液色、性状变化，腹部有无压痛。

② 出现腹痛，可适当调整体位及透析液的温度、入液速度等；腹胀者可能由于肠蠕动减少所致，可热敷或轻轻按摩腹部或中药灌肠，鼓励患者多食富含纤维素的食品。

腹膜透析管理

① 触摸透析管前先洗手。

② 妥善固定透析管，用腹膜透析腰带妥善固定透析管于腰间，防止管路被牵拉。

③ 注意避免牵拉或扭曲管路，避免出口周围的细菌进入腹腔。

④ 避免在管路附近使用剪刀。

⑤ 每次淋浴后应进行出口处的护理，切勿使用浴缸。

个人卫生

为了保持身体和出口处清洁，腹膜透析患者在腹膜透析管植入6周后，可进行沐浴，但应注意以下事项。

（1）用物准备　温和的沐浴液、柔软的毛巾、浴巾、含碘皮肤消毒液、棉签、纱块、胶布、肛袋。

（2）彻底洗手1min。

（3）用肛袋将连接管道固定好。

（4）沐浴。

（5）用少许沐浴液轻轻清洗管路周围的皮肤，按从里向外的方式轻轻清洗。

（6）用干净的毛巾，先擦干出口，再擦干身体其他部位。

（7）揭去肛袋，用含碘皮肤消毒棉签消毒出口处后，用纱块/敷贴覆盖。

（8）用胶布固定好。

保健食谱

食谱		做法	功效
饮品	车前草汤	车前草10g。鲜品加倍。用布包好，加水煎服	**利尿通淋** 适用于腹膜透析病人伴小便短赤涩痛
	萹蓄汤	萹蓄10～30g。鲜品加倍。加水煎服	**利尿通淋，止痒** 适用于腹膜透析病人伴皮肤瘙痒
	陈皮汤	陈皮3～10g。加水煎服	**理气健脾** 适用于腹膜透析病人
	黄芪汤	黄芪10～15g。加水煎服	**补气升阳，益气固表，利水消肿** 适用于腹膜透析病人伴少气懒言

续表

食谱		做法	功效
汤粥	瘦肉虫草汤	猪瘦肉200g，冬虫夏草10g。将猪瘦肉、冬虫夏草洗干净后，加水炖1h，调味后即可	**益肾壮阳，补肺平喘，止血化痰** 适用于腹膜透析病人伴乏力、腰酸
	薏苡仁山药粥	薏苡仁30g，鲜山药30g。薏苡仁淘洗干净，鲜山药去皮洗干净，加入煮熟入味即可	**利水渗湿，益气养阴，补脾肺肾** 适用于腹膜透析病人伴水肿、疲倦乏力
	冬瓜瘦肉汤	冬瓜200g，瘦肉150g。瘦肉、冬瓜洗干净，冬瓜不要去皮，加水煲1h，入味即可	**利水消肿** 适用于腹膜透析病人伴水肿
	水瓜瘦肉汤	水瓜100g，瘦肉100g。水瓜去皮切件，瘦肉洗干净，切片，加水同煮，1h后入味即可	**利尿消肿，解毒** 适用于腹膜透析病人伴明显水肿
	杜仲猪腰汤	杜仲25g，威灵仙15g，猪腰一副。将猪腰洗净，剖开去筋膜，将药物捣烂放入猪腰内扎紧，煮熟去药渣调味即可	**补肾强腰祛湿** 肾虚所致腰痛

每日推荐食谱

	周一	周二	周三	周四	周五	周六	周日
早餐	生菜肉末粥250ml(生菜100g，瘦肉50g，米25g) 馒头1个(面粉25g) 马蹄糕1块(约25g)	牛奶160ml 肉包2个(青菜100g，瘦肉25g，面粉50g) 鸡蛋1个	牛奶160ml 菜心肉丝炒粉丝(菜心100g，肉丝25g，粉丝100g)	面包35g 煮鸡蛋60g 大米粥100g	酸奶130ml 青菜肉丝银针粉(青菜100g，肉丝50g，麦淀粉100g)	牛奶250ml 水晶饺(麦淀粉100g，猪肉25g，青菜100g)	淮山药菜肉粥(淮山药50g，芡实10g，生菜100g，瘦肉50g，大米50g) 马蹄糕1块(约25g) 酸奶130ml
中餐	麦淀粉饺子(麦淀粉150g,肉末100g,白菜200g)	米饭100g， 苦瓜炒瘦肉(苦瓜200g，瘦肉100g)	米饭100g 芹菜炒瘦肉(芹菜200g，瘦肉100g)	藕粉羹(藕粉100g，净鸡肉75g，碎生菜100g)	米饭100g 南瓜蒸排骨(排骨100g,南瓜150g)	米饭100g 节瓜炒瘦肉(节瓜200g，瘦肉100g)	米饭100g 青瓜炒瘦肉(青瓜200g，瘦肉75g)
加餐	苹果100g	西瓜250g	葡萄100g	梨100g	西瓜250g	葡萄100g	梨100g

续表

	周一	周二	周三	周四	周五	周六	周日
晚餐	米饭100g 清蒸鲤鱼（鲤鱼80g） 丝瓜瘦肉汤（丝瓜200g，瘦肉50g）	青菜肉汤银针粉（菜心200g，瘦肉50g，麦淀粉150g）	米饭100g 清蒸鲩鱼（鲩鱼160g） 青菜200g	米饭75g 土豆炒肉丝（土豆200g，肉丝100g） 丝瓜汤（丝瓜300g）	米饭100g 番茄炒鸡蛋（番茄200g，鸡蛋75g）	米饭75g 马蹄糕1小块 姜葱鸡（鸡肉75g） 白灼菜心200g	米饭100g 清蒸红三鱼120g 蒜蓉油麦菜200g
每日食用油的量为25ml，食用盐为3g							
能量/kcal	1900	1935	1935	2000	1900	1900	1900
蛋白质/g	63.5	64	68	65.5	63	64	67.5
优质蛋白	70.9%	71.1%	59.6%	61.8%	65.1%	68.4%	60.7%
女性患者，身高160cm，体重52kg，标准体重55kg，按35kcal/kg，全天所需热量为1925kcal，蛋白质按1.2g/kg，每日应摄入的蛋白质量为66g，其中优质蛋白需占一半以上，按食品交换份的原则，该患者的食品交换份数为1925/90=21.5份							

第十节　血液透析

血液透析利用的透析器为半透膜，当膜两侧的溶质浓度不同时则其渗透浓度也不相同，溶质就会从浓度高的一侧通过半渗透膜移向浓度低的一侧；而水分就会由浓度低的一侧流向浓度高的一侧；最后达到动态平衡。在血液透析时，将动脉端血引入透析器，经半透膜的透析作用，清除血中蓄积的代谢产物、小分子毒物及过多的水等，然后血液又由静脉端回流入体内。

适应证：尿毒症综合征；容量负荷过重所致的脑水肿、肺水肿及高血压；尿毒症并神经、精神症状；尿毒症性心包炎；血尿素氮≥28mmol/L，血肌酐≥707μmol/L；血钾≥6.5mmol/L；肌酐清除率(Ccr)＜10ml/min；尿毒症性贫血，Hb＜60g/L；可逆性的慢性肾功能衰竭、肾移植前准备、肾移植后急性排斥导致的急性肾功能衰竭，或慢性排斥、移植肾失去功能时、药物中毒。

饮食宜忌

血液透析患者可适当增加蛋白摄入量，成人 1.0～1.2g/（kg·d），其中50% 以上的蛋白来源于肉、蛋、奶和大豆蛋白，避免用大量低生物价蛋白质的植物性食物，干豆类如绿豆、红豆等。

限制水、盐摄入量，钠盐摄入量不超过 3g/d，有严重高血压、水肿或血钠高者，每日钠盐摄入量不超过 2g，限制水的摄入，保证两次透析间期体重增加不超过 5%（约 2.5kg）。避免进食咸菜、罐头、方便面、辣椒酱等。

- 限制钾、磷的摄入，含钾高的食物有香菇、草菇、番茄、木耳、海带等，含磷高的食物有坚果、茶叶、动物内脏、虾米（虾皮）等。
- 摄入足够的热量，成人 30 ～ 35kcal/(kg・d)。
- 摄入足够的维生素。

中医调养

中医疗法

- 揉腰眼　仰卧，两手握拳，屈肘，将拳置于床与腰背之中，拳心贴床，以指掌关节突起处抵在腰脊两侧，屈肘尽量向上，然后左右摆动身体 10 ～ 15 次，此时犹如被他人按摩，逐渐将拳下移，直至腰骶部。
- 干（湿）搓涌泉穴法

干搓法：左手握住左脚背前部，右手沿脚心上下搓，搓至脚心近脚趾凹陷时停留按摩3min，使脚心发热，然后换用左手拳右脚心。

湿搓法：把脚放到温水盆中，泡至脚发红，再按干搓的方法搓，搓的力度以自己能耐受为度。

生活调养

（1）环境　保持居室空气流通，每日定时开窗通风换气。

（2）休息　根据病情适当运动，避免剧烈运动，注意保暖，预防感冒。

（3）皮肤护理　皮肤瘙痒者，可用含薄荷、冰片的药物止痒，避免用手挠抓，以防引发感染。沐浴时使用温和的沐浴液，宜穿着柔软贴身的纯棉衣服。

（4）心理护理　注意调畅情志，多与患者沟通，介绍同种疾病治疗预后好的案例，使患者乐观地接受治疗，避免情绪激动。

（5）透析管路护理　透析后注意观察穿刺插管处及内瘘有无异常情况，防堵塞及感染。

（6）每日检查瘘管情况，发现异常及时就诊。

（7）每日自我监测血压，发现异常时应服用药物。降压药物应在医师指导下坚持服用，不要私自停药或减量。

（8）每日自我监测体重，控制水分增长，每周透析2次的患者，透析间期体重增长应小于5%，每周透析3次的患者，透析间期体重增长应小于3%。

（9）注意准时至透析中心接受治疗。

动静脉通路护理

- 避免在术侧穿刺、测量血压、负重等，以免出血造成血肿。
- 术后患肢肿胀、疼痛，1周后消失，抬高术肢30°促进静脉回流，有利于症状的减轻。
- 定期捏橡皮圈或握拳运动，锻炼动静脉瘘侧手臂。
- 透析间期，可用热毛巾湿敷及用活血药物（红花油等）交替外敷动静脉内瘘处。
- 注意保持动静脉通路的通畅，每日检查通路，听诊血管杂音及触摸震颤感，发现异常及时就诊。
- 注意保持动静脉瘘周围皮肤清洁干燥，透析前应用洗手液清洗造瘘侧肢体。
- 避免穿过紧的衣服及佩戴过紧的首饰。
- 睡觉时不要压迫动静脉通路，可用棉垫或小枕抬高。
- 注意观察术肢有无红、肿、热、痛及分泌物，发现异常及时就诊。
- 患者内瘘术后应注意进行术肢的功能锻炼，以促进内瘘成熟，术后24h可开始手指运动，3天后可进行早期功能锻炼，每日行握拳锻炼，握拳运动每次15min，每天3～4次，术后5～7天开始行内瘘强化护理，术肢反复交替进行握拳、松拳或挤压握力球锻炼。

保健食谱

食谱		做法	功效
饮品	枸杞茶	枸杞子15g，白糖10g。将枸杞子清洗干净，加水煎煮，加入白糖即可饮用	**补肝肾，明目，润肺** 适用于血液透析病人伴眼花不适
	何首乌汤	生何首乌30g，防风20g。生何首乌、防风洗净，加水同煎后饮用	**排毒止痒** 适用于血液透析病人伴毒素沉积引发的皮肤瘙痒

续表

食谱		做法	功效
饮品	腹皮茶	大腹皮10g。大腹皮洗净，加水煎服	**行气导滞，利水消肿** 适用于血液透析病人伴水肿
	地肤子茶	地肤子15g，蝉蜕10g。地肤子、蝉蜕洗净，加水同煎	**清热利湿** 适用于血液透析病人伴皮肤瘙痒
汤粥	莲子百合粥	鲜莲子20g，粳米100g。鲜莲子、粳米洗干净，莲子去心，加水煮烂后调味即可	**补脾止泻，益肾涩精，养心安神** 适用于血液透析病人伴眠差、纳差
	沙参麦冬鸡汤	南沙参15g，麦冬10g，鸡脯肉250g，生姜5g。南沙参、麦冬洗净备用，鸡脯肉洗净、斩件、焯水，将以上材料加入砂煲中加水炖1h，入味即可食用	**养阴生津，益气健脾** 适用于血液透析病人伴口干
	肉苁蓉汤	肉苁蓉15g，瘦肉200g。肉苁蓉洗净，瘦肉洗净焯水，加水同煮，调味后即可食用	**补肾阳，益精血，润肠通便** 适用于血液透析病人伴腰酸不适
	薏苡仁赤小豆粥	薏苡仁100g，赤小豆100g。薏苡仁、赤小豆洗净加水煮烂食用	**利水消肿，清热渗湿，健脾止泻** 适用于血液透析病人伴水肿、纳差
	桑枝木瓜汤	桑枝30g，木瓜100g，猪瘦肉200g。桑枝、木瓜洗净，瘦肉洗净斩件，加水同煮，入味后即可食用	**祛风通络，行水消肿** 适用于血液透析病人伴水肿

续表

食谱		做法	功效
汤粥	绿豆汤	绿豆30g。绿豆洗净，加水煮烂即可食用	**清热解毒，消暑利尿** 适用于血液透析病人伴水肿
	莱菔子粥	莱菔子10g，粳米100g。莱菔子、粳米洗净，加水同煮，加适量盐后食用	**消食除胀，降气化痰** 适用于血液透析病人伴食欲不振
菜肴	鹿茸老鸽煲	鹿茸25g，老鸽1只(约400g)，盐、味精等作料。鹿茸用水轻轻冲洗，老鸽斩件焯水，加水炖2h，入味后佐餐服用	**补精髓，助肾阳，强筋健骨** 适用于血液透析病人伴腰膝酸软
	莲子猪肚煲	莲子100g，猪肚1个，葱、油、盐等各适量。猪肚洗干净，莲子去心转入猪肚中，用线缝好，加入锅中，加入清水，炖烂取出，将猪肚切条状，将葱、盐等作料与猪肚拌匀即可佐餐服用	**健脾益胃，补虚益气** 适用于食少、消瘦、水肿等症
	龟肉莲子芡实枸杞子百合煲	龟肉500g，莲子60g，芡实60g，枸杞子20g，百合30g，盐、味精、油等作料适量。将莲子、芡实、枸杞子、百合用清水洗净；龟宰后洗净斩件，将龟放入加热好的油锅翻炒，加入莲子、芡实、枸杞子、百合翻炒片刻后放水炖2h，入味后佐餐食用	**补脾益肾，滋阴祛湿** 适用于血液透析病人伴眼花、眠差

续表

食谱		做法	功效
菜肴	洋参香妃鸡	鸡1只(约750g)，生姜10g，油、味精、盐等作料适量。将鸡洗净斩件，放入已加温的油锅中翻炒，至金黄色后加入适量水炖30min，入味后佐餐食用	**补气养阴，清热生津** 适用于血液透析病人伴口干舌燥
	杜仲乌鸡煲	杜仲15g，乌鸡1只(约500g)，油、盐、生姜等作料适量。杜仲洗净；乌鸡掏净内脏、斩件、去爪；将乌鸡倒入已加热的油锅中爆炒，加入杜仲翻炒片刻后加水焖45min，入味后佐餐食用	**补肝肾，强筋骨** 适用于血液透析病人伴腰酸痛不适
	水瓜花腩煲	水瓜200g，花腩250g，盐、油、葱等作料适量。水瓜去皮洗净；花腩洗净斩件；将斩好的花腩倒入已加热的油锅中，翻炒片刻后倒入水瓜，加水焖10min后，入味后佐餐食用	**利尿消肿，解毒** 适用于血液透析病人伴水肿

每日推荐食谱

	周一	周二	周三	周四	周五	周六	周日
早餐	白茯苓瘦肉粥(茯苓15g，瘦肉25g，米50g) 肉丝炒银针粉(银针粉100g，青菜100g，肉丝50g)	酸奶130ml 青菜肉丝银针粉(青菜100g，肉丝50g，麦淀粉125g)	黄芪粥(黄芪15g，米25g) 番茄鸡蛋炒粉(粉丝100g，鸡蛋60g，番茄100g)	生菜肉末粥(生菜100g，瘦肉50g，米50g) 水晶饼(麦淀粉50g) 鸡蛋1只(约60g)	冰糖山药糊(山药50g，麦淀粉75g，冰糖20g) 牛奶250ml	牛奶250ml 大菜肉包2个(青菜100g，瘦肉50g，面粉100g)	青菜鸡蛋面条(青菜100g，面条100g，鸡蛋60g)
午餐	淮山药饭(米50g,淮山药100g) 六月雪煨鸡(六月雪100g，乌骨鸡肉125g) 青菜200g 马蹄糕1块(约25g)	米饭125g， 南瓜蒸排骨(排骨140g,南瓜150g)	米饭125g 鲤鱼冬瓜汤(鲤鱼160g，冬瓜200g)	米饭125g土豆丝炒肉(土豆100g，瘦肉50g) 淮山药炖猪肾(淮山药5片、枸杞子15g、猪肾或羊肾1只，可食50g) 青瓜100g	米饭125g 冬虫夏草炖鸭(冬虫夏草5枚，鸭肉125g) 水晶饼1个(麦淀粉25g) 青菜200g	米饭125g 清蒸鲩鱼160g 青菜200g	米饭125g 六月雪乌鸡汤200ml(乌鸡肉100g)青瓜200g

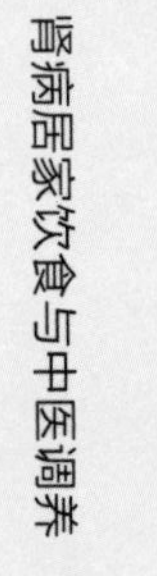

续表

	周一	周二	周三	周四	周五	周六	周日
加餐	葡萄200g	苹果200g	山莲葡萄粥（山药35g，莲子15g，葡萄200g）	火龙果200g	雪梨200g	番石榴200g	甜藕粉（藕粉50g，糖10g）
晚餐	米饭100g 金菜蒸排骨（金菜少许，排骨140g） 炒青菜200g	米饭100g 番茄炒鸡蛋（番茄200g，鸡蛋120g）	米饭100g 姜葱蒸鸡（净鸡肉100g） 青菜200g	米饭100g 瘦肉烧茄子（瘦肉100g，茄子200g） 青菜100g	米饭100g 苦瓜炒肉片（苦瓜100g，瘦肉100g） 青菜200g	青菜肉汤银针粉（菜心200g，瘦肉100g，麦淀粉125g）	米饭100g 芹菜炒瘦肉（芹菜100g，瘦肉100g） 白菜100g
每日食用油的量为25ml，食用盐为3g							
能量/kcal	2200	2250	2200	2150	2250	2250	2150
蛋白质/g	78.5	79	73	82	74	77	76
优质蛋白	68.8%	69.0%	61.6%	65.9%	64.9%	68.2%	59.2%

男性患者，身高170cm，体重67kg，标准体重65kg，按35kcal/kg供给热量，全天所需热量为2275kcal，蛋白质按1.2g/kg供给，每日应摄入的蛋白质量为78g，其中优质蛋白需占一半以上，按食品交换份的原则，该患者的食品交换份数为2275/90=25.5份

第十一节　痛风性肾病

痛风性肾病简称痛风肾，也称尿酸盐性肾病，是痛风的第二个常见表现，约1/3原发痛风具痛风肾的表现，其中17% ~ 25%患者可死于尿毒症。痛风肾属间质性肾炎，最初为夜尿增多、尿比重下降等肾小管受损表现，蛋白尿可有可无，早期呈间歇性轻度小管性蛋白尿，后期也可呈持续性中度小球性蛋白尿，肾病综合征罕见。

饮食宜忌

- 避免进食嘌呤含量高的食物，如动物心、肝、肾、脑、鱼卵、贝类、菠菜、蘑菇、豆类、猪肉、牛羊肉、禽类、豆荚类发酵的食物。嘌呤的摄取量，应限制在每日150mg以下。
- 控制蛋白质的摄入量，每日宜按0.8g/kg供给，因高蛋白食物可提供过量氨基酸，使嘌呤合成增加，尿酸生成多，所以高蛋白饮食可能诱发痛风发作。
- 宜多食碱性食物，因尿酸在酸性环境中容易结晶析出，在碱性环境中则容易溶解，故应鼓励选食含钾多钠少的碱性食品，如芥菜、花菜、海带、白菜、白萝卜、番茄、黄瓜、茄子、洋葱、马铃薯、桃、杏、梨、香蕉、苹果、面包、面粉、山芋。西瓜与冬瓜不但属碱性食物，且有利尿作用，对痛风治疗有利。另外，慈菇有降尿酸的作用，对疾病的恢复与预防有很好的作用，所以宜多食。
- 多饮水，保证每日尿量在2000 ~ 3000ml，有利于尿酸的排出。为防止夜间尿液浓缩，可在睡前适当饮水，将有助于尿酸小结石的排出和预防感染。饮料以普通开水、淡茶水、矿泉水、鲜果汁、菜汁、淡豆浆等为宜。应避免浓茶、咖啡、可可等，因其有兴奋自主神经系统的作用，可能诱发痛风发作。肾功能不全时应适量饮水。

忌辛辣刺激食物 生姜、胡椒、辣椒、葱、蒜、浓茶、咖啡等辛辣刺激食物应少吃。忌烟、酒，因为这些食物能使血乳酸增加，乳酸对肾小管尿酸排泄有抑制作用，而且这些食物对神经系统有刺激作用，食之易导致疾病反复发作，因此均应限制食用。

忌服人参 对于其他疾病而言，人参有很好的补益作用。但是痛风患者体内尿酸过多，会破坏人参所含的人参皂苷等活性成分，使其中的有效成分失去滋补功效。因此，痛风患者食用人参其实是一种浪费。

避免饮酒 因乙醇可引起糖原异生障碍，导致体内乳酸和酮体积聚，乳酸和酮体的 β-羟丁酸能竞争性抑制尿酸排泄，使血/尿尿酸比值增加，而且这些食物对神经系统有刺激作用，尤其是啤酒，本身含大量嘌呤，其代谢产物又可抑制尿酸排出，可使血尿酸浓度增高。饮一瓶啤酒，可使血中尿酸浓度增加 1 倍左右，可能诱发痛风急性发作。

注意食品烹调方法 将肉类食品先煮一下，弃汤后再进行烹饪，可以减少食品中的嘌呤含量，此外，辣椒、咖喱、花椒、芥末、生姜等调料均能兴奋自主神经，诱发痛风急性发作，故应尽量避免食用。

中医调养

中医疗法

外敷疗法

① 侧柏叶、大黄、黄柏、薄荷、泽兰共研末，加蜜适量，再加水调糊外敷。适用于湿热蕴结型。

② 四黄水蜜（黄连、黄柏、黄芩、大黄、蜂蜜等）：根据肿痛大小，每次分别用50g、100g、150g或者200g外敷，每日1次，每次4h，用于痛风急性发作。

按摩疗法 按摩的顺序是先按昆仑，接着按膻中，再按内关，以及手厥阴心包经其他穴位，每个穴位按 2 ～ 3min。由于发病时这些穴位都是不通的，因此按起来特别痛。这种按摩是痛风患者每日必做的功课，只要经常按，可有效减少疼痛发作次数。

当血气充足时，是不容易产生肝火的。因此，改变生活作息也是治疗痛风最根本的手段之一。

当痛风发作时，还可以利用热水泡脚缓解肝热，按摩或针灸太冲也是消除肝热很好的方法。经常按摩小腿脾经，再加上肾经的复溜，以缓解肝脏负担，达到补肝的目的。

生活调养

（1）饮食控制　痛风患者应采用低热能膳食，保持理想体重。同时，避免高嘌呤食物，如动物内脏、沙丁鱼、蛤、蚝等海味及浓肉汤、鱼虾类、肉类、豌豆等。每日饮水应在2000ml以上。

（2）避免诱因　避免暴食酗酒、受凉受潮、过度疲劳、精神紧张，穿鞋要舒适，防止关节损伤，慎用影响尿酸排泄的药物，如某些利尿剂、小剂量阿司匹林等。

（3）避免服用肾毒性药物，如氨基糖苷类、磺胺类及非类固醇类消炎药等，注意药物的副作用。

（4）除积极控制血尿酸水平外，碱化尿液、多饮多尿十分重要。对于尿酸性尿路结石，大部分可溶解、自行排出，体积大且固定者可体外碎石或手术治疗。对于急性尿酸性肾病，除使用别嘌醇积极降低血尿酸外，应按急性肾功能衰竭进行处理。慢性肾功能不全必要时可做肾移植。

保健食谱

食谱		做法	功效
饮品	五味饮	熟地黄、山药、泽泻、牡丹皮、茯苓各15g，加水1500ml，猛火煲沸后，文火煎至400ml，分2次饮用	**滋阴补肾排尿** 适用于痛风肾有沙石血尿者
	百合汤	百合100g，蜂蜜适量。将百合一片片剥下，撕去内衣，用清水洗净，稍浸泡，加清水煮至熟烂即可，加入适量蜂蜜服食	**养阴润燥，润肠通便** 适用于痛风肾初期夜尿频繁者

续表

食谱		做法	功效
饮品	白茅根饮	鲜竹叶、白茅根各10g。鲜竹叶和白茅根洗净后，放入保温杯中，以沸水冲泡30min，代茶饮	**清热利尿** 适用于痛风合并肾结石、腰痛、血尿者
	玉米须饮	鲜玉米须100g。鲜玉米须加水适量，煎煮1h滤出药汁，小火浓缩至100ml，停火待冷，加白糖搅拌吸尽药汁，冷却后晒干压粉装瓶。每日3次，每日10g，用开水冲服	**健脾利尿排石** 适用于痛风肾血尿酸显著升高、痛风结节者
	桑寄生水	桑寄生(1人量为25g)煲糖水，可加莲子	**行气活血，舒筋活络** 适用于痛风肾关节炎急性发作者
	苹果醋加蜜糖	饭后可将一茶匙苹果醋及一茶匙蜜糖加入半杯温水内，调匀饮用	**调节血压、通血管、消脂瘦身及降胆固醇** 适用于痛风肾并发肥胖、高血压及高脂血症者
汤粥	桃仁粥	桃仁15g，粳米160g。先将桃仁捣烂如泥，加水研汁，去渣，用粳米煮为稀粥，即可服食	**活血通络止痛** 适用于瘀血痰浊痹阻型痛风者
	土茯苓粳米粥	粳米50g，鲜土茯苓300g，莲子50g。将粳米、土茯苓、莲子淘洗干净，一同放入沙锅，加水适量，用旺火烧开后转用小火煮成稀粥	**健脾化湿，利水消肿** 适用于痛风肾伴有蛋白尿者
	大枣大米粥	将大米50g淘洗干净后用水浸泡2h，大枣50g洗净后与大米一起浸泡。将大米、大枣 一起下锅用旺火煮，沸腾后调至小火慢煮30min即可	**养血补虚** 适用于痛风肾有全身乏力、头晕、头痛、食欲不振、贫血者

续表

食谱		做法	功效
汤粥	冬瓜汤	取冬瓜300g(连皮)，大枣5～6颗，姜丝、油、调味料少许。先用油将姜丝爆香，然后连同冬瓜切片和大枣一起放入锅中，加水及适量的调味料煮成汤	**清暑解热，利尿去湿** 适用于痛风肾患者暑热天饮用
	猕猴桃鲜奶汁	将猕猴桃洗净去皮，切块，放入果汁机中榨出果汁，加入牛奶，搅匀即可	**固肾排尿酸** 适用于痛风肾急性发作时伴有发热者
	薏苡仁粥	取适量的薏苡仁和白米，两者的比例约为3：1，薏苡仁先用水浸泡4～5h，白米浸泡30min，然后两者混合，加水一起熬煮成粥	**健脾利尿** 适用于痛风肾伴有水肿者
	芹菜大枣汤	芹菜300g，大枣100g。加适量水煮汤饮用	**清肝和胃** 适用于痛风肾伴有高血压者
菜肴	凉拌莴苣丝	海带丝300g，莴苣200g，盐、麻油、胡椒粉各适量。①将海带丝洗净后，用沸水汆一下，备用；②将莴苣洗净，去皮后切成细丝；③将两者混合后淋上麻油，撒上胡椒粉、盐，拌匀即可食用	**软坚消肿，清热利水** 适用于痛风肾有高血压、水肿者
	萝卜木耳菜	白萝卜300g，鲜木耳200g，香油、盐、蒜蓉、醋适量。先将白萝卜、鲜木耳清洗干净、切丝；烧红锅先下油、蒜蓉，再下白萝卜丝和木耳丝炒熟，最后下盐、醋拌匀可食	**消食化积，下气宽中** 用于痛风肾伴有食欲不振者

续表

食谱		做法	功效
菜肴	西芹炒百合	西芹500g，鲜百合100g，生姜丝、酱油、醋、鸡精、香油各适量。西芹、百合洗净焯熟，捞起放在盘中，将生姜丝、酱油、醋、鸡精、油调匀后浇在盘子里，拌匀食用	**养阴清热降血压** 适用于痛风肾高血压者
	冬虫夏草花瘦肉汤	冬虫夏草花10g，瘦肉50g，少量盐。将瘦肉切片，沸水里滚烫15s捞起放入瓦盅，冬虫夏草花洗干净置于瘦肉上，加水适量，隔水炖约1h，加盐饮用。每周饮用2～3次	**补肺肾强身体** 适用于痛风肾衰营养不良者
	炒丝瓜	丝瓜去皮洗净，切成薄片；油烧至九成热时，入葱煸香，放入丝瓜、姜、精盐翻炒；至丝瓜熟时，加入味精稍炒即成	**清热利水** 用于痛风肾伴有湿热症状者
主食	茯苓猪肉韭菜包	茯苓粉100g，低筋面粉400g，韭菜200g，猪瘦肉100g。韭菜洗净切碎，与猪肉混匀做馅。面粉发好和匀，揉成面团，分成小块，压皮包馅蒸熟即可	**健脾祛湿，补益气血** 适用于痛风肾之脾肾阳虚患者，以贫血、乏力、少尿为突出表现
	荞麦葱油饼	荞麦面500g，香葱50g，植物油50g，精盐、鸡精各适量。将荞麦面用开水和成面团；香葱洗净，切成小段，备用。将面团切成小块，制成扁长条，撒上精盐、鸡精、香葱段及少许植物油后，从一端卷起成卷，再压成圆饼，备用。将平底锅烧热后，倒入植物油，待油四成热时，放入圆饼煎至两面焦黄香熟，趁热食用	**健脾养胃降脂** 适用于痛风肾有肥胖、高血压者

每日推荐食谱

	周一	周二	周三	周四	周五	周六	周日
早餐	百合粥(干百合10g，米25g) 鸡蛋白1个 馒头25g	鸡蛋白菜心汤面条(干面条50g，鸡蛋白1个，菜心100g) 牛奶160ml	白粥(米25g)，蛋卷2个(面粉75g鸡蛋白1个) 牛奶160ml	鲜牛奶160ml 马蹄糕2块(约50g) 青菜汤粉丝(青菜100g，粉丝75g)	鸡蛋肉粥(鸡蛋1/2个，肉末25g，米25g) 水晶饼2个(麦淀粉50g，甜馅15g)	薏苡仁粥(薏苡仁25g，米25g) 鸡蛋白1个 花卷25g 牛奶160ml	红萝卜肉粥(红萝卜100g，肉末25g，米25g) 马蹄糕2块(马蹄粉50g) 鸡蛋白1个
加餐	雪梨200g	甜藕粉羹(藕粉50g，糖15g)	葡萄200g	甜荸荠粉羹(荸荠粉50g，糖15g)	苹果200g	水晶饼2个(麦淀粉50g，甜馅15g)	火龙果200g
午餐	肉末青菜水晶饺子5个(青菜100g，肉末30g，麦淀粉100g) 青瓜肉炒粉丝(青瓜200g,肉片50g，粉丝50g)	粉丝125g 蒸鲈鱼80g 炒白菜200g	水晶西米挞4个(麦淀粉50g，西米50g) 苦瓜炒鸡片(苦瓜200g，鸡片50g)	银针粉125g 肉丝炒节瓜(节瓜200g，肉丝75g)	粉丝125g 苦瓜焖鸡(苦瓜100g，鸡肉50g) 炒菜心200g	炒粉丝75g 蒸粉果4个(麦淀粉50g,馅料50g) 鸡肉丝炒丝瓜(鸡肉丝50g，丝瓜200g)	青菜汤粉丝(青菜100g，粉丝100g) 南瓜焖排骨(南瓜100g，排骨100g)

续表

	周一	周二	周三	周四	周五	周六	周日
加餐	马蹄糕2块(马蹄粉50g)	香蕉200g	甜藕粉羹(藕粉50g,糖15g)	雪梨200g	甜麦淀粉糊(麦淀粉50g,糖15g)	葡萄200g	甜藕粉羹(藕粉50g,糖15g)
晚餐	大米饭75g 鱼片炒菜心(鱼片50g，菜心200g)	大米饭75g 鸡肉末冬瓜汤(鸡肉末50g，冬瓜200g)	大米饭75g 茄子炒肉丝(茄子100g,肉丝30g) 青菜200g	大米饭75g 番茄鸡蛋汤(番茄200g,鸡蛋1只)	大米饭75g 肉末焖慈姑(肉末50g，慈姑150g)	大米饭75g 黄瓜炒鸡片(黄瓜200g,鸡片50g) 青菜100g	大米饭75g 醋熘土豆丝200g 蒸桂花鱼80g
每日食用烹调油量25ml，食用盐量3g							
能量/kcal	1900	1860	1900	1950	1925	1900	1950
蛋白质/g	44	45	44	42	42.5	46	46

续表

	周一	周二	周三	周四	周五	周六	周日
优质蛋白	61%	61%	52%	65%	64%	60%	59%

患者女性，年龄56岁，身高160cm，体重50kg，职业为工程师，诊断为痛风性肾病，实验室检查血尿酸含量为435μmol/L，高于正常值。根据以上资料可计算制订患者的饮食计划。

第一步：计算标准参考体重为55kg，可知患者体重在正常范围内，职业为轻体力劳动；

第二步：计算患者每日所需热能，该患者每日应摄入的热量为35kcal/kg，全天所需热能为1925kcal；

第三步：计算每日蛋白质摄入量，应为0.8g/kg体重，全天蛋白质摄入量为44g，其中优质蛋白约占一半以上，为23～30g；

第四步：全天的嘌呤摄入量应限制在150mg以下；

第五步：按食品交换份的原则，该患者食品交换份的份数应为1925/90=21.5份

第十二节　肾病合并高血压

高血压是肾病常见的合并症，指非同一天同一时，收缩压≥140mmHg和或舒张压≥90mmHg。可分为原发性和继发性两类。原发性高血压又称为高血压病，病因未明，常与肥胖、饮食偏嗜、遗传、情志失调、抽烟酗酒及食盐摄入过多等有关。继发性高血压是病因明确的高血压，当查出病因并有效去除或控制病因后，继发症状的高血压可被治愈或明显缓解，常见病因为肾实质性、肾血管性高血压，内分泌性和睡眠呼吸暂停综合征等。高血压常见的临床表现有：血压升高，伴头痛、头晕、头胀、耳鸣、眼花、烦闷、乏力、心悸、失眠、记忆力下降等心、脑、肾的表现。

饮食宜忌

限盐　应采用低盐饮食，每日食盐量不超过3g。避免高盐摄入的措施包括：

① 建议在烹调时用盐勺称量加用的食盐；

② 尽量避免进食高盐食物和调味品，如榨菜、咸菜、黄酱、腌菜、腌肉、辣酱等；

③ 利用蔬菜本身的风味来调味，例如将青椒、番茄、洋葱、香菇等和味道清淡的食物一起烹煮，可起到相互协调的作用；

④ 利用醋、柠檬汁、苹果汁、番茄汁等各种酸味调味汁来增添食物味道；

⑤ 早饭尽量不吃咸菜或豆腐乳，一块$4cm^2$的腐乳含盐量约5g；

⑥ 糖尿病的高血压患者，可使用糖醋调味，以减少对咸味的需求；

⑦ 采用富钾低钠盐代替普通食盐，但对于伴有肾功能不全的患者应慎用，以防血钾升高。

▶▶▶ 低脂　每日烹调用油量不超过 25g，合并高脂血症患者不超过 20g；少吃或不吃肥肉、动物内脏、鱼子、奶油、脑、髓等；其他动物性食品也不应超过 1 ～ 2 两 / 日；尽量改用含不饱和脂肪酸的油，如茶油、橄榄油、豆油、玉米油、深海鱼油等。

▶▶▶ 低糖　限制糖分的摄入。少吃或不吃过甜食物，如甜点、糖水、蔗糖等。

▶▶▶ 营养均衡

① 适量补充蛋白质：富含蛋白质的食物包括牛奶、鱼类、鸡蛋清、瘦肉、豆制品等。

② 主张高血压患者每天食用400 ～ 500g新鲜蔬菜，1 ～ 2个水果。对伴有糖尿病的高血压患者，在血糖控制平稳的前提下，可选择低糖型或中等含糖量的水果，包括苹果、猕猴桃、草莓、梨、柚子等。

③ 增加膳食钙摄入。低钙膳食易导致血压升高。补钙的简单、安全和有效的方法是选择适宜的高钙食物，特别是保证奶类及其制品的摄入，即250 ～ 500毫升/日脱脂或低脂牛奶。对乳糖不耐受者，可试用酸牛奶或去乳糖奶粉。部分患者需在医生指导下选择补充钙制剂；其他含钙高的食物包括芝麻酱、甘蓝菜、花椰菜、豆类等。

▶▶▶ 多进食降压食物　如芹菜、荸荠、黄瓜、木耳、海带、香蕉。

▶▶▶ 少浓茶、咖啡及辛辣刺激性食物。

生活调养

▶▶▶ 保持规律运动　每天应进行适当的约 30 分钟的体力活动，每周则应有 1 次以上的有氧体育锻炼，如步行、快走、慢跑、游泳、气功、太极拳等均可。运动的形式可以根据自己的爱好灵活选择。应注意量力而行，循序渐进，运动的强度可通过心率来反映。运动后心率≈170－年龄。

▶▶▶ 适当控制体重　超重和肥胖特别是向心性肥胖是高血压的重要因素。成年人正常体重指数为 18.5 ～ 23.9kg/m^2，在 24 ～ 27.9kg/m^2 为超重，提示需要控制体重；BMI>28kg/m^2 为肥胖，应减重。成年人正常腰围约 90/85cm（男 / 女），如腰围 >90/85cm（男 / 女），同样提示需控制体重，如腰围约 95/90cm（男 / 女），也应减重。最有效的减重措施是控制能量摄入和增加体力活动。对于非药物措施减重效果不理想的重度肥胖患者，应在医生指导下，使用减肥药物控制体重。

▶▶▶ **戒烟** 吸烟是心血管病的主要危险因素之一。被动吸烟也会显著增加心血管疾病危险。吸烟可导致血管内皮损害，显著增加高血压患者发生动脉粥样硬化性疾病的风险，因此高血压患者应彻底戒烟，避免被动吸烟。

▶▶▶ **限制饮酒** 高血压患者不提倡饮酒，如饮酒，则少量。每日酒精摄入量男性不应超过 25g；女性不应超过 15g。白酒、葡萄酒（或米酒）与啤酒的量分别少于 50ml、100ml、300ml。

▶▶▶ **生活规律，休作有时** 午睡有利于血压稳定，时间以 0.5 ～ 1 小时为宜，以躺卧为好，不能倚靠沙发或伏案而睡。

▶▶▶ **坚持每日血压监测及记录** 应监测两个高峰时段的血压为宜。上午 6 时至 10 时，下午 4 时至 8 时。尤其清晨 6 时至 9 时，由于血压的晨峰现象，是高血压患者的危险时刻，注意不要急躁、紧张、生气、过度用、急赶车等。

▶▶▶ 头晕发作时应卧床休息，避免深低头、旋转等动作。可按摩百会、风池、头维、太阳、印堂等穴位。

▶▶▶ 按医嘱长期服用降压药，不能擅自停药或自行增减药物剂量，注意观察药物不良反应。服药后起坐动作不宜过快，避免突然转身、弯腰、深低头等。

▶▶▶ 避免热水淋浴及蒸汽浴，以免因周围血管扩张而致晕厥。

▶▶▶ 多从事有益健康的娱乐，如听音乐、看电视、读报、下棋等，保持心情舒畅平和。

保健食谱

1. 黑木耳炒芹菜

材料 芹菜 200g，黑木耳（水发）30 克，杜仲 10g，盐 3g，植物油 15g，姜、大葱、大蒜（白皮）各适量。

做法 杜仲烘干打成细粉，黑木耳水发透去蒂根，芹菜洗净切段，姜切片，葱切段，大蒜去皮，切片。把炒锅置武火上烧热，加入素油，烧至六成热时，下入姜、葱、大蒜，随即下入芹菜、黑木耳、盐、杜仲粉，炒至芹菜断生即成。

2. 荸荠炒肉片

材料　荸荠150g，精瘦肉150g，花生油50ml，洋葱30g，盐、味精各适量。

做法　荸荠去皮洗净，切成薄片。猪瘦肉切成小薄片。洋葱洗净，切成丝。将油置锅烧至六成热，瘦肉与荸荠同时倒入，用武火翻炒数遍，放入洋葱，待洋葱放出香味后，即将盐、味精投入，待水沸透几遍即可。

3. 杏仁陈皮薏仁粥

材料　陈皮6克，杏仁12克，薏苡仁30克，大米100克。

做法　将陈皮、杏仁先煮，去渣取汁，汁与大米、薏苡仁煮粥。可常服。

第十三节　肾病合并高脂血症

高脂血症是肾病常见的合并症，指各种原因导致的血浆中胆固醇和/或甘油三酯水平升高，可直接引起一些严重危害人体健康的疾病，如动脉粥样硬化、冠心病、胰腺炎等。主要临床表现是脂质在真皮内沉积所引起的黄色瘤，脂质在血管内皮沉积所引起的动脉硬化。高脂血症可分为原发性和继发性两类。原发性与先天和遗传有关，继发性多发生于代谢性紊乱疾病（如糖尿病、高血压、黏液性水肿、甲状腺功能低下、肥胖、肝肾疾病、肾上腺皮质功能亢进），或与其他因素，如年龄、性别、季节、饮酒、吸烟、饮食、体力活动、精神紧张、情绪活动等有关。

饮食宜忌

低热量　控制膳食总热量，达到和维持理想体重。理想体重通常是以“体重指数”来表示，其理想值为18～24。

低胆固醇　每天总摄入量应少于200mg，特别是对于高胆固醇血症患者，限制食物胆固醇总量是重要的。建议鸡蛋隔日1个，或每日2个鸡蛋清；不吃高胆固醇食物，包括鱼子、蟹黄、肥肉、虾头、鱿鱼、动物内脏等；同时多吃有降胆固醇作用的食物，如大豆及其制品、洋葱、大蒜、香菇、木耳等。

低脂肪　每天膳食脂肪不超过50g，其中动物脂肪不超过25g，烹调油不超过25g。同时要避免来自人造食品的反式脂肪酸，少食用人造黄油、奶油蛋糕、糕点类食物、巧克力派、咖啡伴侣等食品。尽量少吃富含饱和脂肪酸的食物，包括动物性食品（如肥肉、全脂奶、奶油、猪油、牛油、猪肠、牛腩及肉类外皮）和部分植物性食品（烤酥油、椰子油和棕榈油）。烹调用油宜选择含较多不饱和脂肪酸的油，如大豆油、玉米油、红花籽油、葵花子油、橄榄油、花生油、菜籽油、茶油等。另外，鱼类及豆类的饱和脂肪酸含量较少，可考虑多吃，以取代其他肉类作为蛋白质来源。不吃或尽量少吃高脂点心（腰果、花生、瓜子、蛋糕、西点或中式糕饼、冰激凌）。

低糖　以复合糖类替代简单糖类，即用淀粉、标准面粉、玉米、小米、燕麦等植物纤维较多的食物替代葡萄糖、果糖及蔗糖等。

多吃高纤维的食物　如各类水果、豆类、燕麦片、西洋菜、木耳、紫菜、瓜类及蔬菜茎部。

生活调养

控制理想体重　肥胖人群的平均血浆胆固醇和甘油三酯水平显著高于同龄的非肥胖者。除了体重指数（BMI）与血脂水平呈明显正相关外，身体脂肪的分布也与血浆脂蛋白水平关系密切。一般来说，中心型肥胖者更容易发生高脂血症。肥胖者的体重减轻后，血脂紊乱亦可恢复正常。

运动锻炼　运动不但可以增强心肺功能、改善胰岛素抵抗和葡萄糖耐量，而且还可减轻体重、降低血浆甘油三酯和胆固醇水平，升高高密度脂蛋白胆固醇水平。为了达到安全有效的目的，进行运动锻炼时应注意以下事项：

① 运动强度　通常以运动后的心率水平来衡量运动量的大小，适宜的运动强度一般是运动后的心率控制在个人最大心率的80%左右。运动形式以中速步行、慢跑、游泳、跳绳、做健身操、骑自行车等有氧活动为宜。

② 运动持续时间　每次运动开始之前，应先进行5～10分钟的预备活动，使心率逐渐达到上述水平，然后维持20～30分钟。运动完后最好再进行5～10分钟的放松活动。每周至少活动3～4次。

③ 运动时应注意安全。

戒烟限酒　吸烟是血脂代谢障碍的影响因素，可升高血浆胆固醇和甘油三酯水平，降低高密度脂蛋白胆固醇水平。因此，戒烟是高脂血症治疗的基本要求。饮酒会引起血清甘油三酯水平升高，大量饮酒特别是长期酗酒会使血脂升高。所以应限量饮酒。

药物治疗　以降低血清总胆固醇和低密度脂蛋白胆固醇为主的有他汀类和树脂类。以降低血清甘油三酯为主的药物有贝特类和烟酸类。

保健食谱

1. 双耳粟米粥

材料 黑木耳30g，银耳20g，粟米100g。

做法 将黑木耳、银耳拣杂，用温水泡发，洗净，用刀剁成双耳糜，备用。将粟米淘洗干净，放入砂锅，加水适量，大火煮沸，调入双耳糜，拌匀，改用小火煮1小时，待粟米酥烂、双耳糜稠烂，粥成即可。

2. 双冬菜心

材料 青菜心250g，水发冬菇100g，冬笋100g，盐、麻油、汤汁适量。

做法 将青菜心、冬菇洗净，冬菇去蒂，冬笋切成薄片，入沸水中烫速捞出。锅内放油烧至六成熟时，倒入冬菇、冬笋、菜心煸炒，放盐和鲜汤，淋上麻油食用。

第十四节　肾病合并高磷血症

血磷主要是指血液中的无机磷，正常人血磷浓度为0.87～1.45mmol/L。当血清磷高于1.45mmol/L时称为高磷血症。高磷血症是慢性肾脏病（CKD）的常见并发症，是引起继发性甲状旁腺功能亢进、钙磷沉积变化、维生素D代谢障碍、肾性骨病的重要因素，与冠状动脉、心瓣膜钙化等严重心血管并发症密切相关。对于CKD 3–5期，建议血清磷维持在正常范围（0.87～1.45mmol/L）CKD 5D期，建议降低升高的血清磷，血清磷维持在1.13～1.78mmol/L。近年研究发现，新型的磷结合剂镧制剂，能有效降低血清磷水平，并不引起继发骨损害和高钙血症，是一种相对较安全的磷结合剂，尤其适用于长期血液透析患者高磷血症的治疗。

饮食宜忌

- 限制摄入蛋白质的总量，控制在0.6～0.8g/（kg·d）。其中60%的蛋白质为优质蛋白质。
- 避免食用高磷食物，如全谷类如糙米、薏米、麦片、胚芽米等；豆类如黄豆、绿豆、红豆、蚕豆等；肉蛋类如动物内脏、干贝、虾皮、草鱼、鱼松、肉松松花蛋等；坚果类如花生、核桃、开心果、瓜子等；奶类如鲜牛奶、酸牛奶、奶酪、奶片、奶粉、冰激凌等；蔬菜和菌类如金针菜、海带、菠菜、紫菜、腐竹、豆腐干、口蘑、香菇、蘑菇等都不宜食用。
- 避免食用高磷的调味料，如辣椒粉、咖喱粉、芝麻酱、番茄酱、沙拉酱、沙茶酱等；避免食用高磷的添加剂食品，如香肠、火腿、汉堡等快餐食品；避免选用高磷饮料，如咖啡、奶茶、碳酸饮料、啤酒等。

- 宜选择低磷饮食，饮食中限制磷在 800 ～ 1000mg/d 较为理想。
- 建议选择磷吸收率低的食物。食物中磷的来源主要来自蛋白质，每克蛋白质约含 15mg 的磷，而磷摄入量通常与蛋白质摄入量及种类有密切联系，应选择含蛋白量高但含磷量低的食物。磷的吸收比例，谷物、牛奶、肉中的磷吸收率为 60%，食物添加剂的吸收率为 100%。
- 在烹饪过程中可将肉飞水洗净，这样可以减少 50% 的磷，蛋白质仅减少 15%。

中活调养

- **透析患者要充分透析** 增加透析次数或延长透析时间，通常透析治疗一般为每周 3 次，每次延长透析时间可起到更好的降低血磷的作用；按医嘱使用低钙透析液来降低血磷。
- **使用磷结合剂** 磷普遍存在于食物中，当食物被摄入时，在胃部或肠道磷被释放出来，在小肠会被人体吸收进入血液。磷结合剂的作用就是，当磷在胃肠道从食物中释放出来时，像磁铁一样把磷吸住，然后磷结合剂和被抓住的磷经粪便排出体外，从而减少人体对磷的吸收，进而起到降低血磷的目的。使用磷结合剂时遵医嘱服用正确的剂量、随餐或餐后立即服用、充分嚼碎，牙齿功能不好者，可事先碾碎、切勿空腹服药、不宜以水冲服。
- **注重摄入蛋白质与磷的平衡** 高蛋白质类食物经常是磷的主要来源，透析患者需要摄入一定量的蛋白质以避免营养不良，同时还要降低磷的摄入。因此应选择磷 / 蛋白质比值较低的食物，如鸡蛋白、猪肉皮、羊肉、牛肉、鸡胸肉、龙虾肉等，避免选择磷 / 蛋白质比值较高的食物，如蛋黄、全脂奶、奶酪、扁豆、香肠、快餐食品等。

1. 木耳炒瘦肉

材料 瘦肉 50g，木耳 100g，油少许，盐少许，姜蒜适量。

做法　瘦肉洗净切薄片，木耳洗净切丝，水煮开，将瘦肉放进开水中30秒后捞起沥干，热锅放油加调料，热炒五花肉3分钟后放入木耳片热炒。

2. 萝卜炖排骨

材料　白萝卜500g，猪排250g，料酒、姜葱各适量。

做法　将猪排剁块，白萝卜切大块（切为圆块后再一切为半圆块），葱切段，将猪排放入开水中30秒后捞起沥干，将沥干的猪排入锅，加适量清水，滴料酒中炖，水开改文火，炖至肉可脱骨，再入白萝卜、葱炖熟，撇去浮油，加入姜葱调味即可。

3. 清蒸冬瓜盅

材料　西小冬瓜500g，熟冬笋100g，水发冬菇100g，料酒、酱油、白糖、淀粉各适量。

做法　冬菇洗净，冬笋去皮，各切碎末下6成热油中煸炒，再加料酒、酱油、白糖、冬菇汤，烧开后勾芡，冷后成馅，将冬瓜选肉厚处用圆刀切出14个圆柱形，皮不去掉，刻上花纹及文字后片去，冬瓜柱掏空填上馅，放盘中，上笼蒸10分钟取出装盘，并饰以刻好的瓜皮，盘中汤汁烧开调好味后勾芡，浇在冬瓜盅上即可。

第十五节　肾病合并低钙血症

低钙血症是指血清离子钙浓度异常减低。当血清白蛋白浓度在正常范围时，血钙低于2.2mmol/L（8.8mg/dl）（正常值2.2 ~ 2.70mmol/L）时称为低钙血症，不同医院血钙化验参考值有小的差异，也有血钙低于2.1mmol/L（8.4mg/L）（正常值2.1 ~ 2.55mmol/L）时称为低钙血症。低钙血症可出现神经肌肉兴奋性增高、肌肉痉挛、指趾麻木等早期周围神经系统表现，骨痛、病理性骨折、骨骼畸形，当血钙低于0.88mmol/L（3.5mg/dl）时，可发生严重的随意肌及平滑肌痉挛，导致喉、腕足、支气管等痉挛，惊厥、癫痫发作，严重哮喘，症状严重时可引起喉肌痉挛致窒息，心功能不全，心脏骤停。还可出现精神症状如烦躁不安、抑郁及认知能力减退等。

饮食宜忌

▶▶▶ 选用含钙高的食物，首选奶制品，钙的来源以奶及奶制品为最好，奶类不但含钙丰富，且吸收率高，是补钙的良好来源。其次可选择鱼贝类、蛋黄、大豆类、海产品、萝卜、香菇、木耳、菠菜等。

▶▶▶ 建议CKD1-4期患者饮食钙摄入量为1200mg/天，透析患者钙摄入量2000mg/天。

生活调养

▶▶▶ 日常食物中可进食牛奶、奶酪、鸡蛋、豆制品、海带、紫菜、虾皮、芝麻、山楂、海鱼、蔬菜等。特别是牛奶，每天喝牛奶500g，便能供给600mg的钙；再加上膳食中其他食物供给的约300mg钙，便能完全满足人体对钙的需要。

▶▶▶ 动物骨骼如猪骨、鸡骨等钙含量很高，但难溶解于水，熬汤时得不到多少钙质。可在熬骨头汤时适量加些醋，这样可使骨头中的钙有少量溶解到骨头汤里，增加补钙的作用。

▶▶▶ 含钙高的食物避免与含过多的植酸和草酸的食物混合煮，可以避免食物中的钙发生沉淀而减少钙的吸收，例如菠菜中草酸过高，菠菜煮豆腐时反而使豆腐中的钙不能吸收。

▶▶▶ 每日按医嘱服用钙片，对于非高磷的患者避免餐中嚼服钙片，增加钙片的吸收。

▶▶▶ 对于透析的患者可以采用高钙透析。

▶▶▶ 对于CKD3-5D期患者，建议血清校正钙维持在正常范围(2.10～2.50mmol/L)。

保健食谱

1. 虾皮焖冬瓜

材料 虾皮50g，冬瓜500g，油、盐、蒜茸、葱花、鱼露各适量。

做法 热油下锅，爆香蒜茸后下冬瓜，冬瓜翻炒至五成熟，下点鱼露再翻炒冬瓜几下，倒入虾皮，倒入开水，加盖焖10分钟左右、焖至冬瓜软了，放入盐、葱花待汤汁浓即可收汁。

2. 牛奶西米露

材料 牛奶300ml，西米100g，白糖20g。

做法 将西米浸泡15分钟，沥干水备用。在适量沸水中加入西米，煮至西米熟透后加入白糖和牛奶，煮沸后即可。可以根据喜好适当加入少许水果。

3. 青豆鲜虾

材料 鲜虾250g，泡发青豆50g，鸡蛋1个，葱末5g，料酒5g，盐5g，水淀粉15g，味精少许。

做法 将鲜虾去头、尾，去壳（也可以不去壳），去沙线，洗净，沥干；放入鸡蛋清、水淀粉抓匀；泡发青豆洗净，备用。锅置火上，放油烧至四成热，放入鲜虾煸炒片刻，盛出，沥油。原锅留底油烧热，将葱末煸炒出香味，放入青豆、盐、料酒、味精翻炒略焖，放入鲜虾翻炒至熟即可。

食物含钙量表

每100g食物中钙含量					
类别	食物名称	钙/mg	类别	食物名称	钙/mg
豆类及其制品	豌豆	29	肉类及其海产品	瘦猪肉	6
	大豆	123		蛋黄	112
	青豆	200		海带	201
	黑豆	224		虾皮	991
	豆腐	113			
奶类及其奶制品	牛奶	104	粮食作物类	大米	13
	干烙	799		玉米	10
				糯米	8
				小米	41

第十六节　肾病合并高钾血症

钾离子是人体最重要的阳离子之一，约有98%的钾离子存在于细胞内，主要分布于肌肉、肝脏、骨骼以及红细胞内，它承担着调节人体酸碱平衡、生长发育以及其他许多代谢的重要作用。因此，任何血清钾浓度的微量变化都会明显地改变细胞内外的钾浓度比值，直接影响细胞的生理功能。

当血清钾高于5.5mmol/L时，称为高钾血症。任何原因造成的肾功能减退以及尿量明显减少，是高血钾最主要的原因，此外钾摄入过多、运动过度、酸中毒、组织分解过快等也会引起血钾升高。钾离子主要通过肾脏排出，因此就不难理解为什么高血钾症是一种慢性肾脏病患者常见的电解质紊乱。对于肾功能衰竭的患者而言，钾离子排出减少、易在体内大量蓄积，更容易发生高钾血症。高钾血症的临床症状主要包括乏力、胸闷、呼吸困难、乏力、四肢酸麻、心律失常，严重者出现心跳骤停，直接威胁患者的生命安全。

饮食宜忌

慎选低钠盐

传统食盐中，95%以上的成分都是氯化钠，而低钠盐以碘盐为原料，添加了一定量的氯化钾和少量氯化镁，因此若需选择低钠盐应注意分辨食盐的成分，不选含钾的低钠盐。

巧吃果蔬

① 蔬菜在食用前可先用开水烫后再炒制（可减少钾1/2 ～ 2/3），且尽量少食用菜汁；土豆切成小块，用水浸泡1天，并不断更换水，这种方法可减少钾的含量1/2 ～ 2/3，对患者特别喜欢但含钾量较高的食品，可少量低温冷藏后食用（比新鲜食品含钾量少1/3）。

② 水果　加糖水煮后弃水食果肉，可减少钾1/2。

③ 罐头食品中水果、蔬菜含钾量低但不能食用其汁。

忌食富钾食物（具体食物钾含量请参见附表）

① 谷物类中，以荞麦、玉米、麦片等含钾元素较高。

② 豆类中，以黄豆、青豆、黑豆、绿豆、赤小豆、蚕豆、豌豆、缸豆、豆腐皮等含钾元素较高。

③ 水果中，以香蕉含钾元素最丰富，含钾元素较高的水果还有草莓、柑橘、葡萄、柚子、苹果、桃子、西瓜、甜瓜等。

④ 蔬菜中，以空心菜、苋菜、竹笋、芹菜、金针菇、菠菜、韭菜、菠菜、香菜、油菜、芹菜、大葱、莴笋、榨菜、春笋、茴香、干蘑菇、土豆、山药等及脱水加工的蔬菜含钾元素较高。

⑤ 海藻类中，紫菜、海带含钾元素相当丰富。

⑥ 肉类中，鸡肉、香肠、肉松、鱼干、带鱼、鲫鱼、鲤鱼、黄鱼等都含钾较高。

⑦ 奶类中，奶粉、奶片均含钾较高。

⑧ 坚果类大多富含钾，如花生、杏仁、开心果、瓜子、松子及腰果等。

⑨ 其他含钾较多的食物包括肉汁、鸡精、茶叶、咖啡、无盐酱油、巧克力等。

生活调养

（1）居家环境　居室宜保持清洁、安静、空气新鲜，寝具应保持清洁。

（2）情志关怀　避免情绪的剧烈波动，保持情绪稳定，对疾病存有疑问应及时咨询医护人员以减轻心理负担，树立战胜疾病的自信心。

（3）促钾排出　在还有尿量且没有水肿发生时应保持适当的饮水量，帮助钾离子排出；同时注意保持大便通畅。

（4）用药安全　遵医嘱服药，避免服用有保钾作用的药物，如螺内酯、氨苯蝶啶、阿米洛利等。

（5）注意复查　遵医嘱复查血钾，当血钾降至正常范围时可进食适量富钾食物，但应密切关注自身感觉及血钾指标，若出现乏力、胸闷、呼吸困难、乏力、心慌、四肢酸麻等症状应及时就医。

保健食谱

	食谱	做法	功效
饮品	冬瓜糖水	冬瓜150g，洗净后刨丝或打蓉，加水放入锅中熬煮，依个人口味加入适量白糖后再熬煮片刻即可	**利水消肿**
汤粥	海参鲜粥	大米50g，鲜海参3只，姜丝少许。海参洗净切小块备用。大米入锅熬煮，至黏稠时加入海参、姜丝煮约5分钟，最后加入少许食盐和香油即可	**补肾经，益精髓**
汤粥	冬瓜鸭肉汤	冬瓜100g，鸭肉100g，鸭肉先用沸水烫煮后换汤加水至没过食材，炖煮30分钟左右	**补益脾气，利尿消肿**
汤粥	冬瓜粥	冬瓜100g，粳米50g。冬瓜洗净切块和大米一起入锅，加水煮至粥熟即可	**利水消肿**
菜肴	葱烧海参	鲜海参100g，大葱1根切段。将锅烧热倒入食用油，油热后倒入葱段炒香，倒入海参翻炒数分钟后出锅	**补益肾气，生精髓**
菜肴	蛋饺煮节瓜	节瓜100g，鸡蛋1个，猪肉20g。节瓜洗净切片备用。猪肉切末，放入沸水中氽烫后沥干水备用。鸡蛋打散，放入油锅小火煎成蛋饼，放入肉末，做成蛋饺。加水放入节瓜片，熬煮片刻并加入少许调味料即可出锅	**补脾益气，补虚养血，利水解毒**

续表

食谱		做法	功效
菜肴	蒜香西蓝花	西蓝花100g，蒜片少许。西蓝花洗净掰小朵，大蒜剁碎备用。锅中注入水烧开，加入1/2茶匙盐和几滴油，西蓝花在沸水中焯1分钟后。直接捞入冷水中冲凉后沥干水分，炒锅中倒入植物油，油热至7成，下蒜末翻炒出香味。倒入焯好的西蓝花翻炒均匀，加入少许食盐即可	**平补脾胃，抗癌解毒**
主食	香甜水晶饼	① 冬瓜150g，洗净后刨丝，包入纱布将水分挤出。锅烧热倒入少许植物油，将沥干的冬瓜丝倒入，加白糖不停翻炒，炒至浓稠即可。②澄面70g，糯米粉20g，淀粉10g，慢慢倒入热开水，一边倒一边拌匀，直到面粉能和成团，分2次加入油，将面团揉成光滑面团，将面团平均分成每份30克的小面团，包上15g的冬瓜馅，放入蒸笼，大火蒸10分钟，待微凉后即可食用。	**利水祛湿**
	节瓜肉末炒粉丝	节瓜100g，粉丝80g，猪肉30g。节瓜洗净切丝备用。粉丝煮熟后浸冷水备用。猪肉切末，放入沸水中氽烫后倒入油锅翻炒，倒入节瓜，待节瓜炒熟后加入粉丝与少许食盐翻炒片刻即可	**利水，和胃**

每日推荐食谱

	周一	周二	周三	周四	周五	周六	周日
早餐	大米粥(米50g) 炒粉丝(粉丝80g，白菜100g)	牛奶160ml 红薯150g	南瓜粥(南瓜30g，米30g) 炒银针粉(银针粉100g，西蓝花100g)	牛奶160ml 红薯150g	芹菜肉末粥(芹菜50g，瘦肉30g，米30g) 炒粉丝(粉丝80g，西蓝花80g)	南瓜粥(南瓜30g，米30g) 炒银针粉(银针粉100g，西蓝花100g，猪肉20g)	牛奶160ml 蒸南瓜100g 馒头(富强粉制)1个
中餐	米饭(米80g) 青瓜炒鸡蛋(青瓜100g，鸡蛋100g)芹菜100g	米饭(米80g) 蒸南瓜(南瓜50g) 葱烧海参(葱20g，海参100g) 清炒丝瓜(丝瓜250g)	米饭(米80g) 蒸红薯(红薯50g) 菜瓜炒鸡蛋(菜瓜100g，鸡蛋100g)	南瓜饭(米50g，南瓜50g) 水晶饼1个 冬瓜炖鸭肉(冬瓜100g，鸭肉100g)	米饭(米80g) 蒸红薯(红薯50g) 甜椒炒鸡蛋(甜椒100g，鸡蛋50g) 芹菜100g	米饭(米80g) 蒸南瓜(南瓜50g) 蛋饺煮节瓜(节瓜100g，鸡蛋50g，猪肉20g)	米饭(米80g) 蒸红薯(红薯50g) 杜仲丝瓜炖鸭肉(丝瓜100g，鸭肉100g) 清炒西蓝花200g
加餐	水晶饼50g	梨100g	苹果100g	水晶饼50g	梨100g	藕粉50g	苹果100g

续表

	周一	周二	周三	周四	周五	周六	周日
晚餐	煮麦淀粉饺子(瘦 肉50g，冬瓜150g，麦淀粉85g) 丝瓜 100g	炒粉丝100g 冬瓜炒肉片(冬瓜100g，瘦肉30g) 芹菜100g	麦淀粉面(麦淀粉100g，猪蹄50g，菜200g)	煮银针粉(银针粉100g，西红柿150g，鸡蛋清30g，白菜100g)	麦淀粉面(麦淀粉100g，猪蹄50g，白菜200g)	煮银针粉(银针粉100g，瘦肉25g，白菜200g)	麦淀粉面(麦淀粉100g，猪肉30g，芹菜200g)
每天食用油的量为25ml，食用盐为3g							
能量/kcal	1860	1820	1740	1880	1790	1890	1850
蛋白质/g	36.7	37.1	34.8	36.6	35.8	36.8	36.5
优质蛋白	62.50%	65.40%	55.80%	61.30%	57.30%	61.90%	62.20%

患者男性，身高160cm，体重55kg，年龄为65岁，退休，诊断为慢性肾脏病4期，就诊时发现血钾5.7mmol/L。由以上资料可做如下计算：

第一步：计算标准体重，为60kg；

第二步：计算每日所需热量，该患者每日应摄入的热量为30kcal/kg，那么全天所需热量为1800kcal；

第三步：计算每日蛋白质所需，每千克体重每日蛋白质摄入应为0.6g，所以其每日应摄入的蛋白质量为36g，其中优质蛋白需占一半以上，约为18g；

第四步：按食品交换份的原则，计算食品交换分的份数，该患者的食品交换份数为1800/90=20份。

注：所有蔬菜及肉制品都需在烹制前先经沸水余烫后再进行料理。

附　录

附录一　含钾食物

附表1　常见食物含钾量表

（以每100g可食部计）

食物种类	食物名称	含钾量/mg	
蛋类及制品	鹅蛋	74	低钾
	鸡蛋黄	95	低钾
	鸡蛋白	132	中钾
	鸭蛋	135	中钾
	鹌鹑蛋	138	中钾
	鸡蛋	154	中钾
	咸鸭蛋	184	中钾
调味品	白醋	12	低钾
	腐乳	84	低钾
	辣椒酱	222	高钾
	酱油	337	超高钾
	芝麻酱	342	超高钾
	陈醋	715	超高钾
	豆瓣酱	772	超高钾
	番茄酱	989	超高钾
	五香粉	1138	超高钾
	辣椒粉	1358	超高钾

续表

食物种类	食物名称	含钾量/mg	
干豆类及制品	豆浆	48	低钾
	豆腐	125	中钾
	豆腐干	140	中钾
	豆腐皮	536	超高钾
	绿豆	787	超高钾
	红豆	860	超高钾
	蚕豆	1117	超高钾
	黄豆	1503	超高钾
谷类	大米粥	13	低钾
	小米粥	19	低钾
	米饭	30	低钾
	稻米	103	中钾
	小麦粉（标准粉）	128	中钾
	面条	135	中钾
	小麦粉（富强粉）	190	中钾
	燕麦片	214	高钾
	油条	227	高钾
	鲜玉米	238	高钾
	薏米	238	高钾
	玉米面	249	高钾
	小米	284	高钾
	荞麦	401	超高钾
	小麦胚粉	1523	超高钾
坚果类	白芝麻	266	高钾
	黑芝麻	358	超高钾
	核桃干	385	超高钾
	杏仁	489	超高钾
	腰果	503	超高钾

续表

食物种类	食物名称	含钾量/mg	
坚果类	葵花子仁	547	超高钾
	花生	674	超高钾
菌类	金针菇	195	中钾
	平菇	258	高钾
	香菇干	464	超高钾
	慈姑	707	超高钾
	黑木耳干	757	超高钾
	银耳干	1588	超高钾
	口蘑	3106	超高钾
禽肉类及制品	鸭肉	191	中钾
	炸鸡	232	高钾
	烤鸭	247	高钾
	鸡肉	251	高钾
	乌鸡	323	超高钾
	鸽	334	超高钾
	鸡胸肉	338	超高钾
乳类及制品	奶皮子	4	低钾
	牛奶	109	中钾
	酸奶	150	中钾
	炼乳	309	超高钾
	奶油	1064	超高钾
	奶粉	1910	超高钾
蔬菜类及制品	西蓝花	17	低钾
	节瓜（毛瓜）	40	低钾
	佛手瓜	76	低钾
	冬瓜	78	低钾
	大白菜	90	低钾
	黄瓜	102	中钾

续表

食物种类	食物名称	含钾量/mg	
蔬菜类及制品	丝瓜	115	中钾
	菜瓜	136	中钾
	茄子	142	中钾
	甜椒（柿子椒）	142	中钾
	南瓜	145	中钾
	芹菜	154	中钾
	番茄	163	中钾
	白萝卜	173	中钾
	胡萝卜	190	中钾
	菜花	200	高钾
	青椒	209	高钾
	油菜	210	高钾
	山药	213	高钾
	藕粉	243	高钾
	韭菜	247	高钾
	苦瓜	256	高钾
	芥菜（雪里红、雪菜）	281	高钾
	马蹄	306	超高钾
	菠菜	311	超高钾
	苋菜	340	超高钾
	芋头	378	超高钾
	干辣椒（红）	1085	超高钾
	胡萝卜干	1117	超高钾
	笋干	1754	超高钾
	白菜干	2269	超高钾
薯类、淀粉类	玉米淀粉	8	低钾
	粉丝	18	低钾
	藕粉	35	低钾

续表

食物种类	食物名称	含钾量/mg	
薯类、淀粉类	红薯粉	66	低钾
	红薯	130	中钾
	土豆	342	超高钾
	土豆粉	1075	超高钾
水果类	桑葚	32	低钾
	西瓜	87	低钾
	梨	92	低钾
	葡萄	104	中钾
	苹果	119	中钾
	草莓	131	中钾
	荔枝	151	中钾
	柑橘	154	中钾
	橙	159	中钾
	桃	166	中钾
	哈密瓜	190	中钾
	柠檬	209	高钾
	杏	226	高钾
	石榴	231	高钾
	樱桃	232	高钾
	龙眼	248	高钾
	香蕉	256	高钾
	芭蕉	330	超高钾
	鲜枣	375	超高钾
	干枣	524	超高钾
	牛油果	599	超高钾
	葡萄干	995	超高钾
	龙眼干	1348	超高钾

续表

食物种类	食物名称	含钾量/mg	
糖、蜜饯类	白砂糖	5	低钾
	蜂蜜	28	低钾
	红糖	240	高钾
	巧克力	254	高钾
小吃	水晶饼	47	低钾
	米花糖	55	低钾
	饼干	85	低钾
	面包	88	低钾
	蛋糕	130	中钾
	薯片	620	超高钾
畜肉类及制品	猪蹄	54	低钾
	猪肉	204	高钾
	牛肉	216	高钾
	羊肉	232	高钾
	牛瘦肉	284	高钾
	猪瘦肉	305	超高钾
	猪肉松	313	超高钾
	猪里脊	317	超高钾
	广东香肠	356	超高钾
	羊瘦肉	403	超高钾
	腊肉	416	超高钾
	叉烧	430	超高钾
	牛肉干	510	超高钾
	猪肝	855	超高钾
饮品类	杏仁露	1	低钾
	铁观音茶	1462	超高钾
	绿茶	1661	超高钾
	红茶	1934	超高钾

续表

食物种类	食物名称	含钾量/mg	
油脂类	花生油	1	低钾
	玉米油	2	低钾
	色拉油	3	低钾
鱼虾蟹贝类	海参	43	低钾
	扇贝	122	中钾
	鲍鱼	136	中钾
	河蟹	181	中钾
	鲈鱼	205	高钾
	对虾	215	高钾
	海蟹	232	高钾
	明虾	238	高钾
	基围虾	250	高钾
	鲢鱼	277	高钾
	带鱼	280	高钾
	鲫鱼	290	高钾
	鳜鱼	295	高钾
	草鱼	312	超高钾
	鲳鱼	328	超高钾
	河虾	329	超高钾
	罗非鱼	338	超高钾
	生蚝	375	超高钾
	章鱼	447	超高钾
	虾米	550	超高钾
	扇贝干	969	超高钾
	鱿鱼干	1131	超高钾
藻类	鲜海带	246	高钾
	海带干	761	超高钾
	紫菜干	1796	超高钾

含钾高食物清单

谷类：全谷类、小麦胚芽。

奶类：各类调味乳奶。

肉类：鹅肉、沙丁鱼。

豆类：红豆、绿豆。

蔬菜类：深色蔬菜类(尤其是红苋菜、绿苋菜、空心菜含量高)，另外还有紫菜、海带、胡萝卜、香菇。

水果类：香蕉、硬柿、龙眼、香瓜、枣、橙子、芒果含量最高。

其他：巧克力、可可、花生、瓜子、坚果类及罐头类腌制品；坚果类尤其是榛子、腰果，南瓜籽，葵花籽。

豆类：如黄豆、蚕豆等。

注意柳橙汁、无盐酱油含钾高，不宜食用。

日常食谱中，富含钾的食物主要有香蕉、柑、橙、山楂、鲜橘汁、蘑菇、豆类及其制品等。

含钾高食物图谱

调味奶

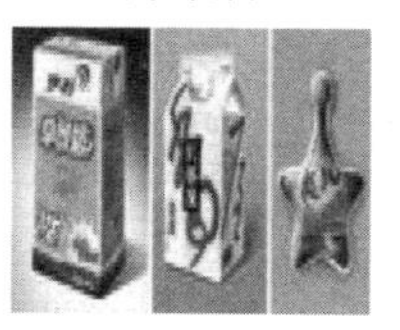

菜汤肉汤

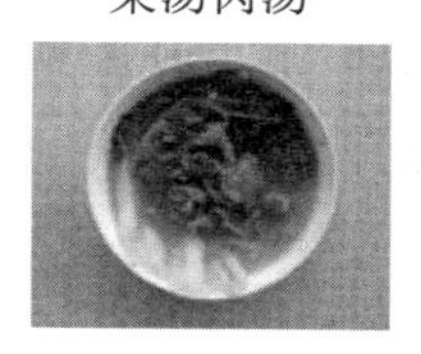

浓茶

深绿色蔬菜

朱古力

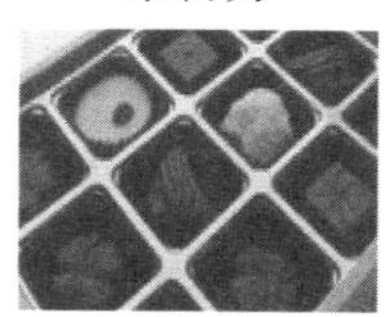

咖啡奶茶

果汁

炼奶脱脂奶

阿华田

香蕉、葡萄、橙

香菇

坚果类

附录二　含磷食物

磷质摄入图谱指南

1. 磷质的功用

磷质是构成骨骼、牙齿及细胞的重要成分，亦能参加能量代谢及储存过程。

2. 磷质与肾衰竭

体内磷质与钙质的均衡主要由肾脏控制。当肾功能减退时，体内磷质积聚，容易引起高血磷而导致连锁反应，如降低钙质吸收，减少维生素D及导致骨骼疾病等。如肾病患者血磷过高，需限制磷质的摄取量，并可能需要同时服用降血磷药，以减低磷质吸收。

3. 磷质的来源（动物性和植物性食物）

含高磷的食物主要有肉类，鱼类，奶及奶品类、全麦类及豆类。

由于大部分高磷食物同时亦是高蛋白食物，所以肾病患者在限制蛋白质食物时，有助于减低磷质的摄取量。

高磷食物图谱

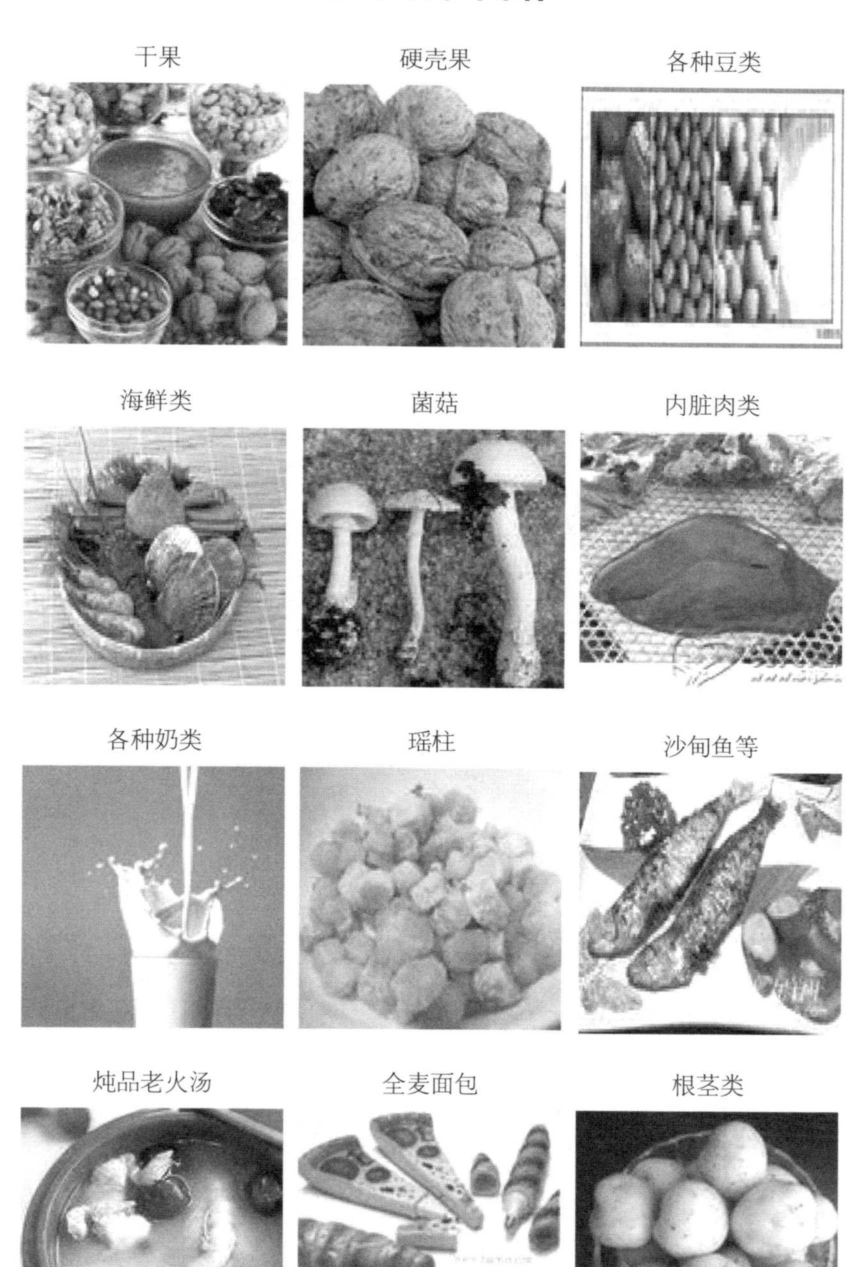

附录三　食物交换分量一览表

附表2　等值谷薯类交换表

每交换份谷薯类供蛋白质4g，碳水化合物40g，热量180kcal			
食　品	重量/g	食　品	重量/g
大米、小米、糯米、薏苡仁	50	绿豆、红豆、芸豆、干豌豆	50
高粱米、玉米渣	50	干粉条、干莲子	50
面粉、米粉、玉米面	50	油条、油饼、苏打饼干	70
米饭	130	烧饼、烙饼、馒头	70
燕麦片、莜麦面	50	咸面包、窝头	70
荞麦面、苦荞面	50	生面条、魔芋生面条	70
通心粉	50	湿粉皮	300

附表3　等值蔬菜类交换表

每交换份蔬菜供蛋白质5g，碳水化合物17g，热量90kcal			
食　品	重量/g	食　品	重量/g
大白菜、圆白菜、菠菜、油菜	500	白萝卜、青椒、茭白、冬笋	400
韭菜、茴香、圆蒿	500	倭瓜、菜花	350
芹菜、苤蓝、莴笋、油菜	500	鲜豇豆、扁豆、洋葱、蒜苗	250
西葫芦、番茄、冬瓜、苦瓜	500	胡萝卜	200
芥蓝	500	慈姑、百合、芋头	100
蕹菜、苋菜、龙须菜	500	毛豆、鲜豌豆	70
绿豆芽、鲜蘑、水浸海带	500	马铃薯、山药	100

附表4 等值肉蛋类食品交换表

每交换份肉蛋类供蛋白质9g，脂肪6g，热量90kcal			
食品	重量/g	食品	重量/g
熟火腿、香肠	20	鸡蛋粉	15
肥瘦猪肉	25	鸡蛋（1大个带壳）	60
熟叉烧肉（无糖）、午餐肉	35	鸭蛋、松花蛋(1大个带壳)	60
熟酱牛肉、熟酱鸭、大肉肠	35	鹌鹑蛋（6个带壳）	60
瘦猪肉、牛肉、羊肉	50	鸡蛋清	150
带骨排骨	50	带鱼	80
鸭肉	50	草鱼、鲤鱼、甲鱼、比目鱼	80
鹅肉	50	大黄鱼、鳝鱼、黑鲢、鲫鱼	80
兔肉	100	对虾、青虾、鲜贝	80
蟹肉、水浸鱿鱼	100	水浸海参	350

附表5 等值大豆食品交换表

每交换份大豆类供蛋白质9g，脂肪4g，碳水化合物4g，热量90kcal			
食品	重量/g	食品	重量/g
腐竹	20	南豆腐（嫩豆腐）	150
大豆（黄豆）	25	豆浆（黄豆重量1份加水重量8份磨浆）	400
大豆粉	25	蚕豆	25
豆腐丝、豆腐干	50		
北豆腐	100		

附表6 等值奶类食品交换表

每交换份奶类供蛋白质5g，脂肪5g，碳水化合物6g，热量90kcal			
食品	重量/g	食品	重量/g
奶粉	20	牛奶	160
脱脂奶粉	25	羊奶	160
奶酪	25	无糖酸奶	130

附表7 等值水果类交换表

每交换份水果类供蛋白质1g，碳水化合物21g，热量90kcal			
食品	重量/g	食品	重量/g
柿、香蕉、鲜荔枝(带皮)	150	李子、杏(带皮)	200
梨、桃、苹果(带皮)	200	葡萄(带皮)	200
橘子、橙子、柚子(带皮)	200	草莓	300
猕猴桃(带皮)	200	西瓜	500

附表8 等值油脂类食品交换表

每交换份油脂类供脂肪10g（坚果类含蛋白质4g），热量90kcal			
食品	重量/g	食品	重量/g
花生油、香油(1汤匙)	10	猪油	10
玉米油、菜籽油(1汤匙)	10	牛油	10
豆油	10	羊油	10
红花油(一汤匙)	10	黄油	10
核桃、杏仁	25	葵花籽（带壳）	25
花生米	25	西瓜籽（带壳）	40

附表9 等值淀粉（糖）类食品交换表

每单位食品供热能180kcal，含非优质蛋白质0.2 ~ 0.5g			
食品	重量/g	食品	重量/g
麦淀粉、玉米淀粉	50	食糖	45
藕粉、菱角粉、荸荠粉	50	粉皮、粉丝	50

附录四 100g食物中蛋白质和磷含量表

附表10 100g食物中蛋白质和磷含量表

食品名称	蛋白质/g	磷/mg	食品名称	蛋白质/g	磷/mg
婴儿奶粉	19.8	457	钙奶饼干	8.4	267
母乳化奶粉	14.5	354	丁香鱼(干)	37.5	914
豆奶粉	19	257	鲮鱼(罐头)	30.7	750
牛肉干	45.6	464	虾米	43.7	666
猪肝	19.3	310	虾皮	30.7	582
羊肝	17.9	299	扇贝(干)(干贝)	55.6	504
兔肉(野)	16.6	293	鲚鱼(小)(小凤尾鱼)	15.5	460
咖喱牛肉干	45.9	289	鱿鱼(干)	60	392
羊肉串(烤)	26	254	鱼片干	46.1	308
腊肉(生)	11.8	249	河蚌	10.9	305
煎饼	7.6	320	鲷(黑鲷，大目鱼)	17.9	304
燕麦片	15	291	泥鳅	17.9	302
白米虾(水虾米)	17.3	267	杏仁(原味全部)	21.3	474
火鸡腿	20	470	榛子(干)	20	422
松花蛋(鸡蛋)	14.8	263	腰果	17.3	395

续表

食品名称	蛋白质/g	磷/mg	食品名称	蛋白质/g	磷/mg
鸡肝	16.6	263	花生仁(炒)	23.9	315
银耳(干)(白木耳)	10	369	核桃(干)(胡桃)	14.9	294
蘑菇(干)	21	357	花生(鲜)	12	250
紫菜(干)	26.7	350	小麦胚粉	36.4	1168
木耳(干)	12.1	292	黑米	9.4	356
南瓜籽	33.2	1159	高粱米	10.4	329
西瓜籽(炒)	32.7	765	小麦	11.9	325
松子仁	13.4	569	荞麦	9.3	297
葵花籽(炒)	22.6	564	黑豆(黑大豆)	36	500
莲子(干)	17.2	550	黄豆(大豆)	35	465
山核桃(干)	18	521	青豆(青大豆)	34.5	395
芝麻籽(黑)	19.1	516	黄豆粉	32.7	395

附录五　慢性肾脏功能不全患者常用一周食谱举例

慢性肾脏功能不全患者必须限制蛋白质的摄入量，其中优质蛋白质的比例占总量的50% ~ 70%。如何按照所需的蛋白质总量给予患者饮食指导，下面以慢性肾功能不全的非糖尿病患者、糖尿病患者的30g、40g、50g蛋白的一周食谱为例，见附表11 ~ 附表16。

附表11 非糖尿病30g蛋白一周食谱

	星期一	星期二	星期三	星期四	星期五	星期六	星期日
早餐	牛奶160ml 红薯100g 马蹄糕2块（约50g）	鸡蛋50g 肉末粥1碗（肉10g，米30g） 水晶饼2个（约50g）	牛奶160ml 炒粉丝100g	生菜肉末粥200ml（生菜100g，瘦肉20g，米25g） 马蹄糕3块（约75g）	牛奶160ml 馒头1个（面粉25g） 水晶饼3个（约75g）	菜心肉丝炒粉丝（菜心100g，肉丝25g，粉丝100g）	酸奶130ml 青菜银针粉（青菜100g，麦淀粉100g）
中餐	炒粉丝150g 胡萝卜炒肉片（胡萝卜100g，肉30g） 青菜100g	炒银针粉100g 土豆丝炒肉片（土豆100g，肉片30g） 青菜100g	米饭50g 红薯100g 马蹄糕1块（约50g） 青菜炒肉片（肉片30g，青菜200g）	米饭50g 斋炒粉丝50g 姜葱蒸鲩鱼70g 清炒青瓜200g	米饭50g 马蹄糕3块（约75g） 番茄炒蛋（番茄200g，鸡蛋50g）	藕粉羹（藕粉150g，鸡肉40g，碎生菜100g）	米饭50g 红薯100g 南瓜蒸排骨（排骨70g，南瓜150g）
加餐	苹果100g	桃子100g	葡萄100g	苹果100g	梨100g	葡萄100g	西瓜250g
晚餐	米饭50g 鲜淮山药100g 青瓜炒蛋（青瓜100g，鸡蛋50g） 青菜100g	炒粉丝100g 清蒸鲩鱼70g 青菜200g	炒粉丝100g 木耳蒸鸡丝（木耳少量，鸡丝40g） 青菜200g	麦淀粉饺子（麦淀粉100g，肉末40g，白菜200g）	菜心肉丝汤银针粉（菜心200g，肉丝40g，麦淀粉100g）	米饭50g 土豆炒肉丝（土豆200g，肉丝40g）冬瓜汤（冬瓜300g）	炒粉丝100g 番茄炒鸡蛋（番茄100g，鸡蛋60g） 青菜100g

续表

	星期一	星期二	星期三	星期四	星期五	星期六	星期日
提醒	盐3g，油25ml	盐3g，油25ml	盐3g，油25ml	盐3g，油25ml	盐3g，油25ml	盐3g，油25ml	盐3g，油25ml
营养含量	1560kcal，蛋白质30g，优质蛋白占60％	1560kcal，蛋白质31g，优质蛋白占67％	1560kcal，蛋白质31g，优质蛋白占64％	1520kcal，蛋白质30g，优质蛋白占62％	1470kcal，蛋白质30g，优质蛋白占63％	1480kcal，蛋白质31g，优质蛋白占58％	1535kcal，蛋白质30g，优质蛋白占64％

附表12　非糖尿病40g蛋白一周食谱

	星期一	星期二	星期三	星期四	星期五	星期六	星期日
早餐	生菜肉末粥200ml(生菜100g，瘦肉20g，米25g) 马蹄糕约75g	淮山药粥(淮山药50g，芡实10g，大米25g) 马蹄糕75g 酸奶130ml	牛奶250ml 水晶饼4个(约100g) 凉拌青瓜100g	淮山药粥(鲜淮山药50g，芡实10g，大米25g) 水晶饺50g(青菜少量，瘦肉20g，麦淀粉75g) 酸奶130ml	牛奶160ml 菜心炒粉丝(菜心100g，粉丝100g)	生菜汤银针粉(生菜100g，麦淀粉100g) 鸡蛋50g	淮山药粥(淮山药50g，芡实10g，大米25g) 马蹄糕75g 酸奶1支

续表

	星期一	星期二	星期三	星期四	星期五	星期六	星期日
中餐	米饭75g 姜葱蒸鲩鱼100g 青瓜粉丝汤(青瓜200g,粉丝50g,水100ml)	米饭50g 淮山药饼(鲜淮山药100g,麦淀粉50g) 油麦菜炒肉片(肉片50g,油麦菜200g)	番茄蛋花煮粉丝(番茄200g,鸡蛋60g,粉丝100g)	木耳青瓜鸡肉炒粉丝(粉丝100g,干黑木耳10g,净鸡肉50,青瓜200g)	藕粉羹(藕粉100g,鸡肉50g,碎生菜100g)	米饭50g 马蹄糕50g 清蒸鲩鱼80g 大白菜150g	青瓜肉丝拌凉皮(青瓜200g,肉丝50g,凉皮300g)
加餐	苹果100g	西瓜250g	葡萄100g	苹果100g	梨100g	葡萄100g	梨100g
晚餐	麦淀粉饺子(麦淀粉100g,肉末65g,白菜200g)	米饭50g 红薯100g 豉汁蒸排骨(排骨70g) 菜心150g	米饭75g 马蹄糕25g 姜葱蒸鸡(鸡100g) 白灼菜心200g	米饭100g 苦瓜炒蛋(苦瓜100g,鸡蛋50g) 生菜100g	米饭50g 土豆炒肉丝(土豆200g,肉丝50g) 冬瓜汤(冬瓜300g)	鲜淮山药蒸米饭(大米50g,淮山药150g) 茄子蒸鸡粒(茄子100g,鸡粒50g) 菜心100g	米饭100g 胡萝卜炒肉片(胡萝卜100g,肉片50g) 油麦菜100g
营养含量	1660kcal,蛋白质40g,优质蛋白占66%	1620kcal,蛋白质40.5g,优质蛋白占53%	1730kcal,蛋白质41g,优质蛋白占67%	1720kcal,蛋白质40g,优质蛋白占59%	1620kcal,蛋白质39g,优质蛋白占64%	1500kcal,蛋白质41g,优质蛋白占59%	1460kcal,蛋白质40g,优质蛋白占59%

附表13 非糖尿病50g蛋白一周食谱

	星期一	星期二	星期三	星期四	星期五	星期六	星期日
早餐	生菜肉末粥200ml(生菜100g,瘦肉50g,米25g) 馒头1只(面粉25g) 马蹄糕2块(约50g)	牛奶160ml 肉包2个(青菜100g,瘦肉25g,面粉50g) 水晶饼2个(麦淀粉50g)	牛奶160ml 菜心肉丝炒粉丝(菜心100g,肉丝25g,粉丝130g)	牛奶160ml 青瓜炒粉丝(菜心100g,粉丝100g) 鸡蛋60g	酸奶130ml 青菜肉丝银针粉(青菜100g,肉丝50g,麦淀粉100g)	牛奶250ml 水晶饺(麦淀粉100g,猪肉25g,青菜100g)	淮山药肉粥(淮山药50g,芡实10g,瘦肉50g,大米25g) 马蹄糕75g 酸奶130ml
中餐	麦淀粉饺子(麦淀粉130g,肉末65g,白菜200g)	米饭100g 番茄炒蛋(番茄200g,鸡蛋60g)	米饭50g 马蹄糕2块(50g) 姜葱蒸滑鸡100g 蒜蓉炒生菜200g	藕粉羹(藕粉125g,净鸡肉50g,碎生菜100g)	米饭125g 南瓜蒸排骨(排骨100g,南瓜200g)	节瓜肉丝煮粉丝(节瓜200g,瘦肉50g,粉丝100g)	青瓜肉丝拌凉皮(青瓜200g,肉丝60g,凉皮400g)
加餐	苹果100g	西瓜250g	葡萄100g	梨100g	西瓜250g	葡萄100g	梨100g

续表

	星期一	星期二	星期三	星期四	星期五	星期六	星期日
晚餐	米饭100g 姜葱蒸鲩鱼110g 蒜蓉炒青瓜200g	青菜肉汤银针粉(菜心200g,瘦肉50g,麦淀粉130g,水200ml)	米饭100g 冬瓜炒肉丝(肉丝50g,冬瓜300g)	米饭75g 土豆炒肉丝(土豆200g,肉丝50g) 丝瓜汤(丝瓜300g)	炒粉丝100g 番茄炒鸡蛋(番茄200g,鸡蛋60g)	米饭75g 马蹄糕25g 姜葱蒸鸡(鸡100g) 白灼菜心200g	米饭125g 清蒸红三鱼100g 蒜蓉炒油麦菜200g
营养含量	1730kcal,蛋白质51g,优质蛋白占66%	1800kcal,蛋白质49g,优质蛋白占56%	1800kcal,蛋白质51g,优质蛋白占65%	1880kcal,蛋白质49g,优质蛋白占67%	1820kcal,蛋白质49g,优质蛋白占69%	1760kcal,蛋白质49g,优质蛋白占72%	1650kcal,蛋白质50g,优质蛋白占67%

附表14　糖尿病30g蛋白一周食谱

	星期一	星期二	星期三	星期四	星期五	星期六	星期日
早餐	淡牛奶160ml 红薯100g 水晶饼2个(麦淀粉50g)	牛奶麦片1碗(淡牛奶160ml,麦片25g) 水晶饼2个(麦淀粉约50g)	淡牛奶160ml 菜心汤粉丝(粉丝100g,菜心100g)	鸡蛋50g 水晶饼3块(约75g)	淡牛奶160ml 馒头1个(面粉25g) 水晶饼2个(约50g)	菜心肉丝汤粉丝(菜心100g,肉丝25g,粉丝75g)	无糖酸奶130ml 青菜汤银针粉(青菜100g,麦淀粉75g)

续表

	星期一	星期二	星期三	星期四	星期五	星期六	星期日
中餐	炒粉丝100g 芹菜炒肉片(芹菜100g,肉30g) 青菜100g	炒银针粉100g 苦瓜炒肉片(苦瓜200g,肉片30g)	米饭50g 红薯150g 青菜炒肉片(肉片30g,青菜200g)	米饭50g 斋炒粉丝50g 姜葱蒸鲩鱼70g 清炒青瓜200g	米饭50g 凉拌粉皮200g 苦瓜炒蛋(苦瓜200g,鸡蛋50g)	杂粮米饭(大米25g,薏苡仁25g,荞麦25g) 丝瓜炒鸡丝(净鸡肉30g,丝瓜200g)	米饭50g 红薯100g 豉汁蒸排骨(排骨70g) 清炒莴笋200g
加餐	苹果100g	桃子100g	橙子100g	火龙果100g	梨100g	奇异果100g	番石榴100g
晚餐	杂粮米饭(大米25g,薏苡仁25g,荞麦25g) 青瓜炒蛋(青瓜100g,鸡蛋50g) 青菜100g	鱼片汤粉丝(鲩鱼片50g,粉丝75g) 蒜蓉生菜200g	炒粉丝75g 木耳蒸鸡丝(木耳少量,鸡丝30g) 青菜200g	麦淀粉饺子(麦淀粉100g,肉末40g,白菜200g)	菜心肉丝汤银针粉(菜心200g,肉丝40g,麦淀粉75g)	冬瓜肉丝汤银针粉(冬瓜300g,肉丝30g,麦淀粉75g)	炒粉丝75g 番茄炒鸡蛋(番茄100g,鸡蛋60g) 青菜100g
营养含量	1400kcal,蛋白质31g,优质蛋白占56%	1420kcal,蛋白质30g,优质蛋白占64%	1220kcal,蛋白质30g,优质蛋白占56%	1440kcal,蛋白质30g,优质蛋白占70%	1340kcal,蛋白质30g,优质蛋白占56%	1300kcal,蛋白质31g,优质蛋白占55%	1375kcal,蛋白质30g,优质蛋白占63%

附表15　糖尿病40g蛋白一周食谱

	星期一	星期二	星期三	星期四	星期五	星期六	星期日
早餐	淡牛奶250ml 红薯100g 水晶饼2个(麦淀粉50g)	牛奶麦片1碗(淡牛奶250ml,麦片25g) 水晶饼2个(麦淀粉约50g)	无糖酸奶130ml 菜心汤粉丝(粉丝100g,菜心100g)	鸡蛋60g 水晶饼3个(约75g)	淡牛奶250ml 馒头1个(面粉25g) 水晶饼2个(约50g)	菜心肉丝汤粉丝(菜心100g,肉丝40g,粉丝75g)	无糖酸奶130ml 青菜汤银针粉(青菜100g,麦淀粉75g)
中餐	炒粉丝100g 芹菜炒肉片(芹菜100g,肉60g) 青菜100g	炒银针粉100g 苦瓜炒肉片(苦瓜200g,肉片50g)	米饭50g 红薯150g 青菜炒肉片(肉片50g,青菜200g)	米饭50g 斋炒粉丝50g 姜葱蒸鲩鱼100g 清炒青瓜200g	米饭50g 凉拌粉皮200g 苦瓜炒蛋(苦瓜200g,鸡蛋60g)	杂粮米饭(大米25g,薏苡仁25g,荞麦25g) 丝瓜炒鸡丝(净鸡肉40g,丝瓜200g)	米饭50g 红薯100g 豉汁蒸排骨100g 清炒莴笋200g
加餐	苹果100g	桃子100g	橙子100g	火龙果100g	梨100g	奇异果100g	番石榴100g

续表

	星期一	星期二	星期三	星期四	星期五	星期六	星期日
晚餐	杂粮米饭(大米25g；薏苡仁25g,荞麦25g) 青瓜炒蛋(青瓜100g,鸡蛋60g) 青菜100g	鱼片汤粉丝(鲩鱼片60g,粉丝100g) 蒜蓉生菜200g	炒粉丝75g 木耳蒸鸡丝(木耳少量,鸡丝50g) 青菜200g	麦淀粉饺子(麦淀粉100g,肉末60g,白菜200g)	菜心肉丝汤银针粉(菜心200g,肉丝60g,麦淀粉75g)	冬瓜肉丝汤银针粉(冬瓜300g,肉丝50g,麦淀粉75g)	炒粉丝75g 番茄炒鸡蛋(番茄100g,鸡蛋70g) 青菜100g
营养含量	1450kcal,蛋白质39g,优质蛋白占69%	1610kcal,蛋白质41g,优质蛋白占73%	1530kcal,蛋白质39g,优质蛋白占61%	1500kcal,蛋白质39g,优质蛋白占76%	1450kcal,蛋白质40g,优质蛋白占67%	1350kcal,蛋白质40g,优质蛋白占65%	1600kcal,蛋白质39g,优质蛋白占62%

附表16 糖尿病50g蛋白一周食谱

	星期一	星期二	星期三	星期四	星期五	星期六	星期日
早餐	淡牛奶250ml 红薯100g 水晶饼2个(麦淀粉50g)	牛奶麦片1碗(淡牛奶250ml,麦片25g) 水晶饼2个(麦淀粉约50g)	无糖酸奶130ml 菜心肉丝汤粉丝(粉丝75g,肉丝25g,菜心100g)	鸡蛋60g 水晶饼3个(约75g)	淡牛奶250ml 馒头1个(面粉25g) 水晶饼2个(约50g)	菜心肉丝汤粉丝(菜心100g,肉丝50g,粉丝75g)	无糖酸奶130ml 青菜肉汤银针粉(青菜100g,瘦肉50g,麦淀粉75g)

续表

	星期一	星期二	星期三	星期四	星期五	星期六	星期日
中餐	麦淀粉饺子(麦淀粉100g,肉末80g,白菜200g)	米饭100g 苦瓜炒蛋(苦瓜200g,鸡蛋70g)	米饭50g 水晶饼2个(50g) 姜葱蒸滑鸡100g 蒜蓉炒生菜200g	米饭75g 西芹炒鸡(鸡100g,西芹200g)	杂粮米饭(大米50g,薏苡仁25g,荞麦25g) 苦瓜焖排骨(排骨130g,苦瓜200g)	节瓜肉丝煮粉丝(节瓜200g,瘦肉50g,粉丝100g)	青瓜肉丝拌凉粉(青瓜200g,肉丝60g,凉皮400g)
加餐	苹果100g	桃子100g	橙子100g	火龙果100g	梨100g	奇异果100g	番石榴100g
晚餐	杂粮米饭(大米50g,薏苡仁25g,荞麦25g) 姜葱蒸鲩鱼110g 蒜蓉炒青瓜200g	青菜肉汤银针粉(菜心200g,瘦肉70g,麦淀粉100g)	杂粮米饭(大米25g,薏苡仁25g,荞麦25g) 冬瓜炒肉丝(肉丝50g,冬瓜300g)	米饭75g 土豆炒肉丝(土豆100g,肉丝60g) 丝瓜汤(丝瓜300g)	炒粉丝75g 番茄炒鸡蛋(番茄200g,鸡蛋70g)	米饭100g 姜葱蒸鸡(鸡130g) 青菜200g	杂粮米饭(大米50g,薏苡仁25g,荞麦25g) 清蒸红三鱼120g 蒜蓉炒油麦菜200g
营养含量	1620kcal,蛋白质50g,优质蛋白占69%	1660kcal,蛋白质49g,优质蛋白占62%	1530kcal,蛋白质50g,优质蛋白占63%	1480kcal,蛋白质50g,优质蛋白占64%	1560kcal,蛋白质49g,优质蛋白占66%	1470kcal,蛋白质49g,优质蛋白占75%	1270kcal,蛋白质50g,优质蛋白占69%

参考文献

[1] 王海燕. 肾脏病学［M］. 第3版. 北京：人民卫生出版社，2008.

[2] 张大宁. 实用中医肾病学［M］. 北京：中国医药科技出版社，1990.

[3] 宋都. 肾脏疾病饮食调养［M］. 北京：金盾出版社，2007.

[4] 陈惠中. 肾病的饮食调养［M］. 北京：人民军医出版社，2002.

[5] 杨霓芝，黄春林. 泌尿科专病中医临床诊治［M］. 北京：人民卫生出版社，2005.

[6] 余绍源，刘茂才，罗云坚. 中西医结合内科学［M］. 北京：科学出版社，2003.

[7] 戴新娟. 中医护理健康教育［M］. 湖南：湖南科学技术出版社，2003.

[8] 崔明明，李静. 中医综合疗法治疗泌尿系结石的临床观察及护理［J］. 辽宁中医学院学报，2004，6（5）：413.

[9] 王敏，冯运华. 中医护理常规［M］. 北京：中医古籍出版社，1999.

[10] 冯文英 蒲燕. 泌尿系结石的中医综合护理方法［J］. 长春中医药大学学报，2008，24（3）：343.

[11] 张泽. 泌尿系结石患者的饮食管理［J］. 中国临床医生，2008，36（5）：16-17.

[12] 韩素芹. 泌尿系结石药膳三款［J］. 食品与健康，2006，（9）：33.

[13] 林利兰. 中药结合饮食疗法治疗泌尿系结石186例［J］. 中国中医急症，2005，14（12）：1149.

[14] 管民俭. 泌尿系结石的辨证论治体会［J］. 光明中医，2005，20（3）：15-16.

[15] 徐静，李洞. 饮食脂肪对泌尿系结石疾病危险因素的影响［J］. 国外医学：医学地理分册，2004，25（3）：140-142.

[16] 欧阳健明，李祥平. 饮食对草酸钙结石形成影响的研究进展（讲座）［J］. 暨南大学学报：自然科学与医学版，2003，24（2）：58-60，65.

[17] 刘国栋，刘晓. 泌尿系结石的饮食治疗［J］. 临床泌尿外科杂志，1999，14（7）：277-279.

[18] 艾霞．泌尿系感染的辨证施护 [J]．现代中西医结合杂志，2001，11（10）：1088.

[19] 杨月欣．中国食物成分表2004 [M]．北京：北京大学医学出版社，2005.

[20] 谌贻璞．慢性肾脏病蛋白营养治疗共识 [J]．中华肾脏病杂志，2005，21（7）：421-424.

[21] 吴国豪．实用临床营养学 [M]．上海：复旦大学出版社，2006.

[22] 赵霖．营养配餐员（技能部分）[M]．北京：中国劳动社会保障出版社，2003.

[23] 龚存华．痛风的疾病相关因素与护理研究进展 [J]．现代护理，2008（2）：80-91.

[24] 林惠凤．实用血液净化护理 [M]．上海：上海科学技术出版社，2005.

[25] 王质刚主编．血液净化学 [M]．北京科学技术出版社，2003.

[26] 陈香美主编．现代展性肾衰治疗学 [M]．北京：人民军医出版社，2O05.

[27] 梅长林主编．实用透析手册 [M]．北京：人民卫生出版社，2008.

[28] 刘晓红．关于临床心理护理基础概念和实施的探讨 [J]．护士进修杂志，1998，13（1）：44-45.

[29] 刘伏友，彭佑铭．腹膜透析 [M]．北京：人民卫生出版社，2000.

[30] 张家骧，史延芳．水、电解质与酸碱平衡紊乱 [M]．北京：人民卫生出版社，2008.

[31] 蔡东联．实用营养学 [M]．北京：人民卫生出版社，2005.

[32] 蔡东联．营养师必读 [M]．北京：人民军医出版社，2006.

[33] 杨月欣，王光亚，潘兴昌．中国饮食成分表（2009年第二版）[M]．北京：北京大学医学出版社，2009.

[34] Lehnhardt A，Kemper M J. Pathogenesis，diagnosis and management of hyperkalemia [J]． Pediatric Nephrology，2011，26（3）：377-384.

[35] 张晓宇，苏春燕，鲁新红等．饮食干预对血液透析病人血钾的影响 [J]．护理研究，2009（22）：2022-2024.

[36] 崔莉，来晓英，郝小磊等．维持性血液透析患者季节性高钾血症的饮食干预 [J]．护理学杂志，2014（19）：21-22.

[37] 李瑛，张秀峰．高血钾症患者心电图改变的病因及特征分析和中医上对肾的影响 [J]．环球中医药，2014（S2）：100-101.